Hermann von Helmholtz
Reden und Vorträge, Bd. 1

Mit einem Vorwort von Sergei Bobrovskyi

Helmholtz, Hermann von: Reden und Vorträge, Bd. 1
Hamburg, SEVERUS Verlag 2013
Nachdruck der Originalausgabe, Braunschweig 1884

ISBN: 978-3-86347-561-1
Druck: SEVERUS Verlag, Hamburg, 2013

Bibliografische Information der Deutschen Nationalbibliothek:
Die Deutsche Nationalbibliothek verzeichnet diese Publikation in der
Deutschen Nationalbibliografie; detaillierte bibliografische Daten sind
im Internet über http://dnb.d-nb.de abrufbar.

© **SEVERUS Verlag**
http://www.severus-verlag.de, Hamburg 2013
Printed in Germany
Alle Rechte vorbehalten.

Der SEVERUS Verlag übernimmt keine juristische Verantwortung
oder irgendeine Haftung für evtl. fehlerhafte Angaben und deren
Folgen.

Wir können aber nicht verkennen, dass, je mehr der Einzelne ge-
zwungen ist, das Feld seiner Arbeit zu verengern, desto mehr das
geistige Bedürfniss sich ihm fühlbar machen muss, den Zusam-
menhang mit dem Ganzen nicht zu verlieren.

Hermann von Helmholtz[1]

Hermann von Helmholtz – Der letzte Universalgelehrte

Hermann von Helmholtz, Namenspate der größten Wissenschaftsorgani-
sation des heutigen Deutschlands, gehört zu den bedeutendsten Naturforschern des 19. Jahrhunderts.

Helmholtz wird am 31. August 1821 in die Familie eines Gymnasial-
Oberlehrers hineingeboren. Obwohl er sich dem Studium der Physik zu-
geneigt fühlt, schreibt er sich aus finanziellen Gründen als Student der
Medizin an der Berliner Militärakademie ein. Später freundet er sich jedoch mit diesem Umstand an, da das Studium der Medizin zu dieser Zeit
einerseits eng mit dem Studium der Naturwissenschaften verknüpft ist,
andererseits die Anwendung der physikalischen Grundsätze auf das Feld
der Medizin noch in den Kinderschuhen steckt, so dass sich Helmholtz
vielen Möglichkeiten gegenüber sieht, seinen – nicht unbedeutenden –
Beitrag auf diesem Gebiet zu leisten.

Schon in seiner Dissertation 1842 liefert er bei wirbellosen Tieren den
Nachweis der von J. Müller postulierten Verbindung der Nervenfasern
mit den Ganglienkugeln. Der rational und physikalisch denkende Helmholtz glaubt, dass die strenge Gesetzlichkeit der von den Naturforschern
entdeckten Prinzipien in keinem Augenblick durchbrochen wird. Diese
Position widerspricht dem damals noch weit verbreitetem Vitalismus,
einer Theorie nach der Lebewesen ihre Kraft aus einer Lebensseele beziehen, die sich mittels physikalischer oder chemischer Kräfte betätigt, diese
Kräfte aber nach Belieben binden oder lösen kann.

1845 tritt Helmholtz der von Emil du Bois-Reymond gegründeten Physikalischen Gesellschaft zu Berlin bei, die in ihren Zielen auch die Verban-
nung des Vitalismus aus der natur-wissenschaftlichen Beweisführung mit
einschliesst.
Zu den Mitgliedern der Gesellschaft zählen u.a. Ernst Brücke und Werner
von Siemens.

---

[1] Hermann von Helmholtz in: „Ueber das Ziel und die Fortschritte der Naturwissenschaft". Hier abgedruckt, s. S. 338.

Die Beschäftigung mit physiologischen Prozessen, vor allem mit d̄
Wärmeerzeugung von Lebewesen, führt Helmholtz zur Formulierung des
Gesetzes der Energieerhaltung, welches 1847 in der Abhandlung „Über
die Erhaltung der Kraft" seinen Niederschlag findet. Zum Zeitpunkt der
Veröffentlichung ist ihm, seinen Angaben nach, die Arbeit des Julius Ro-
bert von Mayer von 1842 zur Umwandlung der mechanischen Arbeit in
Wärme noch unbekannt; hingegen zitiert er die Untersuchungen von
James Prescott Joule zu diesem Thema.
Die Umwandelbarkeit der Arbeit in Wärme ist ein Schlüsselaspekt des
Energieerhaltungssatzes, nach dem in einem abgeschlossenen System die
Größe Energie erhalten ist, d.h. diese weder erzeugt noch vernichtet werden kann. Die scheinbare Verminderung der Energie bei Prozessen, an
denen z.B. Reibung beteiligt ist, lässt sich mit der Entstehung der equiva-
lenten Menge an Wärme erklären. In später erschienenen und auch in im
vorliegenden Band enthaltenden Aufsätzen bekräftigt Helmholtz die Vor-
reiterrolle Mayers bei der Aufstellung des Satzes. Aber es ist die Arbeit
Helmholtz', die durch ihren klaren Stil und ihre mathematische Argu-
mentation dem Energieerhaltungssatz zum Durchbruch verhilft.

Von 1849 bis 1855 hat Helmholtz die Professur für Physiologie in Königsberg inne und beschäftigt sich eingehend mit den Sinnesorganen Auge
und Ohr. 1850 veröffentlicht er die Beschreibung des Opthalmoskops,
eines optischen Geräts zur Untersuchung des Augenhintergrunds. Zur
selben Zeit entwickelt er die Dreifarbentheorie von Thomas Young zur
Farbwahrnehmung im menschlichen Auge weiter. Die Theorie beruht auf
dem Fakt, dass man aus der Überlagerung des farbigen Lichtes der drei
Primärfarben jede beliebige andere Farbe erzeugen kann; analog dazu
postuliert sie drei Typen von Farbrezeptoren im Auge, die jeweils auf eine
Primärfarbe reagieren.

1855 zieht es Helmholtz nach Bonn, wo er bis 1858 die Professur für Physiologie und Anatomie inne hat. Ungeachtet dessen veröffentlicht er
1858 eine wichtige Arbeit zur Hydrodynamik, in der er sich mit der Bewegung von Wirbeln in reibungsfreien Flüssigkeiten beschäftigt. Der Mathematiker und Helmholtz-Biograph Leo Königsberger schreibt, dass diese Abhandlung das Werk eines Genies sei.
Zur anschaulichen Deutung der Wirbelsätze verfolgt man das Verhalten
von kleinen Teilchen, die sich in der Flüssigkeit befinden und somit ihrer
Bewegung folgen. In einem Wirbel herrscht eine Kreisströmung, welche
die gedachten Teilchen mit sich ziehen würde. Betrachtet man die Win-
kelgeschwindigkeiten jedes dieser Teilchen und die jeweilige Achse, um
welche es sich dreht, so hat man im Wesentlichen eine Charakteristik der
Flüssigkeitsströmung gefunden – die Rotation an jedem Punkt. Hat die
Flüssigkeit z.B. keine Wirbel, so hätten die Probeteilchen an jedem Ort

keine Winkelgeschwindigkeit und die Rotation wäre null. Als nächstes untersucht man die Bewegung des Wirbels in der Flüssigkeit und definiert dazu die Wirbellinien, die man sich z.B. als durch den Kern eines jeden Wirbels während seiner Bewegung verlaufend denken kann. Diese gedachte Wirbellinie ist an jedem Punkt tangential zu der Drehachse, um welche jedes Teilchen im Wirbel rotiert. Helmholtz beweist in seiner Arbeit folgende drei Sätze:

- Eine zu Beginn wirbelfreie Flüssigkeit, bleibt wirbelfrei.
- Eine Wirbellinie kann nicht in der Flüssigkeit enden, sie muss sich entweder zu den Grenzen der Flüssigkeit erstrecken oder geschlossen sein.
- Die Stärke der Wirbligkeit ist proportional zur Länge der Wirbellinie.

In den Jahren 1858 bis 1871 hat Helmholtz seine letzte Professur im Bereich der Medizin als Physiologe in Heidelberg inne. Aber auch in dieser Zeit sind es Arbeiten aus dem Bereich der Physik, die die Nachwelt erheblich beeinflussen sollten. In seiner 1868 erschienenen Arbeit „Über die Thatsachen, welche der Geometrie zu Grunde liegen" untersucht Helmholtz, welche allgemeinen geometrischen Axiome mit den tatsächlichen empirischen Messungen an Objekten kompatibel sein könnten. Die Arbeit erscheint ein Jahr nach der posthum veröffentlichten Habilitationsrede von Riemann, in der die Grundlagen der Differentialgeometrie dargelegt werden, mit deren Hilfe es möglich ist, nach den allgemeinen Eigenschaften der Räume zu fragen. Die Bedeutung dieser Ideen darf nicht unterschätzt werden.

Bis zum 19. Jahrhundert beruhte die gesamte Geometrie auf Axiomen von Euklid, welcher diese schon vermutlich 325 v. Chr. niederschrieb. Diese Axiome waren ein Beispiel einer a priori gegebenen Erkenntnis, verwirklicht in der realen Welt derart, dass sie nach Kant uns von unserem Anschauungsvermögen aufgezwungen sind. Der Raum ist die a priori gegebene Form aller äußeren Anschauung. Die Euklidische Geometrie galt demnach als die einzige denkbare, vorstellbare Geometrie und deswegen als eine gesicherte Erkenntnis. Lobatschewski, Bolyai und schließlich Riemann zeigten, dass in der Mathematik auch andere Geometrien möglich sind.

Helmholtz dagegen stellt als erster Physiker die Frage, ob die Euklidische Geometrie die einzig vorstellbare sei und somit die einzige, die unsere Messungen in der Welt erklären könne. Während er zu Beginn den Fehler macht und auf die obige Frage eine bejahende Antwort gibt, korrigiert er seine Aussage später, nachdem er von Eugenio Beltrami lernt, dass die Geometrie von Lobatschewski alle Messungen erklären könnte, vorausgesetzt wir würden auf einer Pseudosphäre leben. Der in dieser Sammlung vorliegende höchst einflussreiche Essay „Über den Ursprung und die Bedeutung der geometrischen Axiome" zeigt schlüssig die Vorstellbarkeit der nicht-euklidischen Geometrie und widerlegt somit die Position von Kant.

1870 wird Helmholtz zum Mitglied der Preußischen Akademie der Wissenschaften ernannt und bekommt 1871 die Professur für Physik an der Universität Berlin. In dieser Zeit veröffentlicht er Arbeiten zur Elektrodynamik, die die Position von Maxwell stützen und die besagen, dass das Licht eine elektromagnetische Welle im Äther ist.

Zu Beginn der 80er Jahre des 19. Jahrhunderts wendet sich Helmholtz der Thermodynamik zu. Vor seiner Rede „Die Thermodynamik der chemischen Prozesse" erklärte man chemische Reaktionen durch Wahlverwandtschaften oder Affinitäten der chemischen Substanzen, welche quantitativ durch die bei der Reaktion erzeugte Wärmemenge gemessen wurden. Helmholtz beweist nun, dass die Affinität nicht von der produzierten Wärme, sondern von der maximal zur Verfügung stehenden Arbeit während der reversiblen Durchführung der Reaktion abhängt. Die Umwandlung der kinetischen und mechanischen Energie in Wärme ist zwar jederzeit durchführbar, die umgekehrte Umwandlung kann aber nur unter besonderen Bedingungen stattfinden. Helmholtz schlägt daher für weitere Untersuchungen den Begriff der Freien Energie vor, welche unabhängig von der Entropie und Wärme ist. Die Änderung der Freien Energie entspricht bei Prozessen, die bei einer konstanten Temperatur ablaufen, der maximalen Arbeit, die ein System verrichten kann.

1888 wird Helmholtz der erste Präsident der neu gegründeten Physikalisch-Technischen Reichsanstalt in Charlottenburg, welche er gemeinsam mit seinem lebenslangen Freund Werner von Siemens initiiert. Die Physikalisch-Technische Reichsanstalt war das erste wissenschaftliche Forschungszentrum außerhalb der Universität und gilt damit nicht nur als Vorläufer der heutigen Physikalisch-Technischen Bundesanstalt, sondern auch als eine Vorläuferin der gesamten Helmholtz-Gemeinschaft Deutscher Forschungszentren.

Am 8. September 1894 stirbt Hermann von Helmholtz in Charlottenburg an einem Schlaganfall.

Mit Helmholtz verliert die Welt einen der letzten Universalgelehrten. Bis heute steht er mit seinem Namen für die gesamte Vielfalt der naturwissenschaftlichen Forschung.

Sergei Bobrovskyi
Deutsches Elektronen-Synchrotron (DESY), Hamburg

ÜBER

GOETHE'S

NATURWISSENSCHAFTLICHE

ARBEITEN.

Vortrag

gehalten

im Frühling 1853 in der deutschen Gesellschaft

zu Königsberg.

Goethe, dessen umfassendes Talent namentlich in der besonnenen Klarheit hervortrat, womit er die Wirklichkeit des Menschen und der Natur in ihren kleinsten Zügen mit lebensfrischer *Anschauung festzuhalten und wiederzugeben wusste, wurde durch diese besondere* Richtung seines Geistes auch mit Nothwendigkeit zu naturwissenschaftlichen Studien hingeführt, in denen er nicht nur aufnahm, was Andere ihn zu lehren wussten, sondern auch, wie es bei einem so ursprünglichen Geiste nicht anders sein konnte, bald selbstthätig und zwar in höchst eigenthümlicher Weise einzugreifen versuchte. Er wandte seine Thätigkeit sowohl dem Gebiete der beschreibenden, als dem der physikalischen Naturwissenschaften zu; jenes geschah namentlich in seinen botanischen und osteologischen Abhandlungen, dieses in der Farbenlehre. Die ersten Gedankenkeime dieser Arbeiten fallen meist in das letzte Jahrzehnt des vorigen Jahrhunderts, wenn auch ihre Ausführung und Darstellung theilweise später vollendet ist. Seitdem hat die Wissenschaft in sehr ausgedehnter Weise vorwärtsgearbeitet, zum Theil ganz neues Ansehen gewonnen, ganz neue Gebiete der Forschung eröffnet, ihre theoretischen Vorstellungen mannigfach geändert. Ich will versuchen, im Vorliegenden das Verhältniss von Goethe's Arbeiten zum gegenwärtigen Standpunkte der Naturwissenschaften zu schildern und den gemeinsamen leitenden Gedanken derselben anschaulich zu machen.

Der eigenthümliche Charakter der beschreibenden Naturwissenschaften, Botanik, Zoologie, Anatomie u. s. w., wird dadurch bedingt, dass sie ein ungeheures Material von Thatsachen zu sammeln, zu sichten und zunächst in eine logische Ordnung, ein System, zu bringen haben. So weit ist ihre Arbeit nur die trockene eines Lexicographen, ihr System ein Repositorium, in welchem die

1*

Masse der Acten so geordnet ist, dass Jeder in jedem Augenblicke das Verlangte finden kann. Der geistigere Theil ihrer Arbeit und ihr eigentliches Interesse beginnt erst, wenn sie versuchen, den zerstreuten Zügen von Gesetzmässigkeit in der unzusammenhängenden Masse nachzuspüren und sich daraus ein übersichtliches Gesammtbild herzustellen, in welchem jedes Einzelne seine Stelle und sein Recht behält und durch den Zusammenhang mit dem Ganzen an Interesse noch gewinnt. Hier fand der ordnende und ahnende Geist unseres Dichters ein geeignetes Feld für seine Thätigkeit, und zugleich war die Zeit ihm günstig. Er fand schon genug Material in der Botanik und vergleichenden Anatomie gesammelt und logisch geordnet vor, um eine umfassende Rundschau zu erlauben und auf richtige Ahnungen einer durchgehenden Gesetzmässigkeit hinzuweisen; dagegen irrten die Bestrebungen seiner Zeitgenossen in dieser Beziehung meist ohne Leitfaden umher, oder sie waren noch so von der Mühe des trockenen Einregistrirens in Anspruch genommen, dass sie an weitere Aussichten kaum zu denken wagten. Hier war es Goethe vorbehalten, zwei bedeutende Gedanken von ungemeiner Fruchtbarkeit in die Wissenschaft hineinzuwerfen.

Der erste war die Idee, dass die Verschiedenheiten in dem anatomischen Baue der verschiedenen Thiere aufzufassen seien als Abänderungen eines gemeinsamen Bauplanes oder Typus, bedingt durch die verschiedenen Lebensweisen, Wohnorte, Nahrungsmittel. Die Veranlassung für diesen folgereichen Gedanken war sehr unscheinbar und findet sich in der schon 1786 geschriebenen kleinen Abhandlung über das Zwischenkieferbein. Man wusste, dass bei sämmtlichen Wirbelthieren (d. h. Säugethieren, Vögeln, Amphibien, Fischen) die obere Kinnlade jederseits aus zwei Knochenstücken besteht, dem sogenannten Oberkiefer- und Zwischenkieferbein. Ersteres enthält bei den Säugethieren stets die Backen- und Eckzähne, letzteres die Schneidezähne. Der Mensch, welcher sich von ihnen allen durch den Mangel der vorragenden Schnauze unterscheidet, hatte dagegen jederseits nur ein Knochenstück, das Oberkieferbein, welches alle Zähne enthielt. Da entdeckte Goethe auch an menschlichen Schädeln schwache Spuren der Nähte, welche bei den Thieren Oberkiefer und Zwischenkiefer verbinden, und schloss daraus, dass auch der Mensch ursprünglich einen Zwischenkiefer besitze, der aber später durch Verschmelzung mit dem Oberkiefer verschwinde. Diese unscheinbare Thatsache lässt ihn sogleich einen Quell des anregendsten Interesses in dem wegen seiner

Trockenheit übel berüchtigten Boden der Osteologie entdecken.
Dass Mensch und Thier ähnliche Theile zeigen, wenn sie diese
Theile zu ähnlichen Zwecken dauernd gebrauchen, hatte nichts
Ueberraschendes gehabt. In diesem Sinne hatte schon Camper
die Aehnlichkeiten des Baues bis zu den Fischen hin zu verfolgen
gesucht. Aber dass diese Aehnlichkeit auch in einem Falle der
Anlage nach bestehe, wo sie den Anforderungen des vollendeten
menschlichen Baues offenbar nicht entspricht, und ihnen deshalb
nachträglich durch Verwachsung der getrennt entstandenen Theile
angepasst werden muss, das war ein Wink, welcher Goethe's
geistigem Auge genügte, um ihm einen Standpunkt von weit umfassender Aussicht anzuzeigen. Weitere Studien überzeugten ihn
bald von der Allgemeingültigkeit seiner neugewonnenen Anschauung, so dass er im Jahre 1795 und 1796 die ihm dort aufgegan-
gene Idee näher bestimmen und in dem Entwurf einer allgemeinen Einleitung in die vergleichende Anatomie zu
Papier bringen konnte. Er lehrt darin mit der grössten Entschiedenheit und Klarheit, dass alle Unterschiede im Baue der Thierarten als Veränderungen des einen Grundtypus aufgefasst werden
müssten, welche durch Verschmelzung, Umformung, Vergrösserung,
Verkleinerung oder gänzliche Beseitigung einzelner Theile hervorgebracht seien. Es ist das im gegenwärtigen Zustande der vergleichenden Anatomie in der That die leitende Idee dieser Wissenschaft geworden. Sie ist später nirgends besser und klarer ausgesprochen, als es Goethe gethan hatte, auch hat die Folgezeit
wenige wesentliche Veränderungen daran vorgenommen, deren
wichtigste die ist, dass man den gemeinsamen Typus jetzt nicht für
das ganze Thierreich zu Grunde legt, sondern für jede der von
Cuvier aufgestellten Hauptabtheilungen desselben. Der Fleiss
von Goethe's Nachfolgern hat ein unendlich reicheres, wohlge-
sichtetes Material zusammengehäuft und, was er nur in allgemeinen Andeutungen geben konnte, in das Speciellste verfolgt und
durchgeführt.

Die zweite leitende Idee, welche Goethe der Wissenschaft
schenkte, sprach eine ähnliche Analogie zwischen den verschiedenen Theilen ein und desselben organischen Wesens aus, wie wir
sie eben für die entsprechenden Theile verschiedener Arten beschrieben haben. Die meisten Organismen zeigen eine vielfältige
Wiederholung einzelner Theile. Am auffallendsten thun das die
Pflanzen; eine jede pflegt eine grosse Anzahl gleicher Stengelblätter, gleicher Blüthenblätter, Staubfäden u. s. w. zu haben. In-

dem nun Goethe, wie er erzählt, zuerst bei einer Fächerpalme
in Padua darauf aufmerksam wurde, wie mannigfache Uebergänge
zwischen den verschiedensten Formen die nach einander sich entwickelnden Stengelblätter einer Pflanze zeigen können, wie statt
der ersten einfachsten Wurzelblättchen sich immer mehr und mehr
getheilte bis zu den zusammengesetztesten Fiederblättern entwickeln, gelang es ihm auch später die Uebergänge zwischen den
Blättern des Stengels und denen des Kelchs und der Blüthe, zwischen letzteren und den Staubfäden, Nectarien, und Samengebilden
zu finden und so zur Lehre von der Metamorphose der Pflanzen
zu gelangen, welche er 1790 veröffentlichte. Wie die vordere Ex-
tremität der Wirbelthiere sich bald zum Arm beim Menschen und
Affen, bald zur Pfote mit Nägeln, bald zum Vorderfuss mit Hufen,
bald zur Flosse, bald zum Flügel entwickelt und immer eine ähnliche Gliederung, Stellung und Verbindung mit dem Rumpfe behält, so erscheint das Blatt bald als Keimblatt, Stengelblatt, Kelch-
blatt, Blüthenblatt, Staubfaden, Honiggefäss, Pistill, Samenhülle
u. s. w. immer mit einer gewissen Aehnlichkeit der Entstehung
und Zusammensetzung und unter ungewöhnlichen Umständen auch
bereit, aus der einen Form in die andere überzugehen. Jeder,
der reich gefüllte Rosen aufmerksam betrachtet, wird die theils
halb, theils ganz in Blüthenblätter verwandelten Staubfäden leicht
erkennen. Auch diese Anschauungsweise Goethe's ist gegenwärtig in die Wissenschaft vollständig eingebürgert und erfreut
sich der allgemeinen Zustimmung der Botaniker, wenn auch über
einzelne Deutungen gestritten wird, z. B. ob der Samen ein Blatt
oder ein Zweig sei.

Unter den Thieren ist die Zusammensetzung aus ähnlichen
Theilen sehr auffallend in der grossen Abtheilung der Geringelten,
z. B. Insecten, Ringelwürmer. Die Insectenlarve, die Raupe eines
Schmetterlings besteht aus einer Anzahl ganz gleicher Körper-
abschnitte, der Leibesringel; nur der erste und letzte zeigen gewisse Abweichungen. Bei ihrer Verwandlung zum vollkommenen
Insecte bewährt sich sehr leicht und deutlich die Anschauungsweise, welche Goethe in der Metamorphose der Pflanzen aufgefasst hatte, die Entwickelung des ursprünglich Gleichartigen zu
anscheinend sehr verschiedenen Formen. Die Ringel des Hinter-
leibes behalten ihre ursprüngliche einfache Form, die des Brust-
stücks ziehen sich stark zusammen, entwickeln Füsse und Flügel,
die des Kopfes Kinnladen und Fühlhörner, so dass an vollkommenen Insecten die ursprünglichen Ringel nur noch am Hintertheile

nd. Auch in den Wirbelthieren ist eine Wiederho-
ger Theile in der Wirbelsäule angedeutet, aber in
Gestalt nicht mehr zu erkennen. Ein glücklicher
n halbgesprengten Schafschädel, welchen Goethe
e des Lido von Venedig zufällig fand, lehrte ihn auch
ls eine Reihe stark veränderter Wirbel aufzufassen.
Anblick kann nichts unähnlicher sein, als die weite,
on platten Knochen begrenzte Schädelhöhle der Säu-
das enge cylindrische Rohr der Wirbelsäule, aus kur-
en und vielfach gezackten Knochen zusammengesetzt.
ein geistreicher Blick dazu, um im Schädel der Säuge-
ausgeweiteten und umgeformten Wirbelringe wiederzuer-
n, während bei Amphibien und Fischen die Aehnlichkeit auf-
lender ist. Goethe liess übrigens diesen Gedanken lange liegen, ehe er ihn veröffentlichte; wie es scheint, weil er seiner günstigen Aufnahme nicht recht sicher war. Unterdessen fand 1806
auch Oken denselben, führte ihn in die Wissenschaft ein und ge-
rieth darüber in einen Prioritätsstreit mit Goethe, welcher erst
1817, als der Gedanke anfing sich Beifall zu erwerben, erklärte,
dass er ihn seit 30 Jahren gehegt habe. Ueber die Zahl und die
Zusammensetzung der einzelnen Schädelwirbel ist und wird noch
viel gestritten, der Grundgedanke hat sich aber erhalten.

Uebrigens scheinen auch seine Ansichten über den gemeinsamen Bauplan der Thiere nicht eigentlich direct in den Entwickelungsgang der Wissenschaften eingegriffen zu haben. Die Lehre
von der Pflanzenmetamorphose ist als sein anerkanntes und directes Eigenthum in die Botanik eingeführt worden. Seine osteologischen Ansichten dagegen stiessen zuerst auf Widerspruch bei den
Männern vom Fache und wurden erst später, als sich die Wissenschaft, wie es scheint, unabhängig zu derselben Erkenntniss durch-
gearbeitet hatte, Gegenstand der Aufmerksamkeit. Er selbst
klagt, dass seine ersten Ideen über den gemeinsamen Typus zur
Zeit, als er sie in sich durcharbeitete, nur Widerspruch und Zweifel gefunden hätten, dass selbst Geister von frisch aufkeimender
Originalität, wie die Brüder v. Humboldt, sie mit einer gewissen
Ungeduld angehört hätten. Uebrigens liegt es in der Natur der
Sache, dass theoretische Ideen in den Naturwissenschaften nur
dann die Aufmerksamkeit der Fachgenossen erregen, wenn sie
gleichzeitig mit dem ganzen beweisenden Materiale vorgeführt
werden und durch dieses ihre thatsächliche Berechtigung darlegen.
Jedenfalls gebührt aber Goethen der grosse Ruhm, die leitenden

Ideen zuerst vorausgeschaut zu haben, zu denen &
gene Entwickelungsgang der genannten Wissenschafte
und durch welche deren gegenwärtige Gestalt bestimn
So gross nun aber auch die Verehrung ist, welche si
durch seine Leistungen in den beschreibenden Naturwis
ten erworben hat, ebenso unbedingt ist der Widerspruch, den
liche Fachgelehrte seinen Arbeiten aus dem Gebiete der ph
lischen Naturwissenschaften entgegensetzen, namentlich s
Farbenlehre. Es ist hier nicht die Stelle, mich in die darüber
führte Polemik einzulassen; ich will nur versuchen, den Gegenstan
des Streites darzulegen und nachzuweisen, was sein verborgener
Sinn, seine eigentliche Bedeutung sei. Es ist in dieser Beziehung
von Wichtigkeit auf die Entstehungsgeschichte der Farbenlehre
und ihren ersten einfachsten Stand zurückzugehen, weil hier schon
die Gegensätze vollständig vorhanden sind und, nicht durch Streit
um die Richtigkeit besonderer Thatsachen und verwickelter Theorien verhüllt, sich leicht und klar aufweisen lassen.

Goethe erzählt selbst sehr hübsch in der Confession am
Schlusse seiner Geschichte der Farbenlehre, wie er dazu gekommen
sei, diese zu bearbeiten. Weil er sich die ästhetischen Grundsätze
des Colorits in der Malerei nicht klar machen konnte, beschloss
er die physikalische Farbenlehre, wie sie ihm auf der Universität
gelehrt worden war, wieder vorzunehmen und die dazu gehörigen
Versuche selbst zu wiederholen. Er borgt zu dem Ende ein Glasprisma vom Hofrath Büttner in Jena, lässt es aber längere Zeit
unbenutzt liegen, weil andere Beschäftigungen ihn von seinem Vor-
satze ablenken. Der Eigenthümer, ein ordnungsliebender Mann,
schickt nach mehreren vergeblichen Mahnungen einen Boten, der
das Prisma gleich mit sich zurücknehmen soll. Goethe sucht es
aus dem Kasten hervor und möchte doch wenigstens noch einen
Blick hindurch thun. Er sieht auf das Gerathewohl nach einer
ausgedehnten hellen weissen Wand hin, in der Voraussetzung, da
sei viel Licht, da müsse er auch eine glänzende Zerlegung dieses
Lichts in Farben sehen, eine Voraussetzung, welche übrigens beweist, wie wenig gegenwärtig ihm Newtons Theorie der Sache
war. Er findet sich natürlich getäuscht. Auf der weissen Wand
erscheinen ihm keine Farben, diese entwickeln sich erst da, wo sie
von dunkeleren Gegenständen begrenzt wird, und er macht die
richtige Bemerkung, welche übrigens in Newtons Theorie ebenfalls ihre vollständige Begründung findet, dass Farben durch das
Prisma nur da erscheinen, wo ein dunkelerer Gegenstand an einen

helleren stösst. Betroffen von dieser ihm neuen Bemerkung und in der Meinung, sie sei mit Newtons Theorie nicht vereinbar, sucht er den Eigenthümer des Prisma zu beschwichtigen und macht sich nun mit angestrengtem Eifer und Interesse über die Sache her. Er bereitet sich Tafeln mit schwarzen und weissen Feldern, studirt an diesen die Erscheinungen unter mannigfachen Abänderungen, bis er seine Regeln hinreichend bewährt glaubt. Nun versucht er seine vermeintliche Entdeckung einem benachbarten Physiker zu zeigen, und ist unangenehm überrascht von diesem die Versicherung zu hören, die Versuche seien allbekannt und erklärten sich vollständig aus Newtons Theorie der Sache. Dieselbe Erklärung trat ihm von nun an unabänderlich aus dem Munde jedes Sachverständigen entgegen, selbst bei dem genialen Lichtenberg, den er eine Zeit lang vergebens zu bekehren suchte. Newtons Schriften studirte er, glaubte aber Trugschlüsse darin aufgefunden zu haben, welche den Grund des Irrthums enthielten. Da er von seinen Bekannten keinen überzeugen konnte, beschloss er endlich vor den Richterstuhl der Oeffentlichkeit zu treten und gab 1791 und 1792 das erste und zweite Stück seiner Beiträge zur Optik heraus.

Darin sind die Erscheinungen beschrieben, welche weisse Felder auf schwarzem Grunde, schwarze auf weissem und farbige Felder auf schwarzem oder weissem Grunde darbieten, wenn sie durch ein Prisma angesehen werden. Ueber den Erfolg der Versuche ist durchaus kein Streit zwischen ihm und den Physikern. Er beschreibt die gesehenen Erscheinungen umständlich, streng naturgetreu und lebhaft, ordnet sie in einer angenehm zu übersehenden Weise zusammen und bewährt sich hier wie überall im Gebiete des Thatsächlichen als der grosse Meister der Darstellung. Er spricht dabei aus, dass er die vorgetragenen Thatsachen zur Widerlegung von Newtons Theorie geeignet halte. Namentlich sind es zwei Punkte, an denen er Anstoss genommen hat, dass nämlich die Mitte einer weissen breiteren Fläche durch das Prisma gesehen weiss bleibe, und dass auch ein schwarzer Streifen auf weissem Grunde ganz in Farben aufgelöst werden könne.

Newtons Farbentheorie gründet sich auf die Annahme, dass es Licht verschiedener Art gebe, welches sich unter anderen auch durch den Farbeneindruck unterscheide, den es im Auge mache. So gebe es Licht von rother, orangener, gelber, grüner, blauer, violetter Farbe und von allen zwischenliegenden Uebergangsstufen. Licht verschiedener Art und Farbe zusammengemischt gebe Mischfarben, die theils anderen ursprünglichen Farben ähnlich sehen, theils neue Farbentöne bilden. Weiss sei die Mischung aller genannten Farben in bestimmten Verhältnissen. Aus den Mischfarben und dem Weiss könne man aber stets die einfachen Farben wieder ausscheiden, die letzteren seien dagegen unzerlegbar und unveränderlich. Die Farben der durchsichtigen und undurchsichtigen irdischen Körper entständen dadurch, dass diese von weissem Lichte getroffen einzelne farbige Theile desselben vernichteten, andere, welche nun nicht mehr im richtigen Verhältnisse gemischt seien um Weiss zu geben, dem Auge zuschickten. So erscheine ein rothes Glas deshalb roth, weil es nur rothe Strahlen durchlasse. Alle Farbe rühre also nur von einem veränderten Mischungsverhältnisse des Lichtes her, gehöre also ursprünglich dem Lichte an, nicht den Körpern, und letztere geben nur die Veranlassung zu ihrem Hervortreten.

Ein Prisma bricht das durchgehende Licht, d. h. lenkt es um einen gewissen Winkel von seinem Wege ab; verschiedenfarbiges einfaches Licht hat nach Newton verschiedene Brechbarkeit, schlägt nach der Brechung im Prisma deshalb verschiedene Wege ein und trennt sich von einander. Ein heller Punkt von verschwindend kleiner Grösse erscheint deshalb durch das Prisma gesehen aus seiner Stelle gerückt und in eine farbige Linie ausgezogen, ein sogenanntes Farbenspectrum, welches die genannten einfachen Farben in der angegebenen Reihenfolge zeigt. Betrachtet man eine breitere helle Fläche, so fallen die Spectra der in ihrer Mitte gelegenen Punkte so übereinander, wie eine leichte geometrische Untersuchung zeigt, dass überall alle Farben in dem Verhältnisse, um Weiss zu geben, zusammentreffen. Nur an den Rändern werden sie theilweise frei. Es erscheint daher die weisse Fläche verschoben, an dem einen Rande blau und violett, am andern gelb und roth gesäumt. Ein schwarzer Streif zwischen zwei weissen Flächen kann von deren farbigen Säumen ganz bedeckt werden, und wo sie in der Mitte zusammenstossen, mischen sich Roth und Violett zur Purpurfarbe; die Farben, in die der schwarze Streif aufgelöst erscheint, entstehen also nicht aus dem Schwarzen, sondern aus dem umgebenden Weissen.

Im ersten Augenblicke hat Goethe offenbar Newtons Theorie zu wenig im Gedächtnisse gehabt, um die physikalische Erklärung der genannten Thatsachen, die ich eben angedeutet habe, finden zu können. Später ist sie ihm vielfach und zwar durchaus verständlich vorgetragen worden, denn er spricht darüber mehrere

Male so, dass man sieht, er habe sie ganz richtig verstanden [1]).
Sie genügt ihm aber so wenig, dass er dennoch fortwährend bei
der Behauptung bleibt, die angegebenen Thatsachen seien geeignet, Jedem, der sie nur ansehe, die gänzliche Unrichtigkeit von
Newtons Theorie vor Augen zu legen, ohne dass er aber weder
hier noch in seinen spätern polemischen Schriften auch nur ein
einziges Mal bestimmt bezeichnet, worin denn das Ungenügende
der Erklärung liegen solle. Er wiederholt nur immer wieder und
wieder die Versicherung ihrer gänzlichen Absurdität. Und doch
weiss ich nicht, wie Jemand, er möge eine Ansicht über die Farben haben, welche er wolle, läugnen kann, dass die Theorie in
sich vollständig consequent ist, dass ihre Annahmen, wenn man
sie einmal zugiebt, die besprochenen Thatsachen vollständig und
sogar einfach erklären. Newton selbst erwähnt an vielen Stellen
seiner optischen Schriften solcher unreinen Spectra, deren Mitte
noch weiss ist, ohne sich je in eine besondere Erörterung darüber
einzulassen, offenbar in der Meinung, dass die Erklärung davon
aus seinen Annahmen sich von selbst verstehe. Und er scheint
sich in dieser Meinung nicht getäuscht zu haben, denn als Goethe
anfing, auf die betreffenden Erscheinungen aufmerksam zu machen,
trat ihm Jeder, der etwas von der Physik wusste, wie er selbst berichtet, unabänderlich mit dieser selben Erklärung aus Newtons
Principien sogleich entgegen, die sich also ein Jeder doch auf der
Stelle zu bilden im Stande war.

Den Lesenden, der aufmerksam und gründlich jeden Schritt
in diesem Theile der Farbenlehre sich klar zu machen sucht, über-
schleicht hier leicht ein unheimliches ängstliches Gefühl; er hört
fortdauernd einen Mann von der seltensten geistigen Begabung
leidenschaftlich versichern, hier in einigen scheinbar ganz klaren,
ganz einfachen Schlüssen sei eine augenfällige Absurdität verborgen. Er sucht und sucht, und da er beim besten Willen keine
solche finden kann, nicht einmal einen Schein davon, wird ihm
endlich zu Muthe, als wären seine eigenen Gedanken wie festge-
nagelt. Aber eben wegen dieses offenen und schroffen Wider-
spruchs ist der Standpunkt Goethe's in der Farbenlehre von 1792
so interessant und wichtig. Er hat hier seine eigene Theorie noch
nicht entwickelt, es handelt sich noch um einige wenige leicht zu
übersehende Thatsachen, über deren Richtigkeit alle Parteien einig

---

[1]) In der Erklärung der neunten Kupfertafel zur Farbenlehre, welche
gegen Green gerichtet ist.

12

sind, und doch stehen beide mit ihren Ansichten streng gesondert einander gegenüber; keiner begreift auch nur, was der Gegner eigentlich wolle. Auf der einen Seite steht eine Zahl von Physikern, welche durch lange Reihen der scharfsinnigsten Untersuchungen, Rechnungen, Erfindungen die Optik zu einer Vollendung gebracht haben, dass sie als die einzige der physikalischen Wissenschaften mit der Astronomie fast zu wetteifern anfing. Alle haben theils durch directe Untersuchungen, theils durch die Sicherheit, mit der sie den Erfolg der mannigfaltigsten Constructionen und Combinationen von Instrumenten voraus berechnen können, Gelegenheit gehabt, die Folgerungen aus Newtons Ansichten an der Erfahrung zu prüfen, und stimmen in diesem Felde ausnahmslos überein. Auf der andern Seite steht ein Mann, dessen seltene geistige Begabung, dessen besonderes Talent für die Auffassung der thatsächlichen Wirklichkeit wir nicht nur in der Dichtkunst, sondern auch in den beschreibenden Theilen der Naturwissenschaften anzuerkennen Ursache haben, der mit dem grössten Eifer versichert, jene seien im Irrthume, der in seiner Ueberzeugung so gewiss ist, dass er sich jeden Widerspruch nur durch Beschränktheit oder bösen Willen der Gegner erklären kann, der endlich seine Leistungen in der Farbenlehre für viel werthvoller achten zu müssen erklärt, als was er je in der Dichtkunst gethan habe *).

Ein so schroffer Widerspruch lässt uns vermuthen, dass hinter der Sache ein viel tiefer liegender principieller Gegensatz verschiedener Geistesrichtungen verborgen sei, der das gegenseitige Verständniss der streitenden Parteien verhindere. Ich will mich bemühen, im Folgenden zu bezeichnen, worin ich einen solchen finden zu können glaube.

Goethe, obgleich er sich in vielen Feldern geistiger Thätigkeit versucht hat, ist doch seiner hervorragendsten Begabung nach Dichter. Das Wesentliche der dichterischen wie jeder künstlerischen Thätigkeit besteht darin, das künstlerische Material zum unmittelbaren Ausdrucke der Idee zu machen. Nicht als Resultat einer Begriffsentwickelung, sondern als das der unmittelbaren geistigen Anschauung, des erregten Gefühls, dem Dichter selbst kaum bewusst, muss die Idee in dem vollendeten Kunstwerk daliegen und es beherrschen. Durch diese Einkleidung in die Form unmittelbarer Wirklichkeit empfängt der ideelle Gehalt des Kunst-

*) S. Eckermann's Gespräche.

werks eben die ganze Lebendigkeit des unmittelbaren sinnlichen Eindrucks, verliert aber natürlich die Allgemeinheit und Verständlichkeit, welche er in der Form des Begriffs vorgetragen haben würde. Der Dichter, welcher in dieser besonderen Art der geistigen Thätigkeit die eigene wunderbare Kraft seiner Werke begründet fühlt, sucht dieselbe auch auf andere Gebiete zu übertragen. Die Natur sucht er nicht in anschauungslose Begriffe zu fassen, sondern stellt sich ihr wie einem in sich geschlossenen Kunstwerke gegenüber, welches seinen geistigen Inhalt von selbst hier oder dort dem empfänglichen Beschauer offenbaren müsse. So macht er beim Anblick des gesprengten Schafschädels auf dem Lido von Venedig, an dem ihm die Wirbeltheorie des Schädels aufgeht, die Bemerkung, dass ihm davon sein alter, durch Erfahrung bestärkter Glauben wieder aufgefrischt sei, welcher sich fest darauf begründet, dass die Natur kein Geheimniss habe, was sie nicht irgendwo dem aufmerksamen Beobachter nackt vor die Augen stellt. Dasselbe in seinem ersten Gespräch mit Schiller über die Metamorphose der Pflanzen. Für Schiller, als einen Kantianer, ist die Idee das ewig zu erstrebende, ewig unerreichbare und daher nie in der Wirklichkeit darzustellende Ziel, während Goethe als ächter Dichter in der Wirklichkeit den unmittelbaren Ausdruck der Idee zu finden meint. Er selbst giebt an, dass dadurch der Punkt, der ihn von Schiller trennte, auf das Strengste bezeichnet war. Hier liegt auch seine Verwandtschaft mit Schellings und Hegels Naturphilosophie, welche ebenfalls von der Annahme ausgeht, dass die Natur die verschiedenen Entwickelungsstufen des Begriffs unmittelbar darstelle. Daher auch die Wärme, mit der Hegel und seine Schüler Goethe's naturwissenschaftliche Ansichten vertheidigt haben. Die bezeichnete Naturansicht bedingt bei Goethe denn auch die fortgesetzte Polemik gegen zusammengesetzte Versuchsweisen. Wie das ächte Kunstwerk keinen fremden Eingriff erträgt, ohne beschädigt zu werden, so wird ihm auch die Natur durch die Eingriffe des Experimentirenden in ihrer Harmonie gestört, gequält, verwirrt, und sie täuscht dafür den Störenfried durch ein Zerrbild.

> Geheimnissvoll am lichten Tag
> Lässt sich Natur des Schleiers nicht berauben,
> Und was sie deinem Geist nicht offenbaren mag,
> Das zwingst du ihr nicht ab mit Hebeln und mit Schrauben.

Demgemäss spottet er, namentlich in seiner Polemik gegen Newton, häufig der durch viele enge Spalten und Gläser hindurchgequälten Farbenspectra und preiset die Versuche, welche man in klarem Sonnenschein unter freiem Himmel anstellen könne, nicht nur als besonders leicht und besonders ergötzlich, sondern auch als besonders beweisend. Die dichterische Richtung geistiger Thätigkeit charakterisirt sich schon in seinen morphologischen Arbeiten ganz entschieden. Man untersuche nur, was denn nun eigentlich mit den Ideen geleistet sei, die die Wissenschaft von ihm empfangen hat, man wird ein höchst wunderliches Verhältniss finden. Niemand wird sich gegen die Evidenz verschliessen, wenn ihm die Reihenfolge der Uebergänge vorgelegt wird, womit ein Blatt in einen Staubfaden, ein Arm in einen Flügel oder eine Flosse, ein Wirbel in das Hinterhauptbein übergeht. Die Idee, sämmtliche Blüthentheile der Pflanze seien umgeformte Blätter, eröffnet einen gesetzmässigen Zusammenhang, der etwas sehr Ueberraschendes hat. Jetzt suche man das blattartige Organ zu definiren, sein Wesen zu bestimmen, so dass es alle die genannten Gebilde in sich begreift. Man geräth in Verlegenheit, weil alle besonderen Merkmale verschwinden, und man zuletzt nichts übrig behält, als dass ein Blatt im weiteren Sinne ein seitlicher Anhang der Pflanzenaxe sei. Sucht man also den Satz: „die Blüthentheile sind veränderte Blätter,“ in der Form wissenschaftlicher Begriffsbestimmungen auszusprechen, so verwandelt er sich in den anderen: „die Blüthentheile sind seitliche Anhänge der Pflanzenaxe,“ und um das zu sehen, braucht kein Goethe zu kommen. Ebenso hat man der Wirbeltheorie des Schädels nicht mit Unrecht vorgeworfen, sie müsse den Begriff des Wirbels so sehr erweitern, dass nichts übrig bleibe, als ein Wirbel sei ein Knochen. Nicht kleiner ist die Verlegenheit, wenn man in klaren wissenschaftlichen Begriffen definiren soll, was es bedeute, dass dieser Theil des einen Thieres jenem des andern entspreche. Es ist nicht der gleiche physiologische Gebrauch, denn dasselbe Knochenstück wird bei einem Säugethiere ein winziges, in der Tiefe des Felsenbeins verborgenes Gehörknöchelchen, welches bei einem Vogel zur Einlenkung des Unterkiefers dient, — es ist nicht die Gestalt, nicht die Lage, nicht die Verbindung mit anderen Theilen, welche einen constanten Charakter seiner Identität abgäben. Aber dennoch ist in den meisten Fällen durch Verfolgung der Uebergangsstufen möglich gewesen, mit ziemlicher Sicherheit auszumitteln, welche Theile sich entsprechen. Goethe selbst hat dies Verhältniss sehr richtig eingesehen, er sagt bei Gelegenheit der Wirbeltheorie des Schädels: „Ein dergleichen

Aperçu, ein solches Gewahrwerden, Auffassen, Vorstellen, Begriff, Idee, wie man es nennen mag, behält immerfort, man gebehrde sich, wie man will, eine esoterische Eigenschaft; im Ganzen lässt es sich aussprechen, aber nicht beweisen, im Einzelnen lässt es sich wohl vorzeigen, doch bringt man es nicht rund und fertig." So steht die Sache grösstentheils noch jetzt. Man kann sich den Unterschied noch klarer machen, wenn man überlegt, wie die Physiologie, die Erforscherin des ursächlichen Zusammenhangs der Lebensvorgänge, diese Idee des gemeinsamen Bauplanes der Thiere behandeln müsste. Sie könnte fragen: Ist etwa die Ansicht richtig, wonach während der geologischen Entwickelung der Erde sich eine Thierart aus der andern gebildet habe, und hat sich dabei die Brustflosse des Fisches allmälig in einen Arm oder Flügel verwandelt? Oder sind die verschiedenen Thierarten gleich fertig erschaffen worden, und rührt ihre Aehnlichkeit daher, dass die frühesten Schritte der Entwickelung aus dem Ei bei allen Wirbelthieren nur auf eine einzige, sehr übereinstimmende Weise von der Natur ausgeführt werden können, und sind die späteren Analogien des Baues durch diese ersten gemeinsamen Grundzüge der Entwickelung bedingt? Zu der letztern Ansicht möchte sich die Mehrzahl der Forscher gegenwärtig neigen [1]), denn die Uebereinstimmung in den früheren Zeiten der Entwickelung ist sehr auffallend. So haben selbst die jungen Säugethiere zeitweise die Anlagen zu Kiemenbögen an den Seiten des Halses, wie die Fische, und es scheinen in der That die sich entsprechenden Theile der erwachsenen Thiere während der Entwickelung auf gleiche Weise zu entstehen, so dass man neuerdings angefangen hat, die Entwickelungsgeschichte als Controle für die theoretischen Ansichten der vergleichenden Anatomie zu gebrauchen. Man sieht, dass durch die angedeuteten physiologischen Ansichten die Idee des gemeinsamen Typus ihre begriffliche Bestimmung und Bedeutung bekommen würde. Goethe hat Grosses geleistet, indem er ahnte, dass ein Gesetz vorhanden sei, und die Spuren desselben scharfsichtig verfolgte, aber welches Gesetz da sei, erkannte er nicht und suchte auch nicht danach. Das letztere lag nicht in der Richtung seiner Thätigkeit, und darüber ist selbst bei dem jetzigen Zustande der Wissenschaft noch keine feststehende Ansicht möglich, kaum dass die Art erkannt wird, wie die Fragen zu stellen sein werden. Gern erkennen wir also an, dass Goethe in diesem

---

[1]) Dies ist vor Darwin's Buche über den Ursprung der Art geschrieben.

Gebiete Alles geleistet hat, was in seiner Zeit überhaupt zu leisten war. Ich sagte vorher, er stelle sich der Natur wie einem Kunstwerke gegenüber. In seinen morphologischen Studien spielt er dieselbe Rolle, wie der kunstsinnige Hörer einer Tragödie, welcher fein herausfühlt, wie in dieser alles Einzelne zusammengehört, zusammenwirkt, von einem gemeinsamen Plane beherrscht wird, und sich an dieser kunstvollen Planmässigkeit lebhaft erfreut, ohne doch die leitende Idee des Ganzen begriffsmässig entwickeln zu können. Das letztere Geschäft bleibt der wissenschaftlichen Betrachtung des Kunstwerks vorbehalten, und jener ist vielleicht, wie Goethe der Natur gegenüber, kein Freund solcher Zergliederung des Werks, an dem er sich freut, weil er — aber mit Unrecht — fürchtet, seine Freude könne ihm dadurch gestört werden.

Aehnlich ist Goethe's Standpunkt in der Farbenlehre. Wir haben gesehen, dass seine Opposition gegen die physikalische Theorie bei einem Punkte anhebt, wo diese ganz vollständige und consequente Erklärungen aus ihren einmal angenommenen Grundlagen giebt. Er kann offenbar nicht daran Anstoss genommen haben, dass die Theorie in dem einzelnen Falle nicht ausreiche, sondern vielmehr an den Annahmen, die sie zum Zwecke der Erklärung macht, und die ihm so absurd erscheinen, dass er deshalb die gegebene Erklärung als gar keine achtet. Es scheint ihm namentlich der Gedanke undenkbar gewesen zu sein, dass weisses Licht aus farbigem zusammengesetzt werden könne; er schilt schon in jener frühesten Zeit [1]) auf das ekelhafte Newton'sche Weiss der Physiker, ein Ausdruck, welcher anzudeuten scheint, dass es besonders diese Annahme gewesen sei, welche ihn in jener Erklärung beleidigte.

Auch in seiner spätern Polemik gegen Newton, welche erst herausgegeben wurde, nachdem seine eigene Theorie der Farben vollendet war, geht sein Streben mehr dahin zu zeigen, dass die von Newton angeführten Thatsachen sich auch aus seiner Ansicht erklären liessen, und dass deshalb Newtons Ansicht nicht genügend bewiesen sei, als dass er eigentlich in dieser innere Widersprüche oder solche gegen die Thatsachen nachzuweisen suchte. Vielmehr scheint er die Evidenz seiner eigenen Ansicht für so gross zu halten, dass er sie nur vorzuführen brauche, um die Newtons zu vernichten. Es sind nur wenige Stellen, wo er die von Newton beschriebenen Versuche bestreitet. Bei einigen die-

---

[1]) Confession am Schluss der Geschichte der Farbenlehre.

ser Versuche [1]) scheint ihm die Wiederholung deshalb nicht geglückt zu sein, weil nicht bei allen Stellungen der dabei gebrauchten Linsen der Erfolg gleich leicht zu beobachten ist, und ihm die geometrischen Verhältnisse unbekannt waren, durch welche sich die günstigste Stellung der Linsen bestimmt. Bei anderen Versuchen über die Ausscheidung einfachen farbigen Lichtes mit Hülfe blosser Prismen sind Goethe's Einwürfe nicht ganz unrichtig, insofern die Reinigung der isolirten Farben auf diesem Wege wohl schwerlich so weit getrieben werden kann, dass die Brechung in einem andern Prisma nicht noch Spuren einer andern Färbung an den Rändern geben sollte. Eine so vollständige Ausscheidung des einfach farbigen Lichtes lässt sich nur in sehr sorgfältig geordneten, gleichzeitig aus Prismen und Linsen bestehenden Apparaten bewirken, und die Besprechung gerade dieser Versuche, welche Goethe auf einen supplementaren Theil verschoben hatte, ist er schuldig geblieben. Wenn er auf die verwirrende Complication dieser Vorrichtungen schilt, so denke man an die mühsamen Umwege, welche der Chemiker oft nehmen muss, um gewisse einfache Körper rein darzustellen, und man wird sich nicht verwundern dürfen, dass die ähnliche Aufgabe für das Licht nicht unter freiem Himmel, im Garten und mit einem einfachen Prisma in der Hand zu lösen ist [2]). Goethe muss seiner Theorie gemäss die Möglichkeit, reines farbiges Licht abzuscheiden, gänzlich in Abrede stellen. Ob er jemals mit Apparaten experimentirt hat, welche geeignet waren, diese Aufgabe zu lösen, bleibt zweifelhaft, da eben der versprochene supplementare Theil fehlt.

Um eine Anschauung von der Leidenschaftlichkeit zu geben, mit welcher der sonst so hofmännisch gemässigte Goethe gegen Newton polemisirt, citire ich aus wenigen Seiten des polemischen Theils der Farbenlehre folgende Ausdrücke, mit denen er die Sätze dieses grössten Denkers in dem Gebiete der Physik und Astronomie belegt: — „bis zum Unglaublichen unverschämt" — „barer Unsinn" — „fratzenhafte Erklärungsart" — „höchlich be-

---

[1]) Polemischer Theil. §. 47 u. 169.

[2]) Ich erlaube mir hier noch zu bemerken, dass ich die Unzerlegbarkeit und Unveränderlichkeit des einfachen farbigen Lichtes, diese beiden Grundlagen von Newtons Theorie, nicht blos vom Hörensagen, sondern durch eigenen Augenschein kenne, indem ich in einer meiner eigenen Untersuchungen (Ueber D. Brewsters neue Analyse des Sonnenlichts in Poggendorf's Annalen Bd. 86. S. 501) gezwungen war, die Reinigung des farbigen Lichtes bis zur letzten erreichbaren Vollendung zu treiben.

wundernswerth für die Schüler in der Laufbank." — „Aber ich
sehe wohl, Lügen bedarf's und über die Maassen."

Goethe bleibt auch in der Farbenlehre seiner oben erwähnten Ansicht getreu, dass die Natur ihre Geheimnisse von selbst
darlegen müsse, dass sie die durchsichtige Darstellung ihres ideel-
len Inhalts sei. Er fordert daher für die Untersuchung physikalischer Gegenstände eine solche Anordnung der beobachteten Thatsachen, dass eine immer die andere erkläre, und man so zur Einsicht in den Zusammenhang komme, ohne das Gebiet der sinnlichen Wahrnehmung zu verlassen. Diese Forderung hat einen
sehr bestechenden Schein für sich, ist aber ihrem Wesen nach
grundfalsch. Denn eine Naturerscheinung ist physikalisch erst
dann vollständig erklärt, wenn man sie bis auf die letzten ihr zu
Grunde liegenden und in ihr wirksamen Naturkräfte zurückgeführt
hat. Da wir nun die Kräfte nie an sich, sondern nur ihre Wirkungen wahrnehmen können, so müssen wir in jeder Erklärung
von Naturerscheinungen das Gebiet der Sinnlichkeit verlassen und
zu unwahrnehmbaren, nur durch Begriffe bestimmten Dingen übergehen. Wenn wir einen Ofen warm finden und dann bemerken,
dass Feuer darin brennt, so sagen wir allerdings vermöge eines
ungenauen Sprachgebrauches, dass durch die zweite Wahrnehmung
die erste erklärt werde. Im Grunde heisst das aber doch nichts
anderes als: Wir sind immer gewohnt, wo Feuer brennt, auch
Wärme zu finden, so auch dieses Mal im Ofen. Wir reihen also
unser Factum unter ein allgemeineres, bekannteres ein, beruhigen
uns dabei und nennen dies fälschlich eine Erklärung. Die Allgemeinheit dieser Beobachtung führt offenbar noch nicht die Einsicht in die Ursachen mit sich; letztere ergiebt sich erst, wenn wir
ermitteln können, welche Kräfte in dem Feuer wirksam sind, und
wie die Wirkungen von ihnen abhängen.

Aber dieser Schritt in das Reich der Begriffe, welcher nothwendig gemacht werden muss, wenn wir zu den Ursachen der
Naturerscheinungen aufsteigen wollen, schreckt den Dichter zurück.
In den Dichtwerken hat er dem geistigen Gehalte derselben die
Einkleidung der unmittelbarsten sinnlichen Anschauung gegeben,
ohne alle begrifflichen Zwischenglieder. Je grösser hier die sinnliche Lebendigkeit der Anschauung war, desto grösser war sein
Ruhm. Er möchte die Natur ebenso angegriffen sehen. Der Physiker dagegen will ihn hinüberführen in eine Welt unsichtbarer
Atome, Bewegungen, anziehender und abstossender Kräfte, die in
zwar gesetzmässigem, aber kaum zu übersehendem Gewirre durch-

einander arbeiten. Letzterem ist der sinnliche Eindruck keine unumstössliche Autorität, er untersucht die Berechtigung desselben, fragt, ob wirklich das ähnlich, was die Sinne für ähnlich, ob wirklich das verschieden, was sie für verschieden erklären, und kommt häufig zu einer verneinenden Antwort. Das Resultat dieser Prüfung, wie es jetzt vorliegt, ist, dass die Sinnesorgane uns zwar von äussern Einwirkungen benachrichtigen, dieselben aber in ganz veränderter Gestalt zum Bewusstsein bringen, so dass die Art und Weise der sinnlichen Wahrnehmung weniger von den Eigenthümlichkeiten des wahrgenommenen Gegenstandes, als von denen des Sinnesorgans abhängt, durch welches wir die Nachricht bekommen. Alles, was uns der Sehnerv berichtet, berichtet er unter dem Bilde einer Lichtempfindung, sei es nun die Strahlung der Sonne, oder ein Stoss auf das Auge, oder ein elektrischer Strom im Auge. Der Hörnerv verwandelt wiederum Alles in Schallphänomene, der Hautnerv in Temperatur- oder Tastempfindungen. Derselbe elektrische Strom, dessen Dasein der Sehnerv als einen Lichtschein, der Geschmacksnerv als Säure berichtet, erregt im Hautnerven das Gefühl des Brennens. Denselben Sonnenstrahl, den wir Licht nennen, wenn er in das Auge fällt, nennen wir Wärme, wenn er die Haut trifft. Objectiv dagegen ist das Tageslicht, welches in unsere Fenster eindringt, und die Wärmestrahlung eines eisernen Ofens nicht mehr und nicht anders von einander unterschieden, als es die rothen und blauen Bestandtheile des Lichtes unter sich sind, d. h. wie sich die rothen von den blauen Strahlen nach der Undulationstheorie durch grössere Schwingungsdauer und geringere Brechbarkeit unterscheiden, so haben die dunklen Wärmestrahlen des Ofens eine noch grössere Schwingungsdauer und noch geringere Brechbarkeit als die rothen Lichtstrahlen, sind ihnen aber in jeder andern Beziehung vollkommen ähnlich. Alle diese Strahlen, leuchtende und nicht leuchtende, wärmen, aber nur ein gewisser Theil derselben, den wir eben deshalb mit dem Namen Licht belegen, kann durch die durchsichtigen Theile unseres Auges bis zum Sehnerven dringen und Lichtempfindung erregen. Wir können das Verhältniss vielleicht am passendsten so bezeichnen: Die Sinnesempfindungen sind uns nur Symbole für die Gegenstände der Aussenwelt und entsprechen diesen etwa so, wie der Schriftzug oder Wortlaut dem dadurch bezeichneten Dinge. Sie geben uns zwar Nachricht von den Eigenthümlichkeiten der Aussenwelt, aber nicht bessere, als wir einem Blinden durch Wortbeschreibungen von der Farbe geben.

Wir sehen, dass die Wissenschaft zu einer ganz entgegengesetzten Schätzung der Sinnlichkeit gelangt ist, als sie der Dichter in sich trug, und zwar war Newtons Behauptung, Weiss sei aus allen Farben des Spectrum zusammengesetzt, der erste Keim dieser erst später sich entwickelnden Ansicht. Denn zu jener Zeit fehlten noch die galvanischen Beobachtungen, welche den Weg zur Kenntniss der Rolle eröffneten, die die Eigenthümlichkeit der Sinnesnerven bei den Sinnesempfindungen spielt. Weiss, welches dem Auge als der einfachste, reinste aller Farbeneindrücke erscheint, sollte aus dem unreineren Mannigfaltigen zusammengesetzt sein. Hier scheint der Dichter mit schneller Vorahnung gefühlt zu haben, dass durch die Consequenzen dieses Satzes sein ganzes Princip in Frage komme, und deshalb erscheint ihm diese Annahme so undenkbar, so namenlos absurd. Seine Farbenlehre müssen wir als den Versuch betrachten, die unmittelbare Wahrheit des sinnlichen Eindrucks gegen die Angriffe der Wissenschaft zu retten. Daher der Eifer, mit dem er sie auszubilden und zu vertheidigen strebt, die leidenschaftliche Gereiztheit, mit der er die Gegner angreift, die überwiegende Wichtigkeit, welche er ihr vor allen seinen anderen Werken zuschreibt, und die Unmöglichkeit der Ueberzeugung und Versöhnung.

Wenden wir uns nun zu seinen eigenen theoretischen Vorstellungen, so ergiebt sich schon aus dem Vorigen, dass Goethe keine Erklärung der Erscheinungen geben kann, welche im physikalischen Sinne eine wäre, ohne seinem Principe untreu zu werden. Und so finden wir es wirklich. Er geht davon aus, dass die Farben stets dunkler als das Weiss sind, dass sie etwas Schattiges haben (nach der physikalischen Theorie: weil Weiss, die Summe alles farbigen Lichtes, heller sein muss als jeder seiner einzelnen Theile). Directe Mischung von Licht und Dunkel, von Weiss und Schwarz giebt Grau; die Farben müssen also durch eine andere Art der Zusammenwirkung von Licht und Schatten entstanden sein. Diese glaubt Goethe in den Erscheinungen schwach getrübter Medien zu finden. Solche sehen in der Regel blau aus, wenn sie selbst vom Lichte getroffen vor einem dunklen Grunde gesehen werden, gelb dagegen, wenn man durch sie einen hellen Gegenstand sieht. So erscheint die Luft bei Tage vor dem dunklen Himmelsgrunde blau, und die Sonne, beim Untergange durch eine lange trübe Luftschicht gesehen, gelb oder gelbroth. Die physikalische Erklärung dieses Phänomens, was sich jedoch nicht an allen trüben Körpern zeigt, z. B. nicht an mattgeschliffenen Glasplatten, würde uns hier zu weit von unserem Wege abführen. Durch das trübe Mittel soll nach Goethe dem Lichte etwas Körperliches, Schattiges gegeben werden, wie es zum Entstehen der Farbe nothwendig sei. Schon bei dieser Vorstellung geräth man in Verlegenheit, wenn man sie als eine physikalische Erklärung betrachten will. Sollen sich etwa körperliche Theile dem Lichte zumischen und mit ihm davonfliegen? Auf dieses sein Urphänomen sucht Goethe alle übrigen Farbenerscheinungen zurückzuführen, namentlich die prismatischen. Er betrachtet alle durchsichtigen Körper als schwach trübe und nimmt an, dass das Prisma dem Bilde, welches es dem Beobachter zeigt, von seiner Trübung etwas mittheile. Hierbei ist es wieder schwer, sich etwas Bestimmtes zu denken. Goethe scheint gemeint zu haben, dass das Prisma nie ganz scharfe Bilder entwirft, sondern undeutliche, verwaschene, denn in der Farbenlehre reihet er sie an die Nebenbilder an, welche parallele Glasplatten und Krystalle von Kalkspath zeigen. Verwaschen sind die Bilder des Prisma allerdings im zusammengesetzten Lichte, vollkommen scharf dagegen im einfachen. Betrachte man, meint er, durch das Prisma eine helle Fläche auf dunklem Grunde, so werde das Bild vom Prisma verschoben und getrübt. Der vorangehende Rand desselben werde über den dunklen Grund hinübergeschoben, und erscheine als helles Trübes vor Dunklem blau, der hinterher folgende Rand der hellen Fläche werde aber von dem vorgeschobenen trüben Bilde des darnach folgenden schwarzen Grundes überdeckt und erscheine als ein Helles hinter einem dunklen Trüben gelbroth. Warum der vorgeschobene Rand vor dem Grunde, der nachbleibende hinter demselben erscheine, und nicht umgekehrt, erklärt er nicht. Man analysire aber diese Vorstellung weiter und mache sich den Begriff des optischen Bildes klar. Wenn ich einen hellen Gegenstand in einem Spiegel abgebildet sehe, so geschieht dies deshalb, weil das Licht, welches von jenem ausgeht, von dem Spiegel gerade so zurückgeworfen wird, als käme es von einem Gegenstande gleicher Art hinter dem Spiegel her, den das Auge des Beobachters demgemäss abbildet, und den der Beobachter deshalb wirklich zu sehen glaubt. Jedermann weiss, dass hinter dem Spiegel nichts Wirkliches dem Bilde entspricht, dass auch nicht einmal etwas von dem Lichte dort hindringt, sondern das Spiegelbild ist nichts als der geometrische Ort, in welchem die gespiegelten Strahlen rückwärts verlängert sich schneiden. Deshalb erwartet auch Niemand, dass das Bild hinter dem Spiegel irgend eine reelle Wirkung ausüben solle. Ebenso zeigt uns das Prisma Bilder der gesehenen Gegenstände, welche eine andere Stelle als diese Gegenstände selbst haben. Das heisst, das Licht, welches der Gegenstand nach dem Prisma sendet, wird von diesem so gebrochen, als käme es von einem seitlich liegenden Gegenstande, dem Bilde, her. Dieses Bild ist nun wieder nichts Reelles, sondern es ist wiederum nur der geometrische Ort, in welchem sich rückwärts verlängert die Lichtstrahlen schneiden. Und doch soll bei Goethe dieses Bild durch seine Verschiebung reelle Wirkungen hervorbringen. Das verschobene Helle soll wie ein trüber Körper das dahinter scheinende Dunkle blau erscheinen lassen, das verschobene Dunkle das dahinter liegende Helle rothgelb. Dass Goethe hier ganz eigentlich das Bild in seiner scheinbaren Oertlichkeit als Gegenstand behandelt, zeigt sich auch namentlich darin, dass er in seiner Erklärung annehmen muss, der blaue Rand des hellen Feldes liege örtlich vor, der rothe hinter dem mitverschobenen dunklen Bilde. Goethe bleibt hier dem sinnlichen Scheine getreu und behandelt einen geometrischen Ort als körperlichen Gegenstand. Ebenso wenig nimmt er daran Anstoss, Roth und Blau sich zuweilen gegenseitig zerstören zu lassen, z. B. in dem prismatischen blauen Rande eines rothen Feldes, in andern Fällen dagegen daraus eine schöne Purpurfarbe zusammen zu setzen, wenn sich z. B. die blauen und rothen Ränder über einem schwarzen Felde begegnen. Noch wunderlicher sind die Wege, wie er sich aus den Verlegenheiten zieht, welche ihm Newtons zusammengesetztere Versuche bereiten. So lange man seine Erklärungen als bildliche Versinnlichungen der Vorgänge gelten lässt, kann man ihnen beistimmen, ja sie haben oft etwas sehr Anschauliches und Bezeichnendes, als physikalische Erklärungen dagegen würden sie sinnlos sein.

Dass der theoretische Theil der Farbenlehre keine Physik sei, wird hiernach Jedem einleuchten, und man kann auch einigermaassen einsehen, dass der Dichter eine ganz andere Betrachtungsweise, als die physikalische, in die Naturforschung einführen wollte, und wie er dazu kam. In der Dichtung kommt es ihm nur auf den „schönen Schein" an, der das Ideale zur Anschauung bringt; wie dieser Schein zu Stande komme, ist gleichgültig. Auch die Natur ist dem Dichter sinnbildlicher Ausdruck des Geistigen. Die Physik sucht dagegen die Hebel, Stricke und Rollen zu entdecken, welche hinter den Coulissen arbeitend diese regieren, und der Anblick des Mechanismus zerstört freilich den schönen Schein. Deshalb möchte der Dichter gern die Stricke und Rollen hinwegläugnen, für die Ausgeburten pedantischer Köpfe erklären und die Sache so darstellen, als veränderten die Coulissen sich selbst oder würden durch die Idee des Kunstwerks regiert. Auch liegt es in Goethe's ganzer Richtung, dass gerade er unter allen Dichtern gegen die Physik polemisch auftreten musste. Andere Dichter, je nach der Eigenthümlichkeit ihres Talents, achten entweder in der leidenschaftlichen Macht ihrer Begeisterung nicht auf das störende Materielle, oder sie erfreuen sich daran, wie auch in ihm trotz seines Widerstrebens sich der Geist Wege bahnt. Goethe, nie durch eine subjective Erregung über die umgebende Wirklichkeit geblendet, kann sich nur da behaglich verweilen, wo er die Wirklichkeit selbst vollständig poetisch gestempelt hat. Darin liegt die eigenthümliche Schönheit seiner Dichtungen, und darin liegt auch gleichzeitig der Grund, warum er gegen den Mechanismus, der ihn jeden Augenblick in seinem poetischen Behagen zu stören droht, kämpfend auftreten muss und den Feind in seinem eigenen Lager anzugreifen sucht.

Wir können aber den Mechanismus der Materie nicht dadurch besiegen, dass wir ihn wegläugnen, sondern nur dadurch, dass wir ihn den Zwecken des sittlichen Geistes unterwerfen. Wir müssen seine Hebel und Stricke kennen lernen, wenn es auch die dichterische Naturbetrachtung stören sollte, um sie nach unserem eigenen Willen regieren zu können, und darin liegt die grosse Bedeutung der physikalischen Forschung für die Cultur des Menschengeschlechtes und ihre volle Berechtigung gegründet.

Aus dem Dargestellten wird es klar sein, dass allerdings Goethe in seinen verschiedenen naturwissenschaftlichen Arbeiten die gleiche Richtung geistiger Thätigkeit verfolgt hat, dass aber die Aufgaben sehr entgegengesetzter Art waren, und wenn man einsieht, dass gerade dieselbe Eigenthümlichkeit, welche ihn in dem einen Felde zu glänzendem Ruhme emportrug, es war, die sein Scheitern in dem andern bedingte, so wird man vielleicht geneigter werden, den Verdacht gegen die Physiker schwinden zu lassen, welchen gewiss noch mancher der Verehrer des grossen Dichters hegt, als könnten sie doch wohl in verstocktem Zunftstolze für die Inspirationen des Genius sich blind gemacht haben.

Nachschrift,
(geschrieben 1875).

Hier ist zu constatiren, dass in dem seit der ersten Abfassung dieses Aufsatzes verflossenen Vierteljahrhundert die Gedankenkeime, welche Goethe im Gebiete der Naturwissenschaften ausgesät hat, zu vollerer und zum Theil reicher Entwickelung gelangt sind. Unverkennbar stützt sich Darwin's Theorie von der Umbildung der organischen Formen vorzugsweise auf dieselben Analogien und Homologien im Baue der Thiere und Pflanzen, welche der Dichter, als der erste Entdecker, zunächst nur in der Form ahnender Anschauung seinen ungläubigen Zeitgenossen darzulegen versucht hatte. Darwin's Verdienst ist es, dass er mit grossem Scharfsinne und aufmerksamer Beobachtung den ursächlichen Zusammenhang, dessen Wirkungen diese Uebereinstimmungen in dem Typus der verschiedenartigsten Organismen sind, oder doch sein könnten, aufgespürt, und so die dichterische Ahnung zur Reife des klaren Begriffes entwickelt hat. Ich brauche nicht hervorzuheben, welche Umwälzung in der ganzen Auffassung der Lebenserscheinungen diese Erkenntnisse hervorgerufen haben.

Aber auch den Ideen, welche sich Goethe über die Wege, die die Naturforschung einschlagen, und die Ziele, denen sie nachstreben müsse, gebildet hatte, ist man in naturwissenschaftlichen Kreisen unverkennbar näher gekommen.

In dieser Beziehung erlaube ich mir auf meine unten [1]) folgende Gedächtnissrede für G. Magnus zu verweisen. Was Goethe suchte, war das Gesetzliche in den Phänomenen; das war ihm die Hauptsache, welche er sich nicht durch metaphysische Gedankengebilde verwirren lassen wollte. Wenn die Naturforscher ihrerseits nun dazu gelangen, die Kraft als das von aller Zufälligkeit der Erscheinung gereinigte, und in seiner Herrschaft über die Wirklichkeit als objectiv gültig anerkannte Gesetz aufzufassen, so ist über die letzten Ziele wohl kaum noch eine erhebliche Divergenz der Meinungen vorhanden. Den entschiedensten Ausdruck hat diese Auffassung in Kirchhoff's eben erscheinenden Vorlesungen über mathematische Physik empfangen, wo er die Mechanik geradezu unter die beschreibenden Naturwissenschaften einreiht. Goethe's Versuch, seine Anschauungen an dem Beispiel der Farbenlehre praktisch durchzuführen, können wir freilich nicht als gelungen betrachten, aber das Gewicht, was er selbst auf diese Richtung seiner Arbeiten legte, wird verständlich. Er sah auch da ein hohes Ziel vor sich, zu dem er uns führen wollte; aber sein Versuch, einen Anfang des Weges zu entdecken, war nicht glücklich und leitete ihn leider in unentwirrbares Gestrüpp.

[1]) Bd. II. S. 35.

ÜBER DIE

WECHSELWIRKUNG

DER

NATURKRÄFTE

UND DIE

DARAUF BEZÜGLICHEN NEUESTEN
ERMITTELUNGEN DER PHYSIK.

———

Ein

populär-wissenschaftlicher Vortrag

gehalten

am 7. Februar 1854

in

Königsberg in Preussen.

Die Physik hat in neuester Zeit eine neue Errungenschaft von sehr allgemeinem Interesse gemacht, von der ich mich bemühen will, im Folgenden eine Vorstellung zu geben. Es handelt sich dabei um ein neues allgemeines Naturgesetz, welches das Wirken sämmtlicher Naturkräfte in ihren gegenseitigen Beziehungen zu einander beherrscht, und eine ebenso grosse Bedeutung für unsere theoretischen Vorstellungen von den Naturprocessen hat, als es für die technische Anwendung derselben von Wichtigkeit ist.

Als von der Grenzscheide des Mittelalters und der neueren Zeit ab die Naturwissenschaften ihre schnelle Entwickelung begannen, machte unter den praktischen Künsten, welche sich daran anschliessen, auch die der technischen Mechanik, unterstützt durch die gleichnamige mathematische Wissenschaft, rüstige Fortschritte. Der Charakter der genannten Kunst war aber natürlich in jenen Zeiten von dem heutigen sehr verschieden. Ueberrascht und berauscht von ihren eigenen Erfolgen, verzweifelte sie in jugendlichem Uebermuthe an der Lösung keiner Aufgabe mehr, sondern machte sich zum Theil sogleich an die schwersten und verwickeltsten. So versuchte man denn auch sehr bald mit vielem Eifer lebende Thiere und Menschen in der Form sogenannter Automaten nachzubauen. Das Staunen des vorigen Jahrhunderts waren Vaucanson's Ente, welche frass und verdaute, desselben Meisters Flötenspieler, der alle Finger richtig bewegte, der schreibende Knabe des älteren und die Klavierspielerin des jüngeren Droz, welche letztere auch beim Spiele gleichzeitig ihren Händen mit den Augen folgte, und nach beendeter Kunstleistung aufstand, um der Gesellschaft eine höfliche Verbeugung zu machen. Es würde unbegreiflich sein, dass Männer, wie die genannten, deren Talent sich mit den erfindungsreichsten Köpfen unseres Jahrhunderts messen kann, eine so ungeheure Zeit und Mühe, einen solchen Aufwand von Scharfsinn an die Ausführung dieser Automaten hätten wenden können, die uns nur noch als eine äusserst kindliche Spielerei erscheinen, wenn sie nicht gehofft hätten, dieselbe Aufgabe auch in wirklichem Ernste lösen zu können. Der schreibende Knabe des älteren Droz wurde noch vor einigen Jahren in Deutschland öffentlich gezeigt. Sein Räderwerk ist so verwickelt, dass kein ganz gemeiner Kopf dazu gehören möchte, auch nur dessen Wirkungsweise zu enträthseln. Wenn uns aber erzählt wird, dass dieser Knabe und sein Erbauer, der schwarzen Kunst verdächtig, eine Zeitlang in den Kerkern der spanischen Inquisition geschmachtet haben sollen, und nur mit Mühe ihre Lossprechung erlangten, so geht daraus hervor, dass die Menschenähnlichkeit selbst dieser Spielwerke in jenen Zeiten gross genug erschien, um sogar ihren natürlichen Ursprung verdächtig zu machen. Und wenn jene Mechaniker auch vielleicht nicht die Hoffnung hegten, den Geschöpfen ihres Scharfsinns eine Seele mit moralischen Vollkommenheiten einzublasen, so würde doch mancher die moralischen Vollkommenheiten seiner Diener gern entbehren, wenn dabei ihre moralischen Unvollkommenheiten gleichzeitig beseitigt werden könnten, und ausserdem die Regelmässigkeit einer Maschine, sowie die Dauerhaftigkeit von Messing und Stahl statt der Vergänglichkeit von Fleisch und Bein gewonnen würde. Das Ziel also, welches sich die erfinderischen Köpfe der vergangenen Jahrhunderte, wir können nicht zweifeln, mit vollem Ernste und nicht etwa als einen hübschen Tand vorstecktten, war kühn gewählt, und wurde mit einem Aufwande von Scharfsinn verfolgt, der nicht wenig zur Bereicherung der mechanischen Hilfsmittel beigetragen hat, mit deren Hilfe die spätere Zeit einen fruchtbringenderen Weg zu verfolgen verstand. Wir suchen jetzt nicht mehr Maschinen zu bauen, welche die tausend verschiedenen Dienstleistungen eines Menschen vollziehen, sondern verlangen im Gegentheil, dass eine Maschine eine Dienstleistung, aber an Stelle von tausend Menschen, verrichte.

Aus diesem Streben, lebende Geschöpfe nachzumachen, scheint sich zunächst — auch wieder durch ein Missverständniss — eine andere Idee entwickelt zu haben, welche gleichsam der neue Stein der Weisen des siebzehnten und achtzehnten Jahrhunderts wurde. Es handelte sich darum, ein Perpetuum mobile herzustellen. Darunter verstand man eine Maschine, welche, ohne dass sie aufgezogen würde, ohne dass man, um sie zu treiben, fallendes Wasser, Wind oder andere Naturkräfte anzuwenden brauchte, von selbst fortdauernd in Bewegung bliebe, indem sie sich ihre Triebkraft unaufhörlich aus sich selbst erzeugte. Thiere und Menschen schienen im Wesentlichen der Idee eines solchen Apparates zu entsprechen, denn sie bewegten sich kräftig und anhaltend, so lange sie lebten, niemand zog sie auf oder stiess sie an. Einen Zusammenhang zwischen der Nahrungsaufnahme und der Kraftentwickelung wusste man sich nicht zurecht zu machen. Die Nahrung schien nur nöthig, um gleichsam die Räder der thierischen Maschine zu schmieren, das abgenutzte zu ersetzen, das alt gewordene zu erneuern. Krafterzeugung aus sich selbst schien die wesentlichste Eigenthümlichkeit, die rechte Quintessenz des organischen Lebens zu sein. Wollte man also Menschen nachmachen, so musste zuerst das Perpetuum mobile gefunden werden.

Daneben scheint eine andere Hoffnung die zweite Stelle eingenommen zu haben, welche in unserem klügeren Zeitalter jedenfalls auf den ersten Rang in den Köpfen der Menschen Anspruch gemacht haben würde. Das Perpetuum mobile sollte nämlich unerschöpfliche Arbeitskraft ohne entsprechenden Verbrauch, also aus nichts, erschaffen. Aber Arbeit ist Geld. Hier winkte also die goldene Lösung der grossen praktischen Aufgabe, der die schlauen Leute aller Jahrhunderte auf den verschiedensten Wegen nachgegangen sind, nämlich: Geld aus nichts zu machen. Die Aehnlichkeit mit dem Steine der Weisen, den die alten Alchimisten suchten, war vollständig; auch jener sollte die Quintessenz des organischen Lebens enthalten, und sollte fähig sein, Gold zu machen.

Der Sporn, der zum Suchen antrieb, war scharf, und das Talent derjenigen, welche suchten, dürfen wir zum Theil nicht gering anschlagen. Die Art der Aufgabe war ganz geeignet, um grüblerische Köpfe gefangen zu nehmen, Jahre lang im Kreise herum zu führen, durch die scheinbar immer näher rückende Hoffnung immer wieder zu täuschen, und endlich bis zum Blödsinn zu verwirren. Das Phantom wollte sich nicht greifen lassen. Es würde unmöglich sein, eine Geschichte dieser Bestrebungen zu entwerfen, da die besseren Köpfe, unter denen auch der ältere Droz genannt wird, sich selbst von der Erfolglosigkeit ihrer Versuche überzeugten, und natürlich nicht geneigt waren viel davon zu sprechen. Verwirrtere Köpfe aber verkündeten oft genug, dass ihnen der grosse Fund gelungen sei, und da sich die Unrichtigkeit ihres Vorgebens immer bald erwies, kam die Sache in Verruf; es befestigte sich allmälig die Meinung, die Aufgabe sei nicht zu lösen, auch bezwang die mathematische Mechanik eines der hierher gehörigen Probleme nach dem anderen, und gelangte endlich dahin, streng und allgemein nachzuweisen, dass wenigstens durch Benutzung rein mechanischer Kräfte kein Perpetuum mobile erzeugt werden könne.

Wir sind hier auf den Begriff der Triebkraft oder Arbeitskraft von Maschinen gekommen, und werden damit auch weiter sehr viel zu thun haben. Ich muss deshalb eine Erklärung davon geben. Der Begriff der Arbeit ist auf Maschinen offenbar übertragen worden, indem man ihre Verrichtungen mit denen der Menschen und Thiere verglich, zu deren Ersatz sie bestimmt waren. Noch heute berechnet man die Arbeit der Dampfmaschinen nach Pferdekräften. Der Werth der menschlichen Arbeit bestimmt sich nun zum Theil nach dem Kraftaufwande, der damit verbunden ist (ein stärkerer Arbeiter wird höher geschätzt), zum Theil aber auch nach der Geschicklichkeit, welche erfordert wird. Geschickte Arbeiter sind nicht augenblicklich in beliebiger Menge zu schaffen; sie müssen Talent und Unterricht haben, ihre Ausbildung erfordert Zeit und Mühe. Eine Maschine dagegen, die irgend eine Arbeit gut ausführt, kann zu jeder Zeit in beliebig vielen Exemplaren hergestellt werden; deshalb hat ihre Geschicklichkeit nicht den überwiegenden Werth, den menschliche Geschicklichkeit in solchen Feldern hat, wo sie durch Maschinen nicht ersetzt werden kann. Man hat deshalb den Begriff der Arbeitsgrösse bei Maschinen eingeschränkt auf die Betrachtung des Kraftaufwandes, was um so wichtiger war, da in der That die meisten Maschinen dazu bestimmt sind, gerade durch die Gewalt ihrer Wirkungen Menschen und Thiere zu übertreffen. Deshalb ist im mechanischen Sinne der Begriff der Arbeit gleich dem des Kraftaufwandes geworden, und ich werde ihn auch im Folgenden nur so anwenden.

Wie kann dieser Kraftaufwand nun gemessen und bei verschiedenen Maschinen mit einander verglichen werden?

Ich muss Sie hier ein Stückchen Weges — es soll so kurz als möglich werden — durch das wenig anmuthige Feld mathematisch-mechanischer Begriffe hinführen, um Sie nach einem Standpunkte zu bringen, von wo sich eine lohnendere Aussicht eröffnen wird; und wenn das Beispiel, welches ich zu Grunde lege, eine Wassermühle mit Eisenhammer, noch leidlich romantisch aussieht, so muss ich leider das dunkle Waldthal, den schäumenden Bach, die funkensprühende Esse und die schwarzen Cyclopengestalten unberücksichtigt lassen, und einen Augenblick um Aufmerksamkeit für die weniger poetischen Seiten des Maschinenwerks bitten. Dieses wird durch ein Wasserrad getrieben, welches die herabstürzenden Wassermassen in Bewegung setzen. Die Axe des Wasserrades hat an einzelnen Stellen kleine Vorsprünge, Daumen, welche während der Umdrehung die Stiele der schweren Hämmer fassen, um sie zu heben und dann wieder fallen zu lassen. Der fallende Hammer bearbeitet die Metallmasse, welche ihm untergeschoben wird. Die Arbeit, welche die Maschine verrichtet, besteht also in diesem Falle darin, dass sie die Masse des Hammers hebt, zu welchem Ende sie die Schwere dieser Masse überwinden muss. Ihr Kraftaufwand wird also zunächst unter übrigens gleichen Umständen dem Gewichte des Hammers proportional sein, wird also z. B. verdoppelt werden müssen, wenn jenes Gewicht verdoppelt wird. Aber die Leistung des Hammers hängt nicht bloss von seinem Gewichte, sondern auch von der Höhe ab, aus der er fällt. Wenn er zwei Fuss herabfällt, wird er eine grössere Wirkung thun, als wenn er nur einen Fuss fiele. Nun ist aber klar, dass wenn die Maschine mit einem gewissen Kraftaufwande den Hammer erst um einen Fuss gehoben hat, sie denselben Kraftaufwand noch einmal wird anwenden müssen, um ihn einen zweiten Fuss weiter zu heben. Die Arbeit wird also nicht nur verdoppelt, wenn das Gewicht des Hammers verdoppelt wird, sondern auch, wenn die Fallhöhe verdoppelt wird. Daraus ist leicht ersichtlich, dass wir die Arbeit zu messen haben durch das Product des gehobenen Gewichtes, multiplicirt mit dem Fallraume. Und so misst die Mechanik in der That; sie nennt ihr Maass der Arbeit ein Fusspfund, d. h. ein Pfund Gewicht, gehoben um einen Fuss.

Während nun die Arbeit unseres Eisenhammers darin besteht, dass er die schweren Hammerköpfe in die Höhe hebt, wird die Triebkraft, welche ihn in Bewegung setzt, dadurch erzeugt, dass Wassermassen herunterfallen. Das Wasser braucht allerdings nicht immer senkrecht herabzufallen, es kann auch in einem mässig geneigten Bette herabfliessen, aber es muss sich doch immer, wo es Wassermühlen treiben soll, von einem höheren Orte zu einem tieferen begeben. Erfahrung und Theorie lehren nun übereinstimmend, dass wenn ein Hammer von einem Centner Gewicht um einen Fuss gehoben werden soll, dazu mindestens ein Centner Wasser um einen Fuss fallen muss, oder, was dem äquivalent ist, zwei Centner um einen halben Fuss, oder vier Centner um einen viertel Fuss u. s. w. Kurz, wenn wir das Gewicht der fallenden Wassermasse ebenso mit der Höhe des Falls multipliciren und als Maass ihrer Arbeit betrachten, wie wir es bei dem Hammer gemacht haben, so kann die Arbeit, welche die Maschine durch Hebung eines Hammers leistet, ausgedrückt in Fusspfunden, im günstigsten Falle nur ebenso gross sein, wie die Zahl der Fusspfunde des in derselben Zeit stürzenden Wassers. In Wirklichkeit wird sogar das Verhältniss gar nicht erreicht, sondern es geht ein grosser Theil der Arbeit des stürzenden Wassers ungenutzt verloren, weil man gern von der Kraft etwas opfert, um eine grössere Schnelligkeit zu erzielen.

Ich bemerke noch, dass dieses Verhältniss ungeändert bleibt, man mag nun die Hämmer unmittelbar von der Welle des Wasserrades treiben lassen, oder man mag die Bewegung des Rades durch zwischengeschobene gezahnte Räder, unendliche Schrauben, Rollen und Seile auf die Hämmer übertragen. Man kann durch solche Mittel allerdings bewirken, dass das Wasserwerk, welches bei der ersten einfachen Einrichtung nur einen Hammer von einem Centner Gewicht heben konnte, in den Stand gesetzt wird, einen solchen von 10 Centnern zu heben, aber entweder wird es diesen schwereren Hammer nur auf den zehnten Theil der Höhe heben, oder es wird zehnmal so lange Zeit dazu gebrauchen, so dass es schliesslich, wie sehr wir auch durch Maschinenwerk die Intensität der wirkenden Kraft abändern mögen, doch in einer bestimmten Zeit, während welcher uns der Bach eine bestimmte Wassermasse liefert, immer nur eine bestimmte Arbeit leisten kann.

Unser Maschinenwerk hat also zunächst weiter nichts gethan, als die Schwerkraft fallenden Wassers benutzt, um die Schwerkraft seiner Hämmer zu überwinden, und diese zu heben. Wenn es einen Hammer so weit als nöthig gehoben hat, lässt es ihn wieder los; er stürzt auf die Metallmassen herab, die ihm untergeschoben sind, und bearbeitet diese. Warum übt nun der stürzende Hammer eine grössere Gewalt aus, als wenn man ihn einfach durch sein Gewicht auf die Metallmasse, welche er bearbeiten soll, drücken lässt? Warum ist seine Gewalt desto grösser, je höher er gefallen ist, und je grösser daher seine Fallgeschwindigkeit ist? Wir finden hier, dass die Arbeitsgrösse des Hammers durch seine Geschwindigkeit bedingt ist. Auch bei anderen Gelegenheiten ist die Geschwindigkeit bewegter Massen ein Mittel grosse Wirkungen hervorzubringen. Ich erinnere an die zerstörenden Wirkungen abgeschossener Büchsenkugeln, welche in ruhendem Zustande die unschuldigsten Dinge von der Welt sind; ich erinnere an die Windmühlen, welche ihre Triebkraft von der bewegten Luft entnehmen. Es mag uns überraschen, dass die Bewegung, die uns als eine so unwesentliche und vergängliche Beigabe der materiellen Körper erscheint, so mächtige Wirkungen ausüben könne. Aber in der That erscheint uns die Bewegung in gewöhnlichen Verhältnissen nur deshalb so vergänglich, weil den Bewegungen aller irdischen Körper fortdauernd widerstehende Kräfte, Reibung, Luftwiderstand u. s. w. entgegenwirken, so dass sie fortdauernd geschwächt und endlich aufgehoben werden. Ein Körper aber, dem sich keine widerstehenden Kräfte entgegensetzen, wenn er einmal in Bewegung gesetzt ist, bewegt sich fort mit unverminderter Geschwindigkeit in alle Ewigkeit. So wissen wir, dass die Planeten den freien Weltraum seit Jahrtausenden in unveränderter Weise durcheilen. Nur durch widerstehende Kräfte kann Bewegung verlangsamt und vernichtet werden. Ein bewegter Körper, wie der schlagende Hammer oder die abgeschossene Kugel, wenn er gegen einen anderen stösst, presst diesen zusammen oder dringt in ihn ein, bis die Summe der Widerstandskräfte, welche der getroffene Körper seiner Compression oder der Trennung seiner Theilchen entgegensetzt, gross genug geworden ist, um die Bewegung des Hammers oder der Kugel zu vernichten. Man nennt die Bewegung einer Masse, insofern sie Arbeitskraft vertritt, die lebendige Kraft der Masse. Das Wort lebendig bezieht sich hier natürlich in keiner Weise auf lebende Wesen, sondern soll die Kraft der Bewegung nur unterscheiden von dem ruhigen Zustande unveränderten Bestehens, in dem sich z. B. die Schwerkraft eines ruhenden Körpers befindet, welche zwar einen fortdauernden Druck gegen seine Unterlage unterhält, aber keine Veränderung hervorbringt.

In unserem Eisenhammer hatten wir also zuerst Arbeitskraft in Form einer fallenden Wassermasse, dann in Form eines gehobenen Hammers, drittens in Form der lebendigen Kraft des gefallenen Hammers. Wir würden nun die dritte Form in die zweite zurückverwandeln können, wenn wir z. B. den Hammer auf einen höchst elastischen Stahlbalken fallen lassen, der stark genug wäre, um ihm zu widerstehen. Er würde zurückspringen, und zwar im günstigsten Falle so hoch zurückspringen können, als er herabgefallen ist, aber niemals höher. Dabei würde seine Masse also wieder emporsteigen, und uns in dem Augenblicke, wo sie ihren höchsten Punkt erreicht hat, wieder dieselbe Menge gehobener Fusspfunde darstellen können, wie vor dem Falle, niemals aber eine grössere, das heisst also: lebendige Kraft kann eine ebenso grosse

Menge Arbeit wiedererzeugen, wie die, aus der sie entstanden war. Sie ist also dieser Arbeitsgrösse äquivalent.

Unsere Wanduhren treiben wir durch sinkende Gewichte, die Taschenuhren durch gespannte Federn. Ein Gewicht, welches am Boden liegt, eine elastische Feder, welche erschlafft ist, kann keine Wirkungen hervorbringen; wir müssen, um solche zu erhalten, das Gewicht erst erheben, die Feder spannen. Das geschieht beim Aufziehen der Uhr. Der Mensch, welcher die Uhr aufzieht, theilt ihrem Gewichte oder ihrer Feder ein Gewisses an Arbeitskraft mit, und genau so viel, als ihr mitgetheilt ist, giebt sie in den nächsten 24 Stunden allmälig wieder aus, indem sie es langsam verbraucht, um die Reibung der Räder, den Luftwiderstand des Pendels zu überwinden. Das Räderwerk der Uhr bringt also keine Arbeitskraft hervor, die ihm nicht mitgetheilt wäre, sondern vertheilt nur die mitgetheilte gleichmässig auf eine längere Zeit.

In den Kolben einer Windbüchse treiben wir mittels einer Luftverdichtungspumpe eine grosse Menge Luft ein. Wenn wir nachher den Hahn des Kolbens öffnen und die verdichtete Luft in den Lauf der Büchse treten lassen, so treibt sie die eingeladene Kugel mit ähnlicher Gewalt, wie entzündetes Pulver, heraus. Nun können wir die Arbeit bestimmen, welche wir beim Einpumpen der Luft aufgewendet haben, und die lebendige Kraft, welche beim Abschiessen den Kugeln mitgetheilt ist; aber wir werden letztere nie grösser finden als erstere. Die comprimirte Luft hat keine Arbeitskraft erzeugt, sondern nur die ihr mitgetheilte an die abgeschossenen Kugeln abgegeben. Und während wir vielleicht eine Viertelstunde gepumpt haben, um die Büchse zu laden, ist die Kraft in den wenigen Secunden des Abschiessens verbraucht worden, hat aber, weil ihre Thätigkeit auf so kurze Zeit zusammengedrängt war, der Kugel auch eine viel grössere Geschwindigkeit mitgetheilt, als unser Arm durch eine einfache kurze Wurfbewegung gekonnt hätte.

Aus diesen Beispielen sehen Sie, und die mathematische Theorie hat es für alle Wirkungen rein mechanischer d. h. reiner Bewegungskräfte bestätigt, dass alle unsere Maschinen und Apparate keine Triebkraft erzeugen, sondern nur die Arbeitskraft, welche ihnen allgemeine Naturkräfte, fallendes Wasser und bewegter Wind, oder die Muskelkraft der Menschen und Thiere mitgetheilt haben, in anderer Form wieder ausgeben. Nachdem dieses Gesetz durch die grossen Mathematiker des vorigen Jahrhunderts allgemein festgestellt war, konnte ein Perpetuum mobile, welches nur rein mechanische Kräfte, als da sind Schwere, Elasticität, Druck der Flüssigkeiten und Gase benutzen wollte, nur noch von verwirrten und schlecht unterrichteten Köpfen gesucht werden. Aber es giebt allerdings noch ein weites Gebiet von Naturkräften, welche nicht zu den reinen Bewegungskräften gerechnet werden, Wärme, Elektricität, Magnetismus, Licht, chemische Verwandtschaftskräfte, und welche doch alle in den mannigfaltigsten Beziehungen zu den mechanischen Vorgängen stehen. Es giebt kaum einen Naturprocess irgend welcher Art, bei dem nicht mechanische Wirkungen mit vorkämen, und durch den nicht mechanische Arbeit gewonnen werden könnte. Hier war aber die Frage nach einem Perpetuum mobile noch offen, und gerade die Entscheidung dieser Frage ist der Fortschritt der neueren Physik, über den ich zu berichten versprochen habe.

Bei der Windbüchse hatte der menschliche Arm, welcher die Luft einpumpte, die Arbeit hergegeben, welche beim Losschiessen zu leisten war. In den gewöhnlichen Feuergewehren entsteht dagegen die verdichtete Gasmasse, welche die Kugel austreibt, auf einem ganz anderen Wege, nämlich durch Verbrennung des Pulvers. Schiesspulver verwandelt sich nämlich bei seiner Verbrennung grösstentheils in luftartige Verbrennungsproducte, welche einen viel grösseren Raum einzunehmen streben, als das Volumen des Pulvers vorher betrug. Sie sehen also, dass uns der Gebrauch von Schiesspulver die Arbeit erspart, welche bei der Windbüchse der menschliche Arm ausführen musste.

Auch in den mächtigsten unserer Maschinen, den Dampfmaschinen, sind es stark comprimirte luftförmige Körper, die Wasserdämpfe, welche durch ihr Bestreben sich auszudehnen die Maschine in Bewegung setzen. Auch hier verdichten wir die Dämpfe nicht durch eine äussere mechanische Kraft, sondern indem wir Wärme zu einer Wassermasse in einem verschlossenen Kessel leiten, verwandeln wir dieses Wasser in Dampf, der wegen des engen Raumes sogleich unter starker Pressung entsteht. Es ist also die zugeleitete Wärme, welche hier mechanische Kraft erzeugt. Diese zur Heizung der Maschine nöthige Wärme würden wir nun auf mancherlei Weise gewinnen können; die gewöhnliche Methode ist, sie durch Verbrennung von Kohle zu erhalten.

Die Verbrennung ist ein chemischer Process. Ein besonderer Bestandtheil unserer Atmosphäre, das Sauerstoffgas, besitzt eine mächtige Anziehungskraft, oder wie es die Chemie nennt, eine starke Verwandtschaft zu den Bestandtheilen der brennbaren Körper, welche aber meist erst in höherer Temperatur in Wirksamkeit treten kann. Sobald ein Theil des brennbaren Körpers, z. B. der Kohle, hinreichend erhitzt wird, vereinigt sich der Kohlenstoff mit grosser Heftigkeit mit dem Sauerstoff der Atmosphäre zu einer eigenthümlichen Gasart, der Kohlensäure, derselben, welche aus schäumendem Bier und Champagner entweicht. Bei dieser Verbindung entsteht Wärme und Licht, wie denn überhaupt bei jeder chemischen Vereinigung zweier Körper von starker Verwandtschaft Wärme entsteht, und wenn die Wärme bis zum Glühen geht, Licht. Schliesslich sind es also in der Dampfmaschine chemische Processe und chemische Kräfte, welche die staunenswerthen Arbeitsgrössen dieser Maschinen liefern. Ebenso ist die Verbrennung des Schiesspulvers ein chemischer Process, der im Feuergewehre der Kugel ihre lebendige Kraft giebt.

Während uns die Dampfmaschine aus Wärme mechanische Arbeit entwickelt, können wir durch mechanische Kräfte auch Wärme erzeugen. Jeder Stoss, jede Reibung thut es. Ein geschickter Schmidt kann einen eisernen Keil durch blosses Hämmern glühend machen; die Axen unserer Wagenräder müssen durch sorgfältiges Schmieren vor der Entzündung durch Reibung geschützt werden. Ja, man hat sogar neuerdings dies in grösserem Maassstabe benutzt. In einigen Fabriken, wo überflüssige Wasserkraft vorhanden war, verwendete man diese, um zwei grosse eiserne Platten, deren eine schnell um ihre Axe lief, auf einander reiben zu lassen, so dass sie sich stark erhitzten. Die gewonnene Wärme heizte das Zimmer, und man hatte einen Ofen ohne Brennmaterial. Könnte nun nicht vielleicht die von den Platten erzeugte Wärme hinreichen, um eine kleine Dampfmaschine zu heizen, welche wiederum im Stande wäre, die Platten in Bewegung zu halten? Da wäre das Perpetuum mobile ja gefunden. Diese Frage konnte gestellt werden, und war durch die älteren mathematisch-mechanischen Untersuchungen nicht zu entscheiden. Ich bemerke gleich voraus, dass das allgemeine Gesetz, welches ich Ihnen darlegen will, sie mit Nein beantworten wird.

Durch einen ähnlichen Plan setzte vor nicht langer Zeit ein speculativer Amerikaner die industrielle Welt Europas in Aufregung. Dem Publicum sind die magnetelektrischen Maschinen mehrfach als Mittel zur Behandlung der rheumatischen Krankheiten und Lähmungen bekannt geworden. Indem man den Magneten einer solchen Maschine in schnelle Umdrehung versetzt, erhält man kräftige Ströme von Elektricität. Leitet man diese durch

Wasser, so zersetzen sie das Wasser in seine beiden Bestandtheile: Wasserstoffgas und Sauerstoffgas. Durch Verbrennung des Wasserstoffs entsteht wieder Wasser. Geschieht diese Verbrennung nicht in atmosphärischer Luft, von der das Sauerstoffgas nur den fünften Theil ausmacht, sondern in reinem Sauerstoffgase, und bringt man in die Flamme ein Stückchen Kreide, so wird dieses weissglühend und giebt das sonnenähnliche Drummond'sche Kalklicht. Gleichzeitig entwickelt die Flamme eine sehr bedeutende Wärmemenge. Unser Amerikaner wollte nun die durch elektrische Zersetzung des Wassers gewonnenen Gasarten in dieser Weise verwerthen und behauptete bei ihrer Verbrennung hinreichende Wärme erhalten zu haben, um eine kleine Dampfmaschine damit zu heizen, welche ihm wiederum seine magnetelektrische Maschine trieb, das Wasser zersetzte und sich so ihr eigenes Brennmaterial fortdauernd selbst bereitete. Dies wäre allerdings die herrlichste Erfindung von der Welt gewesen, ein Perpetuum mobile, welches neben der Triebkraft auch noch sonnenähnliches Licht erzeugte und die Zimmer erwärmte. Ausgesonnen war die Sache nicht übel. Jeder einzelne Schritt in dem angegebenen Verfahren war als möglich bekannt, aber diejenigen, welche damals mit den physikalischen Arbeiten, die sich auf unser heutiges Thema beziehen, schon bekannt waren, konnten gleich bei den ersten Berichten behaupten: dass die Sache in die Zahl der vielen Märchen des fabelreichen Amerika gehöre; und in der That blieb sie ein Märchen.

Es ist unnöthig, noch mehr Beispiele zu häufen. Sie entnehmen aus den gegebenen schon, in wie enger Verbindung Wärme, Electricität, Magnetismus, Licht, chemische Verwandtschaften mit den mechanischen Kräften stehen.

Von jeder dieser verschiedenen Erscheinungsweisen der Naturkräfte aus kann man jede andere in Bewegung setzen, meistens nicht bloss auf einem, sondern auf mannigfach verschiedenen Wegen. Es ist damit, wie mit dem Webermeisterstück,

> Wo ein Tritt tausend Fäden regt,
> Die Schifflein herüber hinüber schiessen,
> Die Fäden ungesehen fliessen,
> Ein Schlag tausend Verbindungen schlägt.

Nun ist es klar, dass, wenn es auf irgend einem Wege gelänge, in dem Sinne, wie jener Amerikaner gethan zu haben vorgab, durch mechanische Kräfte chemische, elektrische oder andere Naturprocesse hervorzurufen, welche auf irgend einem Umwege, aber ohne die in der Maschine thätigen Massen bleibend zu verändern, wie-

der mechanische Kräfte, und zwar in grösserer Menge erzeugten,
als zuerst angewendet waren, man einen Theil der gewonnenen
Kraft anwenden könnte, um die Maschine in Gang zu halten, und
den Rest der Arbeit zu beliebigen anderen Zwecken benutzen.
Es kam nur darauf an, in dem verwickelten Netze von Wechselwirkungen der Naturkräfte von mechanischen Processen ausgehend,
irgend einen Cirkelweg durch chemische, elektrische, magnetische,
thermische Processe wieder zu mechanischen zurückzufinden, der
mit endlichem Gewinne von mechanischer Arbeit zurückzulegen
wäre, so war das Perpetuum mobile gefunden.

Aber gewarnt durch die Erfolglosigkeit früherer Versuche,
war man klüger geworden. Es wurde im Ganzen nicht viel nach
Combinationen gesucht, welche das Perpetuum mobile zu liefern
versprachen, sondern man kehrte die Frage um. Man fragte nicht
mehr: Wie kann ich die bekannten und unbekannten Beziehungen
zwischen den Naturkräften benutzen, um ein Perpetuum mobile zu
construiren? sondern man fragte: Wenn ein Perpetuum mobile
unmöglich sein soll, welche Beziehungen müssen dann zwischen
den Naturkräften bestehen? Mit dieser Umkehr der Frage war
alles gewonnen. Man konnte die Beziehungen der Naturkräfte zu
einander, welche durch die genannte Annahme gefordert werden,
leicht vollständig hinstellen; man fand, dass sämmtliche bekannte
Beziehungen der Kräfte sich den Folgerungen jener Annahme fügen,
und man fand gleichzeitig eine Reihe noch unbekannter Beziehungen, deren thatsächliche Richtigkeit zu prüfen war. Erwies
sich eine einzige als unrichtig, so gab es ein Perpetuum mobile.

Der Erste, welcher diesen Weg zu betreten suchte, war ein
Franzose, S. Carnot, im Jahre 1824. Trotz einer zu beschränkten Auffassung seines Gegenstandes und einer falschen Ansicht von
der Natur der Wärme, welche ihn zu einigen irrthümlichen Schlüssen verführte, missglückte sein Versuch nicht ganz. Er fand ein
Gesetz, welches jetzt seinen Namen ·trägt, und auf welches ich
noch zurückkommen werde.

Seine Arbeit blieb lange Zeit so gut wie unberücksichtigt, und
erst 18 Jahre später, von 1842 an, fassten verschiedene Forscher
in verschiedenen Ländern unabhängig von Carnot denselben Gedanken. Der Erste, welcher das allgemeine Naturgesetz, um welches es sich hier handelt, richtig auffasste und aussprach, war ein
deutscher Arzt, J. R. Mayer in Heilbronn, im Jahre 1842 [1]). Wenig
später, 1843, übergab ein Däne, Colding, der Akademie von Ko-
penhagen eine Abhandlung, welche dasselbe Gesetz aussprach und

---

[1]) Siehe den ersten Anhang am Schluss dieser Vorlesung.

auch einige Versuchsreihen zu seiner weiteren Begründung enthielt. In England hatte Joule um dieselbe Zeit angefangen, Versuchsreihen anzustellen, welche sich auf denselben Gegenstand be-
zogen. Wir finden es häufig bei Fragen, zu deren Bearbeitung
der zeitige Entwickelungsgang der Wissenschaft hindrängt, dass
mehrere Köpfe, ganz unabhängig von einander, eine genau übereinstimmende neue Gedankenreihe erzeugen.

Ich selbst hatte, ohne von Mayer und Colding etwas zu
wissen, und mit Joule's Versuchen erst am Ende meiner Arbeit
bekannt geworden, denselben Weg betreten; ich bemühte mich
namentlich, alle' Beziehungen zwischen den verschiedenen Naturprocessen aufzusuchen, welche aus der angegebenen Betrachtungsweise zu folgern waren, und veröffentlichte meine Untersuchungen
1847 in einer kleinen Schrift unter dem Titel: „Ueber die Erhaltung der Kraft."

Seitdem ist im wissenschaftlichen Publicum das Interesse an
diesem Gegenstande allmälig gewachsen, namentlich in England,
wie ich mich bei einem Aufenthalte daselbst im letzten Sommer
zu überzeugen Gelegenheit hatte. Eine grosse Zahl der wesentlichen Folgerungen jener Betrachtungsweise, deren experimenteller
Beweis zur Zeit der ersten theoretischen Arbeiten noch fehlte, ist
durch Versuche bestätigt worden, namentlich durch die von Joule,
und im letzten Jahre hat auch der bedeutendste der französischen
Physiker, Regnault, die neue Anschauungsweise angenommen
und durch neue Untersuchungen über die specifische Wärme der
Gasarten wesentlich zu ihrer Stütze beigetragen. Noch fehlt für
einige wichtige Folgerungen der experimentelle Beweis, aber die
Zahl der Bestätigungen ist so überwiegend, dass ich es nicht für
verfrüht halte, auch ein nicht wissenschaftliches Publicum von
diesem Gegenstande zu unterhalten.

Wie die Entscheidung der angeregten Frage ausgefallen ist,
können Sie sich nach dem Vorausgeschickten nun schon denken.
Es giebt durch die ganze Reihe der Naturprocesse keinen Cirkelweg, um ohne entsprechenden Verbrauch mechanische Kraft zu
gewinnen. Das Perpetuum mobile bleibt unmöglich. Dadurch gewinnen aber unsere Betrachtungen ein höheres Interesse.

Wir haben bisher die Kraftentwickelung durch Naturprocesse
nur in ihrem Verhältnisse zum Nutzen des Menschen betrachtet,
als Arbeitskraft in Maschinen. Jetzt sehen wir, dass wir auf ein
allgemeines Naturgesetz gekommen sind, welches stattfindet ganz
unabhängig von der Anwendung, die der Mensch den Naturkräf-

ten giebt, wir müssen deshalb auch den Ausdruck des Gesetzes dieser allgemeineren Bedeutung anpassen. Zunächst ist es klar, dass wir die Arbeit, welche durch irgend einen Naturprocess in einer Maschine unter günstigen Bedingungen erzeugt werden und die in der früher angegebenen Weise auch gemessen werden kann, als ein allen gemeinsames Maass der Kraft benutzen können. Ferner entsteht die wichtige Frage, wenn die Menge der Arbeitskraft ohne entsprechenden Verbrauch nicht vermehrt werden kann, kann sie vermindert werden oder verloren gehen? Für die Zwecke unserer Maschinen allerdings, wenn wir die Gelegenheit verabsäumen, aus den Naturprocessen Nutzen zu ziehen, aber, wie die Untersuchung weiter ergeben hat, nicht für das Naturganze.

Beim Stosse und der Reibung zweier Körper gegen einander nahm die ältere Mechanik an, dass lebendige Kraft einfach verloren gehe. Aber ich habe schon angeführt, dass jeder Stoss und jede Reibung Wärme erzeugt, und zwar hat Joule das wichtige Gesetz durch Versuche erwiesen, dass für jedes Fusspfund Arbeit, was verloren geht, immer eine genau bestimmte Menge Wärme entsteht, und dass, wenn durch Wärme Arbeit gewonnen wird, für jedes Fusspfund gewonnener Arbeit wiederum jene Menge Wärme verschwindet. Die Wärmemenge, welche nöthig ist, um die Temperatur eines Pfundes Wasser um einen Grad des hunderttheiligen Thermometers zu erhöhen, entspricht einer Arbeitskraft, wodurch ein Pfund auf 425 Meter gehoben wird; man nennt diese Grösse das mechanische Aequivalent der Wärme. Ich bitte zu bemerken, wie diese Thatsachen nothwendig zu dem Schlusse führen, dass die Wärme nicht, wie früher ziemlich allgemein angenommen wurde, ein feiner unwägbarer Stoff, dass sie vielmehr, ähnlich dem Lichte und Schalle, eine besondere Form zitternder Bewegung der kleinsten Körpertheile sei. Bei Reibung und Stoss geht nach dieser Vorstellungsweise die scheinbar verlorene Bewegung der ganzen Massen nur in eine Bewegung ihrer kleinsten Theile über, und bei der Erzeugung von Triebkraft durch Wärme geht umgekehrt die Bewegung der kleinsten Theile wieder in eine solche der ganzen Massen über.

Chemische Verbindungen erzeugen Wärme, und zwar ist deren Menge durchaus unabhängig von der Zeitdauer und den Zwischenstufen, in denen die Verbindung vor sich gegangen ist, vorausgesetzt, dass nicht noch andere Wirkungen dabei hervorgebracht werden. Wird aber auch gleichzeitig, wie in der Dampfmaschine, mechanische Arbeit erzeugt, so erhalten wir so viel Wärme weniger, als dieser Arbeit äquivalent ist. Die Arbeitsgrösse der chemischen Kräfte ist übrigens im Allgemeinen sehr gross. Ein Pfund reinste Kohle giebt z. B. verbrannt so viel Wärme, um 8086 Pfund Wasser um einen Grad des hunderttheiligen Thermometers zu erwärmen; daraus berechnen wir, dass die Grösse der chemischen Anziehungskraft zwischen den kleinsten Theilchen von einem Pfund Kohle und dem dazu gehörigen Sauerstoffe fähig ist, 100 Pfund auf $4^1/_2$ Meilen Höhe zu heben. Leider sind wir in unseren Dampfmaschinen bisher nur im Stande, den kleinsten Theil dieser Arbeit wirklich zu gewinnen, das meiste geht in der Form von Wärme unbenutzt verloren. Die besten Expansions-Dampfmaschinen geben nur 18 Proc. der durch das Brennmaterial erzeugten Wärme als mechanische Arbeit.

Aus einer ähnlichen Untersuchung aller übrigen bekannten physikalischen und chemischen Processe geht nun hervor, dass das Naturganze einen Vorrath wirkungsfähiger Kraft besitzt, welcher in keiner Weise weder vermehrt noch vermindert werden kann, dass also die Quantität der wirkungsfähigen Kraft in der unorganischen Natur eben so ewig und unveränderlich ist, wie die Quantität der Materie. In dieser Form ausgesprochen, habe ich das allgemeine Gesetz das Princip von der Erhaltung der Kraft genannt.

Wir Menschen können für menschliche Zwecke keine Arbeitskraft erschaffen, sondern wir können sie uns nur aus dem allgemeinen Vorrathe der Natur aneignen. Der Waldbach und der Wind, die unsere Mühlen treiben, der Forst und das Steinkohlenlager, welche unsere Dampfmaschinen versehen und unsere Zimmer heizen, sind uns nur Träger eines Theiles des grossen Kraftvorrathes der Natur, den wir für unsere Zwecke auszubeuten und dessen Wirkungen wir nach unserem Willen zu lenken suchen. Der Mühlenbesitzer spricht die Schwere des herabfliessenden Wassers oder die lebendige Kraft des vorbeistreichenden Windes als sein Eigenthum an. Diese Theile des allgemeinen Kraftvorrathes sind es, die seinem Besitzthum den Hauptwerth geben.

Daraus übrigens, dass kein Theilchen Arbeitskraft absolut verloren geht, folgt noch nicht, dass es nicht für menschliche Zwecke unanwendbar werden könne. In dieser Beziehung sind die Folgerungen wichtig, welche W. Thomson aus dem schon erwähnten Gesetze von Carnot gezogen hat. Dieses Gesetz, welches Carnot allerdings fand, indem er sich bemühte, die Beziehungen zwischen Wärme und Arbeit aufzusuchen, welches aber keineswegs zu den nothwendigen Folgerungen der Erhaltung der Kraft gehört und durch Clausius erst in dem Sinne abgeändert ist, dass es jenem allgemeinen Naturgesetze nicht mehr widerspricht, giebt einen gewissen Zusammenhang an zwischen der Zusammendrückbarkeit, Wärmecapacität und Ausdehnung durch Wärme für alle Körper. Es ist noch nicht als vollständig thatsächlich erwiesen zu betrachten, hat aber durch einige merkwürdige Thatsachen, die man aus ihm vorausgesagt und später durch Versuche bestätigt hat, eine grosse Wahrscheinlichkeit bekommen. Man kann ihm ausser der von Carnot zuerst aufgestellten mathematischen Form auch folgenden allgemeineren Ausdruck geben: „Nur wenn Wärme von einem wärmeren zu einem kälteren Körper übergeht, kann sie, und auch dann nur theilweise, in mechanische Arbeit verwandelt werden."

Die Wärme eines Körpers, den wir nicht weiter abkühlen können, können wir auch nicht in eine andere Wirkungsform, in mechanische, elektrische oder chemische Kräfte zurückführen. So verwandeln wir in unseren Dampfmaschinen einen Theil der Wärme der glühenden Kohlen in Arbeit, indem wir sie an das weniger warme Wasser des Kessels übergehen lassen; wenn aber sämmtliche Körper der Natur eine und dieselbe Temperatur hätten, würde es unmöglich sein, irgend einen Theil ihrer Wärme wieder in Arbeit zu verwandeln. Demgemäss können wir den gesammten Kraftvorrath des Weltganzen in zwei Theile theilen: der eine davon ist Wärme und muss Wärme bleiben, der andere, zu dem ein Theil der Wärme der heisseren Körper und der ganze Vorrath chemischer, mechanischer, elektrischer und magnetischer Kräfte gehört, ist der mannigfachsten Formveränderung fähig und unterhält den ganzen Reichthum wechselnder Veränderungen in der Natur.

Aber die Wärme heisser Körper strebt fortdauernd durch Leitung und Strahlung auf die weniger warmen überzugehen und Temperaturgleichgewicht hervorzubringen. Bei jeder Bewegung irdischer Körper geht durch Reibung oder Stoss ein Theil mechanischer Kraft in Wärme über, von der nur ein Theil wieder zurückverwandelt werden kann; dasselbe ist in der Regel bei jedem chemischen und elektrischen Processe der Fall. Daraus folgt also, dass der erste Theil des Kraftvorraths, die unveränderliche Wärme, bei jedem Naturprocesse fortdauernd zunimmt, der zweite, der der mechanischen, elektrischen, chemischen Kräfte, fortdauernd abnimmt; und wenn das Weltall ungestört dem Ablaufe seiner physikalischen Processe überlassen wird, wird endlich aller Kraftvorrath in Wärme übergehen und alle Wärme in das Gleichgewicht der Temperatur kommen. Dann ist jede Möglichkeit einer weiteren Veränderung erschöpft, dann muss vollständiger Stillstand aller Naturprocesse von jeder nur möglichen Art eintreten. Auch das Leben der Pflanzen, Menschen und Thiere kann natürlich nicht weiter bestehen, wenn die Sonne ihre höhere Temperatur und damit ihr Licht verloren hat, wenn sämmtliche Bestandtheile der Erdoberfläche die chemischen Verbindungen geschlossen haben werden, welche ihre Verwandtschaftskräfte fordern. Kurz das Weltall wird von da an zu ewiger Ruhe verurtheilt sein.

Diese Folgerung des Gesetzes von Carnot ist natürlich nur dann bindend, wenn sich das Gesetz bei fortgesetzter Prüfung als allgemeingültig erweist. Indessen scheint wenig Aussicht zu sein, dass es nicht so sein sollte. Jedenfalls müssen wir Thomson's Scharfsinn bewundern, der zwischen den Buchstaben einer schon länger bekannten kurzen mathematischen Gleichung, welche nur von Wärme, Volumen und Druck der Körper spricht, Folgerungen zu lesen verstand, die dem Weltall, aber freilich erst nach unendlich langer Zeit, mit ewigem Tode drohen.

Ich habe Ihnen vorher angekündigt, dass uns unser Weg durch eine dornenvolle und unerquickliche Strecke mathematisch-mechanischer Begriffsentwickelungen führen würde. Jetzt haben wir diesen Theil des Weges zurückgelegt. Das allgemeine Princip, welches ich Ihnen darzulegen versucht habe, hat uns auf einen Standpunkt mit weitumfassenden Aussichten gebracht, und wir können mit seiner Hilfe jetzt nach Belieben diese oder jene Seite der umliegenden Welt betrachten, wie sie uns gerade am meisten interessirt. Die Blicke in die engen Laboratorien der Physiker mit ihren kleinlichen Verhältnissen und verwickelten Abstractionen werden nicht so anziehend sein, als der Blick auf den weiten Himmel über uns, Wolken, Flüsse, Wälder und lebende Geschöpfe um uns. Wenn ich dabei Gesetze, welche zunächst nur von den physikalischen Processen zwischen irdischen Körpern hergeleitet sind, auch für andere Himmelskörper als gültig betrachte, so erinnere ich daran, dass dieselbe Kraft, welche wir auf der Erde Schwere nennen, in den Welträumen als Gravitation wirkt und auch in den Bewegungen unermesslich ferner Doppelsterne als wirksam wiederzuerkennen und genau denselben Gesetzen unterworfen ist, wie zwischen Erde und Mond; dass Licht und Wärme irdischer Körper in keiner Beziehung wesentlich von dem der Sonne und der fernsten Fixsterne unterschieden sind; dass die

Meteorsteine, die aus den Welträumen zuweilen auf die Erde stürzen, ganz dieselben chemisch-einfachen Stoffe enthalten, wie die
irdischen Körper. Wir werden deshalb nicht anzustehen brauchen,
allgemeine Gesetze, welchen sämmtliche irdischen Naturprocesse
unterworfen sind, auch für andere Weltkörper als gültig zu betrachten. Wir wollen uns also mit unserem Gesetze daran machen,
den Haushalt des Weltalls in Bezug auf die Vorräthe wirkungsfähiger Kraft ein wenig zu überschauen.

Eine Menge von auffallenden Eigenthümlichkeiten in dem Bau
unseres Planetensystems deuten darauf hin, dass es einst eine zusammenhängende Masse mit einer gemeinsamen Rotationsbewegung
gewesen sei. Ohne eine solche Annahme würde sich nämlich durchaus nicht erklären lassen, warum alle Planeten in derselben Richtung um die Sonne laufen, warum sich alle auch in derselben Richtung um ihre Axe drehen, warum die Ebenen ihrer Bahnen und
die ihrer Trabanten und Ringe alle nahehin zusammenfallen, warum
ihre Bahnen alle wenig von Kreisen unterschieden sind, und manches andere. Aus diesen zurückgebliebenen Andeutungen eines
früheren Zustandes haben sich die Astronomen eine Hypothese
über die Entstehung unseres Planetensystems gebildet, welche, obgleich sie der Natur der Sache nach immer eine Hypothese bleiben wird, doch in ihren einzelnen Zügen durch Analogien so gut
begründet ist, dass sie wohl unsere Aufmerksamkeit verdient, um
so mehr, da diese Ansicht auf unserem heimischen Boden, innerhalb der Mauern dieser Stadt, zuerst entstand. Kant war es, der,
sehr interessirt für die physische Beschreibung der Erde und des
Weltgebäudes, sich dem mühsamen Studium der Werke Newton's
unterzogen hatte, und als Zeugniss dafür, wie tief er in dessen
Grundideen eingedrungen war, den genialen Gedanken fasste, dass
dieselbe Anziehungskraft aller wägbaren Materie, welche jetzt den
Lauf der Planeten unterhält, auch einst im Stande gewesen sein
müsse, das Planetensystem aus locker im Weltraum verstreuter
Materie zu bilden. Später fand unabhängig von ihm auch Laplace, der grosse Verfasser der Mécanique céleste, denselben Gedanken und bürgerte ihn bei den Astronomen ein.

Den Anfang unseres Planetensystems mit seiner Sonne haben
wir uns danach als eine ungeheure nebelartige Masse vorzustellen,
die den Theil des Weltraums ausfüllte, wo jetzt unser System sich
befindet, bis weit über die Grenzen der Bahn des äussersten Planeten, des Neptun, hinaus. Noch jetzt erblicken wir in fernen Gegenden des Firmaments Nebelflecken, deren Licht, wie die Spec-

tralanalyse lehrt, das Licht glühender Gase ist, in deren Spectrum sich namentlich diejenigen hellen Linien zeigen, welche glühender Wasserstoff und glühender Stickstoff erzeugen. Und auch innerhalb der Räume unseres eigenen Sonnensystems zeigen die Kometen, die Schwärme der Sternschnuppen, das Zodiakallicht deutliche Spuren staubförmig verstreuter Substanz, die aber nach dem Gesetz der Schwere sich bewegt, und, zum Theil wenigstens, allmälig von den grösseren Körpern zurückgehalten und einverleibt wird. Letzteres geschieht in der That mit den Sternschnuppen und Meteormassen, welche in die Atmosphäre unserer Erde gerathen.

Berechnet man die Dichtigkeit der Masse unseres Planetensystems nach der gemachten Annahme für die Zeit, wo es ein Nebelball war, der bis an die Bahnen der äussersten Planeten reichte, so findet sich, dass viele Millionen Cubikmeilen erst einen Gran wägbarer Materie enthielten.

Die allgemeine Anziehungskraft aller Materie zu einander musste aber diese Massen antreiben, sich einander zu nähern und sich zu verdichten, so dass sich der Nebelball immer mehr und mehr verkleinerte, wobei nach mechanischen Gesetzen eine ursprünglich langsame Rotationsbewegung, deren Dasein man voraussetzen muss, allmälig immer schneller und schneller wurde. Durch die Schwungkraft, die in der Nähe des Aequators des Nebelballs am stärksten wirken musste, konnten von Zeit zu Zeit Massen losgerissen werden, welche dann getrennt von dem Ganzen ihre Bahn fortsetzten und sich zu einzelnen Planeten oder ähnlich dem grossen Balle zu Planeten mit Trabantensystemen und Ringen umformten, bis endlich die Hauptmasse zum Sonnenkörper sich verdichtete. Ueber den Ursprung von Wärme und Licht gab uns jene Ansicht noch keinen Aufschluss.

Als sich jenes Nebelchaos zuerst von anderen Fixsternmassen getrennt hatte, musste es nicht nur schon sämmtliche Materie enthalten, aus der das künftige Planetensystem zusammenzusetzen war, sondern unserem neuen Gesetze gemäss auch den ganzen Vorrath von Arbeitskraft, der einst darin seinen Reichthum von Wirkungen entfalten sollte. In der That war ihm eine ungeheuer grosse Mitgift in dieser Beziehung schon allein in Form der allgemeinen Anziehungskraft aller seiner Theile zu einander mitgegeben. Diese Kraft, welche auf der Erde sich als Schwerkraft äussert, wird in Bezug auf ihre Wirksamkeit in den Weltenräumen die himmlische Schwere oder Gravitation genannt. Wie die irdische Schwere, wenn sie ein Gewicht zur Erde niederzieht, eine Arbeit verrichtet und lebendige Kraft erzeugt, so thut es auch jene himmlische, wenn sie zwei Massentheilchen aus entfernten Gegenden des Weltraums zu einander führt.

Auch die chemischen Kräfte mussten schon vorhanden sein, bereit zu wirken; aber da diese Kräfte erst bei der innigsten Berührung der verschiedenartigen Massen in Wirksamkeit treten können, musste erst Verdichtung eingetreten sein, ehe ihr Spiel beginnen konnte.

Ob noch ein weiterer Kraftvorrath in Gestalt von Wärme im Uranfange vorhanden war, wissen wir nicht. Jedenfalls finden wir mit Hilfe des Gesetzes der Aequivalenz von Wärme und Arbeit in den mechanischen Kräften jenes Urzustandes eine so reiche Quelle von Wärme und Licht, dass wir gar keine Veranlassung haben, zu einer anderen ursprünglich bestehenden unsere Zuflucht zu nehmen. Wenn nämlich bei der Verdichtung der Massen ihre Theilchen auf einander stiessen und an einander hafteten, so wurde die lebendige Kraft ihrer Bewegung dadurch vernichtet und musste zu Wärme werden. Schon in älteren Theorien hat man dessen Rechnung getragen, dass das Zusammenstossen kosmischer Massen Wärme erzeugen musste, aber man war weit entfernt davon, auch nur ungefähr beurtheilen zu können, wie hoch diese Wärme zu veranschlagen sein möchte. Heut können wir mit Sicherheit bestimmte Zahlenwerthe angeben.

Schliessen wir uns also der Voraussetzung an, dass am Anfang die Dichtigkeit der nebelartig vertheilten Materie verschwindend klein gewesen sei gegen die jetzige Dichtigkeit der Sonne und der Planeten, so können wir berechnen, wieviel Arbeit bei der Verdichtung geleistet worden ist; wir können ferner berechnen, wieviel von dieser Arbeit noch jetzt in Form mechanischer Kraftgrössen besteht, als Anziehung der Planeten zur Sonne und als lebendige Kraft ihrer Bewegung, und finden daraus, wieviel in Wärme verwandelt worden ist.

Das Ergebniss dieser Rechnung [1] ist, dass nur noch etwa der 443ste Theil der ursprünglichen mechanischen Kraft als solche besteht, dass das Uebrige, in Wärme verwandelt, hinreicht, um eine der Masse der Sonne und Planeten zusammengenommen gleiche Wassermasse um nicht weniger als 28 Millionen Grade des hunderttheiligen Thermometers zu erhitzen. Zur Vergleichung führe ich an, dass die höchste Temperatur, welche wir im Sauerstoffge-

---

[1] Siehe den zweiten Anhang am Schluss dieser Vorlesung.

bläse hervorbringen können, bei welcher selbst Platina schmilzt und verdampft, und nur sehr wenige bekannte Stoffe fest bleiben, auf etwa 2000 Grad geschätzt wird. Welche Wirkungen wir einer Temperatur von 28 Millionen Graden zuschreiben sollen, darüber können wir uns gar keine Idee machen. Wenn die Masse unseres ganzen Systems reine Kohle wäre und das Ganze verbrannt würde, so würde dadurch erst der 3500ste Theil jener Wärmemenge erzeugt werden. Soviel ist übrigens klar, dass eine so grosse Wärmeentwickelung selbst das grösste Hinderniss für eine schnelle Vereinigung der Massen gewesen sein muss, und dass wohl erst der grösste Theil davon durch Strahlung in den Weltraum hinein sich verlieren musste, ehe die Massen so dichte Körper bilden konnten, wie Planeten und Sonne gegenwärtig sind; und als sie sich bildeten, konnten ihre Bestandtheile nur in feurigem Flusse sein, was sich übrigens für die Erde noch besonders durch geologische Phänomene bestätigt, während auch bei allen anderen Körpern unseres Systems die abgeplattete Kugelform, welche die Gleichgewichtsform einer rotirenden flüssigen Masse ist, auf einen ursprünglich flüssigen Zustand hindeutet. Wenn ich eine ungeheure Wärmequantität unserem Systeme verloren gehen liess ohne Ersatz, so ist das kein Widerspruch gegen das Princip von der Erhaltung der Kraft. Sie ist wohl unserem Planetensysteme verloren gegangen, nicht aber dem Weltall. Sie ist hinausgegangen und geht noch täglich hinaus in die unendlichen Räume, und wir wissen nicht, ob das Mittel, welches die Licht- und Wärmeschwingungen fortleitet, irgendwo Grenzen hat, wo die Strahlen umkehren müssen, oder ob sie für immer ihre Reise in die Unendlichkeit hinein fortsetzen.

Uebrigens ist auch noch der gegenwärtig vorhandene Vorrath von mechanischer Kraft in unserem Planetensystem ungeheuren Wärmemengen äquivalent. Könnte unsere Erde durch einen Stoss plötzlich in ihrer Bewegung um die Sonne zum Stillstande gebracht werden, — was bei der bestehenden Einrichtung des Planetensystems übrigens nicht zu fürchten ist, — so würde durch diesen Stoss soviel Wärme erzeugt werden, als die Verbrennung von 14 Erden aus reiner Kohle zu erzeugen im Stande wäre. Ihre Masse würde, auch wenn wir die ungünstigste Annahme über ihre Wärmecapacität machten, sie nämlich der des Wassers gleichsetzten, doch um 112 000 Grade erwärmt, also ganz geschmolzen und zum grössten Theile verdampft werden. Fiele die Erde dann aber, wie es der Fall sein würde, wenn sie zum Stillstande käme, in die

Sonne hinein, so würde die durch einen solchen Stoss entwickelte Wärme noch 400 Mal grösser sein.

Noch jetzt wiederholt sich von Zeit zu Zeit ein solcher Process in kleinem Maassstabe. Es kann kaum mehr einem Zweifel unterworfen sein, dass die Sternschnuppen, Feuerkugeln und Meteorsteine Massen sind, welche dem Weltenraume angehören, und ehe sie in das Bereich unserer Erde kamen, nach Art der Planeten sich um die Sonne bewegten. Nur wenn sie in unsere Atmosphäre eindringen, werden sie uns sichtbar und stürzen zuweilen herab. Um zu erklären, dass sie dabei leuchtend werden, und dass die herabgestürzten Stücke im ersten Augenblicke sehr heiss sind, hat man schon längst an die Reibung gedacht, die sie in der Luft erleiden. Jetzt können wir berechnen, dass eine Geschwindigkeit von 3000 Fuss in der Secunde, wenn die Reibungswärme ganz an die feste Masse überginge, hinreichte, ein Stück Meteoreisen beim Falle auf 1000 Grad zu erhitzen, also in lebhaftes Glühen zu versetzen. Nun scheint aber die mittlere Geschwindigkeit der Sternschnuppen 30 bis 50 Mal grösser zu sein, nämlich 4 bis 6 Meilen in der Secunde zu betragen. Dafür verbleibt aber jedenfalls auch der beträchtlichste Theil der erzeugten Wärme der verdichteten Luftmasse, welche das Meteor vor sich hertreibt. Bekannt ist, dass helle Sternschnuppen gewöhnlich eine lichte Spur hinter sich lassen, wahrscheinlich glühend losgestossene Theile ihrer Oberfläche. Meteormassen, welche herabstürzen, zerspringen oft mit heftigen Explosionen, was als eine Wirkung der schnellen Erhitzung anzusehen sein möchte. Die frischgefallenen Stücke hat man meist heiss, aber nicht glühend gefunden, was sich wohl daraus erklärt, dass während der kurzen Zeit, in der das Meteor die Atmosphäre durcheilte, nur eine dünne Schicht der Oberfläche zum Glühen erhitzt, in das Innere der Masse aber noch wenig Wärme eingedrungen war. Deshalb kann das Glühen auch schnell wieder verschwinden.

So hat uns der Meteorsteinfall, als ein winziger Rest von Vorgängen, welche einst die bedeutendste Rolle in der Bildung der Himmelskörper gespielt zu haben scheinen, in die jetzige Zeit geführt, wo wir aus dem Dunkel hypothetischer Vorstellungen in die Helle des Wissens übergehen. Hypothetisch ist übrigens in dem bisher Vorgetragenen nur die Annahme von Kant und Laplace, dass die Massen unseres Systems anfangs nebelartig im Raume vertheilt waren.

Wegen der Seltenheit des Falls wollen wir doch noch bemerken, in wie enger Uebereinstimmung sich hier die Wissenschaft einmal mit den alten Sagen der Menschheit und den Ahnungen dichterischer Phantasie befindet. Die Kosmogonien der alten Völker beginnen meist alle mit dem Chaos und der Finsterniss, wie denn auch Mephistopheles von sich selbst sagt:

> Ich bin ein Theil des Theils, der anfangs Alles war,
> Ein Theil der Finsterniss, die sich das Licht gebar,
> Das stolze Licht, das nun der Mutter Nacht
> Den alten Rang, den Raum, ihr streitig macht.

Auch die mosaische Sage weicht nicht sehr ab, namentlich wenn wir berücksichtigen, dass das, was Moses im Anfange Himmel nennt, von der Veste, dem blauen Himmelsgewölbe, unterschieden ist, also dem Weltraum entspricht, und dass die ungeformte Erde und die Wasser der Tiefe, welche erst später in die über der Veste und die unter der Veste geschieden werden, dem chaotischen Weltstoffe gleichen:

„Im Anfange schuf Gott Himmel und Erde, und die Erde war ohne Form und leer, und Finsterniss war auf der Tiefe, und der Geist Gottes schwebete über dem Wasser. Und Gott sprach: es werde Licht. Und es ward Licht."

Aber wie in dem leuchtend gewordenen Nebelballe und auf der jungen feurig flüssigen Erde der modernen Kosmogonie war das Licht noch nicht in Sonne und Sterne, die Zeit noch nicht in Tag und Nacht geschieden, wie es erst nach der Erkaltung der Erde geschah.

„Da schied Gott das Licht von der Finsterniss, und nannte das Licht Tag und die Finsterniss Nacht. Da ward aus Abend und Morgen der erste Tag."

Nun erst, und nachdem sich das Wasser im Meere gesammelt und die Erde trockengelegt hatte, konnten Pflanzen und Thiere entstehen, denn für sie

> Taugt einzig Tag und Nacht.

Unsere Erde trägt noch die unverkennbaren Spuren ihres alten feurig flüssigen Zustandes an sich. Die granitene Grundlage ihrer Gebirge zeigt eine Structur, welche nur durch das krystallinische Erstarren geschmolzener Massen entstanden sein kann. Noch jetzt zeigen die Untersuchungen der Temperatur in Bergwerken und Bohrlöchern an, dass die Wärme in der Tiefe zunimmt, und wenn diese Zunahme gleichmässig ist, so findet sich schon in der Tiefe von 10 Meilen eine Hitze, bei der alle unsere Gebirgsarten schmelzen. Noch jetzt fördern unsere Vulcane von Zeit zu Zeit mächtige Massen geschmolzenen Gesteins aus dem Innern hervor, als

Zeugen von der Gluth, die dort herrscht. Aber schon ist die abgekühlte Kruste der Erde so dick geworden, dass, wie die Berechnung ihrer Wärmeleitungsfähigkeit ergiebt, die von innen hervordringende Wärme, verglichen mit der von der Sonne gesendeten, ausserordentlich klein ist, und die Temperatur der Oberfläche nur etwa um $\frac{1}{30}$ Grad vermehren kann, so dass der Rest des alten Kraftvorraths, welcher als Wärme im Innern des Erdkörpers aufgespeichert ist, fast nur noch in den vulcanischen Erscheinungen auf die Vorgänge der Oberfläche von Einfluss ist. Diese Vorgänge gewinnen ihre Triebkraft vielmehr fast ganz aus der Einwirkung anderer Himmelskörper, namentlich aus dem Lichte und der Wärme der Sonne, theilweise auch — nämlich Ebbe und Fluth — aus der Anziehungskraft der Sonne und des Mondes.

Am reichsten ist das Gebiet der Veränderungen, welche wir der Wärme und dem Lichte der Sonne verdanken. Die Sonne erwärmt unseren Luftkreis ungleichmässig, die wärmere verdünnte Luft steigt empor, während von den Seiten neue kühlere hinzufliesst; so entstehen die Winde. Am mächtigsten wirkt diese Ursache am Aequator ein, dessen wärmere Luft in den höheren Schichten der Atmosphäre fortdauernd nach den Polen zu abfliesst, während eben so anhaltend am Erdboden selbst die Passatwinde neue kühlere Luft nach dem Aequator zurückführen. Ohne Sonnenwärme würden alle Winde nothwendig aufhören. Aehnliche Strömungen entstehen aus dem gleichen Grunde im Meereswasser. Von ihrer Mächtigkeit zeugt namentlich der Einfluss, den sie auf das Klima mancher Gegenden haben. Durch sie wird das warme Wasser des Antillenmeeres zu den britischen Inseln herübergeführt und bringt diesen eine milde, gleichmässige Wärme und reichliche Feuchtigkeit, während durch eben solche das Treibeis des Nordpols bis in die Gegend von Neufundland geführt, rauhe Kälte verbreitet. Ferner wird durch die Sonnenwärme ein Theil des Wassers verdampft, steigt in die oberen Schichten der Atmosphäre, wird zu Nebeln verdichtet und bildet Wolken, oder fällt als Regen und Schnee wieder auf den Erdboden und seine Berge zurück, sammelt sich in Form von Quellen, Bächen und Flüssen, um endlich in das Meer zurückzukehren, nachdem es die Felsen zernagt, lockeres Erdreich weggeschwemmt, und so das Seinige an der geologischen Veränderung der Erde gethan, vielleicht auch noch unterwegs unsere Wassermühlen getrieben hat. Nehmen wir die Sonnenwärme weg, so kann auf der Erde nur eine einzige Bewegung des Wassers noch übrig bleiben, nämlich Ebbe und Fluth, welche durch die Anziehung der Sonne und des Mondes hervorgerufen werden.

Wie ist es nun mit den Bewegungen und der Arbeit der organischen Wesen? Jenen Erbauern der Automaten des vorigen Jahrhunderts erschienen Menschen und Thiere als Uhrwerke, welche nie aufgezogen würden und sich ihre Triebkraft aus nichts schafften; sie wussten die aufgenommene Nahrung noch nicht in Verbindung zu setzen mit der Krafterzeugung. Seitdem wir aber an der Dampfmaschine diesen Ursprung von Arbeitskraft kennen gelernt haben, müssen wir fragen: Verhält es sich beim Menschen ähnlich? In der That ist die Fortdauer des Lebens an die fortdauernde Aufnahme von Nahrungsmitteln gebunden, diese sind verbrennliche Substanzen, welche denn auch wirklich, nachdem sie nach vollendeter Verdauung in die Blutmasse übergegangen sind, in den Lungen einer langsamen Verbrennung unterworfen werden und schliesslich fast ganz in dieselben Verbindungen mit dem Sauerstoffe der Luft übergehen, welche bei einer Verbrennung in offenem Feuer entstehen würden. Da die Quantität der durch Verbrennung erzeugten Wärme unabhängig ist von der Dauer der Verbrennung und den Zwischenstufen, in denen sie erfolgt, so können wir auch aus der Masse des verbrauchten Materials berechnen, wieviel Wärme oder dieser äquivalente Arbeit von einem Thierkörper dadurch erzeugt werden kann. Leider sind die Schwierigkeiten der Versuche noch sehr gross; innerhalb derjenigen Grenzen der Genauigkeit aber, welche dabei bis jetzt erreicht werden konnten, zeigen sie, dass die im Thierkörper wirklich erzeugte Wärme der durch die chemischen Processe zu liefernden entspricht. Der Thierkörper unterscheidet sich also durch die Art, wie er Wärme und Kraft gewinnt, nicht von der Dampfmaschine, wohl aber durch die Zwecke und die Weise, zu welchen und in welcher er die gewonnene Kraft weiter benutzt. Er ist ausserdem in der Wahl seines Brennmaterials beschränkter als die Dampfmaschine. Letztere würde mit Zucker, Stärkemehl und Butter eben so gut geheizt werden können, wie mit Steinkohlen und Holz; der Thierkörper muss sein Brennmaterial künstlich auflösen und durch seinen Organismus vertheilen, er muss ferner fortdauernd das leicht abnutzbare Material seiner Organe erneuern, und da er die dazu nöthigen Stoffe nicht selbst bilden kann, sie von aussen aufnehmen. Liebig hat zuerst auf diese wesentlich verschiedenen Bestimmungen der aufgenommenen Nahrung aufmerksam gemacht. Als Bildungsmaterial für den fortwährenden Neubau des Körpers können, wie es scheint, ganz allein bestimmte eiweissartige Stoffe benutzt werden, welche in den Pflanzen vorkommen und die Hauptmasse des Thierkörpers bilden. Sie bilden nur einen kleinen Theil der täglichen Nahrungsmasse, die übrigen Nahrungsstoffe, Zucker, Stärkemehl, Fett, sind in der That nur Heizungsmaterial und können vielleicht nur deshalb nicht durch Steinkohlen ersetzt werden, weil diese sich nicht auflösen lassen.

Wenn sich die Processe des Thierkörpers in dieser Beziehung nicht von den unorganischen unterscheiden, so entsteht die Frage: wo kommen die Nahrungsmittel her, welche für ihn die Quelle der Kraft sind? Die Antwort ist: aus dem Pflanzenreiche. Denn nur Pflanzenstoffe oder das Fleisch pflanzenfressender Thiere können als Nahrungsmittel verbraucht werden. Die pflanzenfressenden Thiere bilden nur eine Zwischenstufe, welche den Fleischfressern, denen wir hier auch den Menschen beigesellen müssen, Nahrung aus solchen Pflanzenstoffen zubereitet, die jene nicht selbst unmittelbar als Nahrung gebrauchen können. Im Heu und Grase sind im Wesentlichen dieselben nährenden Substanzen enthalten, wie im Getreidemehl, nur in geringerer Quantität. Da aber die Verdauungsorgane des Menschen nicht im Stande sind, die geringe Menge des Brauchbaren aus dem grossen Ueberschusse des Unlöslichen auszuziehen, so unterwerfen wir diese Stoffe zunächst den mächtigen Verdauungsorganen des Rindes, lassen die Nahrung in dessen Körper aufspeichern, um sie schliesslich in angenehmerer und brauchbarerer Form für uns zu gewinnen. Wir werden also mit unserer Frage auf das Pflanzenreich zurückgewiesen. Wenn man nun die Einnahme und Ausgabe der Pflanzen untersucht, so findet man, dass ihre Haupteinnahme in den Verbrennungsproducten besteht, welche das Thier erzeugt. Sie nehmen den bei der Athmung verbrannten Kohlenstoff, die Kohlensäure, aus der Luft auf, den verbrannten Wasserstoff als Wasser, den Stickstoff ebenfalls in seiner einfachsten und engsten Verbindung als Ammoniak, und erzeugen aus diesen Stoffen mit Beihilfe weniger Bestandtheile, die sie aus dem Boden aufnehmen, von Neuem die zusammengesetzten verbrennlichen Substanzen, Eiweiss, Zucker, Oel, von denen das Thier lebt. Hier scheint also ein Cirkel zu sein, der eine ewige Kraftquelle ist. Die Pflanzen bereiten Brennmaterial und Nährstoffe, die Thiere nehmen diese auf, verbrennen sie langsam in ihren Lungen, von den Verbrennungsproducten leben wieder die Pflanzen. Diese sind eine ewige Quelle chemischer, jene mechanischer Kraftgrössen. Sollte die Verbindung beider organi-

schen Reiche das Perpetuum mobile herstellen? Wir dürfen nicht
so schnell schliessen; weitere Untersuchung ergiebt, dass die Pflanzen verbrennliche Substanz nur unter dem Einflusse des Sonnenlichtes zu bereiten vermögen. Ein Theil der Sonnenstrahlen zeichnet sich durch merkwürdige Beziehungen zu den chemischen Kräften
aus, er kann chemische Verbindungen schliessen und lösen; man
nennt diese Strahlen, welche meist von blauer oder violetter Farbe
sind, deshalb chemische Strahlen. Wir benutzen ihre Wirksamkeit namentlich bei der Anfertigung von Lichtbildern. Hier sind
es Verbindungen des Silbers, die an den Stellen, wo sie von den
Lichtstrahlen getroffen werden, sich zersetzen. Dieselben Sonnenstrahlen trennen in den grünen Pflanzenblättern die mächtige chemische Verwandtschaft des Kohlenstoffs der Kohlensäure zum
Sauerstoffe, geben letzteren frei der Atmosphäre zurück, und häufen ersteren mit anderen Stoffen verbunden als Holzfaser, Stärkemehl, Oel oder Harz in der Pflanze an. Diese chemisch wirkenden Strahlen des Sonnenlichtes verschwinden vollständig, sobald
sie grüne Pflanzentheile treffen; daher erscheinen denn auch die
grünen Pflanzenblätter auf Photographien so gleichmässig schwarz,
da das von ihnen kommende Licht, dem die chemischen Strahlen
fehlen, auch auf Silberverbindungen nicht mehr wirkt. Ausser
den blauen und violetten Strahlen spielen übrigens auch die gelben eine hervorragende Rolle bei dem Wachsthum der Pflanzen.
Auch sie werden durch Pflanzenblätter verhältnissmässig stark
absorbirt.

Es verschwindet also wirkungsfähige Kraft des Sonnenlichtes,
während verbrennliche Stoffe in den Pflanzen erzeugt und aufge-
häuft werden, und wir können als sehr wahrscheinlich vermuthen,
dass das erstere der Grund des zweiten ist. Allerdings, muss ich
bemerken, besitzen wir noch keine Versuche, aus denen sich bestimmen liesse, ob die lebendige Kraft der verschwundenen Sonnenstrahlen auch dem während derselben Zeit angehäuften chemischen Kraftvorrathe entspricht, und so lange diese fehlen, können
wir die angegebene Beziehung noch nicht als Gewissheit betrachten. Wenn sich diese Ansicht bestätigt, so ergiebt sich daraus
für uns das schmeichelhafte Resultat, dass alle Kraft, vermöge
deren unser Körper lebt und sich bewegt, ihren Ursprung direct
aus dem reinsten Sonnenlichte herzieht, und wir alle also an Adel
der Abstammung dem grossen Monarchen des chinesischen Reiches, der sich sonst allein Sohn der Sonne nennt, nicht nachstehen.
Aber freilich theilen diesen ätherischen Ursprung auch alle un-

sere niederen Mitgeschöpfe, die Kröte und der Blutegel, die ganze Pflanzenwelt und selbst das Brennmaterial, urweltliches wie jüngst gewachsenes, was wir unseren Oefen und Maschinen zuführen.

So sehen Sie denn, dass der ungeheure Reichthum von immer neu wechselnden meteorologischen, klimatischen, geologischen und organischen Vorgängen unserer Erde fast allein durch die leuchtenden und wärmenden Strahlen der Sonne im Gange erhalten wird, und Sie haben daran gleich ein auffallendes Beispiel, wie proteusartig die Wirkungen einer Ursache in der Natur unter abgeänderten äusseren Bedingungen wechseln können. Ausserdem erleidet die Erde noch eine andere Art der Einwirkung von ihrem Centralgestirne, so wie von ihrem Trabanten, dem Monde, welche sich in den merkwürdigen Phänomenen der Ebbe und Fluth des Meeres zu erkennen giebt.

Jedes dieser Gestirne erregt durch seine Anziehung auf das Meereswasser zwei riesige Wellen, welche in derselben Richtung um die Erde laufen, wie es scheinbar die Gestirne thun; die beiden Wellen des Mondes sind wegen seiner grösseren Nähe etwa $3\frac{1}{2}$ Mal so gross, als die von der Sonne erregten. Die eine dieser Wellen hat ihren Höhepunkt auf dem Viertel der Erdoberfläche, welches dem Monde zugekehrt ist, die andere auf dem gerade entgegengesetzten. Diese beiden Viertel haben dann Fluth, die dazwischenliegenden Ebbe. Obgleich im offenen Meere die Höhe der Fluth nur etwa drei Fuss beträgt, und sie sich nur in einzelnen engen Canälen, wo sich das bewegte Wasser zusammendrängt, bis gegen 30 Fuss steigert, so geht doch die Mächtigkeit des Phänomens aus der Berechnung von Bessel hervor, wonach ein vom Meere bedecktes Viertel der Erdoberfläche während seiner Fluthzeit etwa 200 Cubikmeilen Wasser mehr besitzt, als während der Ebbe, und dass also eine solche Wassermasse während $6\frac{1}{4}$ Stunden von einem Erdviertel zum andern fliessen muss.

Das Phänomen der Ebbe und Fluth steht, wie schon Mayer erkannt hat, verbunden mit dem Gesetze von der Erhaltung der Kraft, in einer merkwürdigen Beziehung zu der Frage über die Beständigkeit unseres Planetensystems. Die von Newton gefundene mechanische Theorie der Planetenbewegungen lehrt, dass wenn ein fester Körper im absolut leeren Raume, von der Sonne angezogen, sich in der Weise der Planeten um diese bewegt, seine Bewegung unverändert weiterbestehen wird bis in alle Ewigkeit.

Nun haben wir in Wirklichkeit nicht einen, sondern viele Planeten, welche sich um die Sonne bewegen und durch ihre gegenseitige Anziehung kleine Veränderungen und Störungen in ihren Bahnen hervorbringen. Indessen hat Laplace in seinem grossen Werke, der Mécanique céleste, nachgewiesen, dass in unserem Planetensysteme alle diese Störungen periodisch zu- und abnehmen, und nie gewisse Grenzen überschreiten können, so dass also auch dadurch für alle Ewigkeit das Bestehen des Planetensystems nicht gefährdet werde.

Aber ich habe schon zwei Voraussetzungen genannt, welche gemacht werden mussten, erstens, dass der Weltraum absolut leer sei, zweitens, dass die Sonne und Planeten feste Körper seien. Das erstere ist wenigstens in so fern der Fall, als man, so weit die astronomischen Beobachtungen zurückreichen, noch keine solche Veränderung in der Bewegung der Planeten hat entdecken können, wie sie ein widerstehendes Mittel hervorbringen würde. Aber an einem kleineren Himmelskörper von geringer Masse, dem Enke'-schen Kometen, finden sich Veränderungen solcher Art; er beschreibt immer enger werdende Ellipsen um die Sonne. Wenn diese Art der Bewegung, die allerdings der in einem widerstehenden Mittel entspricht, wirklich von einem solchen herrührt, so wird eine Zeit kommen, wo er in die Sonne stürzt; und auch den Planeten droht endlich ein solcher Untergang, wenn auch erst nach Zeiträumen, von deren Länge wir uns keinen Begriff machen können. Wenn uns aber auch die Existenz eines widerstehenden Mittels zweifelhaft erscheinen könnte, so ist es nicht zweifelhaft, dass die Planeten nicht ganz aus festen und unbeweglich verbundenen Massen bestehen. Zeichen von vorhandenen Atmosphären sind an der Sonne, der Venus, dem Mars, Jupiter und Saturn gefunden, Zeichen von Wasser und Eis auf dem Mars, und unsere Erde hat unzweifelhaft einen flüssigen Theil an ihrer Oberfläche, und vielleicht einen noch grösseren in ihrem Innern. Die Bewegungen der Ebbe und Fluth in den Meeren, wie in den Atmosphären, geschehen aber mit Reibung; jede Reibung vernichtet lebendige Kraft, der Verlust kann in diesem Falle nur die lebendige Kraft der Planetenbewegungen treffen. Wir kommen dadurch zu dem unvermeidlichen Schlusse, dass jede Ebbe und Fluth fortdauernd und, wenn auch unendlich langsam, doch sicher, den Vorrath mechanischer Kraft des Systems verringert, wobei sich die Axendrehung der betreffenden Planeten verlangsamen muss. In der That ist eine solche Verzögerung für die Erde durch die neueren sorgfältigen Untersuchungen der Mondbewegung von Hansen, Adams und Delaunay nachgewiesen worden. Nach ersterem hat seit Hipparch die Dauer jedes Sterntages um $^1/_{81}$ Secunde, die Dauer eines Jahrhunderts um eine halbe Viertelstunde zugenommen; nach Adams und W. Thomson wäre die Zunahme fast doppelt so gross. Eine Uhr, die zu Anfang eines Jahrhunderts richtig ginge, würde der Erde zu Ende des Jahrhunderts 22 Secunden vorausgeeilt sein. Laplace hatte die Existenz einer solchen Verzögerung der Umdrehung der Erde geleugnet; um ihren Betrag zu finden, musste die Theorie der Mondbewegung erst viel genauer entwickelt werden, als das zu seiner Zeit möglich war. Der endliche Erfolg dieser Verzögerung des Erdumlaufes wird sein, aber erst nach Millionen von Jahren, wenn inzwischen das Meer nicht eingefroren ist, dass sich eine Seite der Erde constant der Sonne zukehren und ewigen Tag, die entgegengesetzte dagegen ewige Nacht haben würde. Eine solche Stellung finden wir an unserem Monde in Bezug auf die Erde, und auch an anderen Trabanten in Bezug auf ihre Planeten; sie ist vielleicht die Wirkung der gewaltigen Ebbe und Fluth, denen diese Körper einst zur Zeit ihres feurig flüssigen Zustandes unterworfen gewesen sind.

Ich würde diese Schlüsse, welche uns wieder in die fernste Ferne zukünftiger Zeit hinausführen, nicht beigebracht haben, wenn sie nicht eben unvermeidlich wären. Physikalisch-mechanische Gesetze sind wie Teleskope unseres geistigen Auges, welche in die fernste Nacht der Vergangenheit und Zukunft eindringen.

Eine andere wesentliche Frage für die Zukunft unseres Planetensystems ist die über die künftige Temperatur und Erleuchtung. Da die innere Wärme des Erdballs wenig Einfluss auf die Temperatur der Erdoberfläche hat, so kommt es hier wesentlich nur auf die von der Sonne ausströmende Wärme an. Es kann gemessen werden, wieviel Sonnenwärme hier auf der Erde in einer gegebenen Zeit eine gegebene Fläche trifft, und daraus kann berechnet werden, wieviel in einer gewissen Zeit von der Sonne ausgeht. Dergleichen Messungen sind von dem französischen Physiker Pouillet ausgeführt worden und haben ergeben, dass die Sonne soviel Wärme abgiebt, dass an ihrer ganzen Oberfläche stündlich eine Schicht dichtesten Kohlenstoffs von etwa 10 Fuss Mächtigkeit abbrennen müsste, um sie durch Verbrennung zu erzeugen, in einem Jahre also etwa eine Schicht von $3^1/_2$ Meilen. Würde diese Wärme aber dem ganzen Sonnenkörper gleichmässig entzogen, so würde seine Temperatur doch jährlich nur um $1^1/_4$ Grad erniedrigt werden, wenn wir seine Wärmecapacität der des Wassers gleichsetzen. Diese Angaben können uns wohl die Grösse der Ausgabe im Verhältniss zur Oberfläche und dem Inhalte der Sonne anschaulich machen; sie können uns aber keinen Aufschluss darüber geben, ob die Sonne nur als glühender Körper die Wärme ausstrahlt, die seit ihrer Entstehung in ihr angehäuft ist, oder ob fortdauernd eine Neuerzeugung vermöge chemischer Processe an ihrer Oberfläche stattfindet. Jedenfalls lehrt uns unser Gesetz von der Erhaltung der Kraft, dass kein Process, der den auf der Erde bekannten analog ist, in der Sonne die Wärme- und Lichtausstrahlung für ewige Zeiten unerschöpflich unterhalten kann. Aber dasselbe Gesetz lehrt uns auch, dass die vorhandenen Kraftvorräthe, welche als Wärme schon existiren, oder einst zu Wärme werden können, noch für unermesslich lange Zeiten ausreichen. Ueber die Vorräthe chemischer Kraft in der Sonne können wir nichts muthmaassen, die in ihr aufgehäuften Wärmevorräthe nur durch sehr unsichere Schätzungen bestimmen. Wenn wir aber der sehr wahrscheinlichen Ansicht folgen, dass die von den Astronomen gefundene, für ein Gestirn von so grosser Masse auffallend geringe Dichtigkeit durch die hohe Temperatur bedingt sei, und mit der Zeit grösser werden könne, so lässt sich berechnen, dass, wenn der Durchmesser der Sonne sich nur um den zehntausendsten Theil seiner jetzigen Grösse verringerte, dadurch hinreichend viel Wärme erzeugt würde, um die ganze Ausgabe für 2100 Jahre zu decken. Eine so geringe Veränderung des Durchmessers würde übrigens durch die feinsten astronomischen Beobachtungen nur mit Mühe erkannt werden können.

In der That hat sich seit der Zeit, von der wir historische Nachrichten haben, also seit etwa 4000 Jahren, die Temperatur der Erdoberfläche nicht merklich verringert. Wir haben aus so alter Zeit allerdings keine Thermometerbeobachtungen; aber wir haben Angaben über die Verbreitung einiger Culturpflanzen, des Weinstocks, Oelbaums, welche gegen Aenderungen der mittleren Jahrestemperatur sehr empfindlich sind, und finden, dass diese Pflanzen noch jetzt genau dieselbe Verbreitungsgrenze haben, wie zu den Zeiten des Abraham und Homer, woraus denn rückwärts auf die Beständigkeit des Klima zu schliessen ist.

Als Gegengrund gegen diese Behauptung hatte man sich auf den Umstand berufen, dass ehemals die deutschen Ritter hier in Preussen Wein gebaut, gekeltert und getrunken hätten, was jetzt nicht mehr möglich sei. Man wollte daraus schliessen, dass die Wärme unseres Klima seit jener Zeit abgenommen habe. Dagegen hat schon Dove Berichte alter Chronisten citirt, wonach in einigen besonders heissen Jahren das Erzeugniss der preussischen Reben etwas weniger von seiner gewöhnlichen Säure gehabt habe. Die Thatsache spricht also nicht für die Wärme des Klima, sondern nur für die Kehlen der deutschen Herren. Aber wenn auch die Kraftvorräthe unseres Planetensystems so ungeheuer gross sind, dass sie durch die fortdauernden Ausgaben innerhalb der Dauer unserer Menschengeschichte nicht merklich verringert werden konnten, wenn sich auch die Länge der Zeiträume noch gar nicht ermessen lässt, welche vorbeigehen müssen, ehe merkliche Veränderungen in dem Zustande des Planetensystems eintreten können: so weisen doch unerbittliche mechanische Gesetze darauf hin, dass diese Kraftvorräthe, welche nur Verlust, keinen Gewinn erleiden können, endlich erschöpft werden müssen. Sollen wir darüber erschrecken? Die Menschen pflegen die Grösse und Weisheit des Weltalls danach abzumessen, wieviel Dauer und Vortheil es ihrem eigenen Geschlechte verspricht; aber schon die vergangene Geschichte des Erdballs zeigt, einen wie winzigen Augenblick in seiner Dauer die Existenz des Menschengeschlechtes ausgemacht hat. Ein wendisches Thongefäss, ein römisches Schwert, was wir im Boden finden, erregt in uns die Vorstellung grauen Alterthums; was uns die Museen Europas von den Ueberbleibseln Aegyptens und Assyriens zeigen, sehen wir mit schweigendem Staunen an, und verzweifeln uns zu der Vorstellung einer so weit zurückliegenden Zeitperiode aufzuschwingen; und doch musste das Menschengeschlecht offenbar schon Jahrtausende bestanden und sich vermehrt haben, ehe die Pyramiden und Ninive gebaut werden konnten. Wir schätzen die Menschengeschichte auf 6000 Jahre; aber so unermesslich uns dieser Zeitraum auch erscheinen mag, wo bleibt sie gegen die Zeiträume, während welcher die Erde schon eine lange Reihenfolge jetzt ausgestorbener, einst üppiger und reicher Thier- und Pflanzengeschlechter, aber keine Menschen trug, während welcher in unserer Gegend der Bernsteinbaum grünte und sein kostbares Harz in die Erde und das Meer träufelte, wo in Sibirien, Europa und dem Norden Amerikas tropische Palmenhaine wuchsen, Rieseneidechsen und später Elephanten hausten, deren mächtige Reste wir noch im Erdboden begraben finden? Verschiedene Geologen haben nach verschiedenen Anhaltspunkten die Dauer jener Schöpfungsperiode zu schätzen gesucht, und schwanken zwischen 1 und 9 Millionen von Jahren. Und wiederum war die Zeit, wo die Erde organische Wesen erzeugte, nur klein gegen die, wo sie ein Ball geschmolzenen Gesteins gewesen ist. Für die Dauer ihrer Abkühlung von 2000 bis 200 Grad ergeben sich nach Versuchen von Bischof über die Erkaltung geschmolzenen Basalts etwa 350 Millionen Jahre. Und über die Zeit, wo sich der Ball des Urnebels zum Planetensystem verdichtete, müssen unsere kühnsten Vermuthungen schweigen. Die bisherige Menschengeschichte war also nur eine kurze Welle in dem Ocean der Zeiten; für viel längere Reihen von Jahrtausenden, als unser Geschlecht bisher erlebt hat, scheint der jetzige seinem Bestehen günstige Zustand der unorganischen Natur gesichert zu sein, so dass wir für uns und lange, lange Reihen von Generationen nach uns nichts zu fürchten haben. Aber noch arbeiten dieselben Kräfte der Luft, des Wassers und des vulcanischen Innern an der Erdrinde weiter, welche frühere geologische Revolutionen verursacht und eine Reihe von Lebensformen nach der anderen begraben haben. Sie werden wohl eher den jüngsten Tag des Menschengeschlechtes herbeiführen, als jene weit entlegenen kosmischen Veränderungen, die wir früher besprachen, und uns zwingen, vielleicht neuen vollkommeneren Lebensformen Platz zu machen, wie uns und unseren jetzt lebenden Mitgeschöpfen einst die Rieseneidechsen und Mammuths Platz gemacht haben.

So hat uns der Faden, den diejenigen, welche dem Traume des Perpetuum mobile nachfolgten, in Dunkelheit angesponnen haben, zu einem allgemeinen Grundgesetze der Natur geführt, welches Lichtstrahlen in die fernen Nächte des Anfangs und des Endes der Geschichte des Weltalls aussendet. Auch unserem eigenen Geschlechte will es wohl ein langes, aber kein ewiges Bestehen zulassen; es droht ihm mit einem Tage des Gerichtes, dessen Eintrittszeit es glücklicher Weise noch verhüllt. Wie der Einzelne den Gedanken seines Todes ertragen muss, muss es auch das Geschlecht; aber es hat vor anderen untergegangenen Lebensformen höhere sittliche Aufgaben voraus, deren Träger es ist und mit deren Vollendung es seine Bestimmung erfüllt.

Anhang.

1) Robert Mayer's Priorität.

(Zu S. 38. Zugefügt 1883.)

In der oben vorliegenden Stelle habe ich R. Mayer als den Ersten genannt, der das Gesetz von der Erhaltung der Kraft in seiner Allgemeinheit richtig aufgefasst habe. So weit ich finden kann, ist dies der Zeit nach überhaupt die erste Hervorhebung seines Verdienstes gewesen, durch die ein grösserer Kreis des wissenschaftlichen Publicums auf dasselbe aufmerksam gemacht werden konnte. Auch in dem Buche von Herrn E. Dühring [1] finde ich keine frühere anerkennende Erwähnung desselben citirt, die angeführte freilich auch nicht. Bei einer früheren Gelegenheit habe ich die Priorität Mayer's gegen die englischen Freunde Joule's zu vertheidigen gehabt, welche geneigt waren jede Berechtigung Mayer's zu leugnen. Ein zu diesem Zweck an Professor P. G. Tait von mir geschriebener Brief ist in der Einleitung zu dessen Buch: „Sketch of Thermodynamics", Edinburgh 1868, sowie in der kürzlich erschienenen Sammlung meiner wissenschaftlichen Abhandlungen, Bd. I, S. 71 bis 73 abgedruckt.

In neuerer Zeit sind Gegner der entgegengesetzten Richtung aufgestanden, die, soweit ihren Angriffen wissenschaftliche Motive zu Grunde liegen, die fast schon erloschene Hoffnung, reelle Kenntnisse auf speculativem Wege gewinnen zu können, neu zu beleben glaubten, indem sie das Gesetz von der Erhaltung der Kraft als eine Erkenntniss a priori, und R. Mayer als einen Heros des reinen Denkens feiern. Die Darstellungsweise, welche dieser in den Einleitungen seiner ersten beiden Aufsätze gewählt hat, erleichtert allerdings eine solche Missdeutung seiner Leistungen. Der alten, namentlich in metaphysischen Streitigkeiten seit Jahrtausenden bewährten Regel entsprechend, wonach die Erbitterung bei wissenschaftlichen Streitigkeiten um so grösser zu sein pflegt, je schlechter die Gründe sind, wurden diese Angriffe nicht gerade in höflichen Formen ausgeführt. Die übrigen Naturforscher, welche sich gleichzeitig oder unmittelbar nach R. Mayer

---

[1] Robert Mayer, der Galilei des neunzehnten Jahrhunderts, Chemnitz 1880.

mit dem gleichen Gegenstande beschäftigt und eingestandenermaassen dabei die inductiven Methoden aller Erfahrungswissenschaft befolgt hatten, wurden zu elenden Plagiatoren herabgesetzt, als ob sie sich Mayer's Entdeckung anzueignen und ihn selbst todtzuschweigen gesucht hätten. Daneben wurden sie verspottet, weil sie sich noch bemüht hatten Experimente anzustellen über Fragen, die durch das Schauen des Genius, den sie nicht verstanden, schon vorher entschieden waren. Ich selbst habe die Ehre gehabt, als einer der schlimmsten Uebelthäter dargestellt zu werden. Ich verdanke dies, wie ich voraussetze, dem Umstande, dass ich durch meine Untersuchungen über Sinneswahrnehmungen mehr als andere meiner Fachgenossen mit erkenntnisstheoretischen Fragen in Berührung gekommen bin, und dabei allerdings nach besten Kräften mich bemüht habe, was ich noch von Nebeln eines falschen scholastischen Rationalismus vorfand zu zerstreuen. Dass ich mich dadurch bei den stillen und offenen Anhängern metaphysischer Speculation nicht beliebt gemacht habe, wusste ich längst vor diesen Streitigkeiten über R. Mayer, und hatte auch längst schon eingesehen, dass es nicht anders sein könne.

Eine unbillig grosse Rolle spielte dabei mir gegenüber der Umstand, dass ich bei Abfassung meiner kleinen Schrift: „Ueber die Erhaltung der Kraft" (Berlin 1847), Mayer's damals erschienenen zwei Abhandlungen noch nicht kannte. Der Leser wird im Folgenden vielleicht erkennen, warum R. Mayer's erste Schrift von 1842 nicht gerade viel Wahrscheinlichkeit raschen Bekanntwerdens für sich hatte. Alle anderen Autoren über den Gegenstand, so weit sie mir bekannt waren, hatte ich genannt. Unter diesen war Joule, dem gegenüber ich selbst für die Idee des Wärmeäquivalents auch nicht den geringsten Schein eines Prioritätsrechtes hätte in Anspruch nehmen können, was ich natürlich auch nie mit einem Worte oder einer Andeutung gethan habe. In den Augen meiner Gegner half es mir dann auch nichts, dass ich später, nachdem ich R. Mayer's Schriften kennen gelernt hatte, und lange, ehe meine Gegner von ihm etwas wussten, über die Entdeckung des Gesetzes von der Erhaltung der Kraft niemals gesprochen habe, ohne ihn in erster Linie zu nennen, wie man in den hierauf folgenden Vorträgen von 1862 und 1869 wieder finden wird, und dass ich wahrscheinlich der Erste in Deutschland gewesen bin, der sich bemüht hat die Aufmerksamkeit des wissenschaftlichen Publicums auf ihn hinzu-

lenken. Herr Dühring hat es nie nöthig gefunden, diese Thatsache zu erwähnen, obgleich sie in den veröffentlichten Acten
des Unterrichtsministeriums über die gegen ihn geführte Discipli-
naruntersuchung constatirt ist, deren Kenntniss bei ihm vorauszusetzen man doch wohl berechtigt ist.

Der letztgenannte Autor vertrat bei diesen Erörterungen
die materialistische Richtung der Speculation, die spiritualisti-
sche oder spiritistische dagegen der kürzlich verstorbene J. C. F.
Zöllner. Es war das alte Verhältniss, welches Sokrates schon
so humoristisch von den Sophisten seiner Zeit geschildert hat.
Beide Herren widersprachen sich diametral in allen ihren übrigen
Ansichten, nur in den Angriffen gegen die Universitäten, bei
denen beide nicht den von ihnen erwarteten Grad der Bewunderung gefunden hatten, und gegen die Vertreter der strengen
wissenschaftlichen Methodik, namentlich gegen Mathematiker und
Physiker, waren sie einig, ebenso wie in dem ästhetischen und
ethischen Charakter ihrer Polemik. Die Maasslosigkeiten der
letzteren haben, wie von Anfang an vorauszusehen war, den
gebildeteren Theil der Leser schnell orientirt, so dass ich mir
das wenig erfreuliche Geschäft auf die nicht wissenschaftlichen
Seiten des Streites zurückzukommen ersparen kann.

Was aber von wissenschaftlichen Motiven in jenen Angriffen
steckt, ist vielleicht bisher noch nicht deutlich genug heraus-
gehoben worden. Es ist der alte Gegensatz zwischen Speculation
und Empirie, zwischen der Werthschätzung des deductiven und des
inductiven Wissens, der hier zu einer sehr verschiedenen Werthschätzung dessen, was R. Mayer geleistet hat, führt. Ich kann
darüber nicht schweigen, da ich selbst ihn oft rühmend erwähnt
habe ohne eine Beschränkung hinzuzufügen; letzteres wäre mir,
so lange der leidende Mann lebte, unpassend erschienen. Da nun
aber sein Namen und seine Geschichte gebraucht wird, um wissenschaftliche Principien zu empfehlen, die ich für radical falsch
halte, und die leider für die gebildeten Classen Deutschlands
ihre verführende Kraft noch immer nicht ganz verloren haben, so
muss ich diese Rücksicht bei Seite setzen.

Wenn ich Herrn E. Dühring hier unter die Metaphysiker
rechne, so wird er selbst vielleicht gegen diese Bezeichnung
protestiren. Denn er pflegt über alle Philosophen, die vor ihm
gelebt haben, höchst verächtlich zu sprechen, und seine eigene
„Wirklichkeitsphilosophie“ und sein „widerspruchloses (?) Denken“
für weit verschieden zu erklären von dem, was jene geleistet

haben. Wir brauchen uns in eine Untersuchung dessen, was er an Beispielen von falscher Werthschätzung deductiver Methode in seinen übrigen Büchern geliefert hat, hier nicht einzulassen. Sein Standpunkt in dem vorliegenden Streite ist charakteristisch genug. Die Frage über die Allgemeingültigkeit des grossen Naturgesetzes wird durch Mayer's erste Schrift für abgethan erklärt, die von Joule angestellten Versuche über die Constanz des Wärmeäquivalents werden als unnöthig verspottet, wer nicht nach dem Durchlesen jener Schrift von der Wahrheit ihres Inhalts überzeugt war, wird als Dummkopf oder Bösewicht behandelt. Das Alles hat nur Sinn, wenn das Gesetz der Erhaltung der Kraft eine Erkenntniss a priori war, welche, nachdem sie gefunden, jedem, der den Sinn. des Satzes verstand, unmittelbar einleuchtend sein musste.

Uebrigens ist auch seine sehr fleissig gearbeitete Geschichte der Mechanik ein Versuch, die Principien dieser Wissenschaft als deductiv gefunden darzustellen. Zu dem Ende preist Herr Dühring überall die ersten unreifen und unklaren Versuche, die neu geahnten Sätze. auszusprechen, während die vollendeten Formulirungen derselben allgemeinen Gesetze in durchsichtig inductiver Form, wie sie z. B. bei Newton auftreten, in jeder Weise herabgezogen und bemäkelt werden.

Bei der Auffindung des Gesetzes von der Erhaltung der Kraft und seiner vollen Allgemeingültigkeit handelt es sich für Jemanden, der die mathematisch-mechanische Litteratur des vorigen Jahrhunderts einigermaassen kannte, keineswegs um eine durchaus neue Induction, sondern nur um die letzte Präcisirung und vollständige Verallgemeinerung einer schon längst herangewachsenen inductiven Ueberzeugung, die sich schon mannigfach ausgesprochen hatte. Nachdem Leibnitz den Begriff der lebendigen Kraft, d. h. des Arbeitsäquivalents der Bewegung bewegter Massen aufgestellt hatte, spielte das sogenannte Gesetz „von der Erhaltung der lebendigen Kraft" eine wichtige Rolle in allen mechanischen Untersuchungen jener Zeit. Vorzugsweise war es Daniel Bernoulli, der um die Mitte des vorigen Jahrhunderts dieses Gesetz in den verschiedenartigsten Anwendungen durchzuführen bemüht war. Aber man wusste, dass dasselbe nur gültig sei für Bewegungskräfte, die von der Zeit und Geschwindigkeit unabhängig sind und dabei eine besondere Art räumlicher Vertheilung haben, Kräfte, die wir jetzt kurz zusammenfassend „conservativ" nennen. Allerdings wagten die grossen Mathematiker des vorigen Jahrhunderts, die streng und vorsichtig in ihren Verallgemeinerungen vorgingen, ihre Vermuthung, dass alle elementaren Kräfte conservativ seien, noch nicht als wissenschaftlichen Satz auszusprechen. Abgesehen davon, dass Männer, die an ernste wissenschaftliche Arbeit gewöhnt sind, nicht alle ihre Vermuthungen und gelegentlichen Einfälle in die Welt hinauszuplaudern pflegen, um damit vor den Unverständigen zu glänzen, so hatten sie noch die besondere Aufgabe vor sich, die Menschheit von dem falschen Rationalismus der Scholastik zur strengen Schätzung der Thatsachen zu erziehen, und mussten deshalb doppelt vorsichtig sein. Dass sie aber sehr fest an die Allgemeingültigkeit des Gesetzes von der Erhaltung der lebendigen Kraft geglaubt haben, dafür liegt eine ganz entscheidende Thatsache vor, nämlich der Beschluss der Académie des Sciences zu Paris, gefasst im Jahre 1775 [1]), dass fortan von der Akademie kein angebliches Perpetuum mobile mehr in Berücksichtigung genommen werden solle, ebenso wenig, wie die angeblichen Lösungen der Quadratur des Cirkels und der Trisection des Winkels. In der Begründung dieses Beschlusses wird kurzweg und ganz bestimmt gesagt: „Le mouvement perpétuel est absolument impossible." Der wissenschaftliche Beweis der Unmöglichkeit der Lösung der genannten drei Probleme war zu jener Zeit noch nicht zu geben. Für die Quadratur des Cirkels ist er erst im letzten Jahre Herrn Lindemann gelungen. Wenn ein strenger Beweis der Unmöglichkeit der Lösung bekannt gewesen wäre, hätte sich die Akademie nicht durch einen solchen Beschluss gegen nutzlose Vergeudung ihrer Zeit zu wahren gebraucht. Aber in Entscheidungen für das praktische Handeln muss man oft Motiven folgen, die nur einen hohen Grad von Wahrscheinlichkeit für sich haben, und eine solche durch viele vorausgegangene vergebliche Versuche inductiv gewonnene Ueberzeugung spricht sich offenbar in jenem Beschlusse der Akademie aus, genügend fest für einen solchen, wenn sie auch noch nicht als wissenschaftliches Theorem erwiesen werden konnte.

Also die eine Seite des Problems, das „nil fieri ex nihilo", wie es R. Mayer bezeichnet, war für Arbeitswerthe hier schon als gemeinsame Ueberzeugung einer Versammlung der hervorragendsten Sachverständigen jener Zeit ausgesprochen. Die andere Seite, das „nil fieri ad nihilum", die Unzerstörbarkeit der

---

[1]) Histoire de l'Académie Royale des Sciences. Année 1775, p. 61 et 65.

Arbeitswerthe wurde noch nicht direct ausgesprochen. Sie lag aber schon sehr nahe. Denn soweit conservative Naturkräfte wirken und das Gesetz von der Erhaltung der lebendigen Kräfte gilt, ist Zerstörung von Arbeitsäquivalenten ebenso wenig möglich, als Neuerzeugung. Eben deshalb ist in dem Namen jenes Princips das Wort „conservatio", „Erhaltung", gebraucht. Diese Seite des Problems konnte überhaupt erst aufgehellt werden, nachdem eine bessere Einsicht in die eigentliche Natur der Wärme gewonnen war, und der Gang der experimentellen Forschung war damals der Erkenntniss, dass die Wärme eine Form der Bewegung und nicht ein Stoff sei, eher ungünstig als günstig. Die Entdeckung des Sauerstoffs und die daran sich knüpfende neue Verbrennungstheorie führten zunächst zur umfassenden Durchführung der Calorimetrie. Die durch chemische Processe zu entwickelnde Wärme, die bei den Aenderungen der Aggregatzustände verschwindende und frei werdende Wärme, die Wärmecapacität der verschiedenen Substanzen, Alles dies wurde eifrig studirt, eine Menge mühsamer Untersuchungen begründeten hier ein neues wichtiges Gebiet der Physik. Bei allen diesen Vorgängen aber verhielt sich die Wärme gerade so, wie ein unzerstörbares Quantum einer Substanz, und sie liessen sich viel bequemer und einfacher durch die Annahme eines imponderablen Wärmestoffs erklären, als durch eine Bewegungshypothese, deren klare Durchführung und Auffassung ein gewisses Maass mathematisch-mechanischer Bildung verlangte. Aber diese war mit experimenteller Kenntniss der Thatsachen in älterer Zeit seltener vereinigt, als dies jetzt der Fall ist. Ja es gab Physiker, welche principiell verlangten, dass experimentelle und mathematisch-theoretische Arbeit ganz getrennt bleiben müssten. Auch die neu gefundene Arbeitserzeugung durch Wärme mittels der Dampfmaschine schien sich anfangs noch unter die Vorstellung von Wärmestoff bringen zu lassen, da Sadi Carnot nachwies, dass Wärme nur arbeite, wenn sie aus dem dichteren Zustande, der höheren Temperaturen entspricht, in den verdünnteren Zustand niederer Temperatur übergehe und sie sich hierin durchaus einem durch Ausdehnung arbeitenden Gase ähnlich zu verhalten schien.

In einer solchen Periode, wo eine grosse Menge neuer Thatsachen aufgefunden werden, die sich alle willig und sogar quantitativ genau unter eine bestimmte Hypothese ordnen, und wo letztere sich also als ein werthvolles heuristisches Princip für die Auffindung neuer Gesetzmässigkeit bewährt hat, bekommt eine solche leicht ein zu grosses Gewicht in den Augen der Forscher, und diese gewöhnen sich daran einzelne widersprechende Thatsachen als vorläufig unerklärte, aber vielleicht nur scheinbare Ausnahmen bei Seite zu schieben in der Hoffnung, dass die Zukunft die besonderen Bedingungen kennen lehren werde, durch welche sie zu Stande kommen.

So war die Lage der Dinge etwa um das Jahr 1840. In der Wärmelehre waren in der That schon längst solche Vorgänge gefunden, die mit der Annahme eines imponderablen Wärmestoffs schwer oder gar nicht zu vereinigen waren. Dies waren Rumford's und Humphrey Davy's Versuche über Reibungswärme. Des ersteren Versuche strebte allerdings Berthollet in seinem Essai de Statique chimique (1803) mit der Hypothese des imponderablen Wärmestoffs zu vereinigen; Davy's Versuche waren dagegen vollkommen zwingend, und wenn sich auch noch Niemand fand, der eine bestimmtere Vorstellung über die Art der Wärmebewegung auszubilden wusste, so wurde die Möglichkeit einer solchen Erklärungsweise doch nicht bloss in wissenschaftlichen Abhandlungen, sondern selbst in Lehrbüchern und Schulen besprochen. Ich selbst erinnere mich, dass ich in der Tertia des Potsdamer Gymnasiums darüber einen Aufsatz zu machen hatte. Sowie also Jemand mit einigem Verständniss für die mathematisch-mechanischen Begriffe an dieses Problem kam und ihm ernsthaft seine Aufmerksamkeit zuwendete, so war nothwendig die erste Frage, ob das Gesetz von der Erhaltung der lebendigen Kraft, das, soweit es gültig war, die Behandlung der Bewegungsprobleme so wesentlich erleichterte, in diesem Fall als gültig angesehen werden könne; und wenn diese Frage bejaht werden durfte und Wärme demnach als ein Quantum lebendiger Kraft anzusehen war, dann eröffnete sich in der That damit unmittelbar die Aussicht, dass die grösste Zahl der bisher angenommenen Ausnahmen von jenem Gesetze, welche die Reibung veranlasste, beseitigt wurden, indem man die durch die Reibung entstandene Wärme als das Aequivalent der scheinbar verloren gegangenen lebendigen Kraft in Anspruch nehmen konnte.

Offenbar hat die Unbestimmtheit der Vorstellung von der Wärmebewegung die theoretischen Physiker lange Zeit abgehalten das Problem anzugreifen. Es mussten erst wichtige und bestimmt abgegrenzte Fragen auftauchen, wie die über den Ursprung der Triebkräfte und der Wärme in den lebenden Wesen, deren Beantwortung nur von der Entscheidung über die Erhaltung der

Kraft bei der Wärmebewegung abhing, ohne dass die besondere Natur dieser Bewegung weiter in Frage kam.

Dass die Sache so lag, wie ich sie hier schildere, kann ich aus eigener persönlicher Erfahrung sehr bestimmt behaupten, da ich selbst diesen Weg gegangen bin, ohne von Mayer und anfangs auch ohne von Joule etwas zu wissen. In meinen Augen war die Arbeit, die ich damals unternahm, eine rein kritische und ordnende, deren Hauptzweck nur sein konnte, eine alte auf inductivem Wege gewachsene Ueberzeugung an dem neu gewonnenen Material zu prüfen und zu vervollständigen Es war immerhin noch viel Arbeit im Einzelnen zu thun, das Material vollständig zu sammeln, zwischen verschiedenen möglichen Erklärungen die Entscheidung zu suchen u. s. w. Ich selbst aber habe die leitenden Gesichtspunkte, denen ich folgte, damals durchaus nicht für neu, sondern für sehr alt gehalten, und habe deshalb auch die Bezeichnung meines Aufsatzes: „Ueber die Erhaltung der Kraft", so gewählt, um ihn als eine Erweiterung des alten Princips „von der Erhaltung der lebendigen Kraft" zu charakterisiren, ebenso wie ich in der Einleitung an die alte Frage von der Möglichkeit des Perpetuum mobile angeknüpft habe.

Nun will ich nicht behaupten, namentlich nicht in Beziehung auf R. Mayer, dem die Gelegenheit den damaligen Inhalt der Wissenschaft kennen zu lernen vielleicht knapper zugemessen gewesen war, als mir, dass nicht eine anerkennenswerthe Sicherheit und Selbständigkeit des Denkens dazu nöthig gewesen sei, um einen Weg einzuschlagen und auf ihm richtig fortzugehen, dessen Tradition den damaligen experimentellen Physikern ziemlich fern lag. Was er in dieser Beziehung geleistet hat, können doch immer nur Wenige leisten. Ich muss nur vor der ungerechtfertigten Uebertreibung warnen, als wäre sein Gedanke eine funkelnagelneue Einsicht ohne alle vorausgehenden Vorbereitungen gewesen, eine Minerva aus dem Kopfe des Zeus entsprungen, oder ein Räthselwort, welches nur ausgesprochen zu werden brauchte, um als die ungeahnte Antwort auf eine dunkle Frage einzuleuchten.

R. Mayer's erste Abhandlung, die ihm die Priorität dessen sichert, was an der besprochenen neuen Einsicht neu war, fällt in das Jahr 1842. Er hatte bis dahin Medicin studirt und nach einer Reise, die er als Schiffsarzt nach Java gemacht hatte, sich in Heilbronn als praktischer Arzt niedergelassen. Der betreffende

68

Aufsatz ist sehr kurz, giebt keine Beweise, wenigstens nichts, was ein Naturforscher als Beweis anerkennen würde, sondern stellt nur „Thesen" auf. Herr Dühring selbst hat dies wohl eingesehen und bezeichnet diese kurze Notiz als veröffentlicht, um die Priorität der Entdeckung zu sichern und dadurch freiere Zeit zur weiteren Ausarbeitung des Ganzen zu gewinnen. Diesem Zwecke genügt sie auch und unter diesem Gesichtspunkt angesehen ist Alles, was sonst an ihr auffällt, verständlich. Das wesentlich Neue, was sie bringt, ist die Behauptung, dass eine bestimmte Wärmemenge einem bestimmten Arbeitsbetrage äquivalent sein müsse. Zugleich ist eine Methode angegeben, diesen Betrag zu berechnen und die Rechnung ausgeführt. Dass deren Resultat (365 kg. m) ziemlich weit von dem später festgestellten Werthe (425) abweicht, kann Mayer nicht zur Last gelegt werden. Die der Rechnung zu Grunde liegende Annahme, dass die Abkühlung eines sich dehnenden Gases der äusseren Arbeit desselben entspreche, hätte, wie Mayer später zeigte, durch Berufung auf ein von Gay-Lussac ausgeführtes Experiment gestützt werden können. Er hat diesen Versuch nicht angeführt, zu einer blossen Prioritätssicherung war dies auch nicht nöthig. Im Gegentheil, Autoren, die zu solchem Zwecke eine Notiz veröffentlichen, finden es zuweilen wünschenswerth, den Weg des Beweises noch nicht vollständig zu zeigen. Wollte Mayer dies erreichen, so war die Form ganz wohl geeignet.

Wenn aber die Notiz als eine solche, vielleicht absichtlich halb unverständlich gehaltene Prioritätssicherung angesehen werden soll, gegeben ohne Beweise: so sollten Mayer's Bewunderer auch nicht erwarten, dass dieselbe einen unmittelbaren grossen Erfolg unter den Naturforschern haben konnte. Man bedenke nur die damalige Situation. Ein gänzlich unbekannter junger Arzt veröffentlicht eine kurze Notiz, worin er versichert, er glaube, dass jede Wärmeeinheit ein bestimmtes Arbeitsäquivalent habe und das müsse 365 m Hebung der Gewichtseinheit für einen Grad Celsius entsprechen. Was er an Erläuterungen hinzufügt, sind einige seit alter Zeit aus den Anwendungen des Princips von der lebendigen Kraft bekannte Thatsachen, auf den Fall der Körper bezüglich. In diesen [1]) ist das Arbeitsäquivalent der Bewegung sogar fehlerhaft berechnet, indem der Factor $\frac{1}{2}$ aus dem Werthe der lebendigen Kraft weggelassen ist. Eine andere

[1]) S. 6 in der Sammlung von R. Mayer's Abhandlungen: „Die Mechanik der Wärme." Stuttgart 1874.

unrichtige Versicherung [1]), dass nämlich Eis durch den unerhörtesten Druck nicht in Wasser verwandelt werden könne, würde dem eventuellen Leser damals noch nicht als thatsächlich falsch aufgefallen sein, aber doch ein zweifelhaftes Licht auf die wissenschaftliche Vorsicht des Autors geworfen haben. Eingeleitet ist das Ganze durch Folgerungen aus dem Satze: „causa aequat effectum", die Ursache ist der Wirkung an Grösse gleich, aus welchem mittels einer sehr bedenklichen Interpretation herausgelesen wird, dass, was als Ursache wirke, unzerstörbar sei. Diese Einleitung erscheint als das Einzige, was nach dem Sinne des Autors einen Beweis vertreten sollte. Es war eine Art des Beweises, die an sich vollkommen ungenügend, in jener Zeit kräftiger Reaction gegen die speculativen Ueberschwänglichkeiten der Hegel'schen Philosophie jeden aufgeklärten Naturforscher gleich von vornherein vom Weiterlesen abschrecken mochte, noch ehe er auf der zweiten Seite die Kräfte kurzweg mit den Imponderabilien identificirt fand und auf der vierten und sechsten Seite jenen schon angeführten Fehlern begegnete. Dass in dieser Abhandlung wirklich bedeutende Gedanken steckten, dass sie nicht in die breite Litteratur von unklaren Einfällen gehörte, welche alljährlich von schlecht unterrichteten Dilettanten aufgetischt werden, konnte höchstens ein Leser merken, der schon ähnliche Gedanken in sich herumgewälzt hatte, und diese unter dem etwas fremdartigen Wortgebrauch des Autors wieder zu erkennen wusste. Liebig, der im Jahre, wo Mayer's Abhandlung erschien, sein Buch über Thierchemie herausgab, in der er die Frage des chemischen Ursprungs der thierischen Wärme eingehend erörterte, war vielleicht ein solcher Leser, und nahm deshalb den Aufsatz in sein Journal der Chemie auf. Dort werden freilich Physiker und Mathematiker kaum Aufschlüsse über die Principien der Mechanik gesucht haben; das ist noch ein Nebenumstand, der dem Bekanntwerden des Aufsatzes hinderlich entgegentreten mochte.

Das Liebäugeln mit der Metaphysik in Mayer's beiden ersten Veröffentlichungen erklärt sich wohl aus der damaligen Unzulänglichkeit seines empirischen Materials. Einem findigen und nachdenklichen Kopfe, wie er unzweifelhaft war, gelingt es gelegentlich auch aus dürftigem und lückenhaftem Material richtige Verallgemeinerungen zu bilden. Wenn er dann aber die

---

[1] R. Mayer, die Mechanik der Wärme. S. 8.

Beweise dafür zu Papier zu bringen sucht und das Ungenügende derselben fühlt, so kommt er leicht dazu, sich mit unbestimmt allgemeinen Betrachtungen von zweifelhaftem Werthe helfen zu wollen. So beginnt, wie schon bemerkt, R. Mayer seine erste Abhandlung mit Betrachtungen über den vieldeutig unbestimmten Satz: „Causa aequat effectum" und schiebt diesem einen Sinn unter, wonach die Wirkung mit demselben Werthe ihrer Grösse wieder neue Ursache müsse werden können. Aus dem „aequat", d. h. „ist gleich", wird gemacht ein „bleibt gleich". Abgesehen hiervon und von der weiteren Frage, ob der genannten letzteren Deutung nicht eine Verwechselung der Begriffe von „Ursache und Wirkung" mit „Veranlassung und Folge" zu Grunde liege, ist klar, dass die in der Natur sich vorfindenden Arbeitsäquivalente erst dann als causa und effectus, von denen jener Satz redet, aufgefasst werden dürfen, wenn ihre Unzerstörbarkeit bewiesen ist, d. h. dasjenige als Voraussetzung schon feststeht, was unser Autor aus jenem Satze herzuleiten sich bemüht. Ebenso ist es mit den Sätzen, die er an die Spitze der zweiten Abhandlung des Jahres 1845 stellt: Ex nihilo nil fit. Nil fit at nihilum. (Aus nichts wird nichts. Nichts wird zu nichts.) Jetzt, wo man den grossen Zusammenhang der Arbeitsäquivalente des Weltalls kennt und in weitem Umfange empirisch nachgewiesen hat, kann man sagen, dass sie als Ens, welches nicht zu Nichts werden und nicht aus Nichts entstehen könne, gefasst werden dürfen. Dazu war doch aber kein Recht da, ehe ihre Beständigkeit erfahrungsmässig nachgewiesen war. So genügt R. Mayer's erste Arbeit allerdings dazu, um jetzt nachträglich zu erkennen, dass er schon im Jahre 1842 den Sinn und die Gültigkeit des Gesetzes von der Erhaltung der Kraft im Wesentlichen richtig erfasst hatte, wenn auch die Art, wie er seine Erkenntniss darzustellen sich bemüht, noch von ziemlich starker Befangenheit in dem falschen Rationalismus der damaligen medicinischen Schulen und der damaligen Naturphilosophie zeugt.

Was J. P. Joule's gleichzeitige Arbeiten betrifft, so hatte dieser schon vor R. Mayer's erster Veröffentlichung, nämlich im Jahre 1841, Versuche ausgeführt, die ein mit der Frage über das mechanische Wärmeäquivalent ganz nah verwandtes Thema behandeln, nämlich die Beziehungen zwischen der Wärme und den elektrischen Kräften einer galvanischen Batterie. Er hatte durch Versuche nachgewiesen, so weit die Genauigkeit der damals angewendeten Methoden dies zuliess, dass die gesammte

Wärmeentwickelung im Leitungskreise einer galvanischen Batterie unabhängig von der Zusammensetzung dieses Kreises und proportional sei dem Betrage der in dem Kreise eingetretenen chemischen Zersetzungen [1]. Noch in demselben Jahre [2] berichtet er über eine weitere Reihe von Versuchen, aus denen hervorgeht, dass die elektrisch entwickelte Wärme der chemisch zu entwickelnden nicht nur proportional, sondern gleich sei, und dass diese Wärme in diesem Falle nicht an dem Orte, wo die chemischen Processe vor sich gehen, sondern in der ganzen Länge des Schliessungsbogens zum Vorschein komme. Dann erst erschien R. Mayer's erster Aufsatz im Mai 1842. Joule hatte um diese Zeit also ein für die allgemeine Durchführung des Gesetzes von der Erhaltung der Kraft ebenfalls höchst wichtiges Thema selbständig behandelt und durchgeführt. Unmittelbar folgerte er aus diesen Thatsachen allerdings noch nichts, was mit dem Gesetz von der Erhaltung der Kraft zusammenhängt, sondern sprach nur die Vermuthung aus, dass auch bei den directen chemischen Verbrennungen die Wärmeentwickelung durch einen ähnlichen elektrischen Process bedingt sei. Diese Aehnlichkeit ist allerdings nach neueren Ansichten eine ziemlich fernliegende; Joule's Schluss ist nur dadurch für die Richtung seiner Gedanken bezeichnend, als er sich nicht auf die Annahme eines am Orte des chemischen Processes frei gewordenen und von der Elektricität nur transportirten imponderablen Wärmestoffs einlässt. Im Gegentheil, indem er durchaus folgerichtig auf seinem Wege weiter geht, unternimmt er im nächsten Jahre, diese letztere Möglichkeit an den magnetelektrischen Strömen zu prüfen. In diesen besteht kein Process, der gebundene Wärme frei machen könnte. Wenn auch bei diesen Wärme nur transportirt würde, müsste sie da fehlen und Kälte entwickelt werden, wo die elektromotorischen Kräfte wirken, nämlich in den inducirenden Spiralen. Der Versuch widerlegt diese Voraussetzung und zeigt im Gegentheil, dass durch die inducirten magnetelektrischen Ströme bald neue Wärme unter Verbrauch von Arbeit erzeugt wird, bald an Stelle der nicht entwickelten Wärme mechanische Arbeitsleistung auftritt. Schliesslich wird das Verhältniss zwischen der verlorenen Arbeit und gewonnenen Wärme bestimmt und im Mittel zu 838 englischen Fuss per Grad

---

[1] Philosoph. Magazine XIX, p. 260. October 1841.
[2] Ebenda XX, p. 98. Februar 1842. Gelesen vor der Litter. and Philosoph. Society of Manchester, 2. November 1841.

Fahrenheit (d. h. 460 m für 1º C.) gefunden. Diesen vom Juli
1843 datirten Mittheilungen[1]) ist noch eine vom August datirte
angefügt, welche die erste Bestimmung des mechanischen Wärmeäquivalents durch Reibung von Wasser liefert und auf 770 Fuss
per 1º F. (422 m per 1º C.), also schon sehr nahe den besten
später bestimmten Werthen, ausfällt.

Alles dies ist zwei Jahre vor R. Mayer's zweitem Aufsatze
veröffentlicht. Mayer's erste Notiz von 1842 versicherte Joule
um jene Zeit noch nicht gekannt zu haben. Nehmen wir aller
Wahrscheinlichkeit zum Trotz mit Herrn Dühring an, er hätte
sie gekannt. Was konnte sie ihm geben, selbst wenn er sich
die Mühe nahm die richtige Interpretation ihres Sinnes zu
suchen und durch eigenes Nachdenken zu ergänzen, was ihr
Autor nicht erklärt hatte? Doch jedenfalls keinerlei sichere
Ueberzeugung von der Richtigkeit der vorgetragenen Ansicht;
ein thatsächlicher Beweis, wie ihn Joule verlangt haben würde,
war nicht gegeben. Allenfalls konnte ein wohlwollender Leser
vielleicht dahin gelangen einzusehen, dass dies eine beachtens-
werthe Hypothese sei und konnte den Anstoss zu eigenen Ueberlegungen über das Thema empfangen. Wenn nun Joule um die
Zeit, wo Mayer's Notiz erschienen war, plötzlich angefangen
hätte in einer neuen Richtung zu arbeiten, so hätte die Hypothese, er habe von daher seinen Anstoss empfangen, etwas Glaub-
haftes. Aber im Gegentheil, er ging ganz folgerichtig weiter in
den Arbeiten, mit denen er vorher beschäftigt war. Der ganze
Zusammenhang, wie er zu seinen Ergebnissen kam, liegt klar
vor unsern Augen und es ist ganz deutlich, dass er keines von
aussen kommenden Anstosses bedurfte, um sich der Frage über
die Aequivalenz von Wärme und Arbeit zuzuwenden, und was
er im Jahre 1843 gab, waren nun wirklich die ersten thatsächlichen Beweise für diese Aequivalenz.

Die von Mayer gegebene Berechnung dieser Grösse für
einen Fall, selbst wenn sie als begründet anerkannt wurde, bewies
ja nichts. Es musste gezeigt werden, dass ganz verschiedene
Vorgänge genau denselben Werth ergeben, was Joule in der That
gethan hat. Dadurch erst wurde Mayer's Ansicht über den
Rang einer nicht unwahrscheinlichen Hypothese hinausgerückt.
Ausserdem war es Joule, der hier zum ersten Male den Nach-

---

[1]) Philosophical Magazine XXIII, p. 265, 347, 435. Octbr. bis Decbr.
1843. Vorgetragen am 21. August 1843 vor der Brittish Association.

weis führte, dass mechanische Arbeitsleistung an Stelle von Wärme treten könne. Die Leistungen der Dampfmaschinen hatten Carnot und Clapeyron zunächst mit der Theorie vom Wärmestoff in geschickte Uebereinstimmung gebracht und R. Mayer hatte, was er an thatsächlicher Belegung für seine Ansicht von der Arbeit der Gase hatte, noch zurückgehalten.

Uebrigens hatte auch der durch viele pharmaceutisch chemische Arbeiten bekannte K. Fr. Mohr schon im Jahre 1837, also vor R. Mayer's erstem Aufsatze, einen Abriss einer mechanischen Theorie der Wärme [1]) veröffentlicht, der in vielen Beziehungen der später entwickelten mathematischen Theorie entspricht. Freilich misslingt ihm die richtige Beziehung zwischen Wärme und mechanischer Kraft aufzufinden. Aber er sucht doch nach einer solchen und der Aufsatz zeigt, dass um jene Zeit ähnliche Speculationen nicht ungewöhnlich waren; er zeigt aber auch, wie weit R. Mayer ihm überlegen war.

Ich hoffe meinen Lesern dargethan zu haben, dass das längere Verborgenbleiben von R. Mayer's erster Arbeit sich aus sehr begreiflichen und berechtigten Ursachen erklärt; ferner, dass R. Mayer zwar ein höchst selbständiger und scharfsinniger Kopf war, von dem man grosse Leistungen erwarten durfte, wenn es ihm vergönnt gewesen wäre in voller Geisteskraft weiter zu arbeiten; aber nicht ein solcher, der Dinge geleistet hätte, die nicht auch andere seiner Zeitgenossen hätten leisten können und thatsächlich auch ohne seine Unterstützung geleistet haben. Ist ihm nun schweres Unrecht durch Vernachlässigung geschehen, wie es seine metaphysischen Anhänger darstellen? Wenn man seinen ersten Aufsatz von 1842 als Prioritätssicherung auffasst, so hat er als solche vollkommen seine Dienste gethan, als die Zeit herangekommen war. Wenn dieser Aufsatz nicht existirte, so würde nichts beweisen, dass Mayer seine Ideen nicht von Joule empfangen habe. Für diesen Aufsatz mehr zu verlangen, nämlich dass er auf seine Leser überzeugend wirken sollte, scheint mir ein Verkennen der richtigen Grundlagen wissenschaftlichen Beweises zu sein. Der zweite Aufsatz fiel in eine Zeit, wo theils kurz vorher, theils gleichzeitig, theils kurz nachher Joule und ich selbst dieselbe Sache in Angriff genommen hatten. Auch für uns war das Beharrungsvermögen der bestehenden Meinung nicht ganz leicht und nicht sehr schnell zu

---

[1]) Annalen der Pharmacie Bd. XXIV, S. 141.

überwinden. Das höchste Interesse für den Träger einer neuen Idee sollte doch vor Allem sein, dass diese Idee die Ueberzeugung der Menschen für sich gewinne. Wenn für R. Mayer diese Genugthuung auch bis in den Anfang des nächsten Jahrzehnts noch auf sich warten liess, so wird man dies einer so tief gehenden Aenderung der wissenschaftlichen Anschauungen gegenüber, wie sie hier verlangt wurde, kaum für eine lange Frist halten dürfen. Freilich wurde ihm die persönliche Befriedigung, sich selbst als den ersten Apostel dieser Idee anerkannt zu sehen, noch etwas länger versagt. Aber mindestens seit 1854, d. h. neun Jahre nach seiner definitiven Publication, begann doch auch sein Name und sein Verdienst bekannt zu werden und es sind ihm die äusseren Zeichen der Verehrung und Anerkennung später vielfach zu Theil geworden. Natürlich hätte die Sache anders gelegen, wenn er an wissenschaftlicher Arbeit und an der thatsächlichen Beweisführung für die von ihm vertretenen Ideen hätte rüstig Theil nehmen können. Er hat das bittere Schicksal eines früh invalide gewordenen Kämpfers gehabt; es ist nicht zu leugnen, dass solche von der Menschheit noch nicht so rücksichtsvoll und dankbar behandelt werden, wie es geschehen sollte. Mayer's wenige spätere Schriften zeigen, dass er sich den hellen Geist auch noch in den späteren Perioden von Wohlbefinden bewahrt hatte. Aber ausdauernder wissenschaftlicher Arbeit scheint er sich nicht mehr haben unterziehen zu können.

Da ihm die unvollendete Form, in der seine Arbeiten geblieben sind, in keiner Weise zum persönlichen Vorwurf gemacht werden darf, möchte ich die heranreifenden Jünger der Wissenschaft noch auf die Lehre aufmerksam machen, die in seinem Schicksal liegt: Die besten Gedanken kommen in Gefahr fruchtlos zu bleiben, wenn ihnen nicht die Arbeitskraft zur Seite steht, welche ausharrt, bis der überzeugende Beweis für ihre Richtigkeit geführt ist.

2) Berechnungen.

(Zu Seite 46.)

Ich muss hier noch angeben, wie die Rechnung über die Erwärmung ausgeführt ist, welche durch die angenommene anfängliche Verdichtung der Himmelskörper unseres Systems aus nebelartigem zerstreutem Stoffe entstehen musste. Die übrigen Rechnungen, deren Resultate ich angeführt habe, finden sich theils bei J. R. Mayer und Joule, theils sind sie mit Hilfe der bekannten Thatsachen und Methoden der Wissenschaft leicht auszuführen.

Maass der Arbeit, welche bei der Verdichtung der Masse aus einem Zustande unendlich kleiner Dichtigkeit geleistet wurde, ist das Potential der verdichteten Massen auf sich selbst. Für eine Kugel von gleichmässiger Dichtigkeit, der Masse M, und dem Halbmesser R hat das Potential auf sich selbst V, wenn wir die Masse der Erde m nennen, deren Radius r und die Intensität der Schwere auf der Erdoberfläche g, den Werth

$$V = \frac{3}{5} \cdot \frac{r^2 M^2}{R \cdot m} \cdot g$$

Betrachten wir die Himmelskörper unseres Systems als solche Kugeln, so ist die ganze Verdichtungsarbeit gleich der Summe aller ihrer Potentiale auf sich selbst. Da sich aber diese Potentiale für verschiedene Kugeln, wie die Grösse $\frac{M^2}{R}$ verhalten, verschwinden sie alle gegen das der Sonne; selbst das des grössten Planeten, des Jupiter, ist nur etwa der hunderttausendste Theil von dem der Sonne; wir brauchen also in der Rechnung auch nur dieses allein zu berücksichtigen.

Um die Temperatur einer Masse M von der specifischen Wärmecapacität σ um t Grade zu erhöhen, braucht man eine Wärmemenge
gleich $M\sigma t$, diese entspricht, wenn Ag das mechanische Aequivalent der Wärmeeinheit ist, der Arbeit $Ag\,M\sigma t$. Um die durch
die Verdichtung der Sonnenmasse bewirkte Temperaturerhöhung
zu finden, setzen wir

$$Ag\,M\sigma t = V,\text{ also}$$

$$t = \frac{3}{5} \cdot \frac{r^2 M}{A.R.m.\sigma}.$$

Für eine an Masse der Sonne gleiche Wassermasse ist $\sigma = 1$
zu setzen, dann ergiebt die Rechnung mit den bekannten Werthen
von A, M, R, m und r, dass

$$t = 28\,611\,000^0\,C.$$

Die Masse der Sonne ist 738 Mal grösser, als die der Planeten
zusammengenommen, wollen wir also die Wassermasse gleich der
des ganzen Systems machen, so müssen wir den Werth von t mit
$\frac{738}{739}$ multipliciren, was ihn kaum merklich ändert.

Wenn eine kugelförmige Masse vom Radius R_0 sich mehr und
mehr zusammenzieht, bis zum Radius R_1, so ist die dadurch bedingte Temperatursteigerung

$$\vartheta = \frac{3}{5} \cdot \frac{r^2 M}{A.m\,\sigma}\left\{\frac{1}{R_1} - \frac{1}{R_0}\right\}\text{ oder}$$

$$= \frac{3}{5} \cdot \frac{r^2 M}{A\,R_1\,m\sigma}\left\{1 - \frac{R_1}{R_0}\right\}.$$

Denken wir uns also die Masse des Planetensystems anfangs
nicht als eine Kugel von unendlich grossem Radius, sondern begrenzt, etwa vom Radius der Neptunsbahn, welcher 6000 Mal grösser ist, als der Sonnenhalbmesser, so wird die Grösse $\dfrac{R_1}{R_0}$ gleich
$\dfrac{1}{6000}$.

Um diesen verhältnissmässig unbedeutenden Theil würde dann
der obige Werth von t zu verringern sein.

Aus denselben Formeln ist abzuleiten, dass eine Verkleinerung
des Sonnenhalbmessers um $\dfrac{1}{10000}$ noch eine Arbeit, äquivalent 2861
Wärmegraden in einer der Sonne gleichen Wassermasse, erzeugen
würde. Und da sich nach Pouillet jährlich eine Wärmemenge,
entsprechend $1^1/_4$ Grad in einer solchen Wassermasse verliert, so
würde jene Verdichtung für 2289 Jahre den Verlust decken.

Wenn die Sonne, wie es wahrscheinlich erscheint, nicht überall von gleicher Dichtigkeit ist, sondern im Centrum dichter, so
wird das Potential ihrer Masse und die entsprechende Wärmemenge noch grösser.

Von den noch jetzt vorhandenen mechanischen Kraftgrössen
ist die lebendige Kraft der Rotationen der Himmelskörper um
ihre eigene Axe, verhältnissmässig zu den übrigen Grössen, sehr
klein und zu vernachlässigen; die lebendige Kraft der Umlaufbe-
wegungen um die Sonne und die Arbeitsgrösse der Anziehung der
Sonne ist, wenn μ die Masse eines Planeten, ϱ seine Entfernung
von der Sonne bedeutet

$$L = \frac{gr^2 M\mu}{m} \left\{ \frac{1}{R} - \frac{1}{2\varrho} \right\}$$

lässt man die Grösse $\frac{1}{2\varrho}$ weg, als verhältnissmässig sehr klein gegen

$\frac{1}{R}$ und dividirt durch den obigen Werth von V, so erhält man

$$\frac{L}{V} = \frac{5}{3} \frac{\mu}{M}.$$

Die Masse aller Planeten zusammen ist $\frac{1}{738}$ der Sonnenmasse,
folglich der Werth von L für das ganze System

$$L = \frac{1}{443} \ V.$$

Zusatz (1883). Bei Benutzung der neuern Werthe für die Massen
des Planetensystems und für den Abstand der Sonne von der Erde ergiebt
sich die oben S. 56 und S. 76 zu $1\frac{1}{4}^0$ C. angesetzte jährliche Temperaturabnahme zu 1,96⁰ C. und die Gesammterhitzung t zu 26 845 000⁰ C.

ÜBER DIE

PHYSIOLOGISCHEN URSACHEN

DER

MUSIKALISCHEN HARMONIE.

———

Vorlesung

gehalten in

Bonn im Winter 1857.

———

Hochgeehrte Versammlung!

In der Vaterstadt Beethovens, des gewaltigsten unter den Heroen der Tonkunst, schien mir kein Gegenstand zur Besprechung in einem grösseren Kreise geeigneter als die Musik. Ich will daher, der Richtung folgend, die meine Arbeiten in der letzten Zeit genommen haben, versuchen Ihnen auseinander zu setzen, was Physik und Physiologie über die geliebteste Kunst des Rheinlandes, über Musik und musikalische Verhältnisse zu sagen wissen. Die Musik hat sich bisher mehr als jede andere Kunst der wissenschaftlichen Behandlung entzogen. Dichtkunst, Malerei und Bildhauerei entnehmen wenigstens das Material für ihre Schilderungen aus der Welt der Erfahrung, sie stellen Natur und Menschen dar. Nicht blos kann nun dieses ihr Material auf seine Richtigkeit und Naturwahrheit kritisch untersucht werden, sondern sogar in der Erforschung der Gründe für das ästhetische Wohlgefallen, welches die Werke dieser Künste erregen, hat die wissenschaftliche Kunstkritik, wenn auch enthusiastische Seelen ihr dazu oft die Berechtigung bestreiten, unverkennbare Fortschritte gemacht. In der Musik dagegen behalten, wie es scheint, vorläufig noch diejenigen Recht, welche die kritische „Zergliederung ihrer Freuden" von sich weisen. Diese Kunst, die ihr Material nicht aus der sinnlichen Erfahrung nimmt, die nicht die Aussenwelt zu beschreiben, nur ausnahmsweise sie nachzuahmen sucht, entzieht dadurch der wissenschaftlichen Betrachtung die meisten Angriffspunkte, die die anderen Künste darbieten, und erscheint daher in ihren Wirkungen ebenso unbegreiflich und wunderbar, wie sie mächtig ist. Wir müssen und wollen uns deshalb vorläufig auf die Betrachtung ihres künstlerischen Materials, der Töne oder Tonempfindungen, beschränken. Es hat mich immer als ein wunderbares und besonders interessantes Geheimniss angezogen, dass gerade in der Lehre von den Tönen, in den physikalischen und technischen Fundamenten der Musik, die unter allen Künsten in ihrer Wirkung auf das Gemüth als die stoffloseste, flüchtigste und zarteste Urheberinn unberechenbarer und unbeschreiblicher Stimmungen erscheint, sich die Wissenschaft des reinsten und consequentesten Denkens, die Mathematik, so fruchtbar erwies. Der Generalbass ist ja eine Art angewandter Mathematik; in der Abtheilung der Tonintervalle, der Tacttheile u. s. w. spielen die Verhältnisse ganzer Zahlen, — zuweilen sogar Logarithmen — eine hervorragende Rolle. Mathematik und Musik, der schärfste Gegensatz geistiger Thätigkeit, den man auffinden kann, und doch verbunden, sich unterstützend, als wollten sie die geheime Consequenz nachweisen, die sich durch alle Thätigkeiten unseres Geistes hinzieht und die uns auch in den Offenbarungen des künstlerischen Genius unbewusste Aeusserungen geheimnissvoll wirkender Vernunftmässigkeit ahnen lässt.

Indem ich die physikalische Akustik vom physiologischen Standpunkte aus betrachtete, d. h. näher der Rolle nachging, welche dem Ohr in der Wahrnehmung der Töne zuertheilt ist, schien sich manches in seinem Zusammenhange klarer darzustellen; und so will ich denn versuchen, ob ich Ihnen einiges von dem Interesse mittheilen kann, welches diese Fragen in mir erregt haben, indem ich Ihnen einige Ergebnisse der physikalischen und physiologischen Akustik anschaulich zu machen suche.

Die Kürze der zugemessenen Zeit fordert, dass ich mich auf einen Hauptpunkt beschränke; ich will aber den wichtigsten von allen herausgreifen, an welchem Sie am besten erkennen werden, welche Bedeutung und Ergebnisse wissenschaftliche Untersuchungen in diesem Gebiete haben können, nämlich die Frage nach dem Grunde der Consonanz. Thatsächlich steht fest, dass die Schwingungszahlen consonanter Töne zu einander immer im Verhältnisse kleiner ganzer Zahlen stehen. Aber warum? Was haben die Verhältnisse der kleinen ganzen Zahlen mit der Consonanz zu thun? Es ist dies eine alte Räthselfrage, die schon Pythagoras der Menschheit aufgegeben hat, und die bisher ungelöst geblieben ist. Sehen wir zu, ob wir sie mit den Hülfsmitteln der modernen Wissenschaft beantworten können.

Zuerst, was ist ein Ton? Schon die gemeine Erfahrung lehrt uns, dass alle tönenden Körper in Zitterungen begriffen sind. Wir sehen und fühlen dies Zittern, und bei starken Tönen fühlen wir, selbst ohne den tönenden Körper zu berühren, das Schwirren der uns umgebenden Luft. Specieller zeigt die Physik, dass jede Reihe von hinreichend schnell sich wiederholenden Stössen, welche die Luft in Schwingung versetzt, in dieser einen Ton erzeugt. Musikalisch wird der Ton, wenn die schnellen Stösse in ganz regelmässiger Weise und in genau gleichen Zeiten sich wiederholen, während unregelmässige Erschütterungen der Luft nur Geräusche geben. Die Höhe eines musikalischen Tons hängt von der Zahl solcher Stösse ab, die in gleicher Zeit erfolgen; je mehr Stösse in derselben Zeit, desto höher der Ton. Dabei stellt sich, wie bemerkt, ein enger Zusammenhang zwischen den bekannten harmonischen, musikalischen Intervallen und der Zahl der Luftschwingungen heraus. Wenn bei einem Tone zweimal so viel Schwingungen in derselben Zeit geschehen, wie bei einem anderen, so ist er die höhere Octave dieses anderen. Ist das Verhältniss der Schwingungen in gleicher Zeit 2 : 3, so bilden beide Töne eine Quinte, ist es 4 : 5, so bilden sie eine grosse Terz.

Wenn Sie sich merken, dass die Anzahl der Schwingungen bei den Tönen des Duraccords $CEGC$ im Verhältniss der Zahlen 4 : 5 : 6 : 8 steht, so können Sie daraus alle anderen Tonverhältnisse herleiten, indem Sie über jeden der genannten Töne sich einen neuen Duraccord gebaut denken, der dieselben Schwingungsverhältnisse zeigt. Die Zahl der Schwingungen ist, wie sich bei einer nach dieser Regel angestellten Berechnung ergiebt, innerhalb des Gebietes der hörbaren Töne ausserordentlich verschieden. Da die höhere Octave eines Tones zweimal so viel Schwingungen macht als ihr Grundton, so macht die zweit höhere 4mal, die dritte 8mal so viel. Unsere neueren Pianofortes umfassen 7 Octaven; ihr höchster Ton macht deshalb 128 Schwingungen in derselben Zeit, wo ihr tiefster eine Schwingung vollführt.

Das tiefste C_1 was unsere Claviere zu haben pflegen, und welches die sechszehnfüssigen offenen Pfeifen der Orgel geben, — die Musiker nennen es das Contra-C — macht 33 Schwingungen in der Secunde. Wir nähern uns bei ihm schon den Gränzen des Hörens. Sie werden auf dem Pianoforte bemerkt haben, dass diese Töne einen dumpfen, schlechten Klang haben; man kann ihre musikalische Höhe, die Reinheit ihrer Stimmung nicht mehr so leicht ganz scharf beurtheilen. Auf der Orgel ist das Contra-C etwas kräftiger als das der Saiten, aber auch hier fühlt sich das Ohr über die musikalische Höhe des Tons unsicher. Auf den grösseren Orgeln findet sich noch eine ganze Octave unter diesem

Contra-*C*, bis zu einer 32füssigen Pfeife, die das nächst tiefere *C*
von 16½ Schwingungen in der Secunde giebt; aber das Ohr empfindet diese Töne kaum noch als etwas anderes, denn als ein
dumpfes Dröhnen, und je tiefer sie sind, desto deutlicher unterscheidet es schon die einzelnen Luftstösse in ihnen. Sie werden
deshalb musikalisch auch immer nur zur Verstärkung der Töne
der nächst höheren Octave gebraucht, denen sie den Eindruck
grösserer Tiefe geben.

Mit Ausnahme der Orgel finden die übrigen musikalischen
Instrumente die Grenze ihrer Tiefe alle, so verschiedene Mittel zur
Tonerzeugung sie auch anwenden, ungefähr in derselben Gegend
der Tonleiter wie das Clavier, nicht weil es unmöglich wäre langsamere Luftstösse von ausreichender Kraft hervorzubringen, sondern weil das Ohr seinen Dienst versagt und langsamere Stösse
eben nur als einzelne Stösse empfindet, nicht zu einem Tone zu-
sammenfasst.

Die oft wiederholte Angabe des französischen Physikers Sa-
vart, dass er an einem besonders construirten Instrumente Töne
von acht Schwingungen in der Secunde gehört habe, scheint auf
einem Irrthume zu beruhen.

Nach der Höhe hin giebt man den Pianoforte's wohl einen
Umfang bis zur 7. Octave des Contra-*C*, dem sogenannten fünfgestrichenen *c* von 4224 Schwingungen in der Secunde. Von den
Orchesterinstrumenten könnte nur die Piccolflöte ebenso hoch,
oder noch einen Ton höher gehen. Die Violine pflegt nur bis zu
dem zunächst darunter liegenden *E* von 2640 Schwingungen in
der Secunde gebraucht zu werden, abgesehen von den Kraftlei-
stungen himmelstürmerischer Virtuosen, welche hier gern Motive
suchen, um ihren Hörern neues und unerhörtes Herzweh zu bereiten. Solchen winken übrigens über dem fünfgestrichenen *C*
noch drei ganze Octaven hörbarer und den Ohren höchst schmerz-
hafter Töne entgegen, wie Despretz nachgewiesen hat, der mittels
kleiner, mit dem Violinbogen gestrichener Stimmgabeln das acht-
gestrichene *C* von 32770 Schwingungen in der Secunde erreicht
zu haben angiebt. Dort erst schien die Tonempfindung ihre
Gränze zu erreichen, und auch hier waren in den letzten Octaven
die Intervalle nicht mehr zu unterscheiden.

Die musikalische Höhe des Tons hängt nur von der Zahl der
Luftschwingungen in der Secunde ab, nicht von der Art, wie sie
hervorgebracht werden. Es ist gleichgültig, ob es durch die
schwingenden Saiten des Claviers und der Violine, durch die

Stimmbänder des menschlichen Kehlkopfs, durch die Metallzungen des Harmonium, die Rohrzungen der Clarinette, Oboe und des Fagotts, durch die Schwingung der Lippen des Blasenden im Mundstück der Blechinstrumente, oder durch die Brechung der Luft an den scharfen Lippen der Orgelpfeifen und Flöten geschieht. Ein Ton von gleicher Schwingungszahl ist immer gleich hoch, von welchem dieser Instrumente er auch hervorgebracht werden mag. Was übrigens nun noch die Note *A* des Claviers von der gleichen Note *A* der Violine, Flöte, Clarinette, Trompete unterscheidet, nennt man die Klangfarbe, auf die wir später noch zurückkommen.

Als ein interessantes Beispiel zur Erläuterung der hier vorgetragenen Sätze erlaube ich mir Ihnen ein eigenthümliches physikalisches Tonwerkzeug vorzuführen, nämlich die sogenannte Sirene, Fig. 1, welches besonders geeignet ist, alles was von den Verhältnissen der Schwingungszahlen abhängt, festzustellen.

Um Töne durch dieses Instrument hervorzubringen, werden die Zuleitungsröhren g_0 und g_1 durch Schläuche mit einem Blasebalge verbunden; die Luft tritt dann in die runden Messingkästen a_0 und a_1 und durch die durchlöcherten Deckel dieser Kästen bei c_0 und c_1 wieder heraus. Die Löcher für die austretende Luft sind aber nicht ganz frei durchgängig, sondern unmittelbar vor den Deckeln der beiden Kästen befinden sich noch zwei ebenso durchlöcherte Scheiben, die an einer sehr leicht laufenden senkrechten Axe k befestigt sind. In der Figur sieht man bei c_0 nur die durchlöcherte Scheibe, unmittelbar unter ihr liegt die ebenso durchlöcherte Deckelplatte des Kastens. Am oberen Kasten bei c_1 sieht man nur den Rand der Scheibe. Wenn nun die Löcher der Scheibe gerade vor den Löchern des Deckels stehen, dann kann die Luft frei austreten. Wenn aber die Scheibe gedreht wird, so dass undurchbrochene Stellen der Scheibe vor den Löchern des Kastens stehen, so ist ihr Austritt verhindert. Lassen wir nun die Scheiben schnell umlaufen, so wechselt fortdauernd Oeffnung und Schliessung der Ausflusslöcher des Kastens; während der Oeffnung tritt Luft aus, während der Schliessung wird sie zurückgehalten, und so zerfällt der continuirliche Luftstrom des Blasebalgs mittels dieser Vorrichtung in eine Reihe von abgebrochenen Luftstössen, welche, wenn sie schnell genug auf einander folgen, sich zu einem Tone an einander reihen.

Jede von den drehbaren Scheiben dieses Instrumentes, welches complicirter gebaut ist als die bisherigen Instrumente ähnlicher Art und deshalb eine viel grössere Zahl von Toncombinationen erlaubt, hat vier Löcherreihen, die untere mit 8, 10, 12, 18, die obere mit 9, 12, 15 und 16 Löchern. Die Löcherreihen in den Deckelplatten der Windkästen sind denen in den Scheiben ganz gleich; unter jeder von ihnen befindet sich aber noch ein ebenfalls durchlöcherter Ring, den man mittels der Stifte *i i i i* entweder so stellen kann, dass die betreffende Löcherreihe der Deckelplatte frei mit dem Innern des Kastens communicirt, oder abgeschlossen wird. Man kann also jede beliebige von den acht Löcherreihen des Instruments einzeln, oder je zwei und je drei zusammen anblasen in willkührlicher Combination, indem man die Stifte *i i* beliebig verstellt.

Fig. 1.

Die runden Kästen $h_0 h_0$ und $h_1 h_1$, die in der Figur nur halb gezeichnet sind, dienen dazu, durch ihre Resonanz den scharfen Ton milder und weicher zu machen.

Die Löcher in den Kästen und Scheiben sind schief eingebohrt, was zur Folge hat, dass, wenn man Luft in die Kästen eintreibt und eine oder einige Löcherreihen öffnet, der Luftstrom selbst die Scheiben herumtreibt und in immer schnellere und schnellere Bewegung setzt.

Wenn man das Instrument anzublasen beginnt, hört man zuerst die einzelnen Luftstösse, welche puffend hervorbrechen, so oft die Löcher der Scheibe vor denen des Kastens vorbeipassiren. Diese Luftstösse folgen sich immer schneller und schneller, je mehr die Geschwindigkeit der drehenden Scheiben wächst, etwa wie die Dampfstösse einer Locomotive, die sich mit dem Eisenbahnzuge in Bewegung setzt; sie bringen dann zunächst ein Schwirren und Zittern hervor, welches immer hastiger und hastiger wird. Endlich entsteht ein dumpfer dröhnender Ton, der bei immer steigender Geschwindigkeit der Scheiben allmälig an Höhe und Stärke zunimmt.

Nehmen wir an, wir hätten endlich die Scheiben in solche Geschwindigkeit versetzt, dass sie 33 Mal in der Secunde umlaufen, und wir hätten die Reihe mit acht Löchern geöffnet. Bei jeder einzelnen Umdrehung der Scheibe laufen alle acht Löcher dieser Reihe vor jedem einzelnen Loch des Kastens vorbei; also 8 Mal bei jeder einzelnen Umdrehung bricht ein Luftstrom aus dem Kasten hervor, und 8mal 33 oder 264 Luftstösse haben wir in der Secunde; das giebt uns das eingestrichene c unserer musikalischen Scala. Oeffnen wir dagegen die Reihe mit 16 Löchern, so haben wir doppelt so viel, nämlich 16mal 33 oder 528 Schwingungen in der Secunde, und wir hören genau die höhere Octave jenes ersten c', nämlich das zweigestrichene c''. Oeffnen wir gleichzeitig die beiden Reihen von 8 und von 16 Löchern, so haben wir beide c zugleich und können uns überzeugen, dass wir den absolut reinen Zusammenklang einer Octave haben. Nehmen wir 8 und 12 Löcher, die das Verhältniss der Schwingungszahlen 2 zu 3 ergeben, so giebt dieser Zusammenklang eine reine Quinte; 12 und 16, oder 9 und 12 geben Quarten, 12 und 15 geben eine grosse Terz und so weiter.

Nun ist an dem Instrument aber auch noch eine Vorrichtung angebracht, um die Töne des oberen Kastens etwas höher oder niedriger zu machen. Dieser Kasten ist nämlich um seine Axe drehbar und mit einem Zahnrade verbunden, in den der an der Kurbel d befestigte Trieb eingreift. Dreht man nun die Kurbel langsam um, während eine Löcherreihe des oberen Kastens angeblasen wird, so wird der Ton etwas höher oder tiefer, je nachdem die Löcher des Kastens denen der Scheibe entgegengehen, oder in gleicher Richtung nachfolgen. Wenn sie entgegengehen, treffen sie schneller mit der nächstfolgenden Oeffnung der Scheibe zusammen, die Schwingungsdauer des Tons wird verkürzt, er wird höher. Das Umgekehrte geschieht, wenn sie nachfolgen.

Bläst man nun unten durch 8, oben durch 16 Löcher, so hat man eine reine Octave, so lange der obere Kasten stillsteht; so wie man ihn bewegt und dadurch die Höhe des oberen Tons etwas verändert, wird die Octave unrein.

Bläst man oben die Reihe von 12, unten die von 18 an, so hat man

eine reine Quinte, so lange der obere Kasten stillsteht, so wie man ihn bewegt, wird der Zusammenklang merklich schlechter.

Diese Versuche mit der Sirene lehren uns also:

1. eine Reihe von Luftstössen, die hinreichend schnell auf einander
folgen, geben einen Ton.

2. Je schneller sie auf einander folgen, desto höher wird der Ton.

3. Wenn das Verhältniss der Schwingungszahlen genau wie 1 zu 2 ist,
so geben sie eine reine Octave; wenn es 2 zu 3 ist, eine reine Quinte, wenn
es 3 zu 4 ist, eine reine Quarte u. s. w. Jede kleinste Veränderung dieser
Verhältnisse beeinträchtigt die Reinheit der Consonanz.

Aus dem bisher Angeführten ersehen Sie, dass unser Ohr von
Erschütterungen der Luft afficirt wird, deren Zahl in der Secunde
innerhalb gewisser Gränzen liegt, nämlich zwischen etwa 20 und
32000, und dass in Folge dieser Affection die Empfindung eines
Tones entsteht.

Dass diese Empfindung eben eine Tonempfindung ist, beruht
nicht auf der besonderen Art jener Lufterschütterungen, sondern
nur in der besonderen Empfindungsweise unseres Ohrs und unseres Hörnerven. Ich bemerkte schon vorher, dass wir das Zittern
der Luft bei starken Tönen auch mit der Haut fühlen. So können
auch Taubstumme die Luftbewegung, welche wir Schall nennen,
wahrnehmen; aber sie hören sie nicht, d. h. sie haben dabei keine
Tonempfindung im Ohr, sondern sie fühlen sie durch die Hautnerven, und zwar in deren besonderer Empfindungsweise, als
Schwirren. Auch die Gränzen der Schwingungsdauer, innerhalb
deren das Ohr die Luftzitterung als Schall empfindet, hängen von
der Eigenthümlichkeit des Ohres ab.

Wenn die Sirene langsam umläuft und die Luftstösse deshalb
langsam erfolgen, hören Sie noch keinen Ton. Wenn sie schneller
und schneller läuft, wird dadurch in der Art der Lufterschütterungen nichts Wesentliches geändert; ausserhalb des Ohres kommt
dabei nichts Neues hinzu, sondern, was neu hinzukommt, ist nur
die Empfindung des Ohres, welches nun erst anfängt von den Lufterschütterungen erregt zu werden, und eben deshalb geben wir
den schnelleren Luftzitterungen einen neuen Namen und nennen
sie Schall. Wenn Sie Paradoxen lieben, können Sie sagen, die
Luftzitterung wird zum Schalle, erst wenn sie das hörende Ohr
trifft.

Ich muss Ihnen jetzt weiter die Ausbreitung des Schalls durch
den Luftraum beschreiben. Die Bewegung der Luftmasse, wenn
ein Ton durch sie hineilt, gehört zu den sogenannten Wellenbe-
wegungen, einer in der Physik sehr wichtigen Classe von Bewe-

gungen. Denn ausser dem Schalle ist auch das Licht eine Bewegung derselben Art.

Der Namen ist vom Vergleich mit den Wellen der Oberfläche unserer Gewässer hergeleitet, und wir werden an ihnen auch die Eigenthümlichkeiten einer solchen Bewegung uns am leichtesten anschaulich machen können.

Wenn wir einen Punkt einer ruhenden Wasserfläche in Erschütterung versetzen, z. B. einen Stein hineinwerfen, so pflanzt sich die Bewegung, welche wir hervorgerufen haben, in Form kreisförmig sich verbreitender Wellen über die Oberfläche des Wassers fort. Der Wellenkreis wird immer grösser und grösser, während an dem ursprünglich getroffenen Punkte schon wieder Ruhe hergestellt ist; dabei werden die Wellen immer niedriger, je mehr sie sich von ihrem Mittelpunkte entfernen, und verschwinden allmälig. Wir unterscheiden an einem solchen Wellenzuge hervorragende Theile, die Wellenberge, und eingesenkte, die Wellenthäler.

Einen Wellenberg und ein Thal zusammengenommen nennen wir eine Welle, und deren Länge messen wir vom Gipfel eines Wellenberges bis zum nächsten.

Während die Welle über die Oberfläche der Flüssigkeit hinläuft, bewegen sich nicht etwa die Wassertheilchen, aus denen sie besteht, mit ihr fort. Wir können das leicht erkennen, wenn ein Hälmchen auf dem Wasser schwimmt. Die Wellen, welche es erreichen, heben es und senken es, aber wenn sie vorübergezogen sind, ist das Hälmchen nicht merklich von seiner Stelle gerückt.

Ein schwimmendes leichtes Körperchen macht aber durchaus nur die Bewegungen mit, welche die benachbarten Wassertheilchen machen. Wir schliessen daraus, dass auch diese, nicht der Welle gefolgt, sondern nach einigem Hin- und Herschwanken an ihrem ersten Platze geblieben sind. Was sich also als Welle fortbewegt, sind nicht die Wassertheilchen selbst, sondern es ist nur eine Form der Oberfläche, die sich fort und fort aus neuen Wassertheilchen aufbaut. Die Bahnen der einzelnen Wassertheilchen sind vielmehr in sich geschlossene senkrecht stehende Kreisbahnen, in denen sie fortdauernd mit nahe gleichförmiger Geschwindigkeit umlaufen, so lange Wellen über sie weggehen.

In Fig. 2 bezeichnet die starke Wellenlinie *A B C* einen Querschnitt der Wasseroberfläche, über welche Wellen hinlaufen, in Richtung der beiden Pfeile über *a* und *c*. Die drei Kreise *a*, *b* und *c* bezeichnen die Bahnen gewisser Wassertheilchen der Wellenoberfläche, und zwar befindet sich das im Kreise *b* umlaufende Theilchen zur Zeit, wo die Wasserfläche die

Gestalt $A B C$ hat, in B, im höchsten Punkte seiner Bahn, die Theilchen, die in den Kreisen a und c umlaufen, dagegen gleichzeitig in den tiefsten Punkten.

Fig. 2.

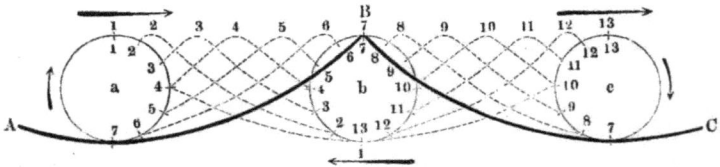

Die betreffenden Wassertheilchen laufen in diesen Kreisen in der Richtung um, welche die Pfeile andeuten. Die punktirten Curven bezeichnen andere Lagen der sich fortbewegenden Wellen, welche der Lage $A B C$ in gleichen Zwischenzeiten theils vorausgegangen (wie die Gipfel zwischen a und b), theils nachgefolgt (die Gipfel zwischen b und c) sind. Die Lagen der Wellenberge selbst sind mit Ziffern versehen; die gleichen Ziffern in den Kreisen zeigen an, wo sich zur Zeit der betreffenden Lage der Welle die in diesen Kreisen umlaufenden Wassertheilchen befanden. Man sieht wie diese in den Kreisen um gleiche Bögen fortrücken, während sich die Wellenberge parallel der Wasserfläche um gleiche Strecken fortbewegen.

Im Kreise b sieht man ferner, wie das Wassertheilchen in seinen Lagen 1, 2, 3 den ankommenden Wellenbergen 1, 2, 3 entgegeneilt, und an ihrer Vorderseite aufsteigt, dann von 4 bis 7 von dem Berge in der Richtung seiner Fortbewegung mitgenommen wird, und endlich bei 7 seinen Gipfel erreicht, dann aber hinter diesem zurückbleibt, an seiner Rückseite wieder herabsinkt, und endlich bei 13 seinen ersten Ort wieder erreicht [1].

Alle Punkte der Wasseroberfläche beschreiben, wie Sie an dieser Zeichnung sehen, gleich grosse Kreise; die Wassertheilchen der Tiefe bewegen sich ebenso, nur dass die Kreisbahnen, in denen sie sich bewegen, nach der Tiefe hin schnell an Grösse abnehmen.

Auf solche Weise entsteht also der Schein einer fortschreitenden Bewegung längs der Oberfläche, während doch die bewegten Massentheilchen selbst sich nicht mit den Wellen fortbewegen, sondern fortdauernd in ihrer engen Kreisbahn umlaufen.

Um nun von den Wasserwellen zu den Schallwellen hinüberzukommen, denken Sie sich statt des Wassers eine zusammendrückbare elastische Flüssigkeit, wie es die Luft ist, und die Wasserwellen durch eine auf die Oberfläche gelegte feste Platte niedergedrückt, so aber, dass die Flüssigkeit dem Druck nirgend seitlich

---

[1] In der Vorlesung wurde Fig. 2 durch ein bewegliches Modell ersetzt, in welchem die beweglichen und durch Fäden verbundenen Punkte wirklich in Kreisen umliefen, während die verbindenden elastischen Fäden die Wasseroberfläche darstellten.

ausweicht. Unter den Wellenbergen, wo am meisten Flüssigkeit sich befindet, wird sie dabei am stärksten verdichtet werden, in den Wellenthälern weniger. Sie bekommen also jetzt statt der Wellenberge verdichtete Luftschichten, statt der Wellenthäler weniger dichte. Nun stellen Sie sich vor, dass diese plattgepressten Wellen sich ebenso fortpflanzen wie vorher, und dass auch die senkrechten Kreisbahnen der einzelnen Wassertheilchen in horizontale gerade Linien zusammengepresst seien. So bleibt denn auch für die Schallwellen die Eigenthümlichkeit bestehen, dass die Lufttheilchen in ihrer geradlinigen Bahn nur hin und her schwanken, während die Welle selbst eine sich fortpflanzende Bewegungsform ist, die sich fortdauernd aus neuen Lufttheilchen zusammensetzt. Damit hätten wir zunächst Schallwellen, die sich von ihrem Mittelpunkte in horizontaler Richtung ausbreiteten.

Aber die Ausbreitung der Schallwellen ist nicht, wie die der Wasserwellen, auf eine horizontale Fläche beschränkt, sondern sie können sich nach allen Richtungen in den Raum hinein ausbreiten. Denken Sie die Kreise, welche ein in das Wasser geworfener Stein erzeugt, nach allen Richtungen des Raumes hin auslaufend, so werden daraus kugelförmige Luftwellen, in denen sich der Schall verbreitet.

Wir können also fortfahren, uns an dem Bilde der Wasserwellen die Eigenthümlichkeiten der Schallbewegung anschaulich zu machen.

Die Länge der Wasserwellen (d. h. von Wellenberg zu Wellenberg gemessen) ist ausserordentlich verschieden, von den kleinen Kräuselungen der Oberfläche an, wie sie ein fallender Tropfen oder ein leichter Windhauch auf der spiegelnden Fläche erregt, bis zu den Wellen, die den Schweif eines Dampfschiffs bilden, und einen Schwimmer oder Kahn schon artig zu schaukeln vermögen, und von diesen wieder bis zu den Wogen des zürnenden Oceans, in deren Thälern Linienschiffe mit der Länge ihres Kiels Platz finden, und deren Berggipfel nur der überschauen kann, der in die Masten emporgestiegen ist. Aehnliche Unterschiede finden wir bei den Schallwellen. Die kleinen Kräuselungen des Wassers von geringer Wellenlänge entsprechen den hohen Tönen, die langen Meereswogen den tiefen. Das Contra-C z. B. hat Wellen von 35 Fuss Länge, seine höhere Octave halb so lange, während die höchsten Claviertöne nur 3 Zoll lange Wellen geben.

Sie sehen, dass die Wellenlänge mit der Höhe des Tones zusammenhängt; ich füge hinzu, dass die Höhe der Wellenberge oder, auf die Luft übertragen, die Stärke der abwechselnden Verdichtungen und Verdünnungen, der Stärke und Intensität des Tones entspricht. Aber Wellen von gleicher Höhe können noch eine verschiedene Form haben. Die Gipfel ihrer Berge z. B. können abgerundet oder spitz sein. Entsprechende Verschiedenheiten können auch bei Schallwellen von gleicher Tonhöhe und Stärke vorkommen, und zwar ist es die Klangfarbe, was der Form der Wasserwellen entspricht. Man überträgt den Begriff der Form von den Wasserwellen auch auf die Schallwellen.

Denken Sie sich Wasserwellen verschiedener Form plattgedrückt, so wird zwar nun die geebnete Oberfläche keine Formverschiedenheit mehr zeigen, aber im Inneren der Wassermasse werden wir verschiedene Arten von Vertheilung des Drucks und der Dichtigkeit haben, die den Formverschiedenheiten der ungepressten Oberfläche entsprechen.

In diesem Sinne können wir also auch von einer Form der Schallwellen sprechen und sie darstellen. Wir lassen die Curve sich heben, wo der Druck wächst, sich senken, wo er abnimmt; gleichsam als hätten wir unterhalb der Curve eine zusammengepresste Flüssigkeit, die sich bis zur Höhe der Curve ausdehnen müsste, um ihre natürliche Dichtigkeit zu erreichen.

Bisher können wir leider erst in sehr wenigen Fällen Rechenschaft von der Form der Schallwellen geben, die den Klangfarben verschiedener tönender Körper entsprechen.

Unter den Formen von Schallwellen, die wir genauer bestimmen können, ist eine von grosser Wichtigkeit, welche wir die einfache oder reine Wellenform nennen können, dargestellt in Fig. 3.

Fig. 3.

Man sieht sie bei Wasserwellen nur, wenn sie zu ihrer Länge verhältnissmässig niedrig sind, und über eine spiegelnde Wasserfläche ohne störende äussere Einflüsse, und ohne vom Winde gebläht zu sein, ablaufen. Berg und Thal sind sanft abgerundet, gleich breit und symmetrisch, so dass die Berge, wenn man sie umgekehrt in die Thäler legte, gerade hinein passen würden. Bestimmter zu charakterisiren wäre diese Wellenform dadurch, dass die Wassertheilchen in genau kreisförmigen Bahnen von geringem Durchmesser mit genau gleichförmiger Geschwindigkeit umlaufen. Dieser einfachen Wellenform entspricht eine Art von Tönen, die wir aus nachher anzuführenden Gründen in Bezug auf ihre Klangfarbe einfache Töne nennen wollen. Solche Töne erhalten wir, indem wir eine angeschlagene Stimmgabel vor die Mündung einer gleich gestimmten Resonanzröhre halten. Auch scheint der Ton klangvoller menschlicher Stimmen, welche in ihren mittleren Lagen den Vocal *U* singen, sich nicht sehr weit von dieser Wellenform zu entfernen.

Ausserdem kennt man die Bewegungsgesetze der Saiten genau genug, um in einigen Fällen die Bewegungsform bestimmen zu können, die sie der Luft mittheilen. So stellt zum Beispiel Fig. 4 die Formen dar, welche eine mit einem spitzen Stift gerissene Saite, wie die einer Zither, nach einander annimmt. *A a* stellt

Fig. 4.

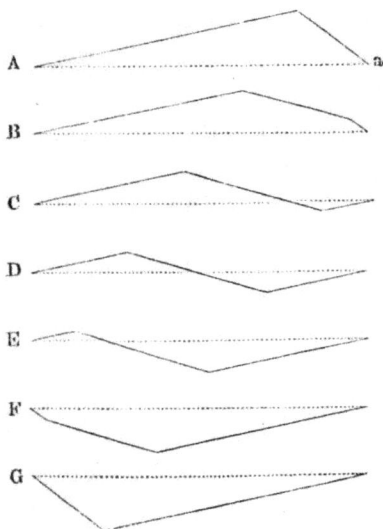

die Form der Saite dar, welche sie in dem Moment des Anschlags annimmt, dann folgen nach gleichen Zwischenzeiten die Formen *B*, *C*, *D*, *E*, *F*, *G*, dann wieder rückwärts *F*, *E*, *D*, *C*, *B*, *A*, und so fort sich immer wiederholend. Die Bewegungsform, welche von einer solchen Saite mittels des Resonanzbodens an die Luft übertragen wird, entspricht etwa der in Fig. 5 dargestellten gebrochenen Linie, wobei *h h* der Gleichgewichtslage entspricht, und die Buchstaben *a b c d e f g* die Stellen der Wellenlinie bezeichnen, die durch die Wirkung der einzelnen in Fig. 4 durch entsprechende grosse Buchstaben bezeichneten Saitenformen hervorgebracht werden. Man sieht leicht,

Fig. 5.

wie, auch abgesehen von der Grösse, die Form dieser Wellen (die auf einer Wasserfläche allerdings nicht würden vorkommen können) abweicht von der der Fig. 3, indem die Saite nur eine Reihe kurzer, und abwechselnd nach entgegengesetzten Seiten gerichteter Stösse auf die Luft überträgt [1]).

Die Luftwellen, welche durch den Ton einer Violine hervorgebracht werden, würden bei entsprechender Darstellungsweise durch die Curve Fig. 6 darzustellen sein. Während jeder Schwingungsperiode wächst der Druck gleichmässig, und fällt am Ende derselben plötzlich wieder auf sein Minimum.

Fig. 6.

Solchen Verschiedenheiten der Tonwellenform entspricht also die Verschiedenheit der Klangfarbe; ja wir können den Vergleich noch weiter treiben. Je gleichmässiger gerundet die Wellenform ist, desto weicher und milder die Klangfarbe; je abgerissener und eckiger die Wellenform, desto schärfer der Klang. Die Stimmgabeln mit ihrer rundlichen Wellenform Fig. 3 haben einen ausserordentlich weichen Klang, der Klang der Zither und Violine zeigt ähnliche Schärfe wie ihre Wellenformen Fig. 5 und 6.

Endlich möchte ich nun Ihre Aufmerksamkeit noch einem lehrreichen Schauspiel zulenken, was ich nie ohne ein gewisses physikalisches Vergnügen gesehen habe, weil es dem körperlichen Auge auf der Wasserfläche anschaulich macht, was sonst nur das geistige Auge des mathematischen Denkers in der von Schallwellen durchkreuzten Luft erkennen kann. Ich meine das Uebereinanderliegen von vielen verschiedenen Wellensystemen, deren jedes einzelne seinen Weg ungestört fortsetzt. Wir können es von jeder Brücke aus auf der Oberfläche unserer Flüsse sehen, am erhabensten und reichsten aber, wenn wir auf einem hohen Punkte am Meeresufer stehen.

Oft habe ich an den steilen, waldreichen Küsten des Samlandes, wo uns Bewohnern Ostpreussens das Meer die Stelle der Alpen vertrat, Stunden mit seiner Betrachtung verbracht.

---

[1]) Es ist hierbei angenommen, dass der Resonanzboden und die ihn berührende Luft dem Zuge, der das Ende der Saite ausübt, unmittelbar folgen, ohne eine merkliche Rückwirkung auf die Bewegung der Saite auszuüben.

Selten fehlt es dort an verschieden langen, nach verschiedener
Richtung sich fortpflanzenden Wellensystemen in unabsehbarer
Zahl. Die längsten pflegen vom hohen Meer gegen das Ufer zu
laufen, kürzere entstehen, wo die grösseren brandend zerschellen,
und laufen wieder hinaus in das Meer. Vielleicht stösst noch ein
Raubvogel nach einem Fische und erregt ein System von Kreis-
wellen, die, über die anderen hin auf der wogenden Fläche schau-
kelnd, sich so regelmässig erweitern, wie auf dem stillen Spiegel
eines Landsees. So entfaltet sich vor dem Beschauer von dem fernen
Horizonte her, wo zuerst aus der stahlblauen Fläche weisse Schaum-
linien auftauchend die herankommenden Wellenzüge verrathen,
bis zu dem Strande unter seinen Füssen, wo sie ihre Bogen auf
den Sand zeichnen, ein erhabenes Bild unermesslicher Kraft und
immer wechselnder Mannigfaltigkeit, die nicht verwirrt, sondern
den Geist fesselt und erhebt, da das Auge leicht Ordnung und Gesetz darin erkennt.

Ebenso müssen Sie sich nun die Luft eines Concert- oder
Tanzsaales von einem bunten Gewimmel gekreuzter Wellensysteme
nicht blos in der Fläche, sondern nach allen ihren Dimensionen
durchschnitten denken. Von dem Mund der Männer gehen weit-
gedehnte 6- bis 12füssige Wellen aus, kürzere $1\frac{1}{2}$- bis 3füssige von
den Lippen der Frauen. Das Knistern der Kleider erregt kleine
Kräuselungen der Luft, jeder Ton des Orchesters entsendet seine
Wellen, und alle diese Systeme verbreiten sich kugelförmig von
ihrem Ursprungsorte, schiessen durcheinander, werden von den
Wänden des Saales reflectirt, und laufen so hin und wieder, bis
sie endlich, von neu entstandenen übertönt, erlöschen.

Wenn dieses Schauspiel nun auch dem körperlichen Auge
verhüllt bleibt, so kommt uns ein anderes Organ zu Hülfe, um uns
Kunde davon zu geben, nämlich das Ohr. Es zerlegt das Durcheinander der Wellen, welches in einem solchen Falle viel ver-
wirrender sein würde als die Durchkreuzung der Meereswogen,
wieder in die einzelnen Töne, die es zusammensetzen, es unterscheidet die Stimmen der Männer und Frauen, ja der einzelnen Individuen, die Klänge der verschiedenen musikalischen Instrumente, das Rauschen der Kleider, die Fusstritte und so weiter.

Wir müssen näher erörtern, was dabei geschieht. Wenn, wie
wir vorher annahmen, auf die wogende Meeresfläche ein Raubvogel stösst, so entstehen Wellenringe, die sich auf der bewegten
Fläche langsam und regelmässig ausbreiten, wie auf der ruhenden.
Diese Ringe werden in die gekrümmte Oberfläche der Wogen

genau ebenso hineingeschnitten, wie sonst in die ebene des ruhenden Wasserspiegels. Die Form der Wasseroberfläche wird in diesen wie in anderen verwickelteren Fällen dadurch bestimmt, dass die Höhe jedes Punktes gleich wird der Höhe sämmtlicher in diesem Augenblicke dort zusammentreffender Wellenberge zusammengenommen, wovon abzuziehen ist die Summe aller dort gleichzeitig hintreffenden Wellenthäler. Man nennt eine solche Summe positiver Grössen (der Wellenberge) und negativer (der Wellenthäler), welche letzteren, statt sich zu summiren, abzuziehen sind, eine algebraische Summe, und kann in diesem Sinne sagen: die Höhe jedes Punktes der Wasserfläche wird gleich der algebraischen Summe aller Wellentheile, die gleichzeitig dort zusammentreffen.

Bei den Schallwellen ist es nun ähnlich. Auch sie summiren sich an jeder Stelle des Luftraumes, sowie am Ohr des Hörenden. Auch bei ihnen wird die Verdichtung und die Geschwindigkeit der Lufttheilchen im Gehörgange gleich der algebraischen Summe der einzelnen Werthe der Verdichtung und Geschwindigkeit, welche den Schallwellenzügen, einzeln genommen, zukommen. Diese eine Bewegung der Luft, welche durch das Zusammenwirken verschiedener tönender Körper entsteht, muss nun das Ohr wieder in Theile zerlegen, welche den Einzelwirkungen entsprechen. Dabei befindet es sich unter viel ungünstigeren Bedingungen, als das Auge, welches die ganze wogende Fläche auf einmal überschaut, während das Ohr natürlich nur die Bewegung der ihm zunächst benachbarten Lufttheilchen wahrnehmen kann. Und doch löst das Ohr jene Aufgabe mit der grössten Genauigkeit, Sicherheit und Bestimmtheit. Es muss also die Fähigkeiten haben, alle die einzelnen zusammenwirkenden Töne aus der Bewegung eines einzigen Punktes im Luftraum herauszufinden.

Für die Erklärung dieser wichtigen Fähigkeit des Ohres scheinen neuere anatomische Entdeckungen eine Aussicht zu gewähren.

Sie werden Alle schon an musikalischen Instrumenten, namentlich an Saiten, das Phänomen des Mittönens wahrgenommen haben. Die Saite eines Pianoforte z. B., deren Dämpfer man aufgehoben hat, geräth in Schwingung, sobald in der Nähe und stark genug ihr eigener Ton angegeben wird. Hört der erregende Ton auf, so hört man denselben Ton noch auf der Saite eine Weile nachklingen. Legt man Papierschnitzelchen auf die Saite, so werden sie abgeworfen, so wie ihr Ton angegeben wird. Das Mittönen der Saite beruht darauf, dass die schwingenden Lufttheilchen gegen die Saite und ihren Resonanzboden stossen. Jeder einzelne Wellenberg der Luft, der an der Saite vorbeigeht, wirkt allerdings zu schwach, um eine merkliche Bewegung der Saite hervorzubringen. Wenn aber eine lange Reihe von Wellenbergen so auf die Saite stossen, dass jeder folgende die kleine Erschütterung vermehrt, welche die vorigen zurückgelassen haben, so wird die Wirkung endlich merklich. Es ist ein Vorgang derselben Art, wie bei einer Glocke von ungeheurem Metallgewicht, die sich unter dem Stosse des kräftigsten Mannes kaum merklich bewegt, während ein Knabe sie allmälig in die gewaltigsten Schwingungen setzen kann, indem er taktmässig in demselben Rhythmus, wie die Glocke ihre Pendelschwingungen vollführt, an dem Stricke zieht.

Diese eigenthümliche Verstärkung der Schwingungen hängt hierbei ganz wesentlich von dem Rhythmus ab, in welchem der Zug ausgeübt wird. Wenn die Glocke einmal in Pendelschwingungen von mässiger Breite versetzt worden ist, und der Knabe am Seile immer gerade in der Zeit zieht, wo das Seil sich senkt, und wo sein Zug der schon vorhandenen Bewegung der Glocke gleichgerichtet ist, so wird jeder solcher Zug diese Bewegung, wenn auch nur wenig, verstärken; dadurch wird sie aber allmälig zu einer beträchtlichen Grösse anwachsen.

Wollte der Knabe in unregelmässigen Zwischenzeiten seine Kraft anwenden, bald so, dass er die Bewegung der Glocke dadurch verstärkt, bald so, dass er ihr entgegen arbeitet, so würde er keinen erheblichen Erfolg hervorbringen.

Wie der Knabe die Glocke, so können auch die Zitterungen der leichten und leicht beweglichen Luft die schwere und feste Stahlmasse einer Stimmgabel in Bewegung setzen, wenn der Ton, der in der Luft erregt ist, genau im Einklange mit dem der Gabel ist, weil auch in diesem Falle jeder Anprall einer Luftwelle gegen die Gabel die von den vorausgehenden Stössen ähnlicher Art erregte Bewegung verstärkt.

Am besten benutzt man eine Gabel, wie Fig. 7 (a. f. S.), die auf einem Resonanzboden befestigt ist, und erregt den Ton in der Luft durch eine zweite Gabel ähnlicher Art von genau gleicher Stimmung. Schlägt man die eine an, so findet man nach wenigen Secunden auch die zweite tönend. Dämpft man jetzt den Ton der ersten, indem man ihre Zinken einen Augenblick lang mit dem

Finger berührt, so unterhält die zweite den Ton. Nun bringt aber die zweite wiederum die erste in Mitschwingung und so fort.

Fig. 7.

Klebt man aber nur ein wenig Wachs auf die Enden der einen Gabel, wodurch ihre Tonhöhe für das Ohr kaum merklich von der der anderen Gabel abweichend gemacht wird, so hört das Mitschwingen der zweiten Gabel auf, weil dann die Schwingungszeiten nicht mehr gleich sind, und deshalb die Stösse, welche die von der einen Gabel erregten Luftschwingungen auf den Resonanzboden der anderen hervorbringen, wenn sie auch eine Zeit lang den Bewegungen dieser zweiten Gabel gleichsinnig sind und sie deshalb verstärken, doch nach kurzer Zeit aufhören es zu sein, und die vorher gemachte Wirkung wieder zerstören.

Bei leichteren und beweglicheren tonfähigen Körpern, zum Beispiel bei Saiten, wird nun schon eine geringere Zahl von Luftstössen hinreichen, sie in Bewegung zu setzen, und solche werden deshalb viel leichter als Stimmgabeln und auch bei einem weniger genauen Einklange des erregenden Tones mit ihrem eigenen Tone in Mitschwingen versetzt.

Wenn nun neben einem Clavier mehrere Töne gleichzeitig angegeben werden, kann eine jede einzelne Saite immer nur dann mitschwingen, wenn darunter ihr eigener Ton ist. Denken Sie sich den ganzen Dämpfer des Claviers gehoben und auf alle Saiten Papierschnitzel gelegt, welche abfliegen, so wie die Saite erschüttert wird, denken Sie sich dann in der Nähe mehrere menschliche Stimmen oder Instrumente ertönend, so werden von allen den und nur von den Saiten die Schnitzel abfliegen, deren Ton angegeben wird. Sie sehen, dass also auch das Clavier das Wellengewirr der Luft in seine einzelnen Bestandtheile auflöst.

Was in unserem Ohr in demselben Falle geschieht, ist vielleicht dem eben beschriebenen Vorgange im Claviere sehr ähnlich.

In der Tiefe des Felsenbeins, in welches hinein unser inneres Ohr ausgehöhlt ist, findet sich nämlich ein besonderes Organ, die Schnecke, so genannt, weil es eine mit Wasser gefüllte Höhlung bildet, die der inneren Höhlung des Gehäuses unserer gewöhnlichen Weinbergschnecke durchaus ähnlich ist. Nur ist dieser Gang der Schnecke unseres Ohres seiner ganzen Länge nach durch zwei in der Mitte seiner Höhe ausgespannte Membranen in drei Abtheilungen, eine obere, eine mittlere und untere, geschieden. In der mittleren Abtheilung sind durch den Marchese Corti sehr merkwürdige Bildungen entdeckt, unzählige, mikroskopisch kleine Plättchen, welche wie die Tasten eines Claviers regelmässig neben einander liegen, an ihrem einen Ende mit den Fasern des Hörnerven in Verbindung stehen, am anderen der ausgespannten Membran anhängen.

Fig. 8 zeigt von einem Theil der Schneckenscheidewand diese ausserordentlich verwickelten Einrichtungen. Die Bögen, welche bei *d* die Membran verlassen, bei *e* sich wieder an sie festsetzen und zwischen *m* und *o* ihre grösste Höhe erreichen, sind wahr-

Fig. 8.

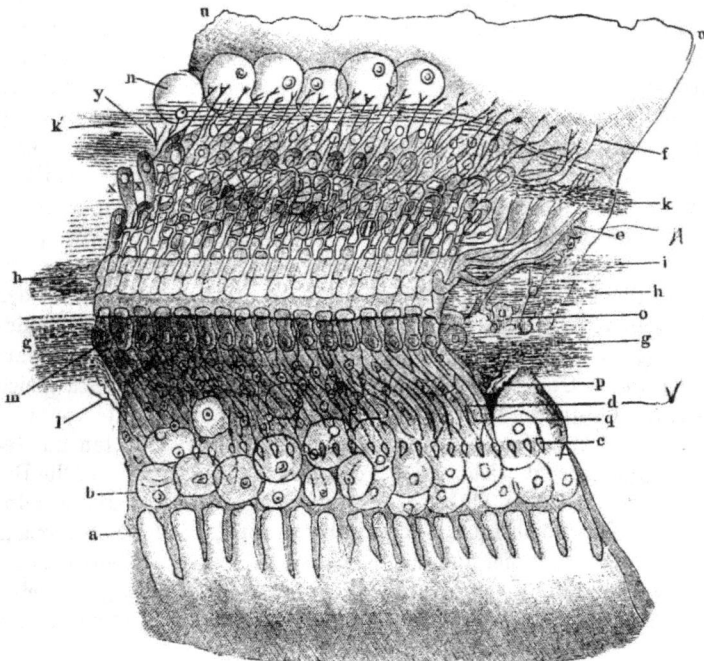

scheinlich die schwingungsfähigen Gebilde. Sie sind umsponnen von unzähligen Fäserchen, unter denen Nervenfasern erkennbar sind, die durch die Löcher bei *c* an sie herantreten. Auch die querlaufenden Fasern bei *g, h, i, k*, die Zellen bei *o* scheinen dem Nervensystem anzugehören.

Solche Bögen *d e* liegen etwa 3000 auf der ganzen Länge der Schneckenscheidewand wie die Tasten eines Claviers regelmässig neben einander.

Neuerdings sind nun auch in dem anderen Theile des Gehörorgans, dem sogenannten Vorhofe, wo die Nerven sich auf häutigen Säckchen verbreiten, die im Wasser schwimmen, elastische Anhängsel der Nervenenden entdeckt worden, welche die Form steifer Härchen haben. Darüber, dass diese Gebilde durch die zum Ohr geleiteten Schallerschütterungen in Mitschwingung versetzt werden, lässt ihre anatomische Anordnung kaum einen Zweifel. Stellen wir weiter die Vermuthung auf, die freilich vorläufig nur Vermuthung bleibt, mir aber bei genauer Ueberlegung der physikalischen Leistungen des Ohres sehr wahrscheinlich erscheint, dass jedes solches Anhängselchen, ähnlich den Saiten des Claviers, auf einen Ton abgestimmt ist, so sehen Sie nach dem Beispiel des Claviers ein, dass nur, wenn dieser Ton erklingt, das betreffende Gebilde schwingen und die zugehörige Nervenfaser empfinden kann, und dass die Gegenwart eines jeden einzelnen solchen Tones in einem Tongewirr auch stets durch die entsprechende Empfindung angezeigt werden muss.

Das Ohr kann also, der Erfahrung nach, zusammengesetzte Luftbewegungen in ihre Theile zerlegen.

Unter zusammengesetzten Luftbewegungen haben wir bisher solche verstanden, die durch Zusammenwirkung mehrerer gleichzeitig tönender Körper entstanden waren. Da nun die Form der Tonwellen der verschiedenen musikalischen Instrumente verschieden ist, so wird es vorkommen können, dass die Schwingungsart der Luft im Gehörgange, die ein solcher Ton erregt, genau gleich ist der Schwingungsart, welche in einem anderen Falle von zwei oder mehreren anderen zusammenwirkenden Instrumenten im Gehörgange erzeugt wird. Wenn das Ohr im letzteren Falle die Bewegung in einzelne Theile zerlegt, wird es nicht wohl umhin können, dasselbe auch im ersteren Falle zu thun, wo der Ton nur aus einer Tonquelle herstammt. Und in der That geschieht dies.

Ich erwähnte vorher der Wellenform mit sanft abgerundeten Thälern und Bergen, welche ich die einfache oder reine nannte.

In Bezug auf diese hat der französische Mathematiker Fourier einen berühmten und wichtigen Satz erwiesen, den man aus der mathematischen Sprache ins Deutsche ungefähr so übersetzen kann: Jede beliebige Wellenform kann aus einer Anzahl einfacher Wellen von verschiedener Länge zusammengesetzt werden. Die längste dieser einfachen Wellen hat dieselbe Länge wie die gegebene Wellenform, die anderen die halbe, drittel, viertel u. s. w. dieser Länge.

Man kann durch das verschiedene Zusammentreffen der Thäler und Berge dieser einfachen Wellen eine unendliche Mannigfaltigkeit der Formen hervorbringen.

So stellen zum Beispiel die Wellencurven A und B, Fig. 9, Wellen einfacher Töne vor, von denen B in gleicher Zeit doppelt so viel Schwingun-

Fig. 9.

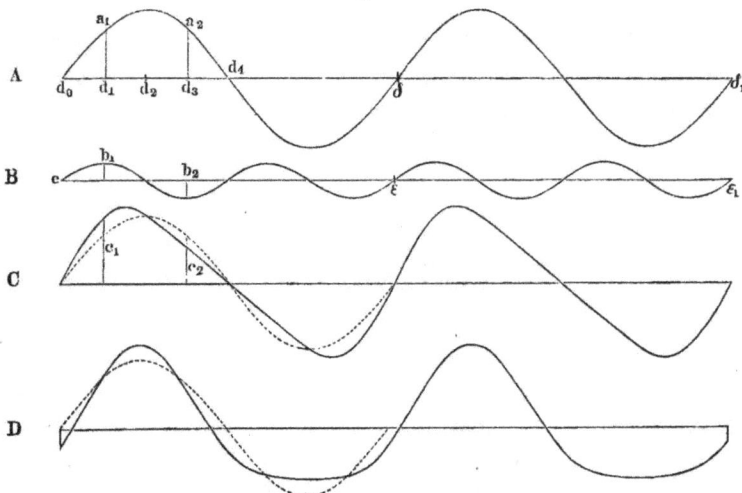

gen ausführt als A, also der höheren Octave von A entspricht. Dagegen stellen C und D Wellen dar, die durch Uebereinanderlagerung von A und B entstehen. Die punktirte Curve im Anfange beider Figuren ist eine Wiederholung des Anfangs von A. In C ist e, der Anfang der Curve B, auf den Anfang von A gelegt, in D dagegen das erste Thal b_2 der Curve B auf den Anfang von A. Dadurch entstehen nun zwei verschiedene zusammengesetzte Curven, von denen die obere steil ansteigende und flacher abfallende Berge hat, deren Gipfel, umgekehrt, gerade in die Thäler passen würden, während D spitze Berge und flache Thäler hat, die aber nach vorn und hinten symmetrisch abfallen.

Noch andere Formen zeigt Fig. 10 (a. f. S.), auch aus je zwei einfachen Wellen A und B zusammengesetzt, wobei aber B in gleicher Zeit drei Mal

soviel Schwingungen macht als *A*, also der Duodecime von *A* entspricht.
In *C* und *D* sind die punktirten Curven auch Wiederholungen von *A*. *C* hat
flache Gipfel und flache Thäler, *D* spitze Gipfel und spitze Thäler.

Fig. 10.

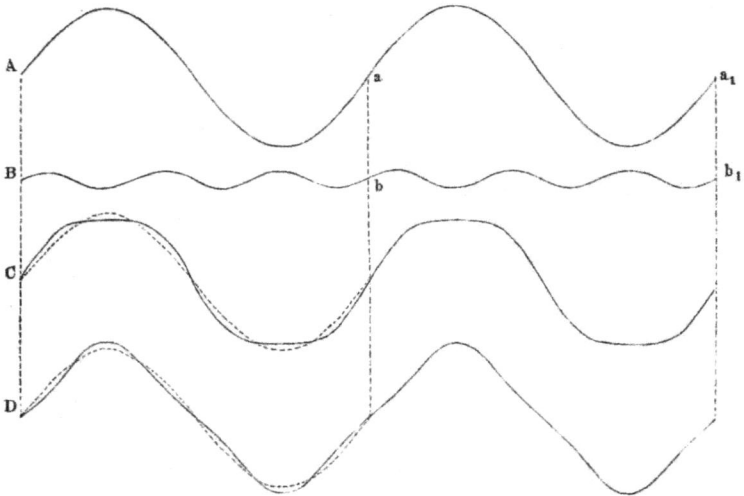

Diese einfachsten Beispiele mögen genügen, um eine Vorstellung von
der Mannigfaltigkeit der Formen zu geben, die durch solche Zusammensetzung hergestellt werden können. Wenn man nun nicht zwei, sondern
viele einfache Wellen nimmt, und deren Höhe und Anfangspunkt beliebig
verändert, so kann man zahllose Abänderungen erzielen, und in der That
jede beliebige Form von Wellen herstellen [1]).

Wenn sich verschiedene einfache Wellen auf der Wasserfläche
zusammensetzen, so bleibt freilich die zusammengesetzte Wellenform nur einen Augenblick bestehen, weil die längeren Wellen
schneller forteilen als die kürzeren, sie trennen sich also gleich
wieder, und das Auge erhält Gelegenheit zu erkennen, dass mehrere Wellenzüge vorhanden sind. Wenn aber Schallwellen in ähnlicher Weise zusammengesetzt sind, so trennen sie sich nicht, weil
durch den Luftraum lange und kurze Wellen mit gleicher Geschwindigkeit sich fortpflanzen; sondern die zusammengesetzte
Welle bleibt, indem sie fortgeht, so wie sie ist, und wo sie das

---

[1]) Ueberhängende Theile dürfen die Wellen freilich hierbei nicht haben,
solche würden aber auch keine mögliche Bedeutung in den Schallwellen
finden.

Ohr trifft, kann ihr Niemand ansehen, ob sie ursprünglich in dieser Form aus einem musikalischen Instrumente hervorgegangen ist, oder ob sie sich unterwegs aus zwei oder mehreren Wellenzügen zusammensetzte.

Was thut nun das Ohr, löst es sie auf, oder fasst es sie als Ganzes? — Die Antwort darauf kann nach dem Sinne der Frage verschieden ausfallen, denn wir müssen hier Zweierlei unterscheiden, nämlich erstens die Empfindung im Hörnerven, wie sie sich ohne Einmischung geistiger Thätigkeit entwickelt, und die Vorstellung, welche wir in Folge dieser Empfindung uns bilden. Wir müssen also gleichsam unterscheiden das leibliche Ohr des Körpers, und das geistige Ohr des Vorstellungsvermögens. Das leibliche Ohr thut immer genau dasselbe, was der Mathematiker vermittelst des Fourier'schen Satzes thut, und was das Clavier mit einer zusammengesetzten Tonmasse thut, es löst die Wellenformen, welche nicht schon ursprünglich, wie die Stimmgabeltöne, der einfachen Wellenform entsprechen, in eine Summe von einfachen Wellen auf, und empfindet den einer jeden einfachen Welle zugehörigen Ton einzeln, mag nun die Welle ursprünglich so aus der Tonquelle hervorgegangen sein, oder sich erst unterwegs zusammengesetzt haben.

Schlagen wir zum Beispiel eine Saite an, so giebt eine solche, wie wir schon gesehen haben, einen Klang, dessen Wellenform weit abweicht von der eines einfachen Tones. Indem das Ohr diese Wellenform zerlegt in eine Summe einfacher Wellen, hört es zugleich eine Reihe einfacher Töne, die diesen Wellen entsprechen.

Die Saiten bieten ein besonders günstiges Beispiel für eine solche Untersuchung, weil sie selbst während ihrer Bewegung sehr verschiedene Formen annehmen können, die, wie die Wellenformen der Luft, aus einfachen Wellen zusammengesetzt angesehen werden können. Für die Bewegung einer mit einem Stäbchen angeschlagenen Saite sind die auf einander folgenden Formen schon oben in Fig. 4 dargestellt worden. Eine Anzahl von anderen Schwingungsformen einer Saite, welche einfachen Tönen entsprechen, zeigt Fig. 11 (a. f. S.); die ausgezogene Linie bezeichnet die weiteste Ausbiegung der Saite nach der einen, die gestrichelte Linie nach der anderen Richtung hin. Bei *a* giebt die Saite ihren Grundton, den tiefsten einfachen Ton, den sie geben kann, sie schwingt in ganzer Länge bald nach der einen, bald nach der anderen Seite hin. Bei *b* zerfällt sie in zwei schwingende Abtheilungen, zwischen denen ein ruhender, sogenannter Knotenpunkt *β* bleibt, der Ton ist dann die höhere Octave des Grundtons, wie ihn auch jede ihrer beiden Abtheilungen für sich geben würde, und macht doppelt soviel Schwingungen als der Grundton. Bei *c* haben wir zwei Knotenpunkte, drei schwingende Abtheilungen und dreimal soviel Schwingungen als beim Grundton, also die Duodecime von diesem; bei *d* vier Abtheilungen und viermal soviel Schwingungen, die zweite höhere Octave des Grundtons.

Fig. 11.

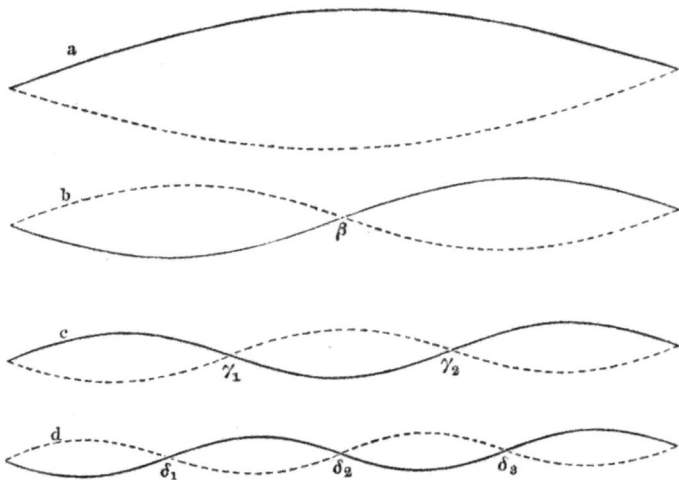

Ebenso können nun auch noch Schwingungsformen mit 5, 6, 7 u. s. w. schwingenden Abtheilungen vorkommen, deren Schwingungszahl im Verhältniss dieser Zahlen grösser ist als die des Grundtons, und alle anderen Schwingungsformen der Saite können betrachtet werden als zusammengesetzt aus einer Summe solcher einfachen Schwingungen.

Die mit Knotenpunkten versehenen Schwingungsformen der Saite kann man hervorbringen, wenn man die Saite in einem der betreffenden Knotenpunkte leise mit dem Finger oder einem Stäbchen berührt, während man sie zum Tönen bringt, sei es mit dem Bogen oder durch Reissen mit dem Finger oder durch Anschlag mit einem Clavierhammer. Es giebt dies die sogenannten Flageolettöne der Saiten, wie sie von Violinspielern vielfach gebraucht werden.

Wenn man nun eine Saite irgendwie zum Tönen gebracht hat, und sie dann einen Augenblick leicht mit dem Finger bei β Fig. 11 b in ihrem Mittelpunkte berührt, so werden die Schwingungsformen a und c durch diese Berührung gehindert und gedämpft, die Schwingungsformen b und d aber, bei denen der Punkt β ruht, werden durch die Berührung nicht gehemmt, sondern fahren fort zu tönen. So kann man leicht erkennen, ob gewisse Glieder aus der Reihe der einfachen Töne einer Saite bei einer gegebenen Anschlagsweise in ihrem Klange enthalten sind, und kann sie dem Ohre einzeln hörbar machen.

Hat man diese einfachen Töne aus dem Klange der Saite sich in solcher Weise einzeln hörbar gemacht, so gelingt es bei genauer Aufmerksamkeit auch bald, sie in dem unveränderten Klange der ganzen Saite zu unterscheiden.

Die Reihe der Töne, welche sich hierbei zu einem gegebenen Grundton gesellen, ist übrigens eine ganz bestimmte; es sind die Töne, welche
zwei, drei, vier u. s. w. Mal so viele Schwingungen machen als der Grundton. Man nennt sie die harmonischen Obertöne des Grundtons. Nennen wir den letzteren c, so wird ihre Reihe in Notenschrift, wie folgt, gegeben.

            1   2   3   4   5   6   7   8   9 10

Sowie die Saiten, geben nun auch fast alle anderen musikalischen Instrumente Tonwellen, die nicht genau der reinen Wellenform entsprechen, sondern aus einer grösseren oder geringeren
Zahl einfacher Wellen zusammenzusetzen sind. Das Ohr analysirt
sie alle nach dem Fourier'schen Satze, trotz dem besten Mathematiker, und hört bei gehöriger Aufmerksamkeit die den einzelnen
einfachen Wellen entsprechenden Obertöne heraus. Es entspricht
dies übrigens ganz unserer Annahme über das Mitschwingen der
Corti'schen Organe. Es lehrt nämlich sowohl die Erfahrung am
Claviere, als auch die mathematische Theorie für alle mittönen-
den Körper, dass nicht bloss der Grundton, sondern ebenso die
vorhandenen Obertöne des erregenden Tones das Mitschwingen
bewirken. Es folgt daraus, dass auch in der Schnecke des Ohres
jeder äussere Ton, nicht bloss das seinem Grundton entsprechende
Plättchen in Mitschwingung setzen, und die zugehörigen Nervenfasern erregen wird, sondern auch die den Obertönen entsprechenden, so dass letztere ebenso gut empfunden werden müssen
als der Grundton.

Danach ist ein einfacher Ton nur ein solcher, der durch einen
Wellenzug von der reinen Wellenform erregt wird. Alle anderen
Wellenformen, wie sie von den meisten musikalischen Instrumenten
hervorgebracht werden, erregen mehrfache Tonempfindungen.

Daraus folgt, dass streng genommen für die Empfindung alle
Töne der musikalischen Instrumente als Accorde mit vorwiegendem
Grundton zu betrachten sind.

Diese ganze Lehre von den Obertönen wird Ihnen vielleicht
neu und seltsam vorkommen. Die Wenigsten unter Ihnen, so oft
Sie auch Musik gehört oder selbst gemacht haben, und eines so
guten musikalischen Gehörs Sie sich auch erfreuen, werden dergleichen Töne schon wahrgenommen haben, die nach meiner
Darstellung fortdauernd und immer vorhanden sein sollen. Es ist
in der That immer ein besonderer Act der Aufmerksamkeit noth-

wendig, um sie zu hören, sonst bleiben sie verborgen. Alle unsere sinnlichen Wahrnehmungen sind nämlich nicht bloss Empfindungen der Nervenapparate, sondern es gehört noch eine eigenthümliche Thätigkeit der Seele dazu, um von der Empfindung des Nerven aus zu der Vorstellung von einem äusseren Objecte zu gelangen, was die Empfindung erregt hat. Die Empfindungen unserer Sinnesnerven sind uns Zeichen für gewisse äussere Objecte, und wir lernen grossen Theils erst durch Einübung die richtigen Schlüsse von den Empfindungen auf die entsprechenden Objecte ziehen. Nun ist es ein allgemeines Gesetz aller unserer Sinneswahrnehmungen, dass wir nur so weit auf unsere Sinnesempfindungen achten, als sie uns dazu dienen können, die äusseren Objecte zu erkennen; wir sind in dieser Beziehung alle höchst einseitige und rücksichtslose Anhänger des praktischen Nutzens, mehr als wir vermuthen. Alle Empfindungen, welche nicht directen Bezug auf äussere Objecte haben, pflegen wir im gewöhnlichen Gebrauche der Sinne vollständig zu ignoriren, und erst bei der wissenschaftlichen Untersuchung der Sinnesthätigkeit werden wir darauf aufmerksam, oder auch bei Krankheiten, wo wir unsere Aufmerksamkeit mehr auf die Erscheinungen unseres Leibes richten. Wie oft bemerken Patienten erst, wenn sie von einer leichten Augenentzündung befallen sind, dass ihnen Körnchen und Fäserchen, sogenannte fliegende Mücken, im Auge herumschwimmen, und machen sich die hypochondrischesten Gedanken darüber, weil sie sie für neu halten, während sie sie doch meistens schon während ihres ganzen Lebens vor den Augen gehabt haben.

Wer bemerkt so leicht, dass im Gesichtsfelde jedes gesunden Auges eine Stelle vorkommt, wo man gar nichts sieht, der sogenannte blinde Fleck? Wie viele Leute wissen davon, dass sie fortdauernd nur die Gegenstände, welche sie fixiren, einfach sehen, alles was dahinter oder davor liegt, doppelt? Ich könnte Ihnen eine lange Reihe solcher Beispiele aufführen, welche erst durch die wissenschaftliche Untersuchung der Sinnesthätigkeiten zu Tage gekommen sind, und hartnäckig verborgen bleiben, bis man durch geeignete Mittel die Aufmerksamkeit auf sie lenkt, was oft ein recht schwieriges Geschäft ist.

In dieselbe Classe von Erscheinungen gehören die Obertöne. Es ist nicht genug, dass der Hörnerv den Ton empfindet, die Seele muss auch noch darauf reflectiren; ich unterschied deshalb vorher das leibliche und geistige Ohr.

Wir hören den Ton einer Saite immer von einer gewissen

Combination von Obertönen begleitet. Eine andere Combination solcher Töne gehört zum Ton der Flöte, oder der menschlichen Stimme, oder dem Heulen eines Hundes. Ob eine Violine oder Flöte, ob ein Mensch oder Hund in der Nähe sei, interessirt uns zu wissen, und unser Ohr übt sich die Eigenthümlichkeiten dieser Töne genau zu unterscheiden. Durch welche Mittel wir sie aber unterscheiden, ist uns gleichgültig.

Ob die Stimme des Hundes die höhere Octave oder Duodecime des Grundtons enthält, ist ohne praktisches Interesse, und kein Object für unsere Aufmerksamkeit. So gehen uns denn die Obertöne mit in die weiter nicht näher zu bezeichnenden Eigenthümlichkeiten des Tones auf, die wir Klangfarbe nennen. Da die Existenz der Obertöne von der Wellenform abhängt, sehen Sie auch, wie ich vorher sagen konnte, dass die Klangfarbe der Wellenform entspricht.

Am leichtesten hört man die Obertöne, wenn sie unharmonisch zum Grundtone sind, wie bei den Glocken. Die Kunst des Glockengusses besteht namentlich darin, der Glocke eine Form zu geben, bei welcher die tieferen stärksten Nebentöne harmonisch zum Grundtone werden, sonst klingt der Ton unmusikalisch, kesselähnlich; die höheren bleiben aber immer unharmonisch, und der Glockenton ist deshalb zur künstlerischen Musik nicht geeignet.

Dagegen ergiebt sich aus dem Gesagten, dass man die Obertöne desto schwerer hören wird, je häufiger man die zusammengesetzten Klänge gehört hat, in denen sie vorkommen. Das ist namentlich bei den Klängen der menschlichen Stimme der Fall, nach deren Obertönen viele und geschickte Beobachter vergebens gesucht haben.

In überraschender Weise wurde die eben vorgetragene Ansicht der Sache dadurch bestätigt, dass sich aus ihr eine Methode herleiten liess, durch welche es sowohl mir selbst gelang die Obertöne der menschlichen Stimme zu hören, als auch andere Personen sie hören zu lassen.

Es kommt dabei nicht auf ein besonders ausgebildetes musikalisches Gehör an, wie man bisher glaubte, sondern nur darauf, die Aufmerksamkeit durch geeignete Mittel passend zu lenken.

Lassen Sie neben dem Claviere durch eine kräftige Männerstimme den Vocal *O* auf das ungestrichene *es* singen. Geben Sie ganz leise auf dem Claviere das *b* der nächst höheren eingestrichenen Octave an, und hören Sie genau auf den verklingenden Clavierton. Ist der angegebene Ton als Oberton in dem Stimmklang enthalten, so schwindet der Clavierton scheinbar nicht, sondern das Ohr hört als seine Fortsetzung den entsprechenden Oberton der Stimme. So findet man bei passenden Abänderungen dieses Versuches, dass die verschiedenen Vocale sich durch ihre Obertöne von einander unterscheiden.

Noch leichter ist eine solche Untersuchung, wenn man das Ohr bewaffnet mit Kugeln aus Glas oder Metall, wie sie Fig. 12 zeigt. Deren weitere Oeffnung a wird gegen die Tonquelle hingekehrt, während das engere trichterförmige Ende b in den Gehörgang eingesetzt wird. Die ziemlich abgeschlossene Luftmasse der Kugel hat ihren bestimmten Eigenton, der zum Beispiel zum Vorschein kommt, wenn man sie am Rande der Oeffnung a anbläst. Wird nun der Eigenton der Kugel aussen angegeben, sei es als Grundton, sei es als Oberton irgend eines Klanges, so kommt die Luftmasse der Kugel in starkes Mitschwingen, und das mit dieser Luftmasse verbundene Ohr hört den betreffenden Ton in verstärkter Intensität. So ist es sehr leicht zu entscheiden, ob der Eigenton der Kugel in einem Klange oder einer Klangmasse vorkommt oder nicht.

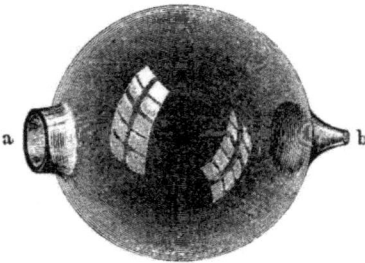

Fig. 12.

Untersucht man die Vocale der menschlichen Stimme, so erkennt man mit Hülfe der Resonatoren leicht, dass die Obertöne jedes einzelnen Vocals in gewissen Gegenden der Scala besonders stark sind, so zum Beispiel die des O in der Gegend des eingestrichenen b', die des A in der des zweigestrichenen b'', eine Octave höher. Eine Uebersicht dieser Gegenden der Scala, wo die Obertöne der einzelnen Vocale nach norddeutscher Aussprache besonders stark zum Vorschein kommen, folgt hier in Notenschrift:

U   O   A   Ä   E   I   Ö   Ü

Wie es einerlei ist, ob die verschiedenen einfachen Töne, die in einem solchen zusammengesetzten Klange, wie es ein Vocal der menschlichen Stimme ist, vereinigt sind, von einer oder mehreren Tonquellen herkommen, zeigt besonders folgender leicht anzustellender Versuch: Ein Clavier giebt bei gehobenem Dämpfer nicht bloss Klänge durch Mitklingen wieder, die dieselbe Höhe haben, wie diejenigen denen es nachklingt, sondern singen Sie den Vocal *A* auf irgend eine Note des Claviers hinein, so tönt auch ganz deutlich *A* wieder heraus, und singen Sie *E, O* oder *U* hinein, so klingen die Saiten *E, O* und *U* nach. Es kommt nur darauf an, dass Sie den Ton des Claviers, den Sie singen wollen, recht genau treffen. Der Vocalklang kommt aber nur dadurch zu Stande, dass die höheren Saiten, welche den harmonischen Obertönen des angegebenen Tones entsprechen, mitklingen. Lassen Sie auf diesen den Dämpfer ruhen, so gelingt der Versuch nicht.

So werden bei diesem Versuche durch den Ton einer Tonquelle, nämlich der Stimme, die Töne vieler Saiten erregt, und dadurch eine Luftbewegung hervorgebracht, die in Form, also auch in Klangfarbe, der des einfachen Tons gleich ist.

Wir haben bisher nur von Zusammensetzungen von Wellen verschiedener Länge gesprochen. Jetzt wollen wir Wellen gleicher Länge, die in gleicher Richtung fortgehen, zusammensetzen. Das Resultat wird hier ganz verschieden sein, je nachdem die Berge der einen mit den Bergen der anderen zusammentreffen, wobei Berge von doppelter Höhe und Thäler von doppelter Tiefe entstehen, oder Berge der einen mit Thälern der anderen. Wenn beide Wellenzüge gleiche Höhe haben, so dass die Berge gerade hinreichen die Thäler auszufüllen, so werden im letzten Falle Berge und Thäler gleichzeitig verschwinden, die beiden Wellen werden sich gegenseitig zerstören. Ebenso, wie zwei Wasserwellenzüge, können sich auch zwei Schallwellenzüge gegenseitig zerstören, wenn die verdichteten Theile des einen mit den verdünnten des anderen zusammenfallen. Diese merkwürdige Erscheinung, wo Schall den Schall gleicher Art zerstört, nennt man die Interferenz des Schalles.

Mit der oben beschriebenen Sirene lässt sich das leicht nachweisen; wenn man den oberen Kasten derselben so stellt, dass aus beiden Windkästen die Luftstösse der Reihen von 12 Löchern gleichzeitig hervorbrechen, so verstärken sie gegenseitig ihre Wirkung, und man bekommt den Grundton des betreffenden Sirenentons sehr voll und stark; stellt man aber den oberen Windkasten

so, dass die Luftstösse von oben erfolgen, wenn die untere Löcherreihe gedeckt ist, und umgekehrt, so verschwindet der Grundton,
und man hört nur noch schwach den ersten Oberton, der eine
Octave höher ist, und welcher unter diesen Umständen durch Interferenz nicht zerstört wird.

Die Interferenz führt uns zu den sogenannten Schwebungen
der Töne. Wenn zwei gleichzeitig gehörte Töne genau gleiche
Schwingungsdauer haben, und im Anfang ihre Wellenberge zusammenfallen, so werden sie auch fortdauernd zusammenfallen, oder
wenn sie anfangs nicht zusammenfielen, werden sie auch bei län-
gerer Dauer nicht zusammenfallen.

Die beiden Töne werden sich entweder fortdauernd verstärken, oder fortdauernd schwächen. Wenn die beiden Töne aber
nur annähernd gleiche Schwingungsdauer haben, und ihre Wellenberge fallen anfangs zusammen, so dass sie sich verstärken, so
werden allmälig die Berge des einen denen des andern voreilen.
Es werden Zeiten kommen, wo die Berge des einen in Thäler des
andern fallen, dann wieder Zeiten, wo die voreilenden Wellenberge des ersten wieder Berge des andern erreicht haben, und
dies giebt sich kund durch abwechselnde Steigerungen und Schwächungen des Tons, die wir Schwebungen oder Stösse der Töne
nennen. Man kann dergleichen Schwebungen oft hören, wenn
zwei nicht ganz genau im Einklange befindliche Tonwerkzeuge
dieselbe Note angeben. Ein verstimmtes Clavier, wo die zwei oder
drei Saiten, die von derselben Taste angeschlagen werden, nicht
mehr genau zusammenstimmen, lässt sie deutlich hören. Recht
langsam und regelmässig erfolgende Schwebungen klingen in ge-
tragener Musik, namentlich in mehrstimmigem Kirchengesang, oft
sehr schön, indem sie bald majestätischen Wogen gleich durch die
hohen Gewölbe hinziehen, bald durch ein leichtes Beben dem Tone
den Charakter der Inbrunst und Rührung verleihen. Je grösser
die Differenz der Schwingungsdauer, desto schneller werden die
Schwebungen. So lange nicht mehr als 4 bis 6 Schwebungen in
der Secunde erfolgen, fasst das Ohr die abwechselnden Verstärkungen des Tons leicht einzeln auf. Bei noch kürzeren Schwebungen erscheint der Ton knarrend, oder, wenn er hoch ist, schril-
lend. Ein knarrender Ton ist eben ein durch schnelle Unterbre-
chungen getheilter Ton, ähnlich dem Buchstaben R, der dadurch
entsteht, dass wir den Ton der Stimme durch Zittern des Gau-
mens oder der Zunge unterbrechen.

Werden die Schwebungen immer schneller, so wird es zunächst dem Ohr immer schwerer sie einzeln zu hören, während noch eine Rauhigkeit des Tones bestehen bleibt. Zuletzt werden sie ganz unwahrnehmbar, und verfliessen, wie die einzelnen Luftstösse, die einen Ton zusammensetzen, in eine continuirliche Tonempfindung [1]).

Während also jeder einzelne musikalische Ton für sich im Hörnerven eine gleichmässig anhaltende Empfindung hervorbringt, stören sich zwei ungleich hohe Töne gegenseitig und zerschneiden sich in einzelne Tonstösse, die im Hörnerven eine discontinuirliche Erregung hervorbringen, und die dem Ohr ebenso unangenehm sind, wie ähnliche intermittirende und schnell wiederholte Reizungen anderer empfindlichen Organen, z. B. flackerndes, glitzerndes Licht dem Auge, Kratzen mit einer Bürste der Haut. Diese Rauhigkeit des Tones ist der wesentliche Charakter der Dissonanz. Am unangenehmsten ist sie dem Ohre, wenn die beiden Töne ungefähr um einen halben Ton auseinander stehen, wobei die Töne der mittleren Gegend der Scala etwa 20 bis 40 Stösse in der Secunde geben. Bei dem Unterschiede eines ganzen Tones ist die Rauhigkeit geringer, bei einer Terz pflegt sie, wenigstens in den höheren Lagen der Tonleiter, zu verschwinden. Die Terz kann daher als Consonanz erscheinen. Wenn die Grundtöne so weit von einander entfernt sind, dass sie keine hörbaren Schwebungen mehr hervorbringen, so können noch Schwebungen der Obertöne eintreten, und den Klang rauh machen. Wenn z. B. zwei Töne eine Quinte bilden, d. h. der eine zwei, der andere drei Schwingungen in gleicher Zeit vollendet, so haben beide unter ihren Obertönen einen, welcher in derselben Zeit sechs Schwingungen macht. Ist nun das Verhältniss der Grundtöne genau 2 zu 3, so sind auch die beiden Obertöne von sechs Schwingungen genau gleich, und stören die Harmonie der Grundtöne nicht; ist jenes Verhältniss nur angenähert wie 2 zu 3, so sind die beiden Obertöne nicht genau gleich, sondern machen mit einander Schwebungen und der Ton wird rauh.

Die Gelegenheit, solche Schwebungen unreiner Quinten, die übrigens nur langsam dahin wogen, zu hören, ist sehr häufig, weil auf dem Clavier und der Orgel bei unserem jetzigen Stimmungssystem alle Quinten unrein sind. Man erkennt bei richtig gelenk-

---

[1]) Der Uebergang der Schwebungen in eine rauhe Dissonanz wurde mittels zweier Orgelpfeifen ausgeführt, von denen die eine allmälig mehr und mehr verstimmt wurde.

ter Aufmerksamkeit, oder besser mit Hülfe eines passend gestimmten Resonators leicht, dass wirklich der bezeichnete Oberton in Schwebung begriffen ist. Die Schwebungen sind natürlich schwächer als die der Grundtöne, weil die schwebenden Obertöne schwächer sind. Wenn wir auch meistens nicht zum klaren Bewusstsein dieser schwebenden Obertöne kommen, so empfindet das Ohr doch ihre Wirkung als eine Ungleichförmigkeit oder Rauhigkeit des Gesammttons, während eine vollkommen reine Quinte, für deren Töne das Verhältniss der Schwingungszahlen genau wie 2 : 3 ist, vollkommen gleichmässig fortklingt, ohne irgend welche Veränderungen, Verstärkungen, Schwächungen oder Rauhigkeiten des Tons. Es ist schon vorher erwähnt worden, wie mit der Sirene in sehr einfacher Weise nachgewiesen werden kann, dass der vollkommenste Zusammenklang der Quinte genau dem genannten Verhältnisse der Schwingungszahlen entspricht; hier haben wir nun auch den Grund der Rauhigkeit kennen gelernt, welche durch jede Abweichung von jenem Verhältnisse hervorgebracht wird.

Ebenso klingen uns Töne, deren Schwingungszahlen sich genau wie 3 zu 4, oder wie 4 zu 5 zu einander verhalten, welche also eine reine Quarte oder reine Terz bilden, besser als solche, die von diesem Verhältnisse etwas abweichen. So gehören also zu einem gegebenen Tone als Grundton ganz genau bestimmte andere Tonstufen, die mit ihm zusammenklingen können, ohne eine Ungleichmässigkeit oder Rauhigkeit des Tones hervorzubringen, oder die wenigstens durch ihren Zusammenklang mit dem ersten Tone eine geringere Rauhigkeit hervorbringen als alle etwas grösseren oder etwas kleineren Tonintervalle.

Dadurch ist es bedingt, dass die neuere Musik, welche wesentlich auf die Harmonie consonirender Töne gebaut ist, gezwungen ist, in ihrer Scala nur gewisse genau bestimmte Tonstufen zu gebrauchen. Aber auch für die ältere einstimmige Musik, welche der Harmonie entbehrte, lässt sich nachweisen, wie die in allen musikalischen Klängen enthaltenen Obertöne bewirken konnten, dass Fortschritte in gewissen bestimmten Intervallen bevorzugt werden mussten, und wie durch einen gemeinsam in zwei Tönen einer Melodie enthaltenen Oberton eine gewisse dem Ohre fühlbare Verwandtschaft dieser Töne entsteht, welche ein künstlerisches Verbindungsmittel derselben bildet. Doch ist die Zeit zu knapp, dies hier weiter auszuführen; wir würden dabei genöthigt sein, weit in die Geschichte der Musik zurückzugehen.

Erwähnen will ich nur noch, dass noch eine andere Art von Beitönen besteht, die Combinationstöne, welche nur gehört werden, wenn zwei oder mehrere starke Töne verschiedener Höhe zusammenklingen, und dass auch diese unter Umständen Schwebungen und Rauhigkeiten des Zusammenklangs hervorbringen können. Wenn man auf der Sirene oder mit vollkommen rein gestimmten Orgelpfeifen, oder auf der Violine die Terz $c'e'$ (Schwingungsverhältniss 4 : 5) angiebt, so hört man gleichzeitig schwach das C als Combinationston erklingen, welches zwei Octaven tiefer ist, als c'. Dasselbe C erklingt auch, wenn man gleichzeitig die Töne e' und g' (Schwingungsverhältniss 5 : 6) angiebt.

Giebt man nun die drei Töne c', e' und g' gleichzeitig an, und ist ihr Verhältniss genau wie 4 : 5 : 6, so hat man zwei Mal den Combinationston C in vollkommenem Einklange und ohne Schwebungen. Wenn aber die drei Noten nicht ganz genau so gestimmt sind, wie jenes Zahlenverhältniss fordert, so sind die beiden Combinationstöne C etwas verschieden und geben leise Schwebungen.

Die Combinationstöne sind in der Regel viel schwächer als die Obertöne, ihre Schwebungen deshalb viel weniger merkbar und rauh, als die der Obertöne, so dass sie nur bei solchen Klangfarben in Betracht kommen, welche fast gar keine Obertöne haben, wie bei den gedackten Pfeifen der Orgel und bei den Flöten. Aber es ist unverkennbar, dass eben deshalb eine harmonische Musik, die mit solchen Instrumenten ausgeführt wird, kaum einen Unterschied zwischen Harmonie und Disharmonie bietet, und deshalb unserem Ohre charakterlos und weichlich klingt. Alle guten musikalischen Klangfarben sind vielmehr verhältnissmässig reich an Obertönen, namentlich den fünf ersten Obertönen, welche Octaven, Quinten und Terzen des Grundtons bilden, und in den Mixturen der Orgel setzt man sogar absichtlich Nebenpfeifen, welche der Reihe der harmonischen Obertöne der den Hauptton gebenden Pfeife entsprechen, dieser hinzu, um eine durchdringendere und kräftigere Klangfarbe zur Begleitung des Gemeindegesanges zu erhalten, so dass auch hierbei unverkennbar ist, eine wie wichtige Rolle die Obertöne bei der künstlerischen Wirkung der Musik spielen.

So sind wir also zum Kern der Harmonielehre vorgedrungen. Harmonie und Disharmonie scheiden sich dadurch, dass in der ersteren die Töne neben einander so gleichmässig abfliessen, wie jeder einzelne für sich, während in der Disharmonie Unverträg-

lichkeit stattfindet, und sie sich gegenseitig in einzelne Stösse zertheilen. Sie werden einsehen, wie zu diesem Resultate alles früher
Besprochene zusammenwirkt. Zunächst beruht das Phänomen
der Stösse oder Schwebungen auf Interferenz der Wellenbewegung; es konnte deshalb dem Schalle nur zukommen, weil er eine
Wellenbewegung ist. Andererseits war für die Feststellung der
consonirenden Intervalle die Fähigkeit des Ohres nothwendig, die
Obertöne empfinden zu können, und die zusammengesetzten Wellensysteme nach dem Fourier'schen Satze in einfache aufzulösen.
Dass die Obertöne der musikalisch brauchbaren Töne zum Grundtone im Verhältnisse der ganzen Zahlen zu Eins stehen, und dass
die Schwingungsverhältnisse der harmonischen Intervalle deshalb
den kleinsten ganzen Zahlen entsprechen, beruht ganz in dem
Fourier'schen Satze. Wie wesentlich die genannte physiologische Eigenthümlichkeit des Ohres ist, wird namentlich klar,
wenn wir es mit dem Auge vergleichen. Auch das Licht ist eine
Wellenbewegung eines besonderen, durch den Weltraum verbreiteten Mittels, des Lichtäthers, auch das Licht zeigt die Erscheinungen der Interferenz. Auch das Licht hat Wellen verschiedener Schwingungsdauer, die das Auge als verschiedene Farben empfindet, nämlich die mit grösster Schwingungsdauer als Roth;
dann folgen Orange, Gelb, Grün, Blau, Violett, dessen Schwingungsdauer etwa halb so gross als die des äussersten Roth ist.
Aber das Auge kann zusammengesetzte Lichtwellensysteme, d. h.
zusammengesetzte Farben nicht von einander scheiden; es empfindet sie in einer nicht aufzulösenden, einfachen Empfindung,
der einer Mischfarbe. Es ist ihm deshalb gleichgültig, ob in der
Mischfarbe Grundfarben von einfachen oder nicht einfachen
Schwingungsverhältnissen vereinigt sind. Es hat keine Harmonie
in dem Sinne wie das Ohr; es hat keine Musik.

Die Aesthetik sucht das Wesen des künstlerisch Schönen in
seiner unbewussten Vernunftmässigkeit. Ich habe Ihnen heute
das verborgene Gesetz aufzudecken gesucht, was den Wohlklang
der harmonischen Tonverbindungen bedingt. Es ist recht eigentlich ein unbewusstes, so weit es in den Obertönen beruht, die
zwar vom Nerven empfunden, gewöhnlich doch nicht in das Gebiet
des bewussten Vorstellens eintreten, deren Verträglichkeit oder
Unverträglichkeit aber doch gefühlt wird, ohne dass der Hörer
weiss, wo der Grund seines Gefühls liegt.

Diese Erscheinungen des rein sinnlichen Wohlklanges sind
freilich erst der niedrigste Grad des musikalisch Schönen. Für

die höhere, geistige Schönheit der Musik sind Harmonie und Disharmonie nur Mittel, aber wesentliche und mächtige Mittel. In der Disharmonie fühlt sich der Hörnerv von den Stössen unverträglicher Töne gequält, er sehnt sich nach dem reinen Abfluss der Töne in der Harmonie, und drängt zu ihr hin, um in ihr besänftigt zu verweilen. So treiben und beruhigen beide abwechselnd den Fluss der Töne, in dessen unkörperlicher Bewegung das Gemüth ein Bild der Strömung seiner Vorstellungen und Stimmungen anschaut. Aehnlich wie vor der wogenden See fesselt es hier die rhythmisch sich wiederholende und doch immer wechselnde Weise der Bewegung und trägt es mit sich fort. Aber während dort nur mechanische Naturkräfte blind walten, und in der Stimmung des Anschauenden deshalb schliesslich doch der Eindruck des Wüsten überwiegt, folgt in dem musikalischen Kunstwerk die Bewegung den Strömungen der erregten Seele des Künstlers. Bald sanft dahin fliessend, bald anmuthig hüpfend, bald heftig aufgeregt, von den Naturlauten der Leidenschaft durchzuckt oder gewaltig arbeitend, überträgt der Fluss der Töne in ursprünglicher Lebendigkeit ungeahnte Stimmungen, die der Künstler seiner Seele abgelauscht hat, in die Seele des Hörers, um ihn endlich in den Frieden ewiger Schönheit emporzutragen, zu dessen Verkündern unter den Menschen die Gottheit nur wenige ihrer erwählten Lieblinge geweiht hat.

Hier aber sind die Grenzen der Naturforschung und gebieten mir Halt.

ÜBER

DAS VERHÄLTNISS

DER

NATURWISSENSCHAFTEN

ZUR

GESAMMTHEIT DER WISSENSCHAFT.

———

Akademische Festrede

gehalten zu

Heidelberg am 22. November 1862

bei

Antritt des Prorectorats.

———

Hochgeehrte Versammlung!

Unsere Universität erneuert in der jährlichen Wiederkehr des heutigen Tages die dankbare Erinnerung an einen erleuchteten Fürsten dieses Landes, Karl Friedrich, der während einer Zeit, wo die ganze alte Ordnung Europa's umzustürzen schien, eifrig und im edelsten Sinne bemüht war das Wohl und die geistige Entwickelung seines Volkes zu befördern, und der es richtig zu erkennen wusste, dass die Erneuerung und Wiederbelebung dieser Universität eines der Hauptmittel zur Erreichung seiner wohlwollenden Absichten sein würde. Indem ich an einem solchen Tage von diesem Platze aus als Stellvertreter unserer gesammten Universität zu der gesammten Universität zu sprechen habe, ziemt es sich wohl einen Blick auf den Zusammenhang der Wissenschaften und ihres Studiums im Ganzen zu werfen, so weit dies von dem beschränkten Standpunkte aus möglich ist, den der Einzelne einnimmt. Wohl kann es in jetziger Zeit so scheinen, als ob die gemeinsamen Beziehungen aller Wissenschaften zu einander, um deren Willen wir sie unter dem Namen einer Universitas litterarum zu vereinigen pflegen, lockerer als je geworden seien. Wir sehen die Gelehrten unserer Zeit vertieft in ein Detailstudium von so unermesslicher Ausdehnung, dass auch der grösste Polyhistor nicht mehr daran denken kann mehr als ein kleines Theilgebiet der heutigen Wissenschaft in seinem Kopfe zu beherbergen. Den Sprachforscher der drei letztvergangenen Jahrhunderte beschäftigte das Studium des Griechischen und Lateinischen schon genügend; nur für unmittelbar praktische Zwecke lernte man vielleicht noch einige europäische Sprachen. Jetzt hat sich die vergleichende Sprachforschung keine geringere Aufgabe gestellt, als die, alle Sprachen aller menschlichen Stämme kennen zu lernen, um an ihnen die Gesetze der Sprachbildung selbst zu ermitteln, und mit dem riesigsten Fleisse hat sie sich an ihre Arbeit gemacht. Selbst innerhalb der classischen Philologie beschränkt man sich nicht mehr darauf, diejenigen Schriften zu studiren, welche durch ihre künstlerische Vollendung, durch die Schärfe ihrer Gedanken oder die Wichtigkeit ihres Inhalts die Vorbilder der Poesie und Prosa für alle Zeit geworden sind; man weiss, dass jedes verlorene Bruchstück eines alten Schriftstellers, jede Notiz eines pedantischen Grammatikers oder eines Byzantinischen Hofpoeten, jeder zerbrochene Grabstein eines römischen Beamten, der sich in einem unbekannten Winkel Ungarns, Spaniens oder Afrika's vorfindet, eine Nachricht oder ein Beweisstück enthalten kann, welches an seiner Stelle wichtig sein möchte, und so ist denn wieder eine andere Zahl von Gelehrten mit der Ausführung des riesigen Unternehmens beschäftigt, alle Reste des classischen Alterthums, welcher Art sie sein mögen, zu sammeln und zu katalogisiren, damit sie zum Gebrauch bereit seien. Nehmen Sie dazu das historische Quellenstudium, die Durchmusterung der in den Archiven der Staaten und der Städte aufgehäuften Pergamente und Papiere, das Zusammenlesen der in Memoiren, Briefsammlungen und Biographien zerstreuten Notizen, und die Entzifferung der in den Hieroglyphen und Keilschriften niedergelegten Documente; nehmen Sie dazu die noch immer an Umfang schnell wachsenden systematischen Uebersichten der Mineralien, der Pflanzen und Thiere, der lebenden wie der vorsündfluthlichen, so entfaltet sich vor unserem Blicke eine Masse gelehrten Wissens, welche uns schwindeln macht. In allen diesen Wissenschaften nimmt der Kreis der Forschung noch fortdauernd in demselben Maasse zu, als die Hülfsmittel der Beobachtung sich verbessern, ohne dass ein Ende abzusehen ist. Der Zoolog der vergangenen Jahrhunderte war meist zufrieden, wenn er die Zähne, die Behaarung, die Bildung der Füsse und andere äusserliche Kennzeichen eines Thieres beschrieben hatte. Der Anatom dagegen beschrieb die Anatomie des Menschen allein, so weit er sie mit dem Messer, der Säge und dem Meissel, oder etwa mit Hülfe von Injectionen der Gefässe ermitteln konnte. Das Studium der menschlichen Anatomie galt schon als ein entsetzlich weitläuftiges und schwer zu erlernendes Gebiet. Heut zu Tage begnügt man sich nicht mehr mit der sogenannten gröberen menschlichen Anatomie, welche fast, wenn auch mit Unrecht, als ein erschöpf-

tes Gebiet angesehen wird, sondern die vergleichende Anato-
mie, d. h. die Anatomie aller Thiere, und die mikroskopische
Anatomie, also Wissenschaften von einem unendlich breiteren
Inhalte, sind hinzugekommen und absorbiren das Interesse der
Beobachter.

Die vier Elemente des Alterthums und der mittelalterlichen
Alchymie sind in unserer jetzigen Chemie auf 64 [1]) gewachsen;
die drei letzten von ihnen sind nach einer an unserer Universität
entdeckten Methode aufgefunden worden, welche noch viele ähnliche Funde in Aussicht stellt. Aber nicht bloss die Zahl der
Elemente ist ausserordentlich gewachsen, auch die Methoden, com-
plicirte Verbindungen derselben herzustellen, haben solche Fortschritte gemacht, dass die sogenannte organische Chemie,
welche nur die Verbindungen des Kohlenstoffs mit Wasserstoff,
Sauerstoff, Stickstoff und mit einigen wenigen anderen Elementen
umfasst, schon wieder eine Wissenschaft für sich geworden ist.

„So viel Stern' am Himmel stehen" war in alter Zeit der natürliche Ausdruck für eine Zahl, welche alle Grenzen unseres Fas-
sungsvermögens übersteigt; Plinius findet es ein an Vermessen-
heit streifendes Unternehmen des Hipparch (rem etiam Deo im-
probam), dass er die Sterne zu zählen und ihre Oerter einzeln
abzumessen unternommen habe. Und doch liefern die bis zum
XVII. Jahrhundert ohne Hülfe von Fernröhren angefertigten Stern-
verzeichnisse nur 1000 bis 1500 Sterne 1ter bis 5ter Grösse. Gegenwärtig ist man an mehreren Sternwarten beschäftigt, diese
Kataloge bis zur 10ten Grösse fortzusetzen, was eine Gesammt-
zahl von etwa 200000 Fixsternen über den ganzen Himmel ergeben wird, welche alle aufgezeichnet, und deren Oerter messend bestimmt werden sollen. Die nächste Folge dieser Untersuchungen
ist dann auch die Möglichkeit gewesen, eine grosse Menge neuer
Planeten zu entdecken, von denen vor 1781 nur 6 bekannt waren,
im gegenwärtigen Augenblicke dagegen 75 [2]).

Wenn wir diese riesige Thätigkeit in allen Zweigen überblicken, so können uns die verwegenen Anschläge der Menschen
wohl in ein erschrecktes Staunen versetzen, wie den Chor in der
Antigone, wo er ausruft:

---

[1]) Mit dem seitdem entdeckten Indium jetzt 65. — [2]) Am 11. Mai 1883
ist schon der 233ste der kleinen Planeten entdeckt worden. Die Zahl
derselben wächst alljährlich.

Πολλὰ τὰ δεινά, κοὐδὲν ἀνϑρώπου δεινότερον πέλει.
„Vieles ist erstaunlich, aber nichts erstaunlicher als der Mensch."

Wer soll noch das Ganze übersehen, wer die Fäden des Zusammenhangs in der Hand behalten und sich zurecht finden? Die
natürliche Folge davon tritt zunächst darin hervor, dass jeder
einzelne Forscher ein immer kleiner werdendes Gebiet zu seiner
eigenen Arbeitsstätte zu wählen gezwungen ist und nur unvoll-
ständige Kenntnisse von den Nachbargebieten sich bewahren kann.
Wir sind jetzt geneigt zu lachen, wenn wir hören, dass im 17.
Jahrhundert Keppler als Professor der Mathematik und Moral
nach Grätz berufen wurde, oder dass am Anfange des 18. Jahrhunderts Boerhave zu Leyden gleichzeitig die Professuren der
Botanik, Chemie und klinischen Medicin inne hatte, worin natürlich damals auch noch die Pharmacie eingeschlossen war. Jetzt
brauchen wir mindestens vier, an vollständig besetzten Universitäten sogar sieben bis acht Lehrer um alle diese Fächer zu vertreten. Aehnlich ist es in den anderen Disciplinen.

Ich habe um so mehr Veranlassung die Frage nach dem
Zusammenhange der verschiedenen Wissenschaften hier zu erörtern, als ich selbst dem Kreise der Naturwissenschaften angehöre,
und man die Naturwissenschaften in neuerer Zeit gerade am meisten beschuldigt hat, einen isolirten Weg eingeschlagen zu haben
und den übrigen Wissenschaften, die durch gemeinsame philologische und historische Studien unter einander verbunden sind,
fremd geworden zu sein. Ein solcher Gegensatz ist in der That
eine Zeit lang fühlbar gewesen und scheint mir namentlich unter
dem Einflusse der Hegel'schen Philosophie sich entwickelt zu haben, oder durch diese Philosophie mindestens klarer als vorher
an das Licht gezogen worden zu sein. Denn am Ende des vorigen Jahrhunderts unter dem Einflusse der Kant'schen Lehre war
eine solche Trennung noch nicht ausgesprochen; diese Philosophie
stand vielmehr mit den Naturwissenschaften auf genau gleichem
Boden, wie am besten Kant's eigene naturwissenschaftliche Arbeiten zeigen, namentlich seine auf Newton's Gravitationsgesetz
gestützte kosmogonische Hypothese, welche später unter Laplace's Namen ausgebreitete Anerkennung erhalten hat. Kant's kritische Philosophie ging nur darauf aus, die Quellen und die Berechtigung unseres Wissens zu prüfen und den einzelnen übrigen
Wissenschaften gegenüber den Maassstab für ihre geistige Arbeit
aufzustellen. Ein Satz, der a priori durch reines Denken gefun-

den war, konnte nach seiner Lehre immer nur eine Regel für die
Methode des Denkens sein, aber keinen positiven und realen Inhalt haben. Die Identitätsphilosophie war kühner. Sie ging von
der Hypothese aus, dass auch die wirkliche Welt, die Natur und
das Menschenleben das Resultat des Denkens eines schöpferischen
Geistes sei, welcher Geist seinem Wesen nach als dem menschlichen gleichartig betrachtet wurde. Sonach schien der menschliche Geist es unternehmen zu können, auch ohne durch äussere
Erfahrungen dabei geleitet zu sein, die Gedanken des Schöpfers
nachzudenken und durch eigene innere Thätigkeit dieselben wie-
derzufinden. In diesem Sinne ging nun die Identitätsphilosophie
darauf aus, die wesentlichen Resultate der übrigen Wissenschaften
a priori zu construiren. Es mochte dieses Geschäft mehr oder
weniger gut gelingen in Bezug auf Religion, Recht, Staat, Sprache,
Kunst, Geschichte, kurz in allen den Wissenschaften, deren Gegenstand sich wesentlich aus psychologischer Grundlage entwickelt,
und die daher unter dem Namen der Geisteswissenschaften
passend zusammengefasst werden. Staat, Kirche, Kunst, Sprache
sind dazu da, um gewisse geistige Bedürfnisse der Menschen zu
befriedigen. Wenn auch äussere Hindernisse, Naturkräfte, Zufall,
Nebenbuhlerschaft anderer Menschen oft störend eingreifen, so
werden schliesslich doch die beharrlich das gleiche Ziel verfol-
genden Bestrebungen des menschlichen Geistes über die planlos
waltenden Hindernisse das Uebergewicht erhalten und den Sieg
erringen müssen. Unter diesen Umständen wäre es nicht gerade
unmöglich den allgemeinen Entwickelungsgang der Menschheit
in Bezug auf die genannten Verhältnisse aus einem genauen Verständniss des menschlichen Geistes a priori vorzuzeichnen, namentlich wenn der Philosophirende schon ein breites empirisches
Material vor sich hat, dem sich seine Abstractionen anschliessen
können. Auch wurde Hegel in seinen Versuchen, diese Aufgabe
zu lösen, wesentlich unterstützt durch die tiefen philosophischen
Blicke in Geschichte und Wissenschaft, welche die Philosophen
und Dichter der ihm unmittelbar vorausgehenden Zeit gethan
hatten, und die er hauptsächlich nur zusammenzuordnen und zu
verbinden brauchte, um ein durch viele überraschende Einsichten
imponirendes System herzustellen. So gelang es ihm bei der
Mehrzahl der Gebildeten seiner Zeit einen enthusiastischen Beifall zu finden und überschwängliche Hoffnungen auf die Lösung
der tiefsten Räthsel des Menschenlebens zu erregen; das letztere
um so mehr, als der Zusammenhang des Systems durch eine son-

derbar abstracte Sprache verhüllt war, und vielleicht von Wenigen seiner Verehrer wirklich verstanden und durchschaut worden ist.

Dass nun die Construction der wesentlichen Hauptresultate der Geisteswissenschaften mehr oder weniger gut gelang, war immer noch kein Beweis für die Richtigkeit der Identitätshypothese, von der Hegel's Philosophie ausging. Es wären im Gegentheil die Thatsachen der Natur das entscheidende Prüfungsmittel gewesen. Dass in den Geisteswissenschaften sich die Spuren der Wirksamkeit des menschlichen Geistes und seiner Entwickelungsstufen wiederfinden mussten, war selbstverständlich. Wenn aber die Natur das Resultat der Denkprocesse eines ähnlichen schöpferischen Geistes abspiegelte, so mussten sich die verhältnissmässig einfacheren Formen und Vorgänge der Natur um so leichter dem Systeme einordnen lassen. Aber hier gerade scheiterten die Anstrengungen der Identitätsphilosophie, wir dürfen wohl sagen, vollständig. Hegel's Naturphilosophie erschien, den Naturforschern wenigstens, absolut sinnlos. Von den vielen ausgezeichneten Naturforschern jener Zeit fand sich nicht ein Einziger, der sich mit den Hegel'schen Ideen hätte befreunden können. Da andererseits für Hegel es von besonderer Wichtigkeit war, gerade in diesem Felde sich Anerkennung zu erfechten, die er anderwärts so reichlich gefunden hatte, so folgte eine ungewöhnlich leidenschaftliche und erbitterte Polemik von seiner Seite, die namentlich gegen J. Newton, als den ersten und grössten Repräsentanten der wissenschaftlichen Naturforschung, gerichtet war. Die Naturforscher wurden von den Philosophen der Bornirtheit geziehen, die letzteren von den ersteren der Sinnlosigkeit. Die Naturforscher fingen nun an ein gewisses Gewicht darauf zu legen, dass ihre Arbeiten ganz frei von allen philosophischen Einflüssen gehalten seien, und es kam bald dahin, dass viele von ihnen, und zwar selbst Männer von hervorragender Bedeutung, alle Philosophie nicht nur als unnütz, sondern selbst als schädliche Träumerei verdammten. Wir können nicht leugnen, dass hierbei mit den ungerechtfertigten Ansprüchen, welche die Identitätsphilosophie auf Unterordnung der übrigen Disciplinen erhob, auch die berechtigten Ansprüche der Philosophie, nämlich die Kritik der Erkenntnissquellen auszuüben und den Maasstab der geistigen Arbeit festzustellen, über Bord geworfen wurden.

In den Geisteswissenschaften war der Verlauf ein anderer, wenn er auch schliesslich ziemlich zu demselben Resultate führte.

In allen Zweigen der Wissenschaft, für Religion, Staat, Recht, Kunst, Sprache, standen begeisterte Anhänger der Hegel'schen Philosophie auf, welche die genannten Gebiete im Sinne des Systems zu reformiren und schnell auf speculativem Wege Früchte einzusammeln suchten, denen man sich bis dahin nur langsam durch langwierige Arbeit genähert hatte. So stellte sich eine Zeit lang ein schneidender und scharfer Gegensatz zwischen den Naturwissenschaften auf der einen und den Geisteswissenschaften auf der andern Seite her, wobei den ersteren nicht selten der Charakter der Wissenschaft ganz abgesprochen wurde.

Freilich dauerte das gespannte Verhältniss in seiner ersten Bitterkeit nicht lange. Die Naturwissenschaften erwiesen vor Jedermanns Augen durch eine schnell auf einander folgende Reihe glänzender Entdeckungen und Anwendungen, dass ein gesunder Kern ungewöhnlicher Fruchtbarkeit in ihnen wohne; man konnte ihnen Achtung und Anerkennung nicht versagen. Und auch in den übrigen Gebieten des Wissens erhoben gewissenhafte Erforscher der Thatsachen bald ihren Widerspruch gegen den allzu kühnen Icarusflug der Speculation. Doch lässt sich auch ein wohlthätiger Einfluss jener philosophischen Systeme nicht verkennen; wir dürfen wohl nicht leugnen, dass seit dem Auftreten Hegel's und Schelling's die Aufmerksamkeit der Forscher in den verschiedenen Zweigen der Geisteswissenschaften lebhafter und dauernder auf ihren geistigen Inhalt und Zweck gerichtet gewesen ist, als in den vorausgehenden Jahrhunderten vielleicht der Fall war; und die grosse Arbeit jener Philosophie ist desshalb nicht ganz vergebens gewesen.

In dem Maasse nun, als die empirische Erforschung der Thatsachen auch in den anderen Wissenschaften wieder in den Vordergrund trat, ist nun allerdings der Gegensatz zwischen ihnen und den Naturwissenschaften gemildert worden. Indessen, wenn derselbe durch Einfluss der genannten philosophischen Meinungen auch in übertriebener Schärfe zum Ausdruck gekommen war, lässt sich doch nicht verkennen, dass ein solcher Gegensatz wirklich in der Natur der Dinge begründet ist und sich geltend macht. Es liegt ein solcher zum Theil in der Art der geistigen Arbeit begründet, zum Theil in dem Inhalt der genannten Fächer, wie es der Name der Natur- und Geisteswissenschaften schon andeutet. Der Physiker wird einige Schwierigkeit finden dem Philologen oder Juristen die Einsicht in einen verwickelten Naturprocess zu eröffnen; er muss von ihnen dabei Ab-

stractionen von dem sinnlichen Schein und eine Gewandtheit in
dem Gebrauche geometrischer und mechanischer Anschauungen
verlangen, in denen ihm die anderen nicht so leicht nachfolgen
können. Andererseits werden die Aesthetiker und Theologen den
Naturforscher vielleicht zu mechanischen und materialistischen
Erklärungen zu geneigt finden, die ihnen trivial erscheinen, und
durch welche sie in der Wärme ihres Gefühls und ihrer Begeisterung gestört werden. Der Philolog und der Historiker, denen auch
der Jurist und Theolog durch gemeinsame philologische und historische Studien eng verbunden sich anschliesst, werden den Naturforscher auffallend gleichgültig gegen literarische Schätze finden,
ja vielleicht sogar gleichgültiger, als Recht ist, für die Geschichte
seiner eigenen Wissenschaft. Endlich ist nicht zu leugnen, dass
sich die Geisteswissenschaften ganz direct mit den theuersten Interessen des menschlichen Geistes und mit den durch ihn in die
Welt eingeführten Ordnungen befassen, die Naturwissenschaften
dagegen mit äusserem, gleichgültigem Stoff, den wir scheinbar nur
des practischen Nutzens wegen nicht umgehen können, der aber
vielleicht kein unmittelbares Interesse für die Bildung des Geistes zu haben scheinen könnte.

Da nun die Sache so liegt, da sich die Wissenschaften in unendlich viele Aeste und Zweige gespalten haben, da lebhaft ge-
fühlte Gegensätze zwischen ihnen entwickelt sind, da kein Einzelner mehr das Ganze oder auch selbst nur einen erheblichen Theil
des Ganzen umfassen kann, hat es noch einen Sinn, sie alle an
denselben Anstalten zusammenzuhalten? Ist die Vereinigung der
vier Facultäten zu einer Universität nur ein Rest des Mittelalters?
Manche äussere Vortheile sind schon dafür geltend gemacht worden, dass man die Mediciner in die Spitäler der grossen Städte
schicke, die Naturforscher in die polytechnischen Schulen, und für
die Theologen und Juristen besondere Seminare und Schulen er-
richte. Wir wollen hoffen, dass die deutschen Universitäten noch
lange vor einem solchen Schicksale bewahrt bleiben mögen! Dadurch würde in der That der Zusammenhang zwischen den verschiedenen Wissenschaften zerrissen werden, und wie wesentlich
nothwendig ein solcher Zusammenhang nicht nur in formeller Beziehung für die Erhaltung der wissenschaftlichen Arbeitskraft,
sondern auch in materieller Beziehung für die Förderung der Ergebnisse dieser Arbeit sei, wird eine kurze Betrachtung zeigen.

Zunächst in formaler Beziehung. Ich möchte sagen, die Vereinigung der verschiedenen Wissenschaften ist nöthig, um das ge-

sunde Gleichgewicht der geistigen Kräfte zu erhalten. Jede einzelne Wissenschaft nimmt gewisse Geistesfähigkeiten besonders in Anspruch und kräftigt sie dem entsprechend durch anhaltendere Uebung. Aber jede einseitige Ausbildung hat ihre Gefahr; sie macht unfähig für die weniger geübten Arten der Thätigkeit, beschränkt dadurch den Blick für den Zusammenhang des Ganzen; namentlich aber treibt sie auch leicht zur Selbstüberschätzung. Wer bemerkt, dass er eine gewisse Art geistiger Arbeit viel besser verrichtet als andere Menschen, vergisst leicht, dass er manches nicht leisten kann, was andere viel besser thun als er selbst; und Selbstüberschätzung — das vergesse Niemand, der sich den Wissenschaften widmet — ist der grösste und schlimmste Feind aller wissenschaftlichen Thätigkeit. Wie viele und grosse Talente haben nicht schon die dem Gelehrten vor allen Dingen nöthige und so schwer zu übende Selbstkritik vergessen, oder sind ganz in ihrer Thätigkeit erlahmt, weil sie trockne emsige Arbeit ihrer selbst unwürdig glaubten und nur geistreiche Ideencombinationen und weltumgestaltende Entdeckungen hervorzubringen bestrebt waren! Wie viele solche haben nicht in verbitterter und menschenfeindlicher Stimmung ein melancholisches Leben zu Ende geführt, weil ihnen die Anerkennung der Menschen fehlte, die natürlich durch Arbeit und Erfolge errungen werden muss, aber nicht dem bloss sich selbst bewundernden Genie gezollt zu werden pflegt. Und je isolirter der Einzelne ist, desto leichter droht ihm eine solche Gefahr, während umgekehrt nichts belebender ist, als zur Anstrengung aller Kräfte genöthigt zu sein, um sich die Anerkennung solcher Männer zu erringen, denen man selbst die höchste Anerkennung zu widmen sich gezwungen fühlt.

Wenn wir die Art der geistigen Thätigkeit in den verschiedenen Zweigen der Wissenschaft vergleichen, so zeigen sich gewisse durchgehende Unterschiede nach den Wissenschaften selbst, wenn auch daneben nicht zu verkennen ist, dass jedes einzelne ausgezeichnete Talent seine besondere individuelle Geistesrichtung hat, wodurch es gerade für seine besondere Art von Thätigkeit vorzugsweise befähigt wird. Man braucht nur die Arbeiten zweier gleichzeitiger Forscher in ganz eng benachbarten Gebieten zu vergleichen, so wird man sich in der Regel überzeugen können, dass in dem Maasse, als die Männer ausgezeichneter sind, desto bestimmter ihre geistige Individualität ausgesprochen ist, und desto weniger der eine im Stande sein würde die Arbeiten des andern

auszuführen. Bei der heutigen Gelegenheit kann es sich natürlich nur darum handeln, die allgemeinsten Unterschiede, welche
die geistige Arbeit in den verschiedenen Zweigen der Wissenschaft darbietet, zu charakterisiren.

Ich habe an den riesenhaften Umfang des Materials unserer
Wissenschaften erinnert. Zunächst ist klar, dass je riesenhafter
dieser Umfang ist, eine desto bessere und genauere Organisation
und Anordnung dazu gehört, um nicht im Labyrinth der Gelehrsamkeit sich hoffnungslos zu verlaufen. Je besser die Ordnung
und Systematisirung ist, desto grösser kann auch die Anhäufung
der Einzelheiten werden, ohne dass der Zusammenhang leidet.
Unsere Zeit kann eben so viel mehr im Einzelnen leisten, weil unsere Vorgänger uns gelehrt haben, wie die Organisation des Wissens einzurichten ist.

Diese Organisation besteht nun in erster Stufe nur in einer
äusserlichen mechanischen Ordnung, wie sie uns unsere Kataloge,
Lexica, Register, Indices, Litteraturübersichten, Jahresberichte,
Gesetzsammlungen, naturhistorischen Systeme u. s. w. geben. Mit
Hülfe dieser Dinge wird zunächst nur erreicht, dass dasjenige
Wissen, welches nicht unmittelbar im Gedächtnisse aufzubewahren
ist, jeden Augenblick von demjenigen, der es braucht, gefunden
werden kann. Mittels eines guten Lexicon kann jetzt ein Gym-
nasiast im Verständniss der Classiker manches leisten, was einem
Erasmus trotz der Belesenheit eines langen Lebens schwer geworden sein muss. Die Werke dieser Art bilden gleichsam den
Grundstock des wissenschaftlichen Vermögens der Menschheit,
mit dessen Zinsen gewirthschaftet wird; man könnte sie vergleichen mit einem Capital, was in Ländereien angelegt ist. Wie die
Erde, aus der das Land besteht, sieht das Wissen, was in den Ka-
talogen, Lexicis und Verzeichnissen steckt, wenig einladend und
unschön aus, der Unkundige weiss die Arbeit und Kosten, welche
in diesen Acker gesteckt sind, nicht zu erkennen und nicht zu
schätzen; die Arbeit des Pflügers erscheint unendlich schwerfällig, mühsam und langweilig. Wenn aber auch die Arbeit des
Lexicographen oder des naturhistorischen Systematikers einen
eben so mühsamen und hartnäckigen Fleiss in Anspruch nimmt,
wie die des Pflügers, so muss man doch nicht glauben, dass sie
untergeordneter Art oder so trocken und mechanisch sei, wie sie
nachher aussieht, wenn man das Verzeichniss fertig gedruckt vor
sich liegen hat. Es muss eben auch dabei jede einzelne Thatsache durch aufmerksame Beobachtung aufgefunden, nachher ge-

prüft und verglichen werden, es muss das Wichtige von dem Unwichtigen gesondert werden, und dies alles kann offenbar nur Jemand thun, der den Zweck, zu welchem gesammelt wird, den geistigen Inhalt der betreffenden Wissenschaft und ihre Methoden lebendig aufgefasst hat, und für einen solchen wird auch jeder einzelne Fall wieder in Zusammenhang mit dem Ganzen treten und sein eigenthümliches Interesse haben. Sonst würde ja auch eine solche Arbeit die schlimmste Sclavenarbeit sein, die sich ausdenken liesse. Dass auch auf diese Werke die fortschreitende Ideenentwickelung der Wissenschaft Einfluss hat, zeigt sich eben darin, dass man fortdauernd neue Lexica, neue naturhistorische Systeme, neue Gesetzsammlungen, neue Sternkataloge auszuarbeiten für nöthig findet; darin spricht sich die fortschreitende Kunst der Methode und der Organisation des Wissens aus.

Unser Wissen soll nun aber nicht in der Form der Kataloge liegen bleiben; denn eben, dass wir es in dieser Form, schwarz auf weiss gedruckt, äusserlich mit uns herumtragen müssen, zeigt an, dass wir es geistig nicht bezwungen haben. Es ist nicht genug die Thatsachen zu kennen; Wissenschaft entsteht erst, wenn sich ihr Gesetz und ihre Ursachen enthüllen. Die logische Verarbeitung des gegebenen Stoffs besteht zunächst darin, dass wir das Aehnliche zusammenschliessen und einen allgemeinen Begriff ausbilden, der es umfasst. Ein solcher Begriff, wie sein Namen andeutet, begreift in sich eine Menge von Einzelheiten und vertritt sie in unserem Denken. Wir nennen ihn Gattungsbegriff, wenn er eine Menge existirender Dinge, wir nennen ihn Gesetz, wenn er eine Reihe von Vorgängen oder Ereignissen umfasst. Wenn ich ermittelt habe, dass alle Säugethiere, d. h. alle warmblütigen Thiere, welche lebendige Junge gebären, auch zugleich durch Lungen athmen, zwei Herzkammern und mindestens drei Gehörknöchelchen haben, so brauche ich die genannten anatomischen Eigenthümlichkeiten nicht mehr vom Affen, Pferde, Hunde und Wallfisch einzeln zu behalten. Die allgemeine Regel umfasst hier eine ungeheure Menge von einzelnen Fällen und vertritt sie im Gedächtniss. Wenn ich das Brechungsgesetz der Lichtstrahlen ausspreche, so umfasst dieses Gesetz nicht nur die Fälle, wo Strahlen unter den verschiedensten Winkeln auf eine einzelne ebene Wasserfläche fallen, und giebt mir Auskunft über den Erfolg, sondern es umfasst alle Fälle, wo Lichtstrahlen irgend einer Farbe auf die irgendwie gestaltete Oberfläche einer irgendwie gearteten durchsichtigen Substanz fallen. Es umfasst also dieses

Gesetz eine wirklich unendliche Anzahl von Fällen, welche im Gedächtnisse einzeln zu bewahren gar nicht möglich gewesen sein
würde. Dabei ist aber weiter zu bemerken, dass dasselbe Gesetz
nicht nur diejenigen Fälle umfasst, die wir selbst oder andere
Menschen schon beobachtet haben, sondern wir werden auch nicht
anstehen, es auf neue, noch nicht beobachtete Fälle anzuwenden,
um den Erfolg der Lichtbrechung darnach vorauszusagen, und
werden uns in unserer Erwartung nicht getäuscht finden. Ebenso
werden wir, falls wir ein unbekanntes, noch nicht anatomisch zer-
legtes Säugethier finden sollten, mit einer an Gewissheit grenzen-
den Wahrscheinlichkeit voraussetzen dürfen, dass dasselbe Lungen, zwei Herzkammern, und drei oder mehr Gehörknöchelchen
habe.

Indem wir also die Thatsachen der Erfahrung denkend zusammenfassen und Begriffe bilden, seien es nun Gattungsbegriffe
oder Gesetze, so bringen wir unser Wissen nicht nur in eine Form,
in der es leicht zu handhaben und aufzubewahren ist, sondern
wir erweitern es auch, da wir die gefundenen Regeln und Gesetze
auch auf alle ähnlichen künftig noch aufzufindenden Fälle auszudehnen uns berechtigt fühlen.

Die genannten Beispiele sind solche, in denen die Zusammen-
fassung der Einzelfälle durch Denken zu Begriffen keine Schwierigkeit mehr findet, und das Wesen des ganzen Vorgangs klar vor
Augen liegt. Aber in complicirten Fällen gelingt es uns nicht so
gut das Aehnliche rein vom Unähnlichen zu scheiden und es zu
einem scharf und klar begrenzten Begriffe zusammenzufassen.
Nehmen Sie an, dass wir einen Menschen als ehrgeizig kennen;
wir werden vielleicht mit ziemlicher Sicherheit vorhersagen, dass
wenn dieser Mann unter gewissen Bedingungen zu handeln haben
wird, er seinem Ehrgeize folgen und sich für eine gewisse Art des
Handelns entscheiden wird. Aber weder können wir mit voller
Bestimmtheit definiren, woran ein Ehrgeiziger zu erkennen ist,
oder nach welchem Maass der Grad seines Ehrgeizes zu messen
ist; noch können wir mit Bestimmtheit sagen, welcher Grad des
Ehrgeizes vorhanden sein muss, damit er in dem betreffenden
Falle den Handlungen des Mannes gerade die betreffende Richtung gebe. Wir machen also unsere Vergleichungen zwischen den
bisher beobachteten Handlungen des einen Mannes und zwischen
den Handlungen anderer Männer, welche in ähnlichen Fällen ähnlich gehandelt haben, und ziehen unseren Schluss auf den Erfolg
der künftigen Handlungen, ohne weder den Major noch den Minor

dieses Schlusses in einer bestimmten und deutlich begrenzten Form
aussprechen zu können, ja ohne uns vielleicht selbst klar gemacht
zu haben, dass unsere Vorhersagung auf der beschriebenen Vergleichung beruht. Unser Urtheil geht in einem solchen Falle nur
aus einem gewissen psychologischen Tacte, nicht aus bewusstem
Schliessen hervor, obgleich im Wesentlichen der geistige Process
derselbe geblieben ist, wie in dem Falle, wo wir einem neugefun-
denen Säugethiere Lungen zuschreiben.

Diese letztere Art der Induction nun, welche nicht bis zur
vollendeten Form des logischen Schliessens, nicht zur Aufstellung
ausnahmslos geltender Gesetze durchgeführt werden kann, spielt
im menschlichen Leben eine ungeheuer ausgebreitete Rolle. Auf
ihr beruht die ganze Ausbildung unserer Sinneswahrnehmungen,
wie sich namentlich durch die Untersuchung der sogenannten
Sinnestäuschungen nachweisen lässt. Wenn z. B. in unserem Auge
die Nervenausbreitung durch einen Stoss gereizt wird, so bilden
wir die Vorstellung von Licht im Gesichtsfelde, weil wir unser
ganzes Leben lang Reizung in unsern Sehnervenfasern nur gefühlt
haben, so oft Licht im Gesichtsfelde war, und gewöhnt sind, die
Empfindung der Sehnervenfasern mit Licht im Gesichtsfelde zu
identificiren, was wir auch in einem Falle thun, wo es nicht passt.
Dieselbe Art der Induction spielt denn auch eine Hauptrolle den
psychologischen Vorgängen gegenüber wegen der ausserordentlichen Verwickelung der Einflüsse, welche die Bildung des Charakters und der momentanen Gemüthsstimmung der Menschen
bedingen. Ja, da wir uns selbst freien Willen zuschreiben, d. h.
die Fähigkeit, aus eigener Machtvollkommenheit zu handeln, ohne
dabei von einem strengen und unausweichlichen Causalitätsgesetze
gezwungen zu sein, so läugnen wir dadurch überhaupt ganz und
gar die Möglichkeit, wenigstens einen Theil der Aeusserungen
unserer Seelenthätigkeit auf ein streng bindendes Gesetz zurückzuführen.

Man könnte nun diese Art der Induction im Gegensatz zu
der logischen, welche es zu scharf definirten allgemeinen Sätzen
bringt, die künstlerische Induction nennen, weil sie im höchsten Grade bei den ausgezeichneteren Kunstwerken hervortritt.
Es ist ein wesentlicher Theil des künstlerischen Talents, die charakteristischen äusseren Kennzeichen eines Charakters und einer
Stimmung durch Worte, Form und Farbe, oder Töne wiedergeben
zu können, und durch eine Art instinctiver Anschauung zu erfassen, wie sich die Seelenzustände fortentwickeln müssen, ohne da-

bei durch irgend eine fassbare Regel geleitet zu sein. Im Gegentheil, wo wir merken, dass der Künstler mit Bewusstsein nach allgemeinen Regeln und Abstractionen gearbeitet hat, finden wir sein Werk arm und trivial, da ist es mit unserer Bewunderung zu Ende. Die Werke der grossen Künstler dagegen bringen uns die Bilder der Charaktere und Stimmungen mit einer Lebhaftigkeit, einem Reichthum an individuellen Zügen und einer überzeugenden Kraft der Wahrheit entgegen, welche der Wirklichkeit fast überlegen scheint, weil die störenden Momente daraus fortbleiben.

Ueberblicken wir nun die Reihe der Wissenschaften mit Beziehung auf die Art, wie sie ihre Resultate zu ziehen haben, so tritt uns ein durchgehender Unterschied zwischen den Naturwissenschaften und den Geisteswissenschaften entgegen. Die Naturwissenschaften sind meist im Stande ihre Inductionen bis zu scharf ausgesprochenen allgemeinen Regeln und Gesetzen durchzuführen, die Geisteswissenschaften dagegen haben es überwiegend mit Urtheilen nach psychologischem Tactgefühl zu thun. So müssen die historischen Wissenschaften zunächst die Glaubwürdigkeit der Berichterstatter prüfen, die ihnen die Thatsachen überliefern; sind die Thatsachen festgestellt, so beginnt ihr schwereres und wichtigeres Geschäft, die oft sehr verwickelten und mannigfaltigen Motive der handelnden Völker und Individuen aufzusuchen; beides ist wesentlich zu entscheiden nur durch psychologische Anschauung. Die philologischen Wissenschaften, insofern sie sich mit Erklärung und Verbesserung der uns überlieferten Texte, mit Litteratur- und Kunstgeschichte beschäftigen, müssen den Sinn, den der Schriftsteller auszudrücken, die Nebenbeziehungen, welche er durch seine Worte anzudeuten beabsichtigte, herauszufühlen suchen; sie müssen zu dem Ende von einer richtigen Anschauung sowohl der Individualität des Schriftstellers als des Genius der Sprache, in der er schrieb, auszugehen wissen. Alles dies sind Fälle künstlerischer, nicht eigentlich logischer Induction. Das Urtheil lässt sich hier nur gewinnen, wenn eine sehr grosse Menge von einzelnen Thatsachen ähnlicher Art im Gedächtniss bereit ist, um schnell mit der gerade vorliegenden Frage in Beziehung gesetzt zu werden. Eines der ersten Erfordernisse für diese Art von Studien ist desshalb ein treues und bereites Gedächtniss. In der That haben viele der berühmten Historiker und Philologen durch die Kraft ihres Gedächtnisses das Staunen ihrer Zeitgenossen erregt. Natürlich wäre das Gedächtniss allein nicht ausreichend ohne die Fähigkeit, schnell das wesentlich Aehnliche überall herauszufinden, ohne eine fein und reich ausgebildete Anschauung der Seelenbewegungen des Menschen, welche letztere wieder nicht ohne eine gewisse Wärme des Gefühls und des Interesse an der Beobachtung der Seelenzustände Anderer zu erreichen sein möchte. Während uns der lebendige Verkehr mit Menschen im täglichen Leben die Grundlage dieser psychologischen Anschauungen geben muss, dient auch das Studium der Geschichte und der Kunst dazu, sie zu ergänzen und zu bereichern, indem beide uns Menschen in ungewöhnlicheren Umständen handelnd zeigen, und wir an ihnen die ganze Breite der Kräfte ermessen lernen, die in unserer Brust verborgen liegen.

Die genannten Theile der Wissenschaft bringen es der Regel nach nicht bis zur Formulirung streng gültiger allgemeiner Gesetze, mit Ausnahme der Grammatik. Die Gesetze der Grammatik sind durch menschlichen Willen festgestellt, wenn sie auch nicht gerade in bewusster Absicht und nach einem überdachten Plane gegeben wurden, vielmehr sich allmälig nach dem Bedürfnisse entwickelt haben. Sie treten daher demjenigen, welcher die Sprache erlernt, gegenüber als Gebote, als Gesetze, die durch eine fremde Autorität festgestellt sind.

An die historischen und philologischen Wissenschaften schliessen sich Theologie und Jurisprudenz an, deren Vorbereitungsstudien und Hilfswissenschaften ja wesentlich dem Kreise jener Studien angehören. Die allgemeinen Gesetze, welche wir in beiden finden, sind ebenfalls Gebote, Gesetze, welche durch fremde Autorität für den Glauben und das Handeln in moralischer und juristischer Beziehung gegeben sind, nicht Gesetze, welche, wie die Naturgesetze, die Verallgemeinerung einer Fülle von Thatsachen enthielten. Aber wie bei der Anwendung eines Naturgesetzes auf einen gegebenen Fall, geschieht auch die Subsumtion unter die grammatikalischen, juristischen, moralischen und dogmatischen Gebote in der Form des bewussten logischen Schliessens. Das Gebot bildet den Major eines solchen Schlusses, der Minor muss festsetzen, ob der zu beurtheilende Fall die Bedingungen an sich trägt, für welche das Gebot gegeben ist. Die Lösung dieser letzteren Aufgabe wird nun allerdings sowohl bei der grammatikalischen Analyse, welche den Sinn des auszusprechenden Satzes deutlich machen soll, wie bei der juristischen Beurtheilung der Glaubwürdigkeit des Thatbestandes oder der Absichten der handelnden Personen oder des Sinns der von ihnen erlassenen Schriftstücke meist nur wieder eine Sache der psychologischen Anschauung sein. Dagegen lässt sich nicht verkennen, dass sowohl die Syntax der ausgebildeten Sprachen, als auch das durch mehr als 2000jährige Praxis allmälig verfeinerte System unserer Rechtswissenschaft einen hohen Grad logischer Vollständigkeit und Consequenz erlangt haben, so dass im Ganzen die Fälle, welche sich nicht klar unter eines der gegebenen Gesetze schicken wollen, zu den Ausnahmen gehören. Freilich werden solche immer bestehen bleiben, da die von Menschen hingestellten Gesetzgebungen niemals die Folgerichtigkeit und Vollständigkeit der Naturgesetze haben möchten. In solchen Fällen bleibt dann freilich nichts übrig, als dass man die Absicht des Gesetzgebers aus der Analogie und Consequenz der für ähnliche Fälle gegebenen Bestimmungen zu errathen, beziehentlich zu ergänzen sucht.

Das grammatische und juristische Studium haben einen gewissen Vortheil als Bildungsmittel des Geistes dadurch, dass die verschiedenen Arten geistiger Thätigkeit ziemlich gleichmässig durch sie in Anspruch genommen werden. Desshalb ist auch die höhere Schulbildung der neueren europäischen Völker überwiegend auf das Studium fremder Sprachen mittels der Grammatik gestützt. Die Muttersprache und fremde Sprachen, welche man allein durch Uebung lernt, nehmen nicht das bewusste logische Denken in Anspruch; wohl aber kann man an ihnen das Gefühl für künstlerische Schönheit des Ausdrucks üben. Die beiden classischen Sprachen, Griechisch und Lateinisch, haben neben ihrer ausserordentlich feinen künstlerischen und logischen Ausbildung den Vorzug, den die meisten alten und ursprünglichen Sprachen zu theilen scheinen, dass sie durch sehr volle und deutlich unterschiedene Flexionsformen das grammatikalische Verhältniss der Worte und der Sätze zu einander genau bezeichnen. Durch langen Gebrauch werden die Sprachen abgeschliffen, die grammatikalischen Bezeichnungen im Interesse praktischer Kürze und Schnelligkeit auf das nothwendigste zurückgeführt und dadurch unbestimmter gemacht. Das lässt sich auch an den modernen europäischen Sprachen in Vergleich mit dem Lateinischen deutlich erkennen; am weitesten ist in dieser Richtung des Abschleifens das Englische vorgeschritten. Darin scheint es mir auch wesentlich zu beruhen, dass die modernen Sprachen als Unterrichtsmittel viel weniger geeignet sind, als die älteren.

Wie die Jugend an der Grammatik gebildet wird, so benutzt man mit Recht das juristische Studium aus ähnlichen Gründen

als Bildungsmittel für ein reiferes Lebensalter, auch wo es nicht
unmittelbar durch die praktischen Zwecke des Berufes gefordert
wird. Das entgegengesetzte Extrem von den philologisch-historischen
Wissenschaften bieten nun in Bezug auf die Art geistiger Arbeit
die Naturwissenschaften dar. Nicht als ob nicht auch in manchen Gebieten dieser Wissenschaften ein instinctives Gefühl für
Analogien und ein gewisser künstlerischer Tact eine Rolle zu spielen hätten. In den naturhistorischen Fächern ist im Gegentheile
die Beurtheilung, welche Kennzeichen der Arten als wichtig für
die Systematik, welche als unwichtig zu betrachten seien, welche
Abtheilungen der Thier- und Pflanzenwelt natürlicher seien als
andere, wesentlich nur einem solchen Tacte überlassen, der ohne
genau definirbare Regel verfährt. Bezeichnend ist es auch, dass
zu den vergleichend anatomischen Untersuchungen über die Analogie entsprechender Organe verschiedener Thiere und zu der
analogen Lehre von der Metamorphose der Blätter im Pflanzenreich ein Künstler, nämlich Göthe, den Anstoss gegeben hat, und
dass durch ihn die wesentliche Richtung vorgezeichnet wurde,
welche die vergleichende Anatomie seit jener Zeit genommen hat.
Aber selbst in diesen Fächern, wo wir es noch mit den unverstan-
densten Wirkungen der Lebensvorgänge zu thun haben, ist es im
Allgemeinen viel leichter, allgemeine umfassende Begriffe und
Sätze aufzufinden und scharf auszusprechen, als wo wir unser Urtheil auf die Analyse von Seelenthätigkeiten gründen müssen. In
vollem Maasse ausgeprägt zeigt sich der besondere wissenschaftliche Charakter der Naturwissenschaften erst in den experimentirenden und mathematisch ausgebildeten Fächern, am meisten in
der reinen Mathematik.

Der wesentliche Unterschied dieser Wissenschaften beruht,
wie mir scheint, darauf, dass es in ihnen verhältnissmässig leicht
ist, die Einzelfälle der Beobachtung und Erfahrung zu allgemeinen Gesetzen von unbedingter Gültigkeit und ausserordentlich um-
fassendem Umfange zu vereinigen, während gerade dieses Geschäft
in den zuerst besprochenen Wissenschaften unüberwindliche
Schwierigkeiten darzubieten pflegt. Ja in der Mathematik sind
die ersten allgemeinen Sätze, welche sie als Axiome an die Spitze
stellt, von so geringer Zahl, so unendlichem Umfange und solcher
unmittelbaren Evidenz, dass man gar keinen Beweis für sie zu
geben braucht. Man bedenke, dass die ganze reine Mathematik
(Arithmetik) entwickelt ist aus den drei Axiomen:

„Wenn zwei Grössen einer dritten gleich sind, sind sie unter sich gleich."

„Gleiches zu Gleichem addirt giebt Gleiches."

„Ungleiches zu Gleichem addirt giebt Ungleiches."

Nicht zahlreicher sind die Axiome der Geometrie und der theoretischen Mechanik. Die genannten Wissenschaften entwickeln sich aus diesen wenigen Fordersätzen, indem man die Folgerungen aus den letzteren in immer verwickelteren Fällen zieht. Die Arithmetik beschränkt sich nicht darauf, die mannigfaltigsten Aggregate einer endlichen Zahl von Grössen zu addiren, sie lehrt in der höheren Analysis sogar unendlich viele Summanden zu addiren, deren Grösse nach den verschiedensten Gesetzen wächst oder abnimmt, also Aufgaben zu lösen, die auf directem Wege niemals würden zu Ende geführt werden können. Hier sehen wir die bewusste logische Thätigkeit unseres Geistes in ihrer reinsten und vollendetsten Form; wir können hier die ganze Mühe derselben kennen lernen, die grosse Vorsicht, mit der sie vorschreiten muss, die Genauigkeit, welche nöthig ist, um den Umfang der gewonnenen allgemeinen Sätze genau zu bestimmen, die Schwierigkeit abstracte Begriffe zu bilden und zu verstehen, aber ebenso auch Vertrauen fassen lernen in die Sicherheit, Tragweite und Fruchtbarkeit solcher Gedankenarbeit.

Letztere tritt nun noch auffälliger in den angewandten mathematischen Wissenschaften hervor, namentlich in der mathematischen Physik, zu welcher auch die physische Astronomie zu rechnen ist. Nachdem Newton einmal aus der mechanischen Analyse der Planetenbewegungen erkannt hat, dass alle wägbare Materie in der Entfernung sich anzieht mit einer Kraft, die dem Quadrate des Abstands umgekehrt proportional ist, so genügt dieses eine einfache Gesetz, um die Bewegungen der Planeten vollständig und mit grösster Genauigkeit zu berechnen in die fernsten Fernen der Vergangenheit und Zukunft hinaus, wenn nur Ort, Geschwindigkeit und Masse aller einzelnen Körper unseres Systems für irgend einen beliebigen Zeitpunkt gegeben sind; ja wir erkennen das Wirken derselben Kraft auch in den Bewegungen von Doppelsternen wieder, deren Entfernungen so gross sind, dass das Licht Jahre gebraucht, um von ihnen hierher zu gelangen, zum Theil selbst so gross, dass die Versuche sie zu messen bisher gescheitert sind.

Diese Entdeckung des Gravitationsgesetzes und seiner Consequenzen ist die imponirendste Leistung, deren die logische Kraft des menschlichen Geistes jemals fähig gewesen ist. Ich will nicht sagen, dass nicht Männer mit ebenso grosser oder grösserer Kraft der Abstraction gelebt hätten, als Newton und die übrigen Astronomen, welche seine Entdeckung theils vorbereitet, theils ausgebeutet haben; aber es hat sich niemals ein so geeigneter Stoff dargeboten, als die verwirrten und verwickelten Planetenbewegungen, die vorher bei den ungebildeten Beschauern nur astrologischen Aberglauben genährt hatten, und nun unter ein Gesetz gebracht wurden, welches im Stande war, von den kleinsten Einzelheiten ihrer Bewegungen die genaueste Rechenschaft abzulegen.

An diesem grössesten Beispiele und nach seinem Muster haben sich nun auch eine Reihe von anderen Zweigen der Physik entwickelt, unter denen namentlich die Optik und die Lehre von der Elektricität und dem Magnetismus zu nennen sind. Die experimentirenden Wissenschaften haben bei der Aufsuchung der allgemeinen Naturgesetze den grossen Vortheil vor den beobachtenden voraus, dass sie willkürlich die Bedingungen verändern können, unter denen der Erfolg eintritt, und sich deshalb auf eine nur kleine Zahl charakteristischer Fälle der Beobachtung beschränken dürfen, um das Gesetz zu finden. Die Gültigkeit des Gesetzes muss dann freilich auch an verwickelteren Fällen geprüft werden. So sind die physikalischen Wissenschaften, nachdem einmal die richtigen Methoden gefunden waren, verhältnissmässig schnell fortgeschritten. Sie haben uns nicht nur fähig gemacht, Blicke in die Urzeit zu werfen, in der die Weltennebel zu Gestirnen sich zusammenballten und durch die Gewalt ihres Zusammendrängens glühend wurden, nicht nur erlaubt, die chemischen Bestandtheile der Sonnenatmosphäre zu erforschen — die Chemie der fernsten Fixsterne wird wahrscheinlich nicht lange auf sich warten lassen [1]) — sondern sie haben uns auch gelehrt, die Kräfte der uns umgebenden Natur zu unserem Nutzen auszubeuten und unserem Willen dienstbar zu machen.

Aus dem Gesagten wird nun schon erhellen, wie verschiedenartig die geistige Thätigkeit ihrem grössten Theile nach in diesen letzteren Wissenschaften sei von der der früheren. Der Mathe-

---

[1]) Bekanntlich ist eine Fülle interessanter Entdeckungen in dieser Beziehung schon gemacht worden, seit der ersten im April 1864 veröffentlichten Arbeit von W. Huggins und W. A. Miller, in der die Analyse der Atmosphären des Aldebaran und α Orionis gegeben und leuchtender Wasserstoff in den Nebelflecken nachgewiesen wurde.

matiker braucht gar kein Gedächtniss für einzelne Thatsachen, der Physiker sehr wenig davon zu haben. Die auf Erinnerung ähnlicher Fälle gebauten Vermuthungen können wohl nützlich sein, um zuerst auf eine richtige Spur zu bringen; Werth bekommen sie erst, wenn sie zu einem streng formulirten und genau begrenzten Gesetze geführt haben. Der Natur gegenüber besteht kein Zweifel, dass wir es mit einem ganz strengen Causalnexus zu thun haben, der keine Ausnahmen zulässt. Deshalb ergeht an uns auch die Forderung fortzuarbeiten, bis wir ausnahmslose Gesetze gefunden haben; eher dürfen wir uns nicht beruhigen, erst in dieser Form erhalten unsere Kenntnisse die siegende Kraft über Raum und Zeit und Naturgewalt.

Die eiserne Arbeit des selbstbewussten Schliessens erfordert grosse Hartnäckigkeit und Vorsicht, sie geht in der Regel nur sehr langsam vor sich und wird selten durch schnelle Geistesblitze gefördert. Es ist bei ihr wenig zu finden von der schnellen Bereitwilligkeit, mit der die verschiedensten Erfahrungen dem Gedächtnisse des Historikers oder Philologen zuströmen müssen. Im Gegentheil ist die wesentliche Bedingung für den methodischen Fortschritt des Denkens, dass der Gedanke auf einen Punkt concentrirt bleibe, ungestört von Nebendingen, ungestört auch von Wünschen und von Hoffnungen, und nur nach seinem eigenen Willen und Entschlusse fortschreite. Ein berühmter Logiker, Stuart Mill, erklärt es als seine Ueberzeugung, dass die inductiven Wissenschaften in der neuesten Zeit mehr für die Fortschritte der logischen Methoden gethan hätten, als die Philosophen von Fach. Ein wesentlicher Grund hierfür liegt gewiss in dem Umstande, dass in keinem Gebiete des Wissens ein Fehler in der Gedankenverbindung sich so leicht durch die Falschheit der Resultate zu erkennen giebt, als in diesen Wissenschaften, wo wir die Resultate der Gedankenarbeit meist direct mit der Wirklichkeit vergleichen können.

Indem ich hier die Behauptung aufgestellt habe, dass namentlich in den mathematisch ausgebildeten Theilen der Naturwissenschaften die Lösung der wissenschaftlichen Aufgaben ihrem Ziele näher gekommen ist, als im Allgemeinen in den übrigen Wissenschaften, so, hoffe ich, glauben Sie nicht, dass ich diese jenen gegenüber herabsetzen will. Wenn die Naturwissenschaften die grössere Vollendung in der wissenschaftlichen Form voraushaben, so haben die Geisteswissenschaften vor ihnen voraus, dass sie einen reicheren, dem Interesse des Menschen und seinem Gefühle näher liegenden Stoff zu behandeln haben, nämlich den menschlichen Geist selbst in seinen verschiedenen Trieben und Thätigkeiten. Sie haben die höhere und schwerere Aufgabe, aber es ist klar, dass ihnen das Beispiel derjenigen Zweige des Wissens nicht verloren gehen darf, welche des leichter zu bezwingenden Stoffes wegen in formaler Beziehung weiter vorwärts geschritten sind. Sie können von ihnen in der Methode lernen und von dem Reichthum ihrer Ergebnisse sich Ermuthigung holen. Auch glaube ich in der That, dass unsere Zeit schon mancherlei von den Naturwissenschaften gelernt hat. Die unbedingte Achtung vor den Thatsachen und Treue in ihrer Sammlung, ein gewisses Misstrauen gegen den sinnlichen Schein, das Streben, überall nach einem Causalnexus zu suchen und einen solchen vorauszusetzen, wodurch sich unsere Zeit von früheren unterscheidet, scheinen auf einen solchen Einfluss hinzudeuten.

In wie fern den mathematischen Studien, als den Repräsentanten der selbstbewussten logischen Geistesthätigkeit, ein grösserer Einfluss in der Schulbildung eingeräumt werden müsse, will ich hier nicht erörtern. Es ist dies wesentlich eine Frage der Zeit. In dem Maasse, als der Umfang der Wissenschaft sich erweitert, muss auch ihre Systematisirung und Organisation verbessert werden, und es wird nicht fehlen können, dass sich auch die Individuen genöthigt sehen werden, strengere Schulen des Denkens durchzumachen, als die Grammatik zu gewähren im Stande ist. Was mir in eigener Erfahrung bei den Schülern, die aus unseren grammatischen Schulen zu naturwissenschaftlichen und medicinischen Studien übergehen, aufzufallen pflegt, ist erstens eine gewisse Laxheit in der Anwendung streng allgemeingültiger Gesetze. Die grammatischen Regeln, an denen sie sich geübt haben, sind in der That meist mit langen Verzeichnissen von Ausnahmen versehen; sie sind desshalb nicht gewöhnt, auf die Sicherheit einer legitimen Consequenz eines streng allgemeinen Gesetzes unbedingt zu trauen. Zweitens finde ich sie meist zu sehr geneigt, sich auf Autoritäten zu stützen, auch wo sie sich ein eigenes Urtheil bilden könnten. In den philologischen Studien wird in der That der Schüler, weil er selten das ganze Material übersehen kann, und weil die Entscheidung oft von dem ästhetischen Gefühl für die Schönheit des Ausdrucks und den Genius der Sprache abhängt, welches längere Ausbildung erfordert, auch von den besten Lehrern auf Autoritäten verwiesen werden müssen. Beide Fehler beruhen auf einer gewissen Trägheit und Unsicherheit des Denkens, die nicht blos späteren naturwissenschaftlichen Studien schädlich sein wird. Gegen beides sind aber gewiss mathematische Studien das beste Heilmittel; da giebt es absolute Sicherheit des Schliessens, und da herrscht keine Autorität als die des eigenen Verstandes.

So viel über die verschiedenen sich gegenseitig ergänzenden Richtungen der geistigen Arbeit in den verschiedenen Zweigen der Wissenschaft.

Das Wissen allein ist aber nicht Zweck des Menschen auf der Erde. Obgleich die Wissenschaften die feinsten Kräfte des menschlichen Geistes erwecken und ausbilden, so wird doch derjenige keine rechte Ausfüllung seines Daseins auf Erden finden, welcher nur studiren wollte, um zu wissen. Wir sehen oft genug reich begabte Männer, denen ihr Glück oder Unglück eine behagliche äussere Existenz zugeworfen hat, ohne ihnen zugleich den Ehrgeiz oder die Energie zum Wirken mitzutheilen, ein gelangweiltes und unbefriedigtes Leben dahinschleppen, während sie dem edelsten Lebenszwecke zu folgen glauben in fortdauernder Sorge für Vermehrung ihres Wissens und weitere Bildung ihres Geistes. Nur das Handeln giebt dem Manne ein würdiges Dasein; also entweder die praktische Anwendung des Gewussten, oder die Vermehrung der Wissenschaft selbst muss sein Zweck sein. Denn auch das letztere ist ein Handeln für den Fortschritt der Menschheit. Damit gehen wir denn über zu dem zweiten Bande, welches die Arbeit der verschiedenen Wissenschaften miteinander verknüpft, nämlich der Verbindung des Inhalts derselben.

Wissen ist Macht. Keine Zeit kann diesen Grundsatz augenfälliger darlegen als die unsere. Die Naturkräfte der unorganischen Welt lehren wir den Bedürfnissen des menschlichen Lebens und den Zwecken des menschlichen Geistes zu dienen. Die Anwendung des Dampfes hat die Körperkraft der Menschen in das Tausendfache und Millionenfache vermehrt; Webe- und Spinnmaschinen haben solche Arbeiten übernommen, deren einziges Verdienst geisttödtende Regelmässigkeit ist. Der Verkehr der Menschen untereinander mit seinen gewaltig eingreifenden materiellen und geistigen Folgen ist in einer Weise gesteigert, wie es sich Niemand auch nur hätte träumen lassen können in der Zeit, wo die Aelteren von uns ihr Leben begannen. Es sind aber nicht nur die Maschinen, durch welche die Menschenkräfte vervielfältigt werden; es sind nicht nur die gezogenen Gussstahlkanonen und Panzerschiffe, die Vorräthe an Lebensmitteln und Geld, auf denen

die Macht einer Nation beruht, obgleich diese Dinge so unzweifelhaft deutlich ihren Einfluss gezeigt haben, dass auch die stol-
zesten und unnachgiebigsten absoluten Regierungen unserer Zeit
daran haben denken müssen, die Industrie zu entfesseln und den
politischen Interessen der arbeitenden bürgerlichen Classen eine
berechtigte Stimme in ihrem Rathe einzuräumen. Es ist auch die
politische und rechtliche Organisation des Staates, die moralische
Disciplin der Einzelnen, welche das Uebergewicht der gebildeten
Nationen über die ungebildeten bedingt, und die letzteren, wo sie
die Cultur nicht anzunehmen wissen, einer unausbleiblichen Ver-
nichtung entgegenführt. Hier greift alles ineinander. Wo kein
fester Rechtszustand ist, wo die Interessen der Mehrzahl des Volkes sich nicht in geordneter Weise geltend machen können, da
ist auch Entwickelung des Nationalreichthums und der darauf be-
ruhenden Macht unmöglich; und zum rechten Soldaten wird nur
der werden können, welcher unter gerechten Gesetzen das Ehr-
gefühl eines selbständigen Mannes auszubilden gelernt hat, nicht
der den Launen eines eigenwilligen Gebieters unterworfene Sclave.

Daher ist denn auch jede Nation als Ganzes schon durch die
alleräusserlichsten Zwecke der Selbsterhaltung, auch ohne auf
höhere ideale Forderungen Rücksicht zu nehmen, nicht nur an
der Ausbildung der Naturwissenschaften und ihrer technischen
Anwendung interessirt, sondern ebensogut an der Ausbildung der
politischen, juristischen und moralischen Wissenschaften, und
aller derjenigen historischen und philologischen Hilfsfächer, die
diesen dienen. Keine, welche selbständig und einflussreich bleiben will, darf zurückbleiben. Auch fehlt diese Erkenntniss bei
den cultivirten Völkern Europa's nicht. Die öffentlichen Mittel,
welche den Universitäten, Schulen und wissenschaftlichen Anstalten zugewendet werden, übertreffen alles, was in früheren Zeiten
dafür geleistet werden konnte. — Auch wir haben uns in diesem
Jahre wieder einer neuen reichlichen Dotation von Seiten unserer
Regierung und unserer Kammern zu rühmen [1]). — Ich sprach in
der Einleitung von der wachsenden Theilung und Organisation
der wissenschaftlichen Arbeit. In der That bilden die Männer
der Wissenschaft eine Art organisirter Armee, welche zum Besten
der ganzen Nation, und meistentheils ja auch in deren Auftrag

---

[1]) Es waren die Mittel zur Ausführung eines grossen Neubaus für naturwissenschaftliche Institute, kleinere Summen für die Krankenhäuser und die
zoologische Sammlung bewilligt worden.

und auf deren Kosten, die Kenntnisse zu vermehren sucht, welche zur Steigerung der Industrie, des Reichthums, der Schönheit des Lebens, zur Verbesserung der politischen Organisation und der moralischen Entwickelung der Individuen dienen können. Nicht nach dem unmittelbaren Nutzen freilich darf dabei gefragt werden, wie es Ununterrichtete so oft thun. Alles was uns über die Naturkräfte oder die Kräfte des menschlichen Geistes Aufschluss giebt, ist werthvoll und kann zu seiner Zeit Nutzen bringen, gewöhnlich an einer Stelle, wo man es am allerwenigsten vermuthet hätte. Wem konnte es einfallen, als Galvani Froschschenkel mit verschiedenartigen Metallen berührte und sie zucken sah, dass 80 Jahre später Europa mit Drähten durchzogen sein würde, welche Nachrichten mit Blitzesschnelle von Madrid nach Petersburg trugen mittels desselben Vorgangs, dessen erste Aeusserungen der genannte Anatom beobachtete! Die elektrischen Ströme waren in seinen und anfangs auch noch in Volta's Händen Vorgänge, die nur die allerschwächsten Kräfte ausübten und nur durch die allerzartesten Beobachtungsmittel wahrgenommen werden konnten. Hätte man sie liegen lassen, weil ihre Untersuchung keinen Nutzen versprach, so würden in unserer Physik die wichtigsten und interessantesten Verknüpfungen der verschiedenartigen Naturkräfte untereinander fehlen. Als der junge Galilei, als Student, in Pisa während des Gottesdienstes eine schaukelnde Lampe beobachtete und sich durch Abzählen seines Pulses überzeugte, dass die Dauer der Schwingungen unabhängig von der Grösse der Schwingungsbögen war, wer konnte sich denken, dass diese Entdeckung dazu führen würde, mittels der Pendeluhren eine damals für unmöglich gehaltene Feinheit der Zeitmessung zu erreichen, die es dem von Stürmen verschlagenen Seefahrer in den entferntesten Gewässern der Erde möglich machen würde zu erkennen, auf welchem Längengrade er sich befinde!

Wer bei der Verfolgung der Wissenschaften nach unmittelbarem praktischen Nutzen jagt, kann ziemlich sicher sein, dass er vergebens jagen wird. Vollständige Kenntniss und vollständiges Verständniss des Waltens der Natur- und Geisteskräfte ist es allein, was die Wissenschaft erstreben kann. Der einzelne Forscher muss sich belohnt sehen durch die Freude an neuen Entdeckungen, als neuen Siegen des Gedankens über den widerstrebenden Stoff, durch die ästhetische Schönheit, welche ein wohlgeordnetes Gebiet von Kenntnissen gewährt, in welchem geistiger Zusammenhang zwischen allen einzelnen Theilen stattfindet, eines aus dem andern sich entwickelt und alles die Spuren der Herrschaft des Geistes zeigt; er muss sich belohnt sehen durch das Bewusstsein, auch seinerseits zu dem wachsenden Capital des Wissens beigetragen zu haben, auf welchem die Herrschaft der Menschheit über die dem Geiste feindlichen Kräfte beruht. Er wird freilich nicht immer erwarten dürfen auch äussere Anerkennung und Belohnung zu empfangen, die dem Werthe seiner Arbeit entspräche. Es ist wohl wahr, dass so Mancher, dem man nach seinem Tode ein Monument gesetzt hat, glücklich gewesen wäre, hätte man ihm während seines Lebens den zehnten Theil der dazu verwendeten Geldmittel eingehändigt. Indessen dürfen wir nicht verkennen, dass der Werth wissenschaftlicher Entdeckungen gegenwärtig von der öffentlichen Meinung viel bereitwilliger anerkannt wird als früher, und dass solche Fälle, wo die Urheber bedeutender wissenschaftlicher Fortschritte darben mussten, immer seltener und seltener geworden sind; dass im Gegentheile die Regierungen und Völker Europa's im Ganzen der Pflicht sich bewusst geworden sind, ausgezeichnete Leistungen in der Wissenschaft durch entsprechende Stellungen oder durch besonders ausgeworfene Nationalbelohnungen zu vergelten.

So haben in dieser Beziehung die Wissenschaften einen gemeinsamen Zweck, den Geist herrschend zu machen über die Welt. Während die Geisteswissenschaften direct daran arbeiten den Inhalt des geistigen Lebens reicher und interessanter zu machen, das Reine vom Unreinen zu sondern, so streben die Naturwissenschaften indirect nach demselben Ziele, indem sie den Menschen von den auf ihn eindrängenden Nothwendigkeiten der Aussenwelt mehr und mehr zu befreien suchen. Jeder einzelne Forscher arbeitet in seinem Theile, er wählt sich diejenigen Aufgaben, denen er vermöge seiner geistigen Anlage und seiner Bildung am meisten gewachsen ist. Jeder einzelne muss aber wissen, dass er nur im Zusammenhange mit den Andern das grosse Werk weiter zu fördern im Stande ist, und dass er desshalb auch verpflichtet ist die Ergebnisse seiner Arbeit den übrigen möglichst vollständig und leicht zugänglich zu machen. Dann wird er Unterstützung finden bei den Andern und wird ihnen wieder seine Unterstützung leihen können. Die Annalen der Wissenschaft sind reich an Beweisen solchen Wechselverhältnisses, was zwischen den scheinbar entlegensten Gebieten eingetreten ist. Die historische Chronologie ist wesentlich gestützt auf astronomische Berechnungen von Sonnen- und Mondfinsternissen, von denen die Nachricht in den alten Geschichtsbüchern aufbewahrt ist. Umgekehrt beruhen manche wichtige Data der Astronomie, z. B. die Unveränderlichkeit der Tageslänge, die Umlaufszeit mancher Cometen auf alten historischen Nachrichten. Neuerdings haben es die Physiologen, unter ihnen namentlich Brücke, unternehmen können, das vollständige System der von den menschlichen Sprachwerkzeugen zu bildenden Buchstaben aufzustellen und darauf Vorschläge zu einer allgemeinen Buchstabenschrift zu gründen, welche für alle menschlichen Sprachen passt. Hier ist also die Physiologie in den Dienst der allgemeinen Sprachwissenschaft getreten und hat schon die Erklärung mancher sonderbar scheinenden Lautumwandlungen geben können, indem diese nicht, wie man bisher es auszudrücken pflegte, durch die Gesetze der Euphonie, sondern durch die Aehnlichkeit der Mundstellungen bedingt waren. Die allgemeine Sprachwissenschaft giebt wiederum Kunde von den uralten Verwandtschaften, Trennungen und Wanderungen der Volksstämme in vorgeschichtlicher Zeit, und von dem Grade der Cultur, den sie zur Zeit ihrer Trennung erlangt hatten. Denn die Namen derjenigen Gegenstände, die sie damals schon zu benennen wussten, finden sich in den späteren Sprachen gemeinsam wieder. So liefert also das Studium der Sprachen historische Nachrichten aus Zeiten, für welche sonst kein historisches Document existirt. Ich erinnere ferner an die Hülfe, welche der Anatom dem Bildhauer leisten kann, wie dem Archäologen, welcher alte Sculpturwerke untersucht. Ist es mir erlaubt eigener neuester Arbeiten hier zu gedenken, so will ich noch erwähnen, dass es möglich ist, durch die Physik des Schalls und die Physiologie der Tonempfindungen die Elemente der Construction unseres musikalischen Systems zu begründen, welche Aufgabe wesentlich in das Fach der Aesthetik hineingehört. Die Physiologie der Sinnesorgane überhaupt tritt in engste Verbindung mit der Psychologie, indem sie in den Sinneswahrnehmungen die Resultate psychischer Processe nachweist, welche nicht in das Bereich des auf sich selbst reflectirenden Bewusstseins fallen und desshalb nothwendig der psychologischen Selbstbeobachtung verborgen bleiben mussten.

Ich konnte hier nur die auffälligsten, mit wenigen Worten leicht zu bezeichnenden Beispiele solchen Ineinandergreifens Ihnen anführen und musste dazu die Beziehungen zwischen möglichst fern stehenden Wissenschaften wählen. Aber viel ausgedehnter natürlich ist der Einfluss, welchen jede Wissenschaft auf die ihr nächst verwandten ausübt; dieser ist selbstverständlich, von ihm brauche ich nicht zu reden, jeder von Ihnen kennt ihn aus eigener Erfahrung.

So also betrachte sich jeder Einzelne als einen Arbeiter an einem gemeinsamen grossen Werke, welches die edelsten Interessen der ganzen Menschheit berührt, nicht als einen, der zur Befriedigung seiner eigenen Wissbegier oder seines eigenen Vortheils oder um mit seinen eigenen Fähigkeiten zu glänzen sich bemüht, dann wird ihm auch das eigene lohnende Bewusstsein und die Anerkennung seiner Mitbürger nicht fehlen. Und gerade diese Beziehung aller Forscher und aller Zweige des Wissens zu einander und zu ihrem gemeinsamen Ziele stets in lebendigem Zusammenwirken zu erhalten, das ist die grosse Aufgabe der Universitäten; darum ist es nöthig, dass an ihnen die vier Facultäten stets Hand in Hand gehen, und in diesem Sinne wollen wir uns bemühen, so weit es an uns ist, dieser grossen Aufgabe nachzustreben.

ERHALTUNG DER KRAFT.

Einleitung

eines

Cyclus von Vorlesungen,

gehalten

in

Carlsruhe während des Winters

1862 auf 1863.

Hochgeehrte Versammlung!

Indem ich es übernommen habe, vor Ihnen hier eine Reihe von Vorträgen zu halten, betrachte ich es als meine wesentlichste Aufgabe, Ihnen, so gut ich es kann, an einem passend gewählten Beispiele eine Anschauung von dem eigenthümlichen Charakter derjenigen Wissenschaften zu geben, deren Studium ich mich gewidmet habe. Die Naturwissenschaften haben theils durch ihre praktischen Anwendungen, theils durch ihren geistigen Einfluss in den letzten vier Jahrhunderten sämmtliche Verhältnisse des Lebens der civilisirten Nationen in so hohem Grade und mit so steigender Geschwindigkeit umgeformt, sie haben diesen Nationen so viel Zuwachs an Reichthum, Lebensgenuss, Sicherung der Gesundheit, an Mitteln des industriellen und geselligen Verkehrs, selbst an politischer Macht gegeben, dass jeder Gebildete, welcher die treibenden Kräfte der Welt, in der er lebt, zu verstehen sucht, wenn er sich auch nicht in das Studium der Specialitäten vertiefen mag, doch am Ende Interesse für die eigenthümliche Art der geistigen Arbeit haben muss, die in den genannten Wissenschaften wirkt und schafft.

Ich habe die charakteristischen Unterschiede in der Art der wissenschaftlichen Arbeit, die zwischen den Natur- und Geisteswissenschaften bestehen, schon bei einer früheren Gelegenheit erörtert [1]). Ich habe dort zu zeigen versucht, dass es namentlich die durchgreifende und verhältnissmässig leicht darzulegende Gesetzlichkeit der Naturerscheinungen und Naturproducte ist, die den Unterschied bedingt. Nicht als ob ich die Gesetzlichkeit der Erscheinungen des psychischen Lebens in den Individuen und Völ-

---

[1]) Siehe die Vorlesung über das Verhältniss der Naturwissenschaft zur Gesammtheit der Wissenschaft. (Seite 117 dieses Bandes.)

kern damit leugnen wollte, wie sie das Object der philosophischen, philologischen, historischen, moralischen, socialen Wissenschaften ausmachen. Aber im geistigen Leben ist das Gewebe der in einander greifenden Einflüsse so verwickelt, dass eine klare Gesetzlichkeit desselben nur selten bestimmt nachzuweisen ist. Umgekehrt in der Natur. Für viele ungeheuer ausgedehnte Reihen von Naturerscheinungen ist es gelungen das Gesetz ihres Ursprungs und Ablaufs so genau und vollständig aufzufinden, dass wir mit der grössten Sicherheit auch ihren künftigen Eintritt voraussagen, oder wo wir über die Bedingungen ihres Eintritts Gewalt haben, sie genau nach unserem Willen ablaufen lassen können. Das grösste aller Beispiele dafür, wieviel der menschliche Verstand mittels eines wohlerkannten Gesetzes den Naturerscheinungen gegenüber leisten kann, ist die moderne Astronomie. Das eine einfache Gravitationsgesetz regiert die Bewegungen der himmlischen Körper nicht nur unseres Planetensystems, sondern auch die weit entfernter Doppelsterne, von denen selbst der schnellste aller Boten, der Lichtstrahl, Jahre braucht, ehe er zu unserem Auge kommt; und eben wegen dieser einfachen Gesetzlichkeit lassen sich die Bewegungen der genannten Körper, trotz aller Complication der Rechnung, bis auf Bruchtheile einer Minute genau voraus- und zurückberechnen, auf Jahre, selbst Jahrhunderte hinaus. Auf dieser genauen Gesetzlichkeit beruht ebenso die Sicherheit, mit der wir die ungestüme Kraft des Dampfes zu zähmen und zum gehorsamen Diener unserer Bedürfnisse zu machen wissen. Auf dieser Gesetzlichkeit ferner beruht auch wesentlich das geistige Interesse, welches den Naturforscher an seinen Gegenstand fesselt. Es ist ein Interesse anderer Art als in den Geisteswissenschaften. In den letzteren ist es der Mensch in den verschiedenen Richtungen seiner geistigen Thätigkeit, der uns fesselt. Jede grosse That, von der uns die Geschichte erzählt, jede mächtige Leidenschaft, welche die Kunst darstellt, jede Schilderung der Sitten, der staatlichen Einrichtungen, der Bildung von Völkern ferner Länder oder ferner Zeiten ergreift und interessirt uns, auch wenn wir sie nicht gerade im Zusammenhange der Wissenschaft kennen lernen. Wir finden stets Punkte zur Anknüpfung und Vergleichung in unseren eigenen Vorstellungen und Gefühlen; wir lernen dabei die verborgenen Fähigkeiten und Triebe unserer eigenen Seele kennen, die im gewöhnlichen ruhigen Verlaufe eines civilisirten Lebens unerweckt bleiben.

Es ist nun nicht zu verkennen, dass diese Art des Interesses den Resultaten der Naturforschung abgeht. Jede einzelne Thatsache für sich genommen, kann allenfalls unsere Neugier, unser Staunen erregen oder uns nützlich sein für praktische Anwendung. Eine geistige Befriedigung gewährt erst der Zusammenhang des Ganzen, eben durch seine Gesetzlichkeit. Wir nennen Verstand das uns inne wohnende Vermögen, Gesetze zu finden und denkend anzuwenden. Für die Entfaltung der eigenthümlichen Kräfte des reinen Verstandes nach ihrer ganzen Sicherheit und ihrer ganzen Tragweite giebt es keinen geeigneteren Tummelplatz, als die Naturforschung im weiteren Sinne, die Mathematik mit eingeschlossen. Und es ist nicht nur die Freude an der erfolgreichen Thätigkeit eines unserer wesentlichsten Geistesvermögen und der siegreichen Unterwerfung der uns theils fremd, theils feindlich gegenüberstehenden Aussenwelt unter die Kräfte unseres Denkens und unseres Willens, welche diese Arbeit lohnend macht; sondern es tritt auch eine Art, ich möchte sagen, künstlerischer Befriedigung ein, wenn wir den ungeheuren Reichthum der Natur als ein gesetzmässig geordnetes Ganze, als Kosmos, als ein Spiegelbild des gesetzmässigen Denkens unseres eigenen Geistes zu überschauen vermögen.

Die letzten Jahrzehnte der naturwissenschaftlichen Entwickelung haben uns zur Erkenntniss eines neuen allgemeinen Gesetzes aller Naturerscheinungen geführt, welches wegen seiner ausserordentlich ausgedehnten Tragweite und wegen des Zusammenhangs, den es zwischen den Naturerscheinungen aller Art, auch der fernsten Zeiten und der fernsten Orte nachweist, besonders geeignet ist Ihnen eine Anschauung von dem beschriebenen Charakter der Naturwissenschaften zu geben, und welches ich deshalb zum Gegenstande dieser Vorlesungen gewählt habe.

Man nennt das besagte Gesetz das Gesetz von der Erhaltung der Kraft, einen Namen, dessen Sinn ich Ihnen erst noch erklären muss. Es ist nicht absolut neu; für beschränkte Gebiete von Naturerscheinungen war es schon während des vorigen Jahrhunderts von Newton und D. Bernouilli ausgesprochen worden; wesentliche Züge seiner weiteren Ausdehnung in der Wärmelehre hatten Rumford und Humphrey Davy erkannt. Die Möglichkeit seiner allgemeinsten Gültigkeit sprach zuerst ein schwäbischer Arzt, Dr. Julius Robert Mayer (gegenwärtig in Heilbronn lebend) im Jahre 1842 [1]), aus, während beinahe gleichzeitig und unab-

---

[1]) Bemerkungen über die Kräfte der unbelebten Natur in Liebig's Annalen XLII; weiter ausgeführt in: Die organische Bewegung in ihrem Zusammenhange mit dem Stoffwechsel. Heilbronn 1845; Beiträge zur Dynamik des Himmels. Ebenda 1848.

hängig von ihm der englische Techniker James Prescott Joule in Manchester eine Reihe wichtiger und schwieriger Versuche über das Verhältniss der Wärme zur mechanischen Kraft durchführte, welche dazu dienten, die Hauptlücken, in denen die Vergleichung der neuen Theorie mit der Erfahrung noch mangelhaft war, auszufüllen.

Das Gesetz, von dem die Rede ist, sagt aus, dass die Quantität der in dem Naturganzen vorhandenen wirkungsfähigen Kraft unveränderlich sei, weder vermehrt noch vermindert werden könne. Meine erste Aufgabe wird sein, Ihnen auseinanderzusetzen, was man unter der Quantität der Kraft, oder wie man denselben Begriff populärer mit Beziehung auf seine technischen Anwendungen bezeichnet, was man unter Grösse der Arbeit in mechanischem Sinne versteht.

Der Begriff der Arbeit für Maschinen oder Naturprocesse ist hergenommen aus dem Vergleich mit den Leistungen des Menschen, und wir können uns daher am besten an der Arbeit des Menschen die wesentlichen Verhältnisse anschaulich machen, auf die es hierbei ankommt. Wenn wir von Arbeit der Maschinen und Naturkräfte reden, so müssen wir in diesem Vergleiche natürlich von allem absehen, was an Thätigkeit der Intelligenz sich in die Arbeit des Menschen einmischt. Der letztere ist auch einer harten und angestrengten Arbeit des Denkens fähig, die ebenso gut ermüdet, wie die Arbeit der Muskeln. Was in der Arbeit der Maschinen aber von Wirkungen der Intelligenz vorkommt, gehört natürlich dem Geiste ihres Erbauers an, und kann nicht dem Werkzeuge als Arbeit angerechnet werden.

Die äusserliche Arbeit der Menschen ist nun von der mannigfaltigsten Art, was die Kraft oder Leichtigkeit, die Form und Schnelligkeit der dazu gebrauchten Bewegungen, und die Art der dadurch geförderten Werke betrifft. Aber sowohl der Arm des Grobschmieds, der schwere Schläge mit dem mächtigen Hammer führt, wie der des Violinspielers, der die leisesten Abänderungen des Klanges zu unterhalten weiss, und die Hand der Stickerin, welche mit Fäden, die an der Grenze des Sichtbaren liegen, ihr feines Werk ausführt: sie alle empfangen die Kraft, welche sie bewegt, auf die gleiche Weise und durch dieselben Organe, nämlich durch die im Arm gelegenen Muskeln. Ein Arm, dessen Muskeln gelähmt sind, ist unfähig irgend welche Arbeit zu leisten; es muss die Bewegungskraft der Muskeln in ihm wirksam sein, und diese müssen den ihnen Befehle vom Gehirn zuführenden Nerven gehorchen können; dann ist das Glied der mannigfachsten Fülle von Bewegungen fähig, und kann die mannigfachsten Werkzeuge regieren, um die verschiedenartigsten Werke auszuführen. Ganz ähnlich verhält es sich mit den Maschinen; sie werden von uns zu den verschiedenartigsten Verrichtungen gebraucht, wir bringen durch sie eine unendliche Mannigfaltigkeit von Bewegungen hervor, mit den verschiedensten Graden von Kraft oder Schnelligkeit, von den mächtigen Hammer- und Walzwerken ab, wo riesige Massen Eisen wie Butter geschnitten und geformt werden, bis zu den Spinn- und Webemaschinen, deren Arbeit mit dem Werke der Spinnen wetteifert. Die moderne Technik besitzt die reichste Auswahl von Mitteln, um die Bewegung umrollender Räder auf andere mit vermehrter oder verminderter Geschwindigkeit zu übertragen; um die rotirenden Bewegungen der Räder in die hin- und hergehenden der Pumpenstempel, der Webeschiffchen, der fallenden Hämmer und Stampfen zu verwandeln, oder umgekehrt letztere in erstere; oder um Bewegungen von gleichförmiger Geschwindigkeit in solche von veränderlicher zu verwandeln und so fort. Dadurch wird eben diese ausserordentlich reiche Anwendbarkeit der Maschinen für so ausserordentlich verschiedene Zweige der Industrie gewonnen. Bei aller Mannigfaltigkeit ist ihnen aber allen eines gemein: sie bedürfen alle einer Triebkraft; die sie in Bewegung setzt und erhält, wie die Werke der menschlichen Hand alle der Bewegungskraft der Muskeln bedürfen.

Nun bedarf die Arbeit des Schmiedes einer viel grösseren und intensiveren Anstrengung der Muskeln, als die des Violinspielers, und dem entsprechen bei den Maschinen ähnliche Unterschiede in der Gewalt und Ausdauer der erforderlichen Bewegungskraft. Diese Unterschiede also, welche dem verschiedenen Grade der Anstrengung der Muskeln bei der menschlichen Arbeit entsprechen, sind es allein, an welche zu denken ist, wenn wir von der Grösse der Arbeit einer Maschine reden. Es wird also bei diesem Begriffe abgesehen von aller Mannigfaltigkeit der Wirkungen und Verrichtungen, die die Maschinen leisten; es ist nur an den Aufwand von Kraft gedacht.

Dieser uns geläufige Ausdruck: „Aufwand von Kraft," der also andeutet, dass die verwendete Kraft ausgegeben und verloren wird, führt uns zu einer weiteren charakteristischen Analogie zwischen den Leistungen des menschlichen Arms und denen der Maschinen. Je grösser die Anstrengung, und je länger deren Dauer, desto mehr ermüdet der menschliche Arm, desto mehr wird der

Vorrath seiner Bewegungskraft zeitweise erschöpft. Wir
werden sehen, dass diese Eigenheit, durch die Arbeit erschöpft zu
werden, auch den Triebkräften der unorganischen Natur zukommt;
ja, dass die Ermüdungsfähigkeit des menschlichen Arms nur eine
von den Folgen des allgemeinen Gesetzes ist, mit dem wir es zu
thun haben. Bei eingetretener Ermüdung ist unseren Muskeln
Erholung nöthig, wir gewinnen diese durch Ruhe und Nahrung;
wir werden auch bei den unorganischen Triebkräften, wenn ihre
Leistungsfähigkeit erschöpft ist, die Möglichkeit der Herstellung
finden, wenn auch im Allgemeinen andere Mittel dazu angewendet
werden müssen, als für den Arm des Menschen.

Wir können aus dem Gefühle der Anstrengung und Ermüdung unserer Muskeln uns wohl im Allgemeinen eine Anschauung
bilden von dem, was unter der Grösse der Arbeit zu verstehen ist;
wir müssen aber doch zunächst daran gehen, uns statt der durch
diesen Vergleich gegebenen unbestimmten Schätzung einen klaren
und scharfen Begriff von dem Maasse zu bilden, nach welchem wir
die Grösse der Arbeitskraft zu messen haben.

Das können wir besser an den einfachsten unorganischen Triebkräften, als an den Leistungen unserer Muskeln, die ein äusserst
zusammengesetzter Apparat von äusserst verwickelter Wirkungsweise sind.

Lassen wir die uns am besten bekannte und einfachste Kraft,
die Schwere, als Triebkraft wirken. Sie wirkt zum Beispiel als
solche in denjenigen Wanduhren, welche durch ein Gewicht getrieben werden. Dieses Gewicht, an einem Faden befestigt, der um eine
mit dem ersten Zahnrade der Uhr verbundene Rolle geschlungen
ist, kann dem Zuge der Schwere nicht folgen, ohne das ganze
Uhrwerk dabei in Bewegung zu setzen. Nun bitte ich Sie, auf folgende Punkte hierbei zu achten: Das Gewicht kann die Uhr nicht
in Bewegung setzen, ohne dass es dabei mehr und mehr herabsinkt. Wenn es sich selbst nicht bewegte, würde es auch die Uhr
nicht bewegen können, und seine Bewegung kann dabei nur eine
solche sein, welche dem Zuge der Schwere folgt. Also wenn die
Uhr gehen soll, muss das Gewicht sinken immer tiefer und tiefer,
endlich so weit sinken, dass die Schnur, die es trägt, abgelaufen
ist; dann bleibt die Uhr stehen, dann ist die Leistungsfähigkeit
ihres Gewichts vorläufig erschöpft. Seine Schwere ist nicht verloren oder vermindert, es wird nach wie vor in gleichem Maasse
von der Erde angezogen, aber die Fähigkeit dieser Schwere, Bewegungen des Uhrwerks hervorzubringen, ist verloren gegangen;

sie kann das Gewicht jetzt nur noch in dem tiefsten Punkte seiner Bahn ruhig festhalten, sie kann es nicht weiter in Bewegung
setzen.

Wir können aber die Uhr aufziehen durch die Kraft unseres
Arms, wobei das Gewicht wieder emporgehoben wird. So wie das
geschehen ist, hat es seine frühere Leistungsfähigkeit wieder erlangt, und kann die Uhr wieder in Bewegung erhalten.

Wir lernen daraus, dass ein gehobenes Gewicht eine Triebkraft besitzt; dass es aber nothwendig sinken muss, wenn diese
Triebkraft wirken soll; dass durch das Herabsinken diese Triebkraft erschöpft wird, aber durch Anwendung einer anderen fremden
Triebkraft, nämlich der unseres Arms, in ihrer Wirksamkeit wieder hergestellt werden kann.

Die Arbeit, welche das Gewicht zu leisten hat, wenn es die
Uhr in Gang hält, ist freilich nicht gross. Es hat die kleinen
Widerstände fortdauernd zu überwinden, welche die Reibung der
Axen und Zähne, sowie der Luftwiderstand der Bewegung der
Räder entgegensetzen, und hat die Kraft für die kleinen Stösse
und Schallerschütterungen herzugeben, welche das Pendel bei jeder Schwingung hervorbringt. Nimmt man das Gewicht von der
Uhr ab, so schwankt allerdings das Pendel noch eine Weile hin
und her, ehe es zur Ruhe kommt; aber seine Bewegung wird dabei
immer schwächer und hört endlich ganz auf, indem sie durch die
genannten kleinen Hindernisse allmälig aufgezehrt wird. Eben
deshalb ist eine, wenn auch kleine, aber fortdauernd wirkende
Triebkraft nöthig, um die Uhr in Gang zu erhalten. Eine solche
giebt das Gewicht.

Uebrigens ergiebt sich an diesem Beispiel schon leicht ein
Maass für die Grösse der Arbeit. Nehmen wir an, eine Uhr würde
durch ein Gewicht von einem Pfunde getrieben, welches in 24 Stunden fünf Fuss herabsinkt. Hängen Sie zehn solche Uhren von
gleicher Construction auf, jede mit einem Pfund Gewicht, so werden diese zehn Uhren 24 Stunden lang getrieben; also, da jede
dieselben Widerstände in gleicher Zeit zu überwinden hat, wie die
andere, so wird die zehnfache Arbeit verrichtet, indem zehn Pfunde
um fünf Fuss herabsinken. Wir schliessen daraus, dass bei gleichbleibender Fallhöhe die Arbeit im Verhältniss des Gewichtes wachse.

Wenn wir nun aber den Faden so viel länger machen können,
dass das Gewicht zehn Fuss abläuft, so wird die Uhr zwei Tage
gehen statt eines Tages; und es wird bei doppelter Fallhöhe das
Gewicht am zweiten Tage noch einmal dieselben Widerstände

156

überwinden, wie während des ersten Tages, also im Ganzen eine
doppelt so grosse Arbeit leisten, als wenn es nur fünf Fuss fallen
kann. Bei demselben Gewichte wächst also die Arbeit auch wie
die Fallhöhe. Daraus folgt, dass wir das Product aus der Grösse
des Gewichts und der Höhe, durch welche es herabsinken kann,
zunächst wenigstens in dem besprochenen Falle, als Maass der
Arbeit werden betrachten müssen. In der That aber ist die Anwendung dieses Maasses nicht auf den einzelnen Fall beschränkt;
sondern das allgemeine von den Technikern angewendete Maass [1]),
wodurch man Arbeitsgrössen misst, ist ein Fusspfund, d. h. die
Arbeit, welche ein Pfund, gehoben um einen Fuss, hervorbringen
kann.

Wir können in der That dieses Maass der Arbeitskraft ganz allgemein auf alle Arten von Maschinen anwenden, weil wir sie alle
durch ein hinreichendes Gewicht, was eine Rolle bewegt, würden
in Bewegung setzen können. Somit können wir die Grösse jeder
Triebkraft für eine jede beliebige Maschine immer durch die
Grösse und die Fallhöhe eines solchen Gewichts ausdrücken, wie es
nöthig sein würde, um die Maschine bei ihren Verrichtungen in
Bewegung zu erhalten, bis sie eine gewisse Arbeit geleistet hat.
Eben deshalb ist die Messung der Arbeitskräfte nach Fusspfunden
allgemein anwendbar. Praktisch vortheilhaft wäre freilich die Anwendung eines Gewichtes als Triebkraft in denjenigen Fällen nicht,
wo wir gezwungen wären dasselbe durch die eigene Kraft unseres
Arms emporzuheben; denn dann würden wir einfacher die Maschine
selbst unmittelbar mit dem Arm in Bewegung setzen. Bei der
Uhr wenden wir ein Gewicht an, um nicht selbst den ganzen Tag
am Räderwerk zu stehen, wie wir es müssten, wenn wir sie direct
bewegen wollten. Indem wir die Uhr aufziehen, speichern wir
einen Vorrath von Arbeitskraft in ihr auf, der für die Ausgabe in
den nächsten 24 Stunden genügt.

Etwas anderes ist es, wenn die Natur selbst für uns die Gewichte in die Höhe schafft, die wir für uns arbeiten lassen können. Das thut sie nun freilich nicht mit festen Körpern, wenigstens nicht so regelmässig, dass wir es benutzen könnten, wohl
aber in reichlichem Maasse mit dem Wasser, welches durch die
meteorologischen Processe auf die Höhe der Berge geschafft wird,

---

[1]) Das oben genannte ist das technische Maass der Arbeit, um es in
das wissenschaftliche Maass zu verwandeln, müssen wir es noch mit der Intensität der Schwere multipliciren.

und diesen wieder entströmt. Die Schwere des Wassers benutzen
wir als Triebkraft in den Wassermühlen; am directesten bei
den sogenannten oberschlächtigen Wasserrädern, wie in Fig. 13
ein solches dargestellt ist. Diese tragen längs ihres Umfangs
eine Reihe Kästen, die als Wassergefässe dienen und mit ihrer

Fig. 13.

Mündung auf der dem Beschauer zugekehrten Seite des Rades
nach oben sehen; auf der anderen abgewendeten sehen die Mün-
dungen dieser Wasserkästen natürlich nach unten. Das Wasser
fliesst von oben bei *M* her in die Kästen der vorderen Seite des
Rades ein, unten bei *F*, wo die Mündung der Kästen anfängt sich
nach unten zu neigen, fliesst es aus. Die Kästen des Radumfangs
sind also gefüllt an der dem Beschauer zugekehrten Seite, leer an
der entgegengesetzten; die ersteren sind beschwert durch das darin
enthaltene Wasser, die letzteren nicht. Das Gewicht des Wassers
wirkt also fortdauernd nur auf die eine Seite des Rades, zieht
diese herab, und setzt dadurch das Rad in Drehung; die andere
Seite des Rades leistet keinen Widerstand, weil sie kein Wasser
enthält. Es ist auch hier im Wesentlichen das Gewicht des herab-

sinkenden Wassers, welches die Mühle in Bewegung setzt und die Triebkraft liefert. Aber auch hier sehen Sie leicht ein, dass das Wassergewicht, welches die Mühle treibt, nothwendig herabsinken muss um sie zu treiben, und dass es, wenn es unten angekommen ist, von seiner Schwere zwar nicht das Geringste verloren hat, dessen ungeachtet aber nicht mehr in der Lage ist das Wasserrad treiben zu können, wenn es nicht unter Aufwendung der Kraft des menschlichen Arms oder irgend einer anderen Naturkraft wieder in den oberen Theil seines Laufes hinaufgeschafft wird. Kann es vom unteren Theile des Mühlgrabens aus zu noch tieferen Stellen des Terrains hinabfliessen, so kann es auch noch weiter gebraucht werden, um andere Mühlenräder zu treiben. Ist es endlich an der tiefsten Stelle seines Laufs, im Meere, angekommen, so ist auch der letzte Rest seiner Arbeitskraft erschöpft, den es der Schwere, das heisst der Anziehung der Erde, verdankt, und es kann durch sein Gewicht nicht wieder arbeiten, ehe es nicht wieder zur Höhe hinaufgeschafft wird. Da dies letztere nun wirklich durch die meteorologischen Processe geschieht, so bemerken Sie hier gleich, dass wir auch diese Processe als Quellen von Arbeitskraft zu betrachten haben werden.

Die Wasserkraft war die erste unorganische Kraft, welche die Menschen an Stelle der eigenen Kraft oder der ihrer Hausthiere zur Arbeit zu benutzen lernten. Sie soll nach Strabo schon dem auch sonst wegen seiner Naturkenntnisse berühmten König Mithridates von Pontus bekannt gewesen sein, neben dessen Palaste sich ein Wasserrad befand. Bei den Römern wurde ihre Anwendung in der Zeit der ersten Kaiser eingeführt. Noch jetzt finden wir Wassermühlen in allen Gebirgsthälern oder, wo es überhaupt schnellfliessende und regelmässig gefüllte Bäche und Ströme giebt. Wir finden Wasserkraft zu allen möglichen Zwecken gebraucht, welche durch Maschinen zu erreichen sind, und für welche sie hinreichenden Vorrath von Arbeitskraft liefern kann. Sie treibt Mühlen, welche Getreide mahlen, Sägewerke, Hammer- und Stampfwerke, Spinnmaschinen, Webestühle, Kattundruckereien etc. Sie ist die billigste von allen Triebkräften, sie fliesst fortdauernd aus dem unerschöpflichen Vorrathe der Natur dem Menschen von selbst zu; aber sie ist freilich auch an den Ort geheftet, und nur in bergigen Gegenden pflegt sie reichlich vorhanden zu sein; in ebenen Gegenden sind ausgedehnte Gerechtsame zur Stauung der Flüsse nothwendig, um Wasserkraft von einiger Grösse beschaffen zu können.

Ehe wir nun zur Besprechung anderer Triebkräfte übergehen, muss ich einem Zweifel begegnen, der sich leicht aufdrängen kann. Wir wissen alle, dass es mancherlei Maschinen giebt, Flaschenzüge, Hebel, Krahnen, mit deren Hilfe man sehr schwere Lasten unter verhältnissmässig geringer Kraftanstrengung in die Höhe schaffen kann. Wir alle sind oft Zeuge gewesen, dass ein einzelner oder zwei Arbeiter schwere Steine, welche sie direct zu heben völlig ausser Stande wären, auf hohe Gebäude hinaufwinden; dass ebenso ein oder zwei Mann mittels eines Krahnen die grössten und schwersten Kisten aus den Schiffen hinauf zum Quai schaffen. Wenn man nun ein grosses und schweres Gewicht zum Treiben einer Maschine gebraucht hätte, sollte es nicht möglich sein, dasselbe mittels eines Flaschenzuges oder Krahnen mit leichter Mühe wieder hinaufzuschaffen, so dass es von Neuem als Triebkraft dienen kann, und so eine grosse Triebkraft zu gewinnen, ohne dass man genöthigt wäre, eine entsprechende Anstrengung bei der Hebung des Gewichtes aufzuwenden?

Darauf ist zu antworten, dass alle diese Instrumente in demselben Maasse, als sie die Anstrengung für den Augenblick erleichtern, diese auch verlängern, so dass mit ihrer Hilfe schliesslich nichts an Arbeitskraft gewonnen wird.

Nehmen wir an, vier Arbeiter hätten mittels eines Seils, was über eine einfache Rolle geht, eine Last von vier Centnern zu heben. Jedes Mal, wo sie den Strick um vier Fuss herabziehen, steigt auch die Last um vier Fuss. Nun hängen Sie zum Vergleich dieselbe Last an einen Flaschenzug von vier Rollen, wie der in Fig. 14 (a. f. S.) abgebildete ist. Jetzt wird in der That ein einziger Arbeiter im Stande sein, mit derselben Kraftanstrengung, wie jeder Einzelne jener vier sie brauchte, die Last in die Höhe zu schaffen. Aber wenn er das Seil am Flaschenzuge um vier Fuss herabzieht, steigt die Last nur um einen Fuss, weil die Länge, um die er das Seil bei a herabzieht, sich in dem Flaschenzuge auf vier Seile gleichmässig vertheilen muss, so dass von diesen jedes sich nur um ein Viertel jener Länge verkürzt. Um also die Last zu derselben Höhe zu schaffen, muss der Eine nothwendig vier Mal so lange arbeiten, als die vier zusammen thaten. Der Gesammtaufwand von Arbeit aber ist gleich, ob nun vier Arbeiter eine Viertelstunde, oder einer eine Stunde arbeitet.

Um hierbei statt der menschlichen Arbeit die Arbeit eines Gewichtes einzuführen, hängen wir unten an den Flaschenzug die

Last von 400 Pfund; an das Seil bei *a*, wo sonst die Arbeiter zie-

Fig. 14.

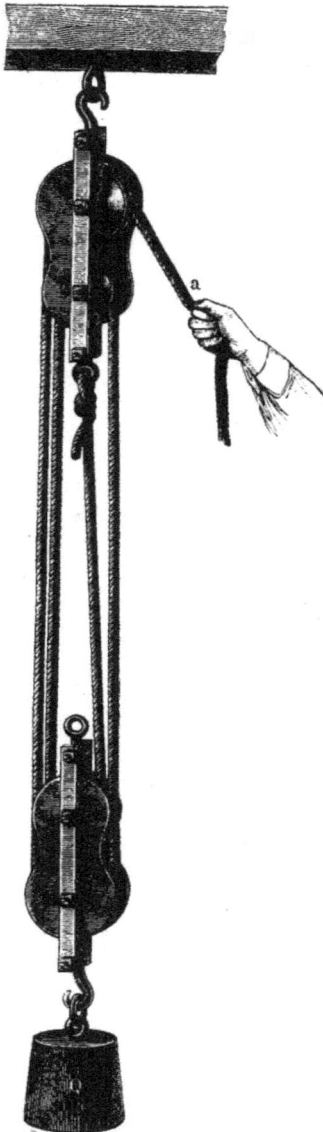

hen, ein Gewicht von 100 Pfd. Dann ist der Flaschenzug im Gleichgewicht, und kann nun ohne eine in Betracht kommende Anstrengung des Arms in Bewegung gesetzt werden. Das Gewicht von 100 Pfund sinkt, das von 400 steigt. Wir haben ohne in Betracht kommenden sonstigen Kraftaufwand also in der That das schwere Gewicht gehoben, indem wir das leichte herabsinken liessen. Aber achten Sie auch darauf, dass das leichte Gewicht um eine viermal so lange Strecke herabgestiegen ist, als das schwere in die Höhe stieg. Hundert Pfund mal vier Fuss Fall-höhe ist aber ebenso gut gleich vierhundert Fusspfund, als vierhundert Pfund mal ein Fuss Höhe.

Aehnlich wie die Flaschenzüge wirken die Hebel in allen ihren verschiedenen Abänderungen. Es sei *a b* (Fig. 15) ein einfacher doppelarmiger Hebel, der bei *c* unterstützt ist, und dessen Arm *c b* vier Mal so lang ist als der andere *a c*. Hängen wir an das Ende *b* ein Gewicht von einem Pfunde, an das Ende *a* ein solches von vier Pfunden, so ist der Hebel im Gleichgewicht, und der leiseste Fingerdruck genügt, um ihn ohne in Betracht kommende Kraftanstrengung in die Lage *a′ b′* zu bringen, wo das schwere

Gewicht von vier Pfunden gehoben, und dafür das leichtere von
einem Pfunde gesunken ist. Aber bemerken Sie wohl, auch hier

Fig. 15.

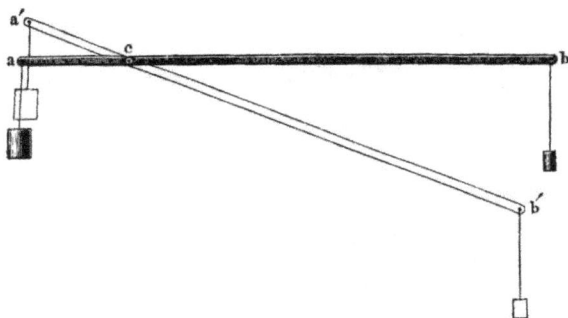

wieder ist dadurch keine Arbeit gewonnen; denn wenn das schwere
Gewicht um einen Zoll gestiegen ist, ist das leichtere um vier Zoll
gesunken, und vier Pfund mal ein Zoll ist als Arbeit äquivalent
dem Product von einem Pfund mal vier Zoll.

Die meisten anderen festen Maschinentheile lassen sich als
veränderte und zusammengesetzte Hebel ansehen; ein Zahnrad
zum Beispiel als eine Reihe von Hebeln, deren Enden durch die
einzelnen Zähne dargestellt werden, und von denen einer nach
dem anderen in Wirksamkeit gesetzt wird, in dem Maasse, als der
betreffende Zahn das benachbarte Getriebe fasst oder von ihm gefasst wird. Nehmen Sie zum Beispiel die in Fig. 16 (a. f. S.) abgebildete Winde. Der Trieb, der an der Axe der Kurbel sitzt, habe
12 Zähne, das Zahnrad HH aber 72 Zähne, also sechsmal so viel
als jener. Man wird die Kurbel sechsmal umdrehen müssen, ehe
das Zahnrad H und die daran befestigte Welle D eine Umdrehung
gemacht hat, und ehe der Strick, der die Last hebt, um eine Strecke
die dem Umfang der Welle gleich ist, sich gehoben hat. So braucht
dann der Arbeiter sechsmal so viel Zeit, aber freilich auch nur
den sechsten Theil von derjenigen Kraft, die er anwenden müsste,
wenn die Kurbel direct an der Axe der Welle D angebracht wäre.
Immer wieder finden wir bei allen diesen Maschinen und Maschinentheilen es bestätigt, dass in dem Maasse als die Geschwindigkeit der Bewegung steigt, ihre Kraft abnimmt, und dass wenn die
Kraft steigt, die Geschwindigkeit abnimmt, die Grösse der Arbeit
dadurch aber niemals vermehrt wird.

An den vorher beschriebenen oberschlächtigen Mühlrädern wirkt das Wasser durch sein Gewicht. Wir haben noch eine an-

Fig. 16.

derę Form von Mühlrädern, die sogenannten unterschlächtigen, in denen es nur durch seinen Stoss wirkt, wie Fig. 17 ein solches dar-stellt. Diese braucht man, wo die Höhe, von der das Wasser herab-kommt, nicht gross genug ist, um es auf den oberen Theil des Ra-des fliessen zu lassen. Unterschlächtige Räder lässt man mit dem unteren Theil in das strömende Wasser eintauchen, welches gegen ihre Schaufeln stösst und sie mitnimmt. Solche Räder werden auch in schnell strömenden Flüssen mit kaum merkbarem Gefälle, z. B. im Rheine, angewendet. In der unmittelbaren Nachbarschaft eines solchen Rades braucht nämlich das Wasser nicht nothwendig einen erheblichen Fall zu haben, wenn es nur mit einer erheb-lichen Geschwindigkeit dort ankommt. Die Geschwindigkeit des Wassers, welche den Stoss desselben gegen die Radschaufeln her-vorbringt, ist es in diesem Falle, welche wirkt und welche die Ar-beitskraft liefert.

Ein anderes Beispiel für eine solche Wirkung der Geschwin-digkeit sind die Windmühlen, wie man sie in den grossen Ebenen Norddeutschlands und Hollands anwendet, um den Mangel fallen-den Wassers zu ersetzen. Da ist es die bewegte Luft, der Wind, welcher die Flügel der Mühlen umtreibt. Ruhende Luft würde eine Windmühle ebensowenig treiben können, als ruhendes Was-

Fig. 17.

ser eine Wassermühle. In der Geschwindigkeit der bewegten Massen liegt hier die Triebkraft.

Eine Büchsenkugel in der Hand ruhend ist das harmloseste Ding von der Welt; durch ihre Schwere kann sie keine grosse Wirkung ausüben, während sie abgeschossen und mit einer grossen Geschwindigkeit begabt mit der entsetzlichsten Gewalt alle Schranken durchbricht.

Wenn ich den Kopf eines Hammers sanft auf einen Nagel auflege, reicht seine geringe Schwere oder der Druck meines Arms auf denselben durchaus nicht zu, den Nagel in das Holz zu pressen. Schwinge ich den Hammer und lasse ihn mit grosser Geschwindigkeit niederfallen, so bekommt er jetzt eine neue Kraft, die viel grössere Hindernisse überwältigen kann.

Diese Beispiele lehren uns die Geschwindigkeit einer bewegten Masse als Triebkraft kennen. In der Mechanik heisst die Geschwindigkeit, insofern sie Triebkraft ist und Arbeit verrichten kann, lebendige Kraft. Der Name ist nicht glücklich gewählt; er verleitet zu leicht, an die Kraft lebender Wesen zu denken. Auch hier werden Sie an dem Beispiele des Hammers und der Büchsenkugel erkennen, dass die Geschwindigkeit verloren geht, indem sie als arbeitende Kraft auftritt. Bei der Was-

11*

sermühle oder Windmühle gehört freilich eine aufmerksamere Untersuchung der bewegten Wasser- und Luftmassen dazu, um sich zu überzeugen, dass durch die Arbeit, die sie verrichtet haben, ein Theil ihrer Geschwindigkeit verloren gegangen ist.

Am einfachsten und übersichtlichsten ist das Verhältniss der Geschwindigkeit zur Arbeitskraft an einem einfachen Pendel, wie wir es aus jedem Gewichte uns herstellen können, das wir an einen Faden hängen. Es sei M, Fig. 18, ein solches Gewicht von kugeliger Form; AB sei eine durch den Mittelpunkt der kugeligen Masse gezogene Horizontallinie; P der obere Befestigungspunkt des Fadens. Wenn ich nun das Gewicht M seitwärts gegen A hinziehe, so bewegt es sich in dem Kreisbogen Ma, dessen Ende a etwas höher liegt, als der Punkt A in der Horizontallinie; das Gewicht wird also dabei um die Höhe Aa gehoben. Eben deshalb muss auch mein Arm eine gewisse Arbeitskraft aufwenden, um das Gewicht nach a zu bringen. Die Schwere widersteht dieser Bewegung und sucht das Gewicht nach dem tiefsten Punkte, den es erreichen kann, nach M zurückzutreiben.

Fig. 18.

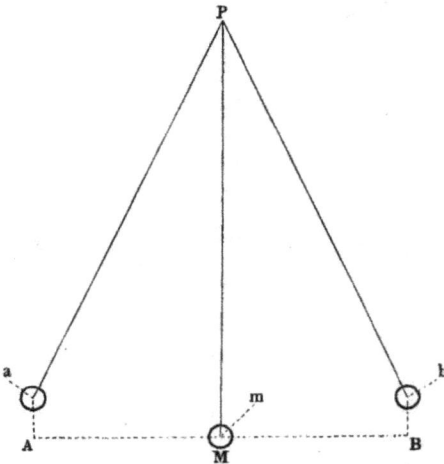

Lasse ich nun das Gewicht los, nachdem ich es bis a gebracht habe, so folgt es diesem Zuge der Schwere und geht nach M zurück, kommt in M mit einer gewissen Geschwindigkeit an, bleibt aber nun nicht mehr ruhig in M hängen, wie es vorher that, sondern schwingt über M hinaus nach b hin, und hält hier endlich in seiner Bewegung ein, nachdem es nach der Seite von B hin einen ebenso grossen Bogen durchlaufen hat, wie vorher nach der Seite von A, und nachdem es um die Strecke Bb über die Horizontallinie gestiegen ist, welche der Höhe Aa, auf welche der Zug meines Arms es vorher gehoben hatte, gleich ist. In *b* kehrt dann das Pendel um, schwingt auf demselben Wege zurück durch *M* nach *a* und so fort, bis durch Luftwiderstand und Reibung seine Schwingungen allmälig vermindert, endlich vernichtet werden.

Sie sehen hierbei, dass der Grund, warum das Gewicht, wenn es von *a* kommend durch *M* hindurchgeht, hier nun nicht ruhen bleibt, sondern der Wirkung der Schwere entgegen nach *b* emporsteigt, nur in seiner Geschwindigkeit zu suchen ist. Die Geschwindigkeit, welche es erlangt hat, indem es von der Höhe *A a* sich herabbewegte, ist fähig, es zur gleichen Höhe *B b* wieder emporzuheben. Die Geschwindigkeit der bewegten Masse *M* ist also fähig, diese Masse zu heben, das heisst im mechanischen Sinne: Arbeit zu verrichten. Das würde auch der Fall sein, wenn wir dem aufgehängten Gewichte eine solche Geschwindigkeit durch einen Stoss mitgetheilt hätten.

Daraus ergiebt sich dann auch weiter, wie wir die Arbeitskraft der Geschwindigkeit oder, was dasselbe bedeutet, die lebendige Kraft der bewegten Masse zu messen haben; sie ist gleichzusetzen der Arbeit, in Fusspfunden ausgedrückt, welche dieselbe Masse leisten kann, nachdem ihre Geschwindigkeit benutzt worden ist, um sie unter möglichst günstigen Umständen zu einer möglichst grossen Höhe zu treiben [1]. Dabei kommt es nicht an auf die Richtung der vorhandenen Geschwindigkeit; denn wenn wir ein Gewicht an einem Faden herumschwingen lassen, können wir auch eine abwärts gerichtete Bewegung in eine aufwärts gerichtete übergehen lassen.

Die Bewegung des Pendels zeigt uns nun auch sehr deutlich, wie die beiden bisher betrachteten Formen der Arbeitskraft, die eines gehobenen Gewichtes und die einer bewegten Masse in einander übergehen können. In den Punkten *a* und *b*, Fig. 18, hat die Masse keine Geschwindigkeit, ist aber gehoben um die Strecke *A a* oder *B b*; in dem Punkte *m* ist sie so weit wie möglich gefallen, hat aber Geschwindigkeit. Indem das Gewicht von *a* nach *m* geht, wird die Arbeit des gehobenen Gewichtes in lebendige Kraft verwandelt; indem das Gewicht weiter von *m* nach *b* geht, wird die lebendige Kraft in die Arbeit eines gehobenen Gewichtes verwandelt.

---

[1] Das Maass der lebendigen Kraft im Sinne der theoretischen Mechanik ist das halbe Product aus dem Gewichte mit dem Quadrate der Geschwindigkeit. Um es auf das technische Maass der Arbeit zu reduciren, müssen wir es noch durch die Intensität der Schwere (Fallgeschwindigkeit nach Ablauf der ersten Secunde des freien Falls) dividiren.

Die Arbeit, welche unser Arm dem Pendel ursprünglich mitgetheilt
hat, geht also bei seinen Schwingungen nicht verloren, so lange
wir von dem Einflusse des Luftwiderstandes und der Reibung absehen dürfen — auch vermehrt sie sich nicht —, aber sie wechselt
fortdauernd die Form ihrer Erscheinung.

Gehen wir nun über zu anderen mechanischen Kräften, denen
der elastischen Körper. Statt der Gewichte, welche unsere Wanduhren treiben, finden wir in den Stutzuhren und Taschenuhren
stählerne Federn, welche beim Aufziehen der Uhr gespannt werden, und indem sie das Uhrwerk 24 Stunden lang bewegen, sich
wieder entspannen. Um die Feder zu spannen, verbrauchen wir
Kraft unseres Arms; dieser muss die widerstrebende elastische
Kraft der Feder, wie bei der Gewichtsuhr die widerstrebende
Schwere des Gewichtes, überwinden, wenn wir sie aufziehen. Die
gespannte Feder aber ist fähig, Arbeit zu verrichten; sie giebt diese
ihr mitgetheilte Fähigkeit allmälig wieder aus, indem sie das Werk
treibt.

Wenn ich eine Armbrust spanne und sie nachher abschiesse,
setzt die gespannte Feder den Bolzen in Bewegung; sie ertheilt
ihm Arbeitskraft in Gestalt von Geschwindigkeit. Um den Bogen
zu spannen, muss mein Arm etliche Secunden arbeiten; ausgegeben und auf den Bolzen übertragen wird diese Arbeit in dem Moment des Abschiessens. Die Armbrust drängt also die ganze Arbeit, welche mein Arm ihr im Verlaufe des Spannens mitgetheilt
hat, auf einen ausserordentlich kurzen Zeitpunkt zusammen; die
Uhr dagegen breitet sie aus über einen oder mehrere Tage. Gewonnen wird in beiden Fällen keine Arbeit, die nicht mein Arm
dem Instrumente ursprünglich mitgetheilt hätte, sie wird nur zweck-
mässiger verausgabt.

Etwas anderes ist es, wenn ich durch irgend einen anderen
Naturprocess bewirken kann, dass ein elastischer Körper in Spannung versetzt wird, ohne dass ich meinen Arm dabei anzustrengen
brauche. Das ist in der That möglich, und zwar bieten die Gasarten hierfür die günstigsten Gelegenheiten.

Wenn ich z. B. ein mit Pulver geladenes Gewehr abschiesse,
verwandelt sich der grösste Theil von der Masse des verbren-
nenden Pulvers in Gase von sehr hoher Temperatur, welche
sich mächtig auszudehnen streben, und in dem engen Raum, wo
sie entstehen, nur durch den heftigsten Druck zusammengehalten
werden könnten. Indem sie sich gewaltsam ausdehnen, treiben

sie die Kugel vor sich her und theilen ihr eine grosse Geschwindigkeit mit, die wir schon als eine Form der Arbeitskraft kennen.

In diesem Falle habe ich also Arbeit gewonnen, die mein Arm nicht geleistet hat; es ist aber etwas anderes dabei verloren gegangen, nämlich das Schiesspulver, dessen Bestandtheile in andere chemische Verbindungen übergegangen sind, aus denen sie nicht so ohne Weiteres in ihren früheren Zustand zurückgeführt werden können. Hier ist also ein chemischer Process vor sich gegangen, *unter dessen Einfluss wir Arbeitskraft gewonnen haben.*

In viel grösserem Maassstabe werden uns elastische Kräfte in Gasen durch die Wärme hervorgebracht.

Nehmen wir als einfacheres Beispiel atmosphärische Luft. In Fig. 19 ist ein Apparat dargestellt, wie ihn Regnault zur Messung der Ausdehnungskraft erwärmter Gase anwendete. Kommt es auf genaue Messungen nicht an, so kann derselbe Apparat viel einfacher eingerichtet werden. Bei C ist ein mit trockner Luft gefüllter Glasballon in das durch die Dämpfe des darin stehenden siedenden Wassers zu erwärmende Blechgefäss eingeschoben. Derselbe communicirt mit dem U-förmigen

Fig. 19.

und mit einer Flüssigkeit gefüllten Rohre Ss, dessen Schenkel bei passender Stellung des Hahns R mit einander communiciren. Ist die Flüssigkeit im Gleichgewicht im Rohre Ss, wenn der Ballon kalt ist: so steigt sie im Schenkel s, und fliesst schliesslich oben aus, wenn man den Ballon erwärmt. Stellt man im Gegentheil bei erhitztem Ballon das Gleichgewicht der Flüssigkeit wieder her, dadurch, dass man sie bei R theilweis ausfliessen lässt, so wird sie beim Erkalten des Ballons gegen n hin angesogen. In beiden Fällen wird also Flüssigkeit gehoben und dadurch Arbeit verrichtet.

Im grössesten Maassstabe sehen Sie denselben Versuch fortdauernd wiederholt in den Dampfmaschinen. Nur um eine fortdauernde Entwickelung gepresster Gase aus ihrem Kessel zu unterhalten, ersetzt man die Luft des Ballons in Fig. 19, welche bald ein Maximum ihrer Ausdehnung erreichen würde, im Kessel durch Wasser, welches durch die Wärme allmälig in Dampf verwandelt wird; Wasserdampf ist aber, so lange er als solcher besteht, ein elastisches Gas, welches sich auszudehnen strebt, gerade wie die atmosphärische Luft. Und statt der Flüssigkeitssäule, die in unserem letzten Versuche gehoben wurde, lässt man in der Maschine einen festen Stempel in die Höhe treiben, der seine Bewegung auf andere feste Maschinentheile übertragen kann. In Fig. 20 sind die arbeitenden Theile einer Hochdruckmaschine in der Ansicht von vorn dargestellt, in Fig. 21 (S. 170) im Querschnitt. Der Dampfkessel, in dem der Dampf erzeugt wird, ist nicht mitgezeichnet; letzterer strömt durch das Rohr zz, Fig. 21, dem Cylinder AA zu, in dem sich ein dicht schliessender Kolben C bewegt. Die Theile, welche zwischen der Röhre zz und dem Cylinder AA sich einschalten, nämlich das Schieberventil im Kasten KK und die beiden Röhren d und e, dienen dazu den Dampf, je nach der Stellung des Ventils, bald durch d in den unteren Theil des Cylinders A unter den Kolben zu leiten, bald in den oberen über den Kolben, während gleichzeitig der Dampf aus der anderen Hälfte des Cylinders freien Ausgang nach aussen erhält. Tritt der Dampf unter den Kolben, so treibt er ihn in die Höhe; ist der Kolben oben angekommen, so wechselt die Stellung des Ventils in KK und der Dampf tritt nun über den Kolben, und treibt ihn wieder herab. Die Kolbenstange wirkt mittels der an ihr eingelenkten Stange P auf die Kurbel Q des Schwungrades X und setzt dieses in Umdrehung. Die Bewegung dieses Rades bewirkt wieder mittels des Gestänges s, dass das Ventil immer zur rechten Zeit umgestellt wird. Auf diese mechanischen Einrichtungen brauchen wir hier nicht näher einzugehen, so sinnreich sie auch ausgebildet sind. Uns interessirt hier nur die Art und Weise, wie Wärme elastisch gepressten Dampf hervorbringt, und dieser Dampf in seinem Streben, sich auszudehnen, gezwungen wird, die festen Theile der Maschine zu bewegen, und uns Arbeitskraft zu liefern.

Sie wissen alle, welcher gewaltigen und welcher mannigfaltigen Leistungen die Dampfmaschinen fähig sind; mit ihnen hat

Fig. 20.

eigentlich die grosse Entwickelung der Industrie, welche unser Jahrhundert vor allen früheren auszeichnet, erst begonnen. Ihr

Fig. 21.

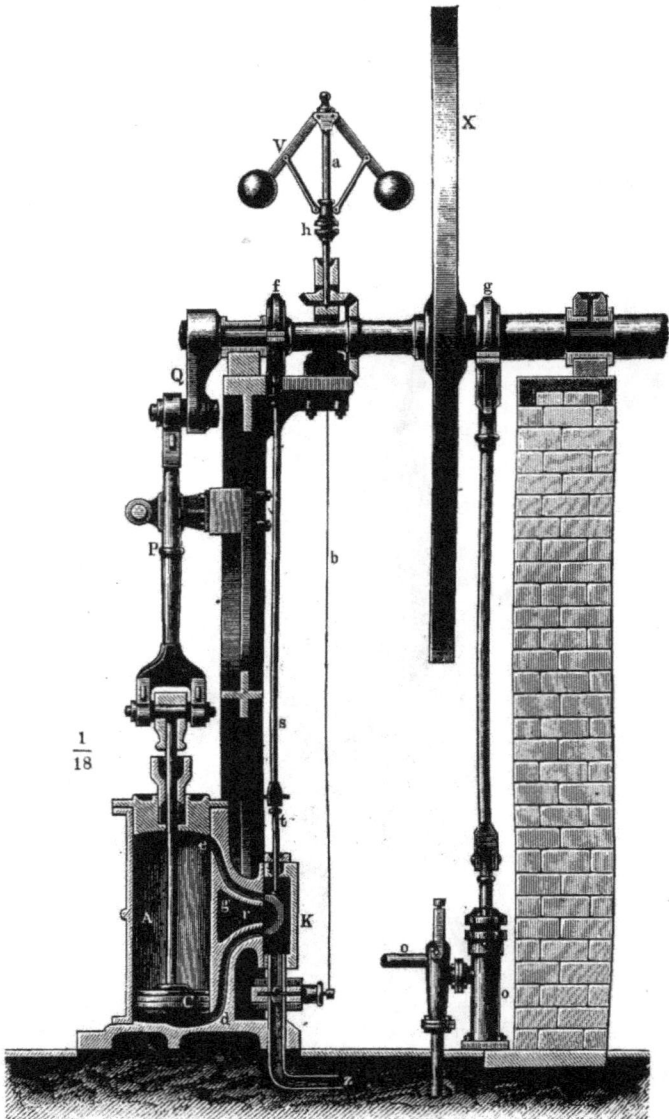

wesentlicher Vorzug im Vergleich mit den früher bekannten Triebkräften ist, dass sie nicht an den Ort gebunden sind. Der Koh-
lenvorrath und die geringe Quantität Wasser, welche die Quellen
ihrer Triebkraft sind, lassen sich leicht überall hinschaffen; ja
wir können eben deshalb die Dampfmaschinen selbst beweglich
machen, wie es in den Dampfschiffen und Locomotiven geschieht.
Durch diese Maschinen ist es möglich an jeder Stelle der Oberfläche der Erde, wie in den tiefen Schachten der Bergwerke und
auf der Mitte des Meeres, Arbeitskraft in fast unbeschränktem
Maasse zu entwickeln; während Wasser und Windmühlen fest an
beschränkte Orte der Oberfläche des Landes gebannt sind. Die
Locomotive führt jetzt Reisende und Güter in einer Zahl und Geschwindigkeit über das Land hin, welche unseren Vätern, die ihre
bescheidenen Postwagen mit sechs Passagieren im Inneren und
der Geschwindigkeit von einer Meile in der Stunde schon als einen
ungeheuren Fortschritt bewunderten, wie unglaubliche Fabeln erscheinen müssten. Dampfschiffe durchschneiden den Ocean unabhängig von der Windrichtung, kräftig sich wehrend gegen Stürme,
durch welche Segelschiffe weit verschlagen würden, sicher in bestimmter Zeit ihr Ziel zu erreichen. Die Vortheile, welche der
Zusammenfluss vieler und mannigfach geschickter Arbeiter in den
grossen Städten, denen Wasser- und Windkräfte gewöhnlich fehlen, für alle Zweige der Industrie bietet, kann ausgenutzt werden,
indem Dampfmaschinen überall Platz finden, um die nöthige rohe
Kraft zu gewähren und die intelligentere Menschenkraft für bessere Zwecke aufzusparen; und überhaupt, wo die Beschaffenheit
des Bodens oder die Nachbarschaft günstiger Verkehrsstrassen vortheilhafte Gelegenheit für die Entwickelung der Industrie bieten,
ist jetzt auch in den Dampfmaschinen die Kraftquelle bereit.

Wir sehen also: Wärme kann mechanische Arbeitskraft erzeugen; nun haben wir in den übrigen bisher besprochenen Fällen
gefunden, dass das Quantum von Arbeitskraft, was durch ein gewisses Maass eines physikalischen Vorgangs erzeugt werden kann,
immer ein bestimmt begrenztes ist, und dass die' weitere Arbeitsfähigkeit der Naturkräfte durch die geschehene Leistung selbst
verringert oder erschöpft wird. Wie verhält es sich in dieser Beziehung mit der Wärme?

Diese Frage war von entscheidender Wichtigkeit bei dem
Bestreben, das Gesetz von der Erhaltung der Kraft auf alle Naturprocesse auszudehnen. In ihrer Beantwortung lag der hauptsächlichste Unterschied zwischen der älteren und neueren Ansicht der

hierher gehörigen Verhältnisse; daher denn auch von vielen Physikern die dem Gesetze von der Erhaltung der Kraft entsprechende Naturanschauung geradezu mit dem Namen der mechanischen Wärmetheorie belegt wird.

Die ältere Ansicht von der Natur der Wärme war, dass sie ein Stoff sei, zwar sehr fein und unwägbar, aber dennoch unzerstörbar und unveränderlich in ihrer Quantität, welches letztere bekanntlich die wesentliche Grundeigenschaft jeder Materie ist. In der That zeigt sich bei einer grossen Zahl von Naturprocessen die Quantität der durch das Thermometer nachweisbaren Wärme unveränderlich.

Zwar kann sie wandern durch Leitung und Strahlung von wärmeren zu kälteren Körpern; die Wärmemenge aber, welche jene verlieren, erscheint in diesen, durch das Thermometer nachweisbar, wieder. Auch fand man mancherlei Processe, namentlich die Uebergänge der Naturkörper aus dem festen in den flüssigen oder gasigen Zustand, bei denen Wärme wenigstens für das Thermometer verschwand; führte man aber den gasigen Körper wieder in den flüssigen, den flüssigen in den festen Zustand zurück, so kam genau die gleiche Wärmemenge wieder zum Vorschein, die vorher verloren schien. Man nannte dies ein Latentwerden der Wärme. Flüssiges Wasser unterscheidet sich nach dieser Ansicht vom Eise dadurch, dass es eine gewisse Quantität gebundenen Wärmestoffs enthält, der eben, weil er fest gebunden ist, nicht auf das Thermometer übergehen und nicht von diesem angezeigt werden kann. Wasserdampf enthält danach eine noch grössere Menge gebundenen Wärmestoffes. Lassen wir aber den Dampf sich niederschlagen, das tropfbare Wasser wieder zu Eis gefrieren, so erhalten wir auch genau dieselbe Wärmemenge frei zurück, die bei der Schmelzung des Eises und Verdampfung des Wassers latent geworden war.

Endlich wird Wärme bald hervorgebracht, bald verschwindet sie bei chemischen Processen. Aber auch hier liess sich die Annahme durchführen, dass die verschiedenen chemischen Elemente und chemischen Verbindungen gewisse constante Mengen latenten Wärmestoffs enthalten, welcher bei einer Aenderung ihrer Zusammensetzung bald austritt, bald von aussen her zugeführt werden muss; und genaue Versuche zeigten, dass die Menge Wärme, welche sich bei einem chemischen Processe entwickelt, zum Beispiel bei der Verbrennung von einem Pfunde reiner Kohle zu Kohlensäure, durchaus constant ist, man mag die Verbrennung langsam oder schnell, auf einmal oder in Zwischenstufen vor sich gehen lassen. Alles dies also stimmte sehr wohl mit der Annahme zusammen, die man der Wärmetheorie zu Grunde gelegt hatte, dass die Wärme ein Stoff von durchaus unveränderlicher Quantität sei. Es waren die hier kurz erwähnten Naturprocesse Gegenstand ausgedehnter experimenteller und mathematischer Untersuchungen, namentlich der grossen französischen Physiker aus den letzten Jahrzehnten des vorigen, den ersten des jetzigen Jahrhunderts gewesen, und es hatte sich daraus ein reiches und genau durchgearbeitetes Capitel der Physik entwickelt, in dem alles vortrefflich mit der Hypothese, die Wärme sei ein Stoff, zusammenstimmte. Andererseits wusste man die bei allen diesen Processen constatirte Unveränderlichkeit der Wärmemenge damals aus keiner anderen Annahme zu erklären, als aus der, dass die Wärme eben ein Stoff sei.

Aber man hatte eine Beziehung der Wärme, nämlich gerade die zur mechanischen Arbeit, nicht genauer untersucht. Ein französischer Ingenieur freilich, Sadi Carnot, Sohn des berühmten Kriegsministers der Revolution, hatte (1824) die mechanische Arbeit, welche die Wärme verrichtet, daraus herzuleiten gesucht, dass sich der hypothetische Wärmestoff zu expandiren strebe, gleichsam einem Gase ähnlich, und in der That aus dieser Vorstellung ein merkwürdiges Gesetz über die Arbeitsfähigkeit der Wärme abgeleitet, welches auch heute noch, freilich mit einer durch Clausius vorgenommenen wesentlichen Aenderung, in die Grundlagen der neueren sogenannten mechanischen Wärmetheorie eingeht, und dessen praktische Folgerungen, so weit sie damals mit der Erfahrung verglichen werden konnten, sich in der That bewährten.

Daneben aber bestanden die Erfahrungen, dass überall, wo zwei bewegte Körper gegen einander reiben, Wärme neu entwickelt wird, man konnte nicht sagen woher.

Die Thatsache ist allbekannt; die Axe eines Wagenrades, welches schlecht geschmiert ist und heftig reibt, wird heiss, so heiss, dass sie sich entzünden kann; ja, schnell laufende Maschinenräder mit eisernen Axen können sich sogar an ihre Pfannen anschweissen. Auch ist nicht einmal eine heftige Reibung nöthig, um merkliche Wärme zu entwickeln. Jedes Streichhölzchen, was Sie durch Reiben an einem Punkte so weit erwärmen, dass die phosphorhaltige Masse sich dort entzündet, lehrt ihnen dasselbe. Ja, Sie brauchen nur die trocknen Handflächen unter kräftigem Druck schnell an einander zu reiben, so fühlen Sie die Reibungswärme,

welche viel stärker ist als die Erwärmung, welche die Hände ruhig
gegen einander liegend in der Handfläche erzeugen; und ein deutlicher Geruch von verbranntem Horn, der von den Handtellern
ausgeht, zeigt an, dass das hornige Oberhäutchen des Handtellers
oberflächlich versengt sei. Uncultivirte Völker benutzen die Reibung zweier Holzstücke, um Feuer anzumachen. Zu dem Ende
setzen sie eine spitze Spindel aus hartem Holze auf die in Fig. 22
dargestellte Weise in schnelle Drehung auf einer Unterlage von
weichem Holze.

Fig. 22.

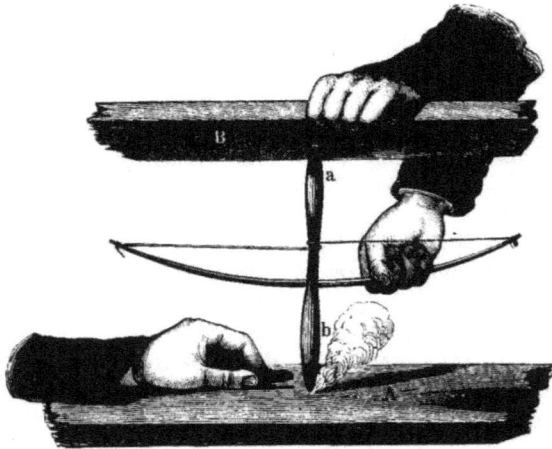

So lange es sich nur um Reibung fester Körper gegen einander handelte, wobei oberflächliche Theilchen abgerissen und comprimirt werden, konnte man vielleicht noch daran denken, dass
irgend welche Structuränderungen der geriebenen Körper hierbei
latente Wärme frei werden liessen, die dann als Reibungswärme
zum Vorschein käme.

Aber man kann Wärme auch durch Reibung flüssiger Körper
erzeugen, wo von Structuränderungen und vom Freiwerden latenter Wärme nicht die Rede ist. Das erste entscheidende Experiment dieser Art wurde von Sir Humphrey Davy im Anfange
dieses Jahrhunderts angestellt. Er liess in einem abgekühlten
Raume zwei Eisstücke auf einander reiben, und brachte sie dadurch zum Schmelzen. Die latente Wärme, welche das neugebildete Wasser hierbei aufnehmen musste, konnte durch das kalte

Eis nicht zugeleitet, konnte durch keine Structurveränderung erzeugt sein, konnte nirgends herkommen als von der Reibung und musste durch die Reibung neu erzeugt sein.

Wie durch Reibung, so kann auch durch den Stoss unvollkommen elastischer Körper Wärme erzeugt werden. Dies geschieht zum Beispiel, wenn wir mit Stein und Stahl Feuer schlagen, oder mit kräftigen Hammerschlägen einen eisernen Stift längere Zeit hindurch bearbeiten.

Wenn wir uns nun nach der mechanischen Bedeutung der Reibung und des unelastischen Stosses umsehen, so finden wir, dass diese beiden Vorgänge es sind, durch welche alle bewegten irdischen Körper immer wieder zur Ruhe gebracht werden. Ein bewegter Körper, dessen Bewegung durch keine widerstehende Kraft gehemmt wird, würde bis in Ewigkeit sich fortbewegen. Ein Beispiel dafür giebt uns die Planetenbewegung. Für die Bewegung irdischer Körper ist dies scheinbar nie der Fall, weil sie immer mit anderen ruhenden in Berührung sind, und sich an diesen reiben. Wir können ihre Reibung zwar sehr vermindern, aber niemals ganz aufheben. Ein Rad, was um eine gut gearbeitete Axe läuft, einmal angestossen, setzt seine Umlaufsbewegung lange Zeit fort; um so länger, je feiner und glatter die Axe gearbeitet ist, je besser sie eingefettet ist und je geringeren Druck sie zu ertragen hat. Dennoch aber geht die lebendige Kraft der Bewegung, die wir einem solchen Rade mitgetheilt haben, als wir es anstiessen, endlich allmälig verloren durch die Reibung. Sie verschwindet und, wenn wir nicht genau zusehen, sieht es ganz so aus, als wäre die vorhanden gewesene lebendige Kraft des Rades ohne allen Ersatz einfach vernichtet worden.

Eine Kugel, die wir auf ebener Bahn in das Rollen bringen, rollt fort, bis ihre Geschwindigkeit durch die Reibung an der Bahn, durch die kleinen Stösse an ihren Unebenheiten vernichtet ist.

Ein Pendel, was wir in Schwingung versetzt haben, kann bei guter Aufhängung Stunden lang fortschwingen, ohne durch ein Uhrwerk angetrieben zu sein; durch die leise Reibung an der umgebenden Luft und an seiner Aufhängungsstelle kommt es endlich zur Ruhe.

Ein Stein, der von der Höhe fällt, hat, wenn er an der Erde angekommen ist, eine gewisse Geschwindigkeit erreicht; diese kennen wir als das Aequivalent einer mechanischen Arbeit; so lange diese Geschwindigkeit noch als solche besteht, können wir sie bei passenden Einrichtungen nach oben hin lenken und sie benutzen, um den Stein wieder in die Höhe zu treiben. Endlich schlägt der Stein auf die Erde auf und kommt zur Ruhe; der Stoss hat seine Geschwindigkeit und damit auch scheinbar die mechanische Arbeit vernichtet, welche diese Geschwindigkeit noch zu leisten im Stande gewesen wäre.

Fassen wir das Resultat aller dieser Beispiele, die Jeder von Ihnen aus seiner täglichen Erfahrung sich leicht wird vermehren können, zusammen, so sehen wir: Reibung und unelastischer Stoss sind Vorgänge, bei denen mechanische Arbeit vernichtet und dafür Wärme erzeugt wird.

Die vorher schon erwähnten Versuche von Joule führen uns noch einen Schritt weiter. Er hat das Quantum von Arbeit gemessen nach Fusspfunden, welches durch die Reibung bald fester, bald flüssiger Körper vernichtet wurde, ebenso andererseits das Quantum Wärme, welches dabei erzeugt wurde, und hat zwischen beiden ein festes Verhältniss gefunden. Seine Versuche ergeben nämlich, dass wenn durch Verbrauch mechanischer Arbeit Wärme erzeugt wird, ein ganz bestimmtes Quantum Arbeit erforderlich ist, um dasjenige Quantum Wärme zu erzeugen, welches von den Physikern als Wärmeeinheit betrachtet wird, dasjenige Quantum nämlich, was nöthig ist, um ein Gramm Wasser um einen Grad der hunderttheiligen Scala zu erwärmen. Das dazu nöthige Quantum Arbeit ist nach Joule's besten Versuchen gleich der Arbeit, welche ein Gramm von 425 Meter Höhe fallend leisten würde.

Um die Uebereinstimmung der von ihm gewonnenen Zahlen zu zeigen, führe ich hier die Ergebnisse einiger Versuchsreihen an, welche er nach Anbringung der letzten Verbesserungen an seinen Methoden gewonnen hat.

1. Eine Versuchsreihe, wobei Wasser in einem Messinggefäss durch Reibung erwärmt wurde. Im Inneren dieses Gefässes drehte sich eine senkrechte Axe mit sechszehn Schaufeln versehen, während der so erregte Wasserwirbel durch eine Reihe von Scheidewänden des Gefässes gebrochen wurde. Letztere hatten Ausschnitte eben gross genug, um das Schaufelrad durchgehen zu lassen. Der Werth des Aequivalents war 424,9 Meter.

2. Zwei ähnliche Versuchsreihen, wobei die reibende Flüssigkeit Quecksilber in einem eisernen Gefässe war, ergaben 425 und 426,3 Meter.

3. Zwei Versuchsreihen, in denen ein konischer Eisenring auf einem anderen rieb, beide von Quecksilber umgeben, ergaben 426,7 und 425,6 Meter.

Genau dasselbe Verhältniss zwischen Wärme und Arbeit wurde aber auch bei dem umgekehrten Processe gefunden, wenn nämlich durch Wärme Arbeit erzeugt wird. Um diesen Process unter möglichst wohl zu controlirenden physikalischen Verhältnissen auszuführen, benutzt man besser permanente Gase als Dämpfe, wenn letztere auch zur Erzeugung grosser Arbeitsmengen, wie in der Dampfmaschine geschieht, praktisch bequemer sind. Ein Gas, was man mit mässiger Geschwindigkeit sich ausdehnen lässt, kühlt sich ab. Joule war es, der zuerst zeigte, was der Grund dieser Abkühlung ist. Das Gas hat nämlich bei seiner Ausdehnung den Widerstand zu überwinden, den der Luftdruck und die langsam nachgebende Wand des Gefässes ihm entgegensetzen, oder wenn es selbst nicht fähig ist, diesen Widerstand zu überwinden, so unterstützt es doch dabei den Arm des Beobachters, der ihn überwindet. So arbeitet das Gas, und diese Arbeit geschieht auf Kosten seiner Wärme. Daher die Abkühlung. Lässt man im Gegentheil das Gas plötzlich ausströmen in einen vollkommen luftleer gemachten Raum hinein, wo es gar keinen Widerstand findet, so kühlt es sich nicht ab, wie Joule gezeigt hat; oder wenn einzelne Theile desselben sich kühlen, so erwärmen sich andere, und nach Ausgleichung der Temperatur ist diese genau so gross wie vor der plötzlichen Ausdehnung der Gasmasse.

Wie viel Wärme die verschiedenen Gase nun entwickeln, wenn sie comprimirt werden, und wie viel Arbeit zu ihrer Compression nöthig ist, oder umgekehrt, wie viel Wärme sie verschwinden machen, wenn sie sich unter einem ihrem Drucke gleichen Gegendruck dehnen, und wie viel Arbeit sie dabei in Ueberwindung dieses Gegendruckes leisten, war theils aus älteren physikalischen Versuchen bekannt, theils ist es durch neuere Versuche von Regnault nach äusserst vervollkommneten Methoden bestimmt worden. Die Rechnung mit den besten Daten dieser Art ergiebt nun den Werth des Wärmeäquivalents nach den Versuchen

mit atmosphärischer Luft . . . . 426,0 Meter
mit Sauerstoffgas . . . . 425,7 „
mit Stickstoffgas . . . . . . 431,3 „
mit Wasserstoffgas . . . . . . 425,3 „

Vergleicht man diese Zahlen mit denen, welche die Aequivalenz von Wärme und mechanischer Kraft bei der Reibung bestimmen, so zeigt sich eine so nahe Uebereinstimmung, wie sie zwischen Zahlen, die durch so verschiedenartige Untersuchungen verschiedener Beobachter gewonnen sind, nur irgend zu erwarten ist.

Also: Eine gewisse Wärmemenge kann in eine bestimmte Menge von Arbeit verwandelt werden; diese Arbeitsmenge kann aber auch in Wärme, und zwar genau in dieselbe Wärmemenge zurückverwandelt werden, aus der sie entstanden ist; in mechanischer Beziehung sind beide einander äquivalent. Die Wärme ist eine neue Form, in welcher ein Quantum von Arbeitskraft erscheinen kann.

Diese Thatsachen erlauben uns nun nicht mehr, die Wärme als einen Stoff zu betrachten, weil die Quantität derselben nicht unveränderlich ist. Sie kann neuerzeugt werden aus der lebendigen Kraft vernichteter Bewegung; sie kann vernichtet werden, und erzeugt dann Bewegung. Wir müssen daraus vielmehr schliessen, dass die Wärme selbst eine Bewegung sei, eine innere unsichtbare Bewegung der kleinsten elementaren Theile der Naturkörper. Wenn also durch Reibung und Stoss Bewegung verloren zu gehen scheint, so geht sie in Wirklichkeit nicht verloren, sie geht nur von den grossen sichtbaren Massen auf ihre kleinsten Theile über, während in der Dampfmaschine die innere Bewegung der erhitzten Gastheile auf den Stempel der Maschine übertragen, in ihm gesammelt und in eine Resultante zusammen gefasst wird.

Welche Form diese innere Bewegung habe, lässt sich bisher nur bei den Luftarten mit einiger Wahrscheinlichkeit sagen. Deren Theilchen schiessen wahrscheinlich in geradlinigen Bahnen nach allen Richtungen durch einander hin, bis sie, an ein anderes Theilchen oder die Wand des Gefässes anprallend, nach veränderter Richtung zurückgeworfen werden. Ein Gas wäre also etwa einem Mückenschwarme ähnlich, nur aus unendlich viel kleineren und unendlich viel dichter gedrängten Theilchen bestehend. Diese von Kroenig, Clausius, Maxwell ausgebildete Hypothese giebt sehr gut Rechenschaft von allen Erscheinungen der Gase.

Was den früheren Physikern als die constante Quantität des Wärmestoffs erschien, ist nichts weiter als die gesammte Arbeitskraft der Wärmebewegung, welche so lange constant bleibt, als sie nicht in andere Formen von Arbeit übergeführt wird, oder aus anderen Formen der Arbeit neu entsteht.

Wir wenden uns noch zu einer anderen Form arbeitsfähiger Naturkräfte, nämlich zu den chemischen. Wir sind ihnen heute schon begegnet. Sie sind es in letzter Instanz, welche die Arbeitsleistungen des Schiesspulvers und der Dampfmaschine hervorbringen, insofern wir die Wärme, welche in dieser gebraucht wird, durch Verbrennung von Kohle, das heisst durch einen chemischen

Process gewinnen. Die Verbrennung der Kohle ist die chemische Vereinigung des Kohlenstoffs mit dem Sauerstoffe der Luft, vor sich gehend unter dem Einflusse der chemischen Verwandtschaftskraft beider Stoffe.

Diese Kraft können wir uns als eine Anziehungskraft zwischen beiden vorstellen, die aber nur wirksam ist, und zwar ausserordentlich stark, wenn die kleinsten Theile beider Stoffe in engste Nachbarschaft zu einander gebracht sind. Bei der Verbrennung wird diese Kraft wirksam; die Kohlenstoff- und Sauerstoffatome stürzen auf einander los und haften dann an einander fest, indem sie einen neuen Stoff, eine Verbindung beider, nämlich Kohlensäure, bilden, eine Gasart, Ihnen allen bekannt als diejenige, welche aus gährenden und gegohrenen Getränken, aus dem Biere, dem Champagner aufsteigt. Diese Anziehungskraft nun zwischen den Atomen des Kohlenstoffs und des Sauerstoffs leistet gerade so gut Arbeit, wie die, welche die Erde in der Form der Schwere auf ein gehobenes Gewicht ausübt. Wenn das Gewicht zu Boden gefallen ist, so bringt es eine Erschütterung hervor, die sich zum Theil als Schallerschütterung auf die Umgebung fortpflanzt, zum Theil als Wärmebewegung bestehen bleibt. Ganz dasselbe müssen wir als Erfolg der chemischen Anziehung erwarten. Wenn Kohlenstoff- und Sauerstoffatome auf einander losgestürzt sind und sich zu Kohlensäure vereinigt haben, so müssen die neugebildeten Theilchen der Kohlensäure in heftigster Molecularbewegung sein, das heisst in Wärmebewegung. Und so finden wir es. Ein Pfund Kohlenstoff, verbrannt mit Sauerstoff zu Kohlensäure, giebt so viel Wärme, als nöthig ist um 80,9 Pfund Wasser vom Gefrierpunkt bis zum Sieden zu erhitzen, und wie die gleiche Arbeitsmenge erzeugt wird, wenn ein Gewicht fällt, ob es nun schnell oder langsam fällt, so wird auch die gleiche Wärmemenge durch Verbrennung des Kohlenstoffs erzeugt, ob diese nun schnell oder langsam, auf ein Mal oder in Absätzen geschehen möge.

Wenn die Kohle verbrannt ist, so erhalten wir an ihrer und des verbrauchten Sauerstoffs Stelle das gasige Verbrennungsproduct, die Kohlensäure. Diese ist unmittelbar nach der Verbrennung glühend heiss. Wenn sie später ihre Wärme an die Umgebung abgegeben hat, so haben wir in der Kohlensäure noch den ganzen Kohlenstoff, noch den ganzen Sauerstoff und auch noch die Verwandtschaftskraft beider ebenso kräftig wie vorher bestehend. Aber letztere äussert sich jetzt nur noch darin, dass sie die Kohlenstoff- und Sauerstoffatome fest aneinander heftet, ohne eine

Trennung derselben zu gestatten; Arbeit oder Wärme kann sie nicht mehr hervorbringen, ebenso wenig als ein gefallenes Gewicht noch Arbeit zu leisten vermag, ehe es nicht durch eine fremde Kraft wieder emporgehoben ist. Wenn die Kohle verbrannt ist, bemühen wir uns deshalb auch nicht weiter die Kohlensäure festzuhalten; sie kann uns keine Dienste mehr leisten, wir suchen sie im Gegentheil so schnell wie möglich durch die Schornsteine aus unseren Häusern wieder zu entfernen.

Ist es nun möglich, die Bestandtheile der Kohlensäure wieder von einander zu reissen, und ihnen ihre Leistungsfähigkeit, die sie ursprünglich hatten, ehe sie sich vereinigten, wieder zu geben, wie man die Leistungsfähigkeit eines Gewichts herstellt, indem man es vom Boden erhebt? Es ist in der That möglich. Wir werden später sehen, wie es im Leben der Pflanzen geschieht; auch ist es möglich dasselbe durch unorganische Processe, freilich nur auf weiteren Umwegen, zu erreichen, deren Auseinandersetzung uns hier zu weit von unserem Wege abführen würde.

Aber für ein anderes chemisches Element, welches ebenso wie der Kohlenstoff verbrannt werden kann, nämlich für den Wasserstoff, lässt es sich leicht und direct thun. Wasserstoff ist neben dem Kohlenstoff ein Bestandtheil aller verbrennlichen Pflanzensubstanzen, unter anderem auch ein wesentlicher Bestandtheil des Gases, welches wir zur Beleuchtung unserer Strassen und Zimmer benutzen; im isolirten Zustande ist er ebenfalls ein Gas, das leichteste von allen, und brennt, angezündet, mit schwach leuchtender blauer Flamme. Bei dieser Verbrennung, das heisst bei der chemischen Verbindung des Wasserstoffs mit Sauerstoff, entsteht eine sehr bedeutende Wärmemenge; für ein Gewicht Wasserstoff sogar viermal so viel Wärme als bei der Verbrennung des gleichen Gewichts Kohlenstoff. Das Product der Verbrennung ist Wasser, welches daher selbst nicht mehr verbrennlich ist, da in ihm der Wasserstoff mit Sauerstoff schon vollständig gesättigt ist. Die Verwandtschaftskraft des Wasserstoffs zum Sauerstoff leistet bei deren Verbrennung also eine Arbeit, wie die des Kohlenstoffs zum Sauerstoff, die in Form von Wärme zum Vorschein kommt. In dem durch die Verbrennung gebildeten Wasser besteht die Verwandtschaftskraft zwischen den beiden Elementen allerdings nach wie vor; aber ihre Arbeitsfähigkeit ist verloren gegangen. Wir müssen die beiden Elemente erst wieder trennen, ihre Atome von einander reissen, um neue Wirkungen von ihnen zu erhalten.

Das können wir nun ausführen mit Hilfe der elektrischen Ströme. In dem in Fig. 23 abgebildeten Apparate haben wir zwei mit angesäuertem Wasser gefüllte Glasgefässe a und a_1, die in der Mitte durch eine poröse und mit Wasser durchfeuchtete Thonplatte von einander geschieden sind. Von beiden Seiten ragen

Fig. 23.

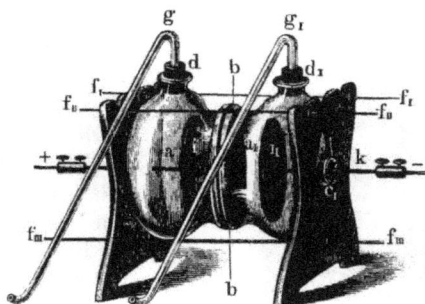

die Platindrähte k in die Gefässe hinein und tragen die Platinplatten i und i_1. Sobald wir nun einen galvanischen Strom durch die Platindrähte k in das Wasser einleiten, sehen Sie von den beiden Platten i und i_1 Ströme von Luftbläschen in die Höhe steigen. Diese Luftbläschen sind die beiden Elemente des Wassers, auf der einen Seite Wasserstoff, auf der anderen Sauerstoff. Die Gase entweichen durch die beiden Röhren g und g_1. Wenn wir warten, bis sich die oberen Theile der Flaschen und die Röhren damit gefüllt haben, so können wir nun an der einen Seite das Wasserstoffgas entzünden; es brennt mit blauer Flamme. Wenn ich der Mündung der anderen Röhre einen glimmenden Spahn nähere, flammt er auf; wie es im Sauerstoffgase geschieht, welches die Verbrennungsprocesse sehr viel intensiver vor sich gehen lässt, als es die atmosphärische Luft thut, in der der Sauerstoff, mit Stickstoff sich mischend, nur ein Fünftheil des Volumens ausmacht.

Halte ich einen mit kaltem Wasser gefüllten Glaskolben über die Wasserstoffflamme, so schlägt sich an diesem das durch die Verbrennung neugebildete Wasser nieder.

Halte ich in die fast gar nicht leuchtende Flamme einen Platindraht, so sehen Sie, wie intensiv glühend er wird; ja in einem reichlichen Strome der Mischung des hier erzeugten Wasserstoff- und Sauerstoffgases würde ich das so schwer schmelzbare Platin sogar schmelzen können. Das Wasserstoffgas, was hier durch den elektrischen Strom aus dem Wasser getrennt ist, hat also die Fähigkeit wieder erhalten, durch neue Vereinigung mit Sauerstoff grosse Wärmemengen zu erzeugen, seine Verwandtschaftskraft zum Sauerstoff hat ihre Arbeitsfähigkeit wieder erhalten.

Wir lernen hier wieder eine neue Quelle von Arbeitskraft kennen, nämlich den elektrischen Strom, der das Wasser zerlegt. Dieser Strom selbst ist erzeugt durch eine galvanische Batterie, Fig. 24. Jedes der vier Gläser enthält Salpetersäure, in welche ein hohler Cylinder aus sehr dichter Kohle eintaucht. In der mittleren Oeffnung des Kohlencylinders steht ein cylindrisches poröses Gefäss aus weissem Thon gebrannt, welches mit wässeriger Schwefelsäure gefüllt ist, und in diese Flüssigkeit taucht ein Cylinder aus Zink. Jeder Zinkcylinder ist durch einen metallischen Bügel mit dem Kohlencylinder des nächsten Glases verbunden, der letzte Zinkcylinder *n* mit der einen Platinplatte, der erste Kohlencylinder *p* mit der anderen Platinplatte des Wasserzersetzungsapparats Fig. 23.

Fig. 24.

Wenn nun der leitende Kreis dieses galvanischen Apparats hergestellt wird und die Wasserzersetzung beginnt, so geht gleichzeitig auch ein chemischer Process in den Zellen der galvanischen Kette vor sich. Zink entzieht dem umgebenden Wasser Sauerstoff und erleidet also eine, wenn auch langsame, Verbrennung. Das dabei gebildete Verbrennungsproduct, das Zinkoxyd, vereinigt sich weiter mit der Schwefelsäure, zu der es eine kräftige Verwandtschaft hat, und das schwefelsaure Zink, ein salzähnlicher Körper, löst sich in der Flüssigkeit auf. Den Sauerstoff übrigens, der ihm entzogen ist, erhält das Wasser wieder von der Salpetersäure, die die Kohlencylinder umgiebt, welche viel Sauerstoff enthält und ihn leicht hergiebt. So verbrennt also in der galvanischen Batterie Zink zu schwefelsaurem Zinkoxyd auf Kosten des Sauerstoffs der Salpetersäure.

Während also das eine Verbrennungsproduct, das Wasser, wieder getrennt wird, geht eine neue Verbrennung vor sich, die des

Zinks. Während wir dort arbeitsfähige chemische Verwandtschaft wieder herstellen, geht sie hier verloren. Der elektrische Strom ist gleichsam nur der Träger, der die chemische Kraft des mit Sauerstoff und Säure sich verbindenden Zinks auf das Wasser in der Zersetzungszelle hinüberleitet und zur Ueberwindung der chemischen Kraft des Wasserstoffs und Sauerstoffs verwendet.

Wieder also können wir eine verloren gegangene Arbeitskraft zwar herstellen, aber nur, indem wir eine andere Arbeitskraft, die des sich oxydirenden Zinks, dazu aufwenden.

Wir haben in diesem Falle chemische Kräfte durch chemische überwunden unter Vermittelung 'des elektrischen Stromes. Aber wir können dasselbe auch durch mechanische Kräfte erreichen, wenn wir den elektrischen Strom durch eine magnet-elektrische Maschine, Fig. 25 a. f. S., erzeugen. Wenn wir deren Kurbel drehen, rotirt der mit besponnenem Kupferdraht umwickelte Anker RR' des grossen Hufeisenmagneten, und dabei erzeugen sich in den Drahtwindungen elektrische Ströme, die von den Punkten a und b nach aussen geleitet werden können. Verbinden wir die Enden dieser Drahtleitungen mit dem Wasserzersetzungsapparate, so gewinnen wir auch so Wasserstoff- und Sauerstoffgas, freilich in viel geringerer Menge, als durch die vorher gebrauchte Batterie. Aber dieser Vorgang ist deshalb für uns interessant, weil wir dabei durch die mechanische Kraft unseres Arms, der die Kurbel dreht, die Arbeit erzeugen, welche zur Trennung der verbundenen chemischen Elemente gebraucht wird. Wie uns die Dampfmaschine chemische Kraft in mechanische verwandelt, so verwandelt die magnet-elektrische Maschine mechanische in chemische.

Ueberhaupt eröffnet die Anwendung elektrischer Ströme eine grosse Menge von Beziehungen zwischen den verschiedenen Naturkräften. Wir haben durch solche Ströme das Wasser in seine Elemente zerlegt und würden eine grosse Zahl anderer chemischer Verbindungen dadurch zerlegen können. Andererseits werden in den gewöhnlichen galvanischen Batterien elektrische Ströme durch chemische Kräfte erzeugt.

In allen Leitern, durch welche elektrische Ströme fliessen, erregen sie Wärme; ich spanne diesen dünnen Platindraht zwischen den Enden n und p der galvanischen Batterie Fig. 24 aus, er wird lebhaft glühend und schmilzt auseinander. Andererseits werden in den sogenannten thermo-elektrischen Ketten elektrische Ströme durch Wärme erzeugt.

Eisen, welches einer von einem elektrischen Strome durchflossenen Kupferdrahtspirale genähert wird, wird magnetisch und zieht dann anderes Eisen oder einen in passender Lage genäherten Stahlmagneten an. So erhalten wir mechanische Wirkungen, die

Fig. 25.

in den elektrischen Telegraphen zum Beispiel ausgedehnte Anwendung erfahren. Fig. 26 zeigt den Morse'schen Telegraphen in $1/3$ der natürlichen Grösse. Der wirksame Theil ist ein hufeisenförmig gestalteter Eisenkern, der in den Kupferdrahtspiralen $b\,b$ steckt. Ueber seinen nach oben gekehrten Enden liegt quer der kleine Stahlmagnet $c\,c$, der angezogen wird, sowie ein elektrischer Strom durch die Telegraphenleitung den Spiralen $b\,b$ zugeleitet

wird. Der Magnet cc sitzt fest in dem Hebel dd, dessen anderes
Ende den Schreibstift trägt, der bei r auf dem durch das Uhrwerk

Fig. 26.

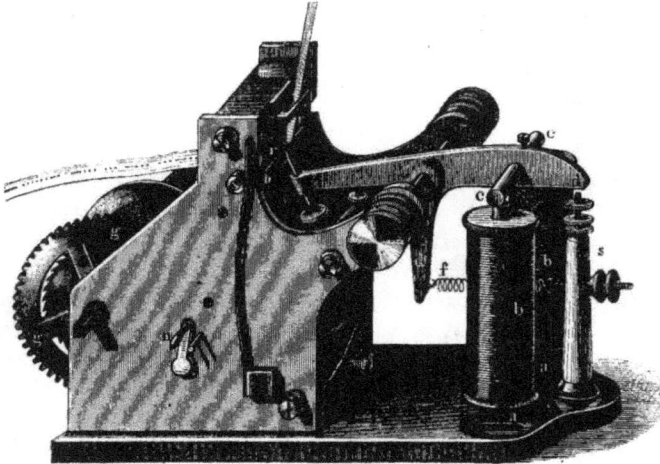

vorbeigezogenen Papierstreifen schreibt, so oft und so lange cc
durch die magnetische Wirkung des elektrischen Stroms herabgezogen wird. Umgekehrt würden wir durch Veränderung des
Magnetismus in dem Eisenkerne der Spiralen bb in diesen einen
elektrischen Strom erhalten, gerade wie wir auf ähnliche Weise in
der magnet-elektrischen Maschine Fig. 25 solche Ströme schon erhalten haben; auch dort steckt in den Spiralen ein Eisenkern, der
durch seine Annäherung an die Pole des grossen Hufeisenmagneten bald in dem einen, bald in dem anderen Sinne magnetisirt
wird.

Ich will die Beispiele solcher Beziehungen nicht weiter häufen; es werden uns noch manche in den späteren Vorlesungen begegnen. Lassen Sie uns aber diese Beispiele noch einmal überblicken und daran das allen gemeinsame Gesetz erkennen.

Ein gehobenes Gewicht kann uns Arbeit leisten; aber wenn es
das thut, muss es nothwendig von seiner Höhe herabsinken, und
wenn es so tief gefallen ist, als es fallen kann, bleibt seine Schwere
zwar nach wie vor bestehen, aber sie kann keine Arbeit mehr
leisten.

Eine gespannte Feder kann Arbeit leisten; aber sie erschlafft, indem sie es thut.

Geschwindigkeit einer bewegten Masse kann Arbeit leisten; sie geht dabei aber in Ruhe über. Wärme kann Arbeit leisten; sie wird vernichtet, indem sie es thut.

Chemische Kräfte können Arbeit leisten; sie erschöpfen sich, indem sie arbeiten.

Elektrische Ströme können Arbeit leisten; aber zu ihrer Unterhaltung müssen wir chemische oder mechanische Kräfte, oder Wärme aufbrauchen.

Wir dürfen dies allgemein aussprechen: Es ist ein allgemeiner Charakter aller bekannten Naturkräfte, dass ihre Arbeitsfähigkeit erschöpft wird, in dem Maasse als sie Arbeit wirklich hervorbringen.

Wir haben aber weiter gesehen, dass ein Gewicht, wenn es fiel, ohne andere Arbeit zu verrichten, entweder Geschwindigkeit erlangte oder Wärme erzeugte. Wir könnten auch eine magnetelektrische Maschine durch das Gewicht treiben; dann würde es uns elektrische Ströme liefern.

Wir haben gesehen, dass chemische Kräfte, wenn sie zur Wirkung kommen, entweder Wärme oder elektrische Ströme, oder auch mechanische Arbeit erzeugen.

Wir haben gesehen, dass Wärme in Arbeit verwandelt werden kann; es giebt Apparate (thermo-elektrische Ketten), in denen durch sie elektrische Ströme erzeugt werden. Sie kann auch chemische Verbindungen direct scheiden, z. B. wenn wir Kalk brennen, trennt sie den Kalk von der Kohlensäure.

So erhält, wenn die Leistungsfähigkeit der einen Naturkraft vernichtet wird, immer eine andere neue Wirksamkeit. Ja innerhalb des Kreises der anorganischen Naturkräfte können wir jede derselben mit Hilfe jeder anderen wirkungsfähigen Naturkraft in den wirksamen Zustand zurück versetzen. Die Verbindungen zwischen den verschiedenen Naturkräften, welche die neuere Physik aufgedeckt hat, sind so ausserordentlich zahlreich, dass sich fast für jede dieser Aufgaben mehrere ganz verschiedene Wege auffinden lassen.

Ich habe angegeben, wie man mechanische Arbeit zu messen pflegt, und wie man das Arbeitsäquivalent der Wärme bestimmt hat. Das Arbeitsäquivalent der chemischen Processe wird wiederum durch die Wärme gemessen, die sie hervorbringen. Durch ähnliche Beziehungen können auch die Arbeitsäquivalente der übrigen Naturkräfte auf das Maass der mechanischen Arbeit zurück-geführt werden.

Wenn nun eine gewisse mechanische Arbeitsmenge verloren geht, so wird, wie die darauf gerichteten Untersuchungen übereinstimmend gelehrt haben, ein entsprechendes Aequivalent von Wärme gewonnen, oder statt dieser auch von chemischer Kraft; und umgekehrt, wenn Wärme verloren geht, gewinnen wir eine äquivalente Menge von chemischer oder mechanischer Arbeitskraft, und wenn chemische verloren geht, von Wärme oder Arbeit, so dass bei allen diesen Wechselwirkungen zwischen den verschiedenartigen unorganischen Naturkräften Arbeitskraft zwar in einer Form verschwinden kann, dann aber in genau äquivalenter Menge in anderer Form neu auftritt, also weder vermehrt noch vermindert wird, sondern immer in gleichbleibender Menge bestehen bleibt.

Dass dasselbe Gesetz auch für die Vorgänge in der organischen Natur gilt, so weit bisher die Thatsachen geprüft sind, werden wir später sehen.

Daraus folgt: dass die Summe der wirkungsfähigen Kraftmengen im Naturganzen bei allen Veränderungen in der Natur ewig und unverändert dieselbe bleibt. Alle Veränderung in der Natur besteht darin, dass die Arbeitskraft ihre Form und ihren Ort wechselt, ohne dass ihre Quantität verändert wird. Das Weltall besitzt ein für alle Mal einen Schatz von Arbeitskraft, der durch keinen Wechsel der Erscheinungen verändert, vermehrt oder vermindert werden kann und der alle in ihm vorgehende Veränderung unterhält.

Sie sehen, wie wir, von Betrachtungen ausgehend, die es nur mit den nächstliegenden praktischen Interessen technischer Arbeit zu thun hatten, hinübergeführt worden sind zu einem allgemeinen Naturgesetze, welches, soweit unsere bisherige Erfahrung reicht, alle Naturprocesse überhaupt beherrscht und umfasst, welches auch gar nicht mehr auf die praktischen Zwecke des menschlichen Nutzens beschränkt ist, sondern eine ganz allgemeine und besonders charakteristische Eigenschaft aller Naturkräfte ausspricht, und welches nach seiner Allgemeinheit nur den Gesetzen von der Unveränderlichkeit der Masse und der Unveränderlichkeit der chemischen Elemente an die Seite zu stellen ist.

Es entscheidet zugleich endgültig eine grosse praktische Frage, die in den letzten beiden Jahrhunderten vielfach erörtert wurde, und zu deren Entscheidung man eine unendliche Zahl von Versuchen angestellt und von Apparaten gebaut hat, nämlich die Frage nach der Möglichkeit eines Perpetuum mobile. Darunter verstand man eine Maschine, welche ohne Hilfe einer äusseren Triebkraft fortdauernd gehen und arbeiten sollte. Die Lösung dieses Problems versprach unermesslichen Gewinn. Eine solche Maschine würde alle Vortheile der Dampfmaschinen gehabt haben, ohne Brennmaterial zu kosten. Arbeit ist Geld. Eine Maschine, die Arbeit aus nichts schaffen konnte, war so gut wie eine, welche Gold machte. So war dieses Problem eine Zeit lang an die Stelle der Goldmacherei getreten und verwirrte manchen grübelnden Kopf. Dass ein Perpetuum mobile mit Benutzung der bekannten mechanischen Kräfte nicht herzustellen sei, konnte schon im vorigen Jahrhundert mittels der inzwischen entwickelten mathematischen Mechanik nachgewiesen werden. Um aber zu zeigen, dass es auch nicht möglich sei, wenn man Wärme, chemische Kräfte, Elektricität und Magnetismus mitwirken lasse, dazu musste man das von uns ausgesprochene Gesetz in seiner allgemeinen Fassung kennen. Die Möglichkeit eines Perpetuum mobile wurde erst durch das Gesetz von der Erhaltung der Kraft endgültig verneint, und man könnte dieses Gesetz auch ebenso gut in der praktischen Form aussprechen, dass kein Perpetuum mobile möglich sei, dass eine Arbeitskraft nicht aus Nichts und ohne Verbrauch geschaffen werden könne.

Sie werden die Wichtigkeit und die Tragweite unseres Gesetzes erst vollständig beurtheilen können, wenn Sie eine Reihe seiner Anwendungen auf die einzelnen Vorgänge der Natur vor Augen haben.

Schon was ich heute erwähnt habe über den Ursprung der Triebkräfte, die unserer Benutzung zu Gebote stehen, weist uns über die engen Verhältnisse unserer Laboratorien und Fabriken auf die grossen Vorgänge in dem Leben der Erde und des Weltalls hinaus. Die Kraft des fallenden Wassers kann den Bergen nur entströmen, wenn Regen und Schnee es ihnen zuführen. Um diese zu liefern, müssen wir Wasserdampf in der Atmosphäre haben, der nur durch Wärme erzeugt werden kann, und diese Wärme kommt von der Sonne. Die Dampfmaschine bedarf des Brennmaterials, welches das Pflanzenleben liefert, sei es das jetzt thätige Leben der uns umgebenden Vegetation oder das erloschene Leben, welches die mächtigen Steinkohlenlager in den Tiefen der Erde erzeugt hat. Wir werden später sehen, in welch' inniger Beziehung das Pflanzenleben zum Sonnenlicht steht. Die Kraft der Menschen und Thiere muss wieder ersetzt werden durch Nahrung; alle Nahrung kommt zuletzt aus dem Pflanzenreich, und führt uns auf dieselbe Quelle zurück.

Sie sehen, wenn wir dem Ursprunge der Triebkräfte nachforschen, die wir in unseren Dienst nehmen, so werden wir gewiesen auf die meteorologischen Vorgänge in der Atmosphäre der Erde, auf das Leben der Pflanzen im Ganzen, auf die Sonne.

Dieser Weisung werden wir in den kommenden Vorlesungen zu folgen versuchen [1]).

---

[1]) Die weiter unten (Bd. II, S. 55) folgende Vorlesung über die Entstehung des Planetensystems ist eine Ausarbeitung des wesentlichen Inhalts einer dieser weiteren Vorlesungen.

EIS UND GLETSCHER.

Vorlesung

gehalten im

Februar 1865 in Frankfurt a. M. und Heidelberg.

Hochgeehrte Versammlung!

Die Welt des Eises und des ewigen Schnees, wie sie sich auf den Gipfeln der benachbarten Alpenkette entfaltet, so starr, so einsam, so gefahrvoll sie auch sein mag, hat ihren ganz besonderen Zauber. Sie fesselt nicht nur die Aufmerksamkeit des Naturforschers, der in ihr die wunderbarsten Aufschlüsse über die jetzige und vergangene Geschichte des Erdballs findet, sie lockt auch in jedem Sommer Tausende von Reisenden aus allen Ständen herbei, die in ihr geistige und körperliche Erfrischung suchen. Während die Einen sich damit begnügen von fern den blendenden Schmuck zu bewundern, den die reinen Lichtmassen schneeiger Gipfel, eingeschaltet zwischen das tiefere Blau des Himmels und das saftigere Grün der Matten, der Landschaft verleihen, dringen Andere kühner in die fremdartige Welt vor, den äussersten Graden von Anstrengung und Gefahr sich willig unterziehend, um sich am Anblick ihrer Erhabenheit zu sättigen.

Ich will nun nicht versuchen, was so oft vergebens versucht worden ist, Ihnen mit Worten die Schönheit und Grossartigkeit der Natur ausmalen zu wollen, deren Anblick den Alpenwanderer entzückt. Ich darf ja wohl voraussetzen, dass sie den meisten von Ihnen aus eigener Anschauung bekannt ist, oder es hoffentlich noch werden wird. Aber ich meine, dass die Freude und das Interesse an der Erhabenheit jener Scenen Sie um so geneigter machen wird, auch den sehr merkwürdigen Ergebnissen der neueren Naturforschung über die hervorragendsten Erscheinungen der Eiswelt ein williges Ohr zu leihen. Da zeigen sich kleine Eigenthümlichkeiten des Eises, deren Erwähnung unter andern Umständen vielleicht als eine wissenschaftliche Spitzfindigkeit hätte betrachtet werden können, als die Ursachen der wichtigsten Vorgänge in den Gletschern; unförmliche Steinblöcke beginnen dem aufmerksamen Beobachter ihre Geschichte zu erzählen, oft Geschichten, die weit über die Vergangenheit des Menschengeschlechts hinausreichen in das Dunkel der Urzeit; ruhiges gesetzmässiges und segensreiches Walten ungeheurer Naturkräfte wird offenbar, wo beim ersten Anblick sich nur Wüsten zeigen, entweder unabsehbar hingestreckt in trostloser öder Einsamkeit, oder voll von wilder gefahrdrohender Verwirrung, ein Tummelplatz zerstörender Gewalten. Und so glaube ich Ihnen sogar versprechen zu dürfen, dass das Studium des Zusammenhangs jener Erscheinungen, wovon ich heute allerdings nur einen sehr kurzen Abriss geben kann, Ihnen nicht nur eine prosaische Belehrung gewähren, sondern auch Ihre Freude an den grossartigen Scenen des Hochgebirges lebhafter, Ihr Interesse reicher und Ihre Bewunderung grösser machen wird.

Lassen Sie mich Ihnen erst die Hauptzüge der äusseren Erscheinung der Schneefelder und der Gletscher des Hochgebirges in das Gedächtniss zurückrufen und hinzufügen, was genauere Messungen zur Beobachtung ergänzend beigetragen haben, ehe ich zur Erörterung des ursächlichen Zusammenhangs jener Vorgänge übergehe.

Je höher wir an den Bergen hinaufsteigen, desto kälter wird es. Unsere Atmosphäre ist wie eine wärmende Decke über die Erde hingebreitet; sie ist für die leuchtenden Wärmestrahlen der Sonne fast vollkommen durchsichtig, und lässt sie ohne merkliche Hinderung herein. Aber sie ist nicht gleich gut durchgängig für die dunklen Wärmestrahlen, welche, von den erwärmten irdischen Körpern ausgehend, wieder in den Weltraum zurückstreben. Diese werden von der atmosphärischen Luft verschluckt, namentlich da, wo sie feucht ist; dadurch erwärmt sich die Luftmasse selbst, und giebt die gewonnene Wärme nur langsam wieder in der Richtung nach dem freien Weltraume hin ab. Die Ausgabe der Wärme ist also verzögert im Verhältniss zur Einnahme, und dadurch wird ein gewisser Wärmevorrath längs der Erdoberfläche festgehalten. Ueber hohen Gebirgen aber ist die schützende Decke der Atmosphäre viel dünner, dort kann die ausstrahlende Wärme des Erdbodens viel schneller in den Weltraum zurück entweichen, dort ist also auch der aufgespeicherte Wärmevorrath und die Temperatur viel geringer als in der Tiefe.

Dazu kommt noch eine andere Eigenthümlichkeit der Luft,

welche in demselben Sinne wirkt. In einer Luftmasse nämlich, welche sich ausdehnt, verschwindet ein Theil ihres Wärmevorraths, sie wird kühler, wenn sie nicht neue Wärme von aussen aufnehmen kann. Umgekehrt wird durch erneutes Zusammendrücken der Luft dieselbe Wärmemenge wieder erzeugt, welche durch die Ausdehnung verschwunden war. Wenn also zum Beispiel Südwinde die warme Luft des Mittelmeers nach Norden treiben, und sie zwingen zur Höhe des grossen Gebirgswalls der Alpen hinaufzusteigen, wo sich die Luft, entsprechend dem geringeren durch das Barometer angezeigten Luftdrucke, etwa um die Hälfte ihres Volumens ausdehnt, so kühlt sie sich dabei auch sehr beträchtlich ab — für eine mittlere Höhe des Gebirges von 11000 Fuss um 16 bis 25°R. je nachdem sie feucht oder trocken ist — und dabei setzt sie auch gleichzeitig den grösseren Theil ihrer Feuchtigkeit als Regen oder Schnee ab. Kommt dieselbe Luft nachher auf der Nordseite des Gebirges als Föhnwind wieder in Thäler und Ebenen hinab, so wird sie wieder verdichtet und erwärmt sich auch wieder. Derselbe Luftstrom also, der in den Ebenen diesseits und jenseits des Gebirges warm ist, ist schneidend kalt auf der Höhe und kann dort Schnee absetzen, während wir ihn in der Ebene unerträglich heiss finden.

Die Temperaturabnahme nach der Höhe hin, welche durch diese beiden Ursachen bedingt wird, ist bekanntlich schon an den niedrigeren Bergketten unserer Nachbarschaft sehr merklich; sie beträgt im mittleren Europa etwa 1°R., wenn man 600 Fuss steigt; im Winter ist sie geringer, 1° auf 900 Fuss Steigung. In den Alpen werden die Temperaturunterschiede der grösseren Höhe entsprechend viel bedeutender, so dass auf den höheren Theilen ihrer Gipfel und Abhänge der im Winter gefallene Schnee während des ganzen Sommers nicht mehr schmilzt. Man nennt bekanntlich die Grenzlinie, oberhalb deren Schnee das ganze Jahr hindurch den Boden bedeckt, die Schneegrenze; sie liegt an der Nordseite der Alpen, etwa in der Höhe von 8000 Fuss, an der Südseite in der Höhe von 8800 Fuss. Auch oberhalb der Schneegrenze kann es an sonnigen Tagen recht warm sein; ja die ungeschwächte Strahlung der Sonne, noch verstärkt durch das vom Schnee zurückgeworfene Licht, wird oft ganz unleidlich, so dass der städtische Wanderer, abgesehen von der Blendung seiner Augen, gegen die er sich durch eine dunkle Brille oder einen Schleier schützen muss, gewöhnlich argen Sonnenbrand an Gesicht und Händen davonträgt, der entzündliche Schwellung der Haut

13*

und grosse Blasen an ihrer Oberfläche hervorruft. Anmuthigere Zeugen für die Stärke des Sonnenscheins sind die gesättigten Farben und der starke Duft der kleinen Alpenblümchen, die in geschützten Felsspalten zwischen den Schneefeldern erblühen. Trotz der starken Strahlung der Sonne steigt übrigens die Temperatur der Luft über den Schneefeldern nur bis 5°, höchstens 8° R.; dies genügt jedoch, um einen ziemlichen Theil der oberflächlichen Schneeschichten zu schmelzen. Aber die warmen Stunden und Tage sind zu kurz, um die grossen Schneemassen, welche während der kühleren Zeiten gefallen sind, zu bewältigen. Die Höhe der Schneegrenze hängt deshalb auch nicht allein von der Temperatur der Gebirgsabhänge ab, sondern wesentlich auch von der Menge des jährlichen Schneefalls. Sie liegt zum Beispiel an dem feuchtwarmen Südabhange des Himalayagebirges tiefer als auf dem viel kälteren, aber auch viel trockeneren Nordabhange desselben Gebirges. Entsprechend dem feuchten Klima des westlichen Europa ist der Schneefall auf den Alpen sehr gross, und deshalb auch die Zahl und Ausdehnung ihrer Gletscher verhältnissmässig bedeutend, so dass wenige Gebirge der Erde in dieser Beziehung mit ihnen verglichen werden können. Eine ähnliche Ausbildung der Eiswelt finden wir, so weit bekannt ist, nur noch auf dem Himalayagebirge, begünstigt durch die grössere Höhe, auf Grönland und im nördlichen Norwegen wegen des kälteren Klimas, auf einigen Inseln, Island und Neuseeland, wegen der grösseren Feuchtigkeit.

Die Orte über der Schneegrenze sind also dadurch charakterisirt, dass der Schnee, welcher im Laufe des Jahres auf ihre Fläche fällt, während des Sommers nicht ganz wegschmilzt, sondern zum Theil liegen bleibt. Dieser Schnee, welchen ein Sommer zurückgelassen hat, wird vor weiterer Einwirkung der Sonnenwärme geschützt dadurch, dass der nächste Herbst, Winter und Frühling neue Schneemassen über ihn ausschütten. Auch von diesem neuen Schnee lässt der nächste Sommer einen Rest übrig, und so häuft Jahr auf Jahr neue Schneeschichten über einander. Wo eine solche Schneeanhäufung an einem jähen Absturze endet und ihr inneres Gefüge dadurch freigelegt ist, erkennt man auch leicht die regelmässig über einander gelagerten Jahresschichten.

Es ist aber klar, dass diese Aufhäufung von einer Schneeschicht über der anderen nicht in das Unendliche so fortgehen kann, sonst würde die Höhe der Schneegipfel Jahr für Jahr ohne Aufhören wachsen müssen. Je mehr aber der Schnee sich auf-

thürmt, desto steiler werden seine Abhänge, desto grösser das
Gewicht, welches auf den unteren älteren Schichten lastet und
diese fortzudrängen strebt. Schliesslich muss nothwendig ein
Zustand entstehen, wo die Schnéeabhänge zu steil sind, als dass
noch neuer Schnee an ihnen liegen bleiben kann, und wo die Last,
welche die unteren Schichten nach abwärts drängt, zu gross ist,
als dass diese auf den geneigten Abhängen des Gebirges sich in
ihrer Lage erhalten könnten. So wird also ein Theil des Schnees,
der ursprünglich auf den hochgelegenen Theilen des Gebirges
oberhalb der Schneegrenze gefallen und dort vor Schmelzung geschützt war, gezwungen werden, seine ursprüngliche Lagerungs-
stätte zu verlassen und sich einen neuen Platz zu suchen, den er
jetzt natürlich nur noch unterhalb der Schneegrenze auf den tieferen Theilen der Gebirgsabhänge und namentlich in den Thälern
finden kann. Hier aber dem Einflusse einer wärmeren Luft ausgesetzt, schmilzt er endlich und fliesst als Wasser davon. Die
Herabbewegung der Schneemassen von ihrer ursprünglichen Lage-
rungsstätte geschieht zuweilen plötzlich, in Lavinenstürzen, gewöhnlich aber sehr allmälig in den Gletschern.

Demgemäss haben wir zwei verschiedene Theile der Eisfelder
zu unterscheiden, nämlich erstens den ursprünglich gefallenen
Schnee, in der Schweiz Firn genannt, oberhalb der Schneegrenze,
die Abhänge der Gipfel bedeckend, so weit er an ihnen haften
kann, und die oberen weiten kesselförmigen Enden der Thäler in
weit gedehnten Schneefeldern oder Firnmeeren ausfüllend.
Zweitens haben wir die Gletscher, in Tyrol Ferner genannt,
welche als Verlängerungen der Firnmeere nach unten oft 4000 bis
5000 Fuss unter die Schneegrenze hinabreichen, und in denen
der lockeré Schnee der Firnmeere in durchsichtiges festes Eis
verwandelt sich wiederfindet. Daher der Name Gletscher, vom
lateinischen *glacies*, französisch *glace*, *glacier*, abstammend.

Die äussere Erscheinung der Gletscher wird sehr bezeichnend
durch den schon von Goethe angewendeten Vergleich mit Strömen von Eis beschrieben. Sie ziehen sich von den Firnmeeren
aus in der Regel längs der Tiefe der von dort herabsteigenden
Thäler hin, indem sie diese in ganzer Breite und oft bis zu ziemlicher Höhe mit Eis füllen. Sie folgen dabei allen Krümmungen,
Windungen, Verengerungen und Erweiterungen des Thals. Häufig
stossen zwei Gletscher zusammen, deren Thäler sich vereinigen.
Da vereinigen sich dann auch die beiden Eisströme in einen gemeinsamen Hauptstrom, der das gemeinsame Thal füllt. An ein-

zelnen Stellen zeigen diese Eisströme eine ziemlich ebene und zusammenhängende Oberfläche, meist sind sie aber von Spalten durchzogen, und sowohl über die Oberfläche wie durch die Spalten rieseln unzählige grosse und kleine Wasseräderchen, die das durch Schmelzung des Eises gebildete Wasser abführen. Dieselben brechen zu einem Bache vereinigt am unteren Ende der grösseren Gletscher durch ein hohes gewölbtes und prachtvoll blaues Eisthor hervor.

Auf der Oberfläche des Eises pflegt eine grosse Menge von Steinblöcken und Steinschutt zu liegen, die sich namentlich längs der Seitenränder und am unteren Ende der Gletscher zu mächtigen Wällen aufthürmen, welche man die Seiten- und Endmoränen des Gletschers nennt. Andere Steinwälle, die Mittelmoränen oder Gufferlinien, ziehen sich als lange regelmässige dunkle Linien über die Oberfläche der Gletscher in Richtung ihrer Länge hin. Sie laufen stets von solchen Punkten aus, wo zwei Gletscherströme zusammentreffen und sich vereinigen. Die Mittelmoränen sind an solchen Stellen die Fortsetzungen der vereinigten Seitenmoränen der beiden Gletscher.

Die Bildung der Mittelmoränen wird sehr anschaulich an der beifolgenden Ansicht des Unteraargletschers Fig. 27. Im Hinter-

Fig. 27.

grunde sieht man die zwei aus verschiedenen Thälern, rechts vom Schreckhorn, links vom Finsteraarhorn herkommenden Gletscherströme. Von ihrer Vereinigungsstelle zieht sich der die Mitte des Bildes einnehmende Steinwall als Mittelmoräne herab. Links sieht man einzelne grosse Steinblöcke auf Eispfeilern getragen, sogenannte Gletschertische.

Um Ihnen eine Uebersicht dieser Verhältnisse an einem weiteren Beispiele zu geben, lege ich Ihnen in Fig. 28 (a. f. S.) eine Karte des Eismeers von Chamouni vor, nach der von Forbes copirt.

Das Eismeer ist bekanntlich seiner Masse nach der grösste unter den Gletschern der Schweiz, wenn es an Länge auch vom Aletschgletscher übertroffen wird. Es sammelt sich von den Schneefeldern der unmittelbar nördlich vom Montblanc gelegenen Berge, von denen mehrere wie die Grande Jorasse, die Aiguille Verte (a Fig. 28 u. 29), die Aiguille du Géant (b), Aiguille du Midi (c) und die Aiguille du Dru (d) nur 2000 bis 3000 Fuss hinter jenem König der europäischen Berge zurückbleiben. Die Schneefelder, welche an den Abhängen und in den Thalkesseln zwischen diesen Bergen liegen, sammeln sich in drei Hauptströme, den Glacier du Géant, Gl. de Léchaud und Gl. du Talèfre, welche schliesslich zusammenfliessend, wie es die Karte zeigt, das Eismeer bilden. Letzteres zieht als ein 2600 bis 3000 Fuss breiter Eisstrom bis in das Thal von Chamouni hinab, wo aus seinem unteren Ende bei k ein starker Bach, der Arveyron, hervorbricht, der sich in die Arve ergiesst. Der unterste Absturz des Eismeers, der vom Thale von Chamouni aus sichtbar ist und eine gewaltige Eiscascade bildet, wird gewöhnlich Glacier des Bois genannt, nach einem unten liegenden Dörfchen.

Die meisten Besucher von Chamouni betreten nur den untersten Theil des Eismeers von dem Wirthshause des Montanvert aus (m Fig. 28) und kreuzen, wenn sie schwindelfrei sind, den Gletscher an dieser Stelle, um zu dem gegenüberliegenden Häuschen des Chapeau (n) zu gelangen. Obgleich man dabei, wie die Karte zeigt, nur einen verhältnissmässig sehr kleinen Theil des Gletschers übersieht und beschreitet, so lehrt dieser Weg doch sowohl die grossartigen Scenen, als auch die Schwierigkeiten einer Gletscherwanderung genügend kennen. Kühnere Wanderer beschreiten den Gletscher nach aufwärts bis zu dem Jardin (e), einer mit etwas Vegetation überkleideten Felsenklippe, welche den Eisstrom des Glacier du Talèfre in zwei Arme theilt, oder steigen auch wohl noch kühner bis zum Col du Géant (11000 Fuss über dem Meere) empor und nach der italienischen Seite hinab in das Thal von Aosta.

Fig. 28.

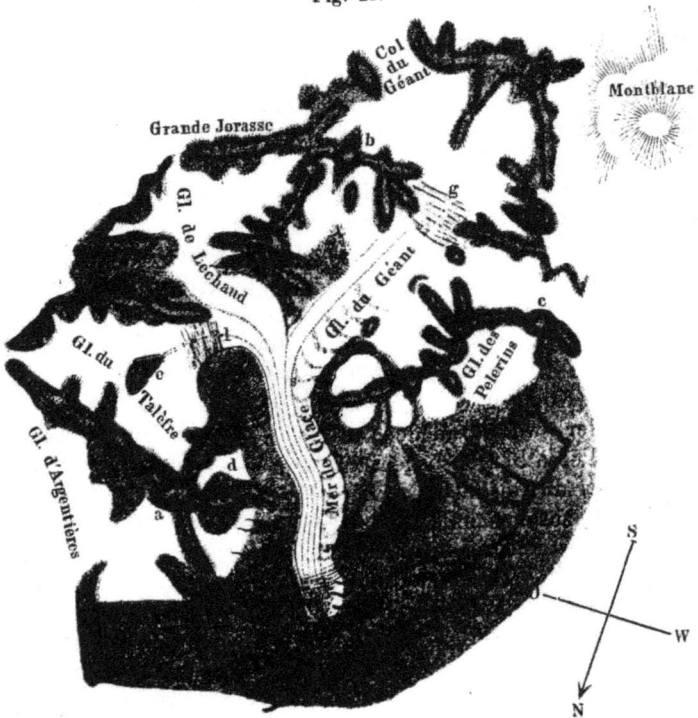

Die Oberfläche des Eismeers zeigt vier von den als Mittelmoränen bezeichneten Steinwällen. Die erste, der östlichen Seite des Gletschers am nächsten, entsteht, wo sich am unteren Ende des Jardin die beiden Arme des Glacier du Talèfre vereinigen; die zweite geht aus von der Vereinigung des genannten Gletschers mit dem Glacier de Léchaud, die dritte von der Vereinigung des letztern mit dem Glacier du Géant, die vierte endlich von der Spitze des von der Aiguille du Géant nach der Cascade (g) des Glacier du Géant herablaufenden Felsenriffs.

Um Ihnen eine Anschauung von der Neigung und dem Gefälle des Gletschers zu geben, habe ich in Fig. 29 einen Längsschnitt desselben nach den Nivellements und Messungen von

Forbes construirt, mit der Ansicht des rechten Ufers des Gletschers. Die Buchstaben bezeichnen dieselben Objecte, wie in
Fig. 28; *p* ist die Aiguille de Léchaud, *q* die Aiguile Noire,
r der Mont Tacul; *f* ist der Col
du Géant, der niedrigste Punkt
in der hohen Felsenmauer, welche
das obere Ende der zum Eismeer beitragenden Schneefelder
umzieht. Die Basis der Zeichnung entspricht einer Länge von
zwei deutschen Meilen, am rechten Ende sind die Höhen über
dem Meere in englischen Fussen
angegeben. Die Zeichnung zeigt
sehr deutlich, wie gering an den
meisten Stellen das Gefälle des
Gletschers ist. Die Tiefe desselben musste freilich nach unge-
fährer Schätzung bestimmt werden, denn über diese weiss man
bisher leider nichts Sicheres.
Nur dass es sehr tief sei, geht
aus folgenden vereinzelten und
zufälligen Beobachtungen hervor.

Am Ende einer vertikalen
Felswand des Tacul schiebt sich
der Rand des Glacier du Géant
mit einer senkrechten Eiswand
von 140 Fuss Höhe hervor. Dadurch wäre die Tiefe eines der
oberen Arme des Gletschers am
Rande gegeben. In der Mitte
und nach der Vereinigung der
drei Gletscher muss die Tiefe viel
grösser sein. Etwas unterhalb
der Vereinigungsstelle sondirten
Tyndall und Hirst in einem
Moulin, d. h. in einer Höhlung,
durch welche die oberflächlichen
Gletscherwasser in die Tiefe

strömen, bis zu 160 Fuss Tiefe; die Führer behaupteten, in einer ähnlichen Oeffnung einmal bis zu 350 Fuss Tiefe sondirt zu haben; aber in keinem Falle wurde der Boden des Gletschers erreicht. Auch erscheint es bei der gewöhnlich tief muldenförmigen oder spaltenförmigen Bodenform der nur von Felswänden gebildeten Thäler unwahrscheinlich, dass auf 3000 Fuss Breite die mittlere Tiefe nur 350 Fuss sein sollte, sowie denn auch die Bewegungsweise des Eises erfordert, dass unter dem gespaltenen Theile desselben noch eine sehr mächtige zusammenhängende Schicht sei.

Um diese Grössenverhältnisse an bekannteren Gegenständen anschaulicher zu machen, so denken Sie sich das Thal von Heidelberg mit Eis gefüllt bis zur Molkenkur hinauf, oder höher, so dass die ganze Stadt mit ihren Thürmen und das Schloss tief darunter begraben liegen; denken Sie sich ferner diese Eismasse von der Mündung des Thals in allmälig ansteigender Höhe aufwärts bis Neckargemünd fortgesetzt, so würde das etwa dem unteren vereinigten Eisstrom des Mer de Glace entsprechen.

Oder denken Sie sich statt des Rheins und der Nahe bei Bingen zwei Eisströme sich vereinigend, die das Rheinthal bis zu seinem oberen Rande erfüllen, so weit man vom Flusse aus hinaufblicken kann, und dann den vereinigten Strom abwärts ziehend bis über Asmannshausen und Burg Rheinstein hinaus; ein solcher Strom würde ebenfalls der Grösse des Eismeers etwa entsprechen.

Von der Mächtigkeit der Eismassen der grösseren Gletscher giebt auch die Ansicht Fig. 30 von dem unteren Ende des gewaltigen Gornergletschers bei Zermatt ein Bild.

Die Oberfläche der meisten Gletscher ist ziemlich schmutzig von den vielen Steinchen und Steinstaub, die darauf liegen und sich immer mehr zusammendrängen, je mehr das Eis unter und zwischen ihnen abschmilzt. Das Eis der Oberfläche ist durch Schmelzung halb zerstört und bröcklig geworden. In der Tiefe der Spalten aber erblickt man Eis von einer Reinheit und Klarheit, mit dem nichts verglichen werden kann, was wir von Eis im ebenen Lande zu sehen bekommen. Wegen seiner Reinheit zeigt es ein prachtvolles Blau, welches nur ein wenig grünlicher ist als das des blauen Himmels. Spalten, in denen das reine Eis des Inneren sichtbar wird, kommen in jeder Grösse vor; sie entstehen als schmale Risse, in die man kaum ein Messer hineinstecken kann, sie erweitern sich dann allmälig zu Schlünden, die viele hundert oder selbst tausend Fuss lang, zwanzig, fünfzig,

selbst hundert Fuss breit, und zum Theil unabsehbar tief sind.
Ihre vertikalen, tiefblauen, von herabträufelndem Wasser feucht-

Fig. 30.

glänzenden Wände aus krystallklarem Eise bilden eines der
prachtvollsten Schauspiele, welches die Natur uns darbietet, aber
freilich ein Schauspiel, stark gewürzt mit dem aufregenden Interesse der Gefahr, und nur zu geniessen für Wanderer, die sich
vollkommen frei von jeder Anwandlung von Schwindel fühlen.
Man muss eben mit Hülfe scharf genagelter Schuhe und eines
spitzen Alpenstocks auch auf schlüpfrigem Eise und am Rande
eines senkrechten Absturzes, dessen Fuss sich im Dunkel der
Nacht und in unbekannter Tiefe verliert, fest zu stehen wissen.
Auch kann man solchen Spalten nicht immer aus dem Wege
gehen, wenn man Gletscher überschreiten will; auf dem unteren
Theile des Eismeers zum Beispiel, wo es von den Reisenden gewöhnlich überschritten wird, ist man gezwungen auf schmalen,
zum Theil ziemlich abschüssigen Banken von Eis entlang zu
schreiten, die zuweilen nur vier oder sechs Fuss breit sind und
auf jeder Seite solch einen blauen Schlund neben sich haben.
Schon mancher Wanderer, der an steilen Felsabhängen ohne
Furcht entlang spaziert war, hat dort das Herz sinken gefühlt,
und durfte sich doch nicht erlauben sein Auge von den gähnen-
den Abgründen abzuwenden, da er jeden Tritt für seine Füsse

vorher erst sorgfältig auswählen musste. Und dabei sind diese blauen Schlünde, wo sie offen zu Tage liegen, noch lange nicht die schlimmsten Gefahren des Gletschers, obgleich wir Menschen allerdings so organisirt sind, dass eine Gefahr, die wir sehen, und die wir eben deshalb auch sicher vermeiden können, uns mehr schreckt, als eine andere, von der wir zwar wissen, dass sie da ist, die aber durch einen leichten Schleier unseren Augen verhüllt ist. So ist es auch mit den Gletscherschlünden. Im unteren Theile der Gletscher gähnen sie uns Tod und Verderben drohend an und machen, dass wir scheu zurückweichend alle unsere Besonnenheit zusammennehmen, um ihnen zu entgehen; dort kommen wohl kaum Unglücksfälle vor. Auf den oberen Theilen der Gletscher dagegen ist die Oberfläche mit Schnee bedeckt; dieser wölbt sich, wenn er tief fällt, auch bald über die engeren Spalten von vier bis acht Fuss Breite fort, und bildet Brücken, die den Spalt vollständig verhüllen, so dass der Wanderer nur eine schöne ebene Schneefläche vor sich sieht. Sind die Schneebrücken dick genug, so tragen sie auch einen Menschen, aber sie sind es nicht immer, und das sind die Stellen, wo Menschen und selbst Gemsen so oft verunglücken. Das Mittel dieser Gefahr zu entgehen besteht bekanntlich darin, dass sich zwei oder drei Männer mit einem langen Strick aneinander binden, so dass sie in Zwischenräumen von zehn bis zwölf Fuss hinter einander einher gehen können. Stürzt einer in eine Spalte, so können die beiden anderen ihn halten und wieder herausziehen.

An einzelnen Orten kann man auch in die Spalten hineinsteigen, namentlich am unteren Ende der Gletscher. An den viel besuchten Gletschern von Grindelwald, Rosenlaui und anderen pflegt man dies den Reisenden dadurch zu erleichtern, dass Stufen gehauen und Bretter hineingelegt sind. Da kann man denn weit in die Spalten vordringen, wenn man das fortdauernd herabtriefende Wasser nicht fürchtet, und die wunderbar durchsichtigen und reinen Krystallwände dieser Höhlen bewundern. Die schöne blaue Farbe, welche sie zeigen, ist die natürliche Farbe des ganz reinen Wassers; das flüssige Wasser wie das Eis ist blau gefärbt, aber ausserordentlich wenig, so dass die Farbe nur an Schichten von zehn oder mehr Fuss Dicke sichtbar wird. Das Wasser des Genfer Sees und des Garda-Sees zeigt dieselbe prachtvolle Farbe wie das Eis.

Nicht überall sind die Gletscher gespalten; wo das Eis gegen ein Hinderniss andrängt, und auch in der Mitte grosser sich

gleichmässig hinziehender Gletscherströme ist die Oberfläche ganz
zusammenhängend. Eine der ebeneren Stellen des Eismeers beim
Montanvert, dessen Häuschen im Hintergrunde sichtbar ist, zeigt
Fig. 31. Den Griesgletscher, wo er die Passhöhe zwischen
dem obern Rhonethale und dem Tosathale bildet, kann man so-

Fig. 31.

gar zu Pferde überschreiten. Die grösste Zerrissenheit der
Gletscherfläche finden wir dagegen an solchen Stellen, wo der
Gletscher von einer wenig geneigten Stelle seines Bettes auf eine
stärker geneigte übergeht. Da zerreisst dann das Eis nach allen
Richtungen in eine Menge einzelner Blöcke, die durch Abschmel-
zen gewöhnlich in sonderbar geformte spitze Riffe und Pyra-
miden verwandelt werden, und von Zeit zu Zeit mit mächtigem
Gepolter in die zwischenliegenden Spalten hinabstürzen. Von
Weitem sieht eine solche Stelle wie ein wilder gefrorener Wasser-
fall aus, und wird deshalb auch Cascade genannt, eine solche
Cascade zeigt der Glacier du Talèfre bei *l*, eine der Glacier du

Géant bei *g* Fig. 28, und eine dritte bildet das untere Ende des
Eismeers. Diese letztere, der schon genannte Glacier du Bois,
welche von der Thalsohle von Chamouni unmittelbar zur Höhe
von 1700 Fuss sich erhebt, der Höhe des Königstuhls bei Heidelberg, ist immer ein Hauptgegenstand der Bewunderung für die
Chamounifahrer. Eine Ansicht seiner wild zerrissenen Eisblöcke
giebt Fig. 32.

Fig. 32.

Wir haben bisher die Gletscher ihrer äusseren Form und Erscheinung nach mit einem Strome verglichen; diese Aehnlichkeit
ist aber nicht nur eine äusserliche, sondern das Eis des Gletschers bewegt sich in der That vorwärts, ähnlich dem Wasser in
einem Strome, nur langsamer. Dass dies geschehen müsse, geht
schon aus den Betrachtungen hervor, durch die ich Ihnen die
Entstehung eines Gletschers zu erläutern versuchte. Da nämlich
das Eis seines unteren Endes durch Schmelzung fortdauernd vermindert wird, so müsste es bald ganz schwinden, wenn nicht fort-

dauernd neue Masse von oben her nachrückte, welche selbst durch die Schneefälle auf den Firnmeeren immer wieder neu ergänzt wird. Aber wir können uns von der Bewegung der Gletscher bei sorgfältiger Beobachtung auch durch das Auge überzeugen. Zuerst hat sie sich den Bewohnern des Thals, die solchen Gletscher immer vor Augen haben, ihn oft überschreiten und um ihren Weg zu finden, die grösseren auf ihm liegenden Steinblöcke als Merkzeichen benutzen, dadurch verrathen, dass diese Wegzeichen im Laufe jedes Jahres merklich nach abwärts wandern. Da auf der unteren Hälfte des Eismeers von Chamouni zum Beispiel das jährliche Fortrücken 400 bis 600 Fuss beträgt, so begreifen Sie, dass solche Verschiebungen trotz der Langsamkeit, mit der sie erfolgen, und trotz der chaotischen Verwirrung von Eisspalten und Steinmassen, die auf dem Gletscher herrscht, doch am Ende bemerkt werden müssen.

Ausser den Steinen werden auch andere Gegenstände, welche zufällig auf den Gletscher geriethen, mit fortgeschleppt. Im Jahre 1788 brachte der berühmte Genfer Naturforscher Saussure mit seinem Sohne und einer Caravane von Trägern und Führern sechszehn Tage auf dem Col du Géant zu; beim Herabsteigen an den Felsen zur Seite der Cascade des Glacier du Géant (*g* Fig. 33) liessen sie eine hölzerne Leiter dort zurück. Es war dies die Stelle am Fusse der Aiguille Noire, wo die vierte Gufferlinie des Eismeers beginnt; diese Linie bezeichnet gleichzeitig die Richtung, in welcher das Eis von dieser Stelle aus fortwandert. Im Jahre 1832, also 44 Jahre später, wurden Bruchstücke dieser Leiter von Forbes und anderen Reisenden nicht weit unterhalb des Vereinigungspunktes der drei Gletscher des Eismeeres in der genannten Gufferlinie, bei *s* Fig. 33 (a. f. S.), gefunden, woraus sich ergab, dass jene Theile des Gletschers in jedem Jahre im Mittel 375 Fuss abwärts gewandert waren.

Im Jahre 1827 hatte sich Hugi auf der Mittelmoräne des Unter-Aargletschers eine Hütte gebaut, um dort Beobachtungen anzustellen; der Ort dieser Hütte wurde von ihm selbst und später von Agassiz wieder bestimmt, und sie fand sich jedes Jahr weiter abwärts geschoben; 14 Jahre später, im Jahre 1841 stand sie 4884 Fuss tiefer, hatte also in jedem Jahre im Durchschnitt 349 Pariser Fuss zurückgelegt. Eine etwas geringere Bewegung fand Agassiz nachher an seiner eigenen Hütte, die er auf demselben Gletscher anlegte. Für die bisher erwähnten

Beobachtungen war eine lange Zwischenzeit nöthig. — Beobachtet
man aber die Bewegung der Gletscher mit genauen Messinstru-

Fig. 33.

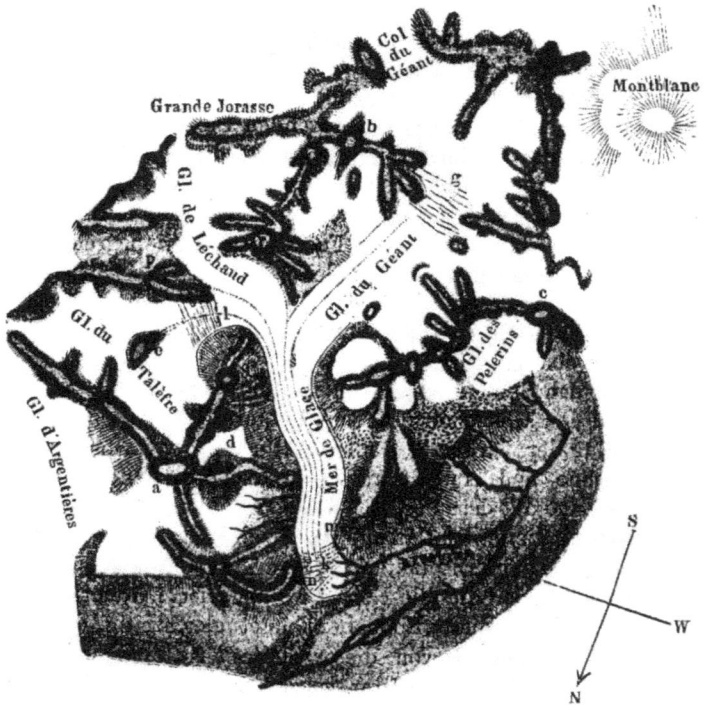

menten, zum Beispiel mit Theodolithen, wie sie die Feldmesser bei
Vermessungen anwenden, so braucht man nicht Jahre zu warten,
um die Bewegung des Eises zu erkennen, sondern ein einziger Tag
genügt.

Dergleichen Beobachtungen sind in neuerer Zeit von mehreren
Beobachtern, namentlich von Forbes und Tyndall angestellt
worden. Danach rückt die Mitte des Eismeers im Sommer mit
einer Geschwindigkeit von 20 Zoll auf den Tag vor, die gegen die
untere Endcascade hin sich bis auf 35 Zoll täglich steigert. Im
Winter ist die Geschwindigkeit etwa nur halb so gross. An den
Seitenrändern des Gletschers und in seinen tieferen Schichten ist
sie wie bei einem Wasserflusse ebenfalls beträchtlich kleiner als
in der Mitte seiner Oberfläche.

Auch die oberen Zuflüsse des Eismeers haben eine geringere
Bewegung; der Glacier du Géant von 13 Zoll täglich, der Glacier
du Léchaud von 9½ Zoll. In verschiedenen Gletschern ist überhaupt die Geschwindigkeit im Allgemeinen sehr verschieden, je
nach ihrer Grösse, ihrer Neigung, der Masse des Schneefalls und
anderen Umständen.
So rückt also eine solche ungeheure Eismasse vor, ganz allmälig und leise, dem flüchtigen Beobachter nicht merklich, Stunde
für Stunde etwa einen Zoll — 120 Jahre braucht das Eis des
Col du Géant, um das untere Ende des Eismeers zu erreichen —,
aber dabei schreitet es vorwärts mit einer unaufhaltsamen Gewalt, vor welcher Hindernisse, welche Menschen ihr entgegensetzen
könnten, wie Strohhalme zerknicken, und deren Spuren, wie wir
nachher sehen werden, selbst die granitenen Felswände des Thales deutlich erkennbar an sich tragen. Wenn nach einer Reihe
feuchter Jahre bei reichlichem Schneefall in der Höhe das untere
Ende eines Gletschers vorrückt, so drückt es nicht nur gelegentlich menschliche Wohnungen ein, und bricht kräftige Baumstämme
ab, sondern auch die aus colossalen Steinblöcken aufgethürmten Wälle seiner Endmoräne, die ganz ansehnliche Hügel-
reihen bilden, schiebt der Gletscher vor sich her, ohne von ihnen
scheinbar einen irgend in Betracht kommenden Widerstand zu
erfahren.
Ein wahrhaft grossartiges Schauspiel diese Bewegung, so
leise, so stetig und so unwiderstehlich und gewaltig!
Erwähnen will ich hier nur noch, dass sich aus der beschriebenen Bewegungsweise der Gletscher auch leicht ergiebt, an welchen Orten und in welchen Richtungen sich Spalten bilden müssen. Da nämlich nicht alle Schichten des Gletschers gleich
schnell vorwärts schreiten, so bleiben einige Punkte desselben
gegen andere zurück, zum Beispiel die Ränder gegen die Mitte.
Dadurch wächst fort und fort die Entfernung eines beliebigen am
Rande gelegenen Punktes von einem Punkte der Mitte, der anfangs mit ihm in gleicher Höhe lag, nachher aber sich schneller
abwärts bewegt, und da das Eis zwischen je zwei solchen Punkten
sich nicht ihrer wachsenden Entfernung entsprechend dehnen
kann, zerreisst es und bildet Spalten, wie sie die in Fig. 34 gegebene Abbildung des Gornergletschers bei Zermatt längs des Ran-
des des Gletschers sehen lässt. Es würde zu weit führen, wollte
ich Ihnen die Erklärung für die Bildung der einzelnen regelmäs-
sigeren Spaltensysteme, wie sie sich an gewissen Stellen aller

210

Gletscher zu entwickeln pflegen, hier im Einzelnen geben; es mag
genügen zu erwähnen, dass die Folgerungen aus den angegebenen
Betrachtungen mit den Beobachtungen an den Gletschern gut
übereinstimmen.

Fig. 34.

Nur will ich noch darauf aufmerksam machen, wie ausserordentlich kleine Verschiebungen genügen, um das Eis Hunderte
von Spalten bilden zu machen. Der Querschnitt des Eismeers
(Fig. 35 bei *g*, *c*, *h*) zeigt Ihnen Stellen, wo eine kaum merkliche
Aenderung in der Neigung der Oberfläche des Eises vorkommt,
von 2 bis 4 Winkelgraden. Diese genügt, um ein System quer
laufender Spalten an der Oberfläche hervorzubringen. Tyndall
namentlich hat es hervorgehoben und durch Rechnungen und
Messungen bestätigt, dass die Eismasse der Gletscher nicht im
allergeringsten Maasse nachgiebig gegen Dehnung ist, sondern
unter dem Einflusse einer solchen stets auseinander reisst.

Auch die Vertheilung der Steine auf der Oberfläche der Gletscher erklärt sich leicht, wenn wir ihre Bewegung berücksichtigen.
Diese Steine sind Trümmer der Berge, zwischen denen der Glet-

scher fliesst. Theils durch Verwitterung des Gesteins, theils durch Gefrieren des Wassers in seinen Spalten abgesprengt, fallen sie, und zwar meist auf den Rand der Eismasse. Dort bleiben sie entweder gleich auf der Oberfläche liegen, oder wenn sie sich auch anfangs tief in den Schnee einwühlen, kommen sie doch schliesslich durch Abschmelzen der oberflächlichen Lagen des Eises und des Schnees wieder zu Tage und drängen sich namentlich am untern Ende des Gletschers, wo das Eis zwischen ihnen mehr und mehr geschwunden ist, zusammen. Die Grösse der Blöcke, welche vom Eise allmälig herunter getragen werden zum unteren Ende des Gletschers, ist zum Theil ganz colossal. Es kommen solide Felsblöcke dieser Art in alten und neuen Endmoränen vor, von der Grösse eines zweistöckigen Hauses.

Die Steinblöcke bewegen sich fort in Linien, welche unter einander und der Längsrichtung des Gletschers immer nahehin parallel sind. Die also einmal in der Mitte des Eisstroms liegen, bleiben in der Mitte, die am Rande liegen, bleiben *am Rande.* *Die letzteren sind die zahlreicheren,* weil während des ganzen Laufes des Gletschers immer neue Steine auf den Rand, nicht aber auf die Mitte stürzen können. So bilden sich auf dem Rande der Eismasse die Seitenmoränen, deren Blöcke zum Theil sich mit dem Eise bewegen, theils aber herabgleiten und auf dem

14*

festen Felsboden neben dem Eise liegen bleiben. Wenn aber zwei Gletscherströme sich vereinigen, dann kommen deren zusammenstossende Seitenmoränen auf die Mitte des vereinigten Eisstroms zu liegen, und rücken dann auf diesem, wie schon erwähnt wurde, als Mittelmoränen immer einander und den Ufern des Stromes parallel vorwärts, und zeigen bis zum untern Ende hin die Grenzlinie des Eises an, welches ursprünglich dem einen oder andern Gletscherarme angehörte. Sie sind sehr merkwürdig, weil sie zeigen, in wie regelmässigen parallelen Bändern die einzelnen neben einander liegenden Theile des Eisstroms nach abwärts gleiten. Ein Blick auf die Karte des Eismeers und dessen vier Mittelmoränen zeigt dies sehr deutlich.

Auf dem Glacier du Géant und seiner Fortsetzung im Eismeere zeichnen die auf der Oberfläche des Eises verstreuten Steine in abwechselnd graueren und weisseren Bändern eine Art von Jahresringen des Eises ab, die zuerst von F o r b e s bemerkt wurden. Dadurch dass in der Cascade bei *g*, Fig. 35, im Sommer mehr Eis herabgleitet, als im Winter, wird die Oberfläche des Gletschers unterhalb der Cascade terrassenförmig, wie die Zeichnung andeutet, und da die gegen Norden sehenden Abhänge dieser Terrassen weniger abschmelzen, als ihre oberen ebenen Flächen, so zeigen jene reineres Eis als diese. So entstehen wahrscheinlich diese Schmutzbänder nach T y n d a l l. Sie laufen zuerst ziemlich gestreckt quer über den Gletscher; indem aber nachher ihre Mitte schneller fortrückt als ihre Enden, so bekommen sie weiter unten eine bogenförmige Gestalt, die in der Karte Fig. 33 angedeutet ist. So zeigen sie dem Beschauer unmittelbar durch ihre Krümmung die verschiedene Geschwindigkeit, mit der das Eis in verschiedenen Stellen seines Stromlaufs vorrückt.

Eine besondere Rolle endlich spielen andere Steine, die in die untere Fläche der Eismasse eingebacken sind, und welche theils durch Spalten da hinab gestürzt, theils vom Boden des Thales losgelöst sein mögen. Diese Steine nämlich werden mit dem Eise allmälig über den Boden des Gletscherthales hingeschoben, indem sie gleichzeitig durch die ungeheure Last des über ihnen ruhenden Eises gegen diesen Boden angepresst werden. Beide, die in das Eis eingebackenen Steine wie die Felsen des Bodens, sind gleich hart, werden aber durch ihre gegenseitige Reibung zu Staub zermalmt mit einer Gewalt, gegen welche jede menschliche Kraftleistung verschwindet. Das Product dieser Reibung ist ein äusserst feiner Steinstaub, der, vom Wasser fortgeschwemmt, unten im Gletscherbach zum Vorschein kommt, und diesem in der Regel ein weissliches oder gelbliches, schlammiges Aussehen verleiht. Die Felsen des Thalbodens dagegen, an denen der Gletscher Jahr aus Jahr ein seine abreibende Kraft ausübt, werden abgeschliffen, wie von einer ungeheuren Polirmaschine. Sie bleiben zurück in Form von rundlichen glatt polirten Höckern, auf denen hier und da feine Kratzen von einzelnen härteren Steinen eingerissen sind. So sehen wir sie am Rande jetzt bestehender Gletscher zum Vorschein kommen, wenn deren Eismasse nach einer Reihe heisser und trockener Jahre sich etwas zurückzieht. Aber in viel grösserer Ausdehnung finden wir solche abgeschliffene Felsen als Reste alter riesiger Gletscher in den unteren Theilen vieler Alpenthäler. Namentlich im Thale der Aar, abwärts bis Meyringen, sind die hoch hinauf abgeschliffenen Felswände äusserst charakteristisch. Dort befinden sich auch die berühmten polirten Steinplatten, über welche der Weg führt, und die so glatt sind, dass man durch eingehauene Reifen es Menschen und Pferden hat ermöglichen müssen, sicher darüber zu gehen.

Neben diesen abgeschliffenen Felsen sind es auch alte Moränendämme und fortgeschleppte Steinblöcke, welche die ungeheure frühere Ausdehnung der Gletscher erkennen lassen. Die durch Gletscher fortgetragenen Steinblöcke unterscheiden sich von denen, die Wasser herabgewälzt hat, durch ihre ungeheure Grösse, durch die vollkommene Erhaltung aller ihrer Ecken, die nicht abgerollt sind, und endlich namentlich dadurch, dass sie vom Gletscher genau in derselben Reihenfolge neben einander abgelagert werden, wie die Felsarten, denen sie entnommen sind, oben im Gebirgskamm anstehen, während Wasserströme die Steine, die sie fortrollen, alle unter einander mischen.

Gestützt auf diese Kennzeichen sind die Geologen im Stande gewesen nachzuweisen, dass die Gletscher von Chamouni, vom Monte Rosa, vom Gotthard und den Berner Alpen ehemals durch das Thal der Arve, Rhone, Aare und des Rheins bis in den ebeneren Theil der Schweiz und bis zum Jura vordrangen, wo sie ihre Blöcke in der Höhe von mehr als 1000 Fuss über dem jetzigen Niveau des Neufchateller Sees abgelagert haben. Aehnliche Spuren alter Gletscher findet man auf den Gebirgen der britischen Inseln und der skandinavischen Halbinsel.

Auch das Treibeis der nordischen Meere ist Gletschereis; es wird von den Gletschern Grönlands in das Meer hineingeschoben, löst sich von der übrigen Eismasse des Gletschers los und

schwimmt davon. In der Schweiz finden wir in kleinerem Maassstabe solche Treibeisbildung auf dem kleinen Märjelensee, in
den sich ein Theil der Eismassen des grossen Aletschgletschers
hineinschiebt. Steinblöcke, die im Treibeis liegen, können grosse
Reisen über das Meer machen. Wahrscheinlich ist die ungeheure
Zahl von Granitblöcken, welche in der norddeutschen Ebene sich
finden, und deren Granit den skandinavischen Gebirgen angehört,
durch Treibeis hinübergetragen worden in derselben Zeitperiode,
wo die Gletscher der europäischen Gebirge eine so ungeheure
Ausdehnung hatten.

Ich muss mich leider begnügen mit diesen wenigen Andeutungen über die alte Geschichte der Gletscher, und zurückkehren
zu den Vorgängen in den jetzigen Gletschern.

Aus den Thatsachen, die ich Ihnen vorgeführt habe, ergiebt
sich, dass das Eis eines Gletschers langsam fliesst, ähnlich einem
Strome einer sehr zähflüssigen Substanz, wie etwa Honig, Theer
oder ein dicker Thonbrei. Die Eismasse gleitet nicht nur einfach über den Boden hin, wie ein fester Körper, der einen Abhang
hinabrutscht, sondern sie biegt sich und verschiebt sich in sich
selbst, und obgleich sie dabei auch über den Boden des Thals
hingleitet, so werden doch die Theile, welche Boden und Wände
des Thals berühren, durch die starke Reibung sichtlich aufgehal-
ten; dagegen bewegt sich die Mitte der Oberfläche des Gletschers,
welche dem Boden und den Wänden des Thales am fernsten ist,
am schnellsten. Es waren zuerst Rendu, ein savoyischer Geistlicher, und der berühmte schottische Naturforscher Forbes,
welche die Aehnlichkeit der Gletscher mit einem Strome zäh-
flüssiger Substanz hervorhoben.

Sie werden nun verwundert fragen: Wie ist es möglich, dass
Eis, die sprödeste und zerbrechlichste aller bekannten festen
Substanzen, im Gletscher gleich einer zähflüssigen Masse fliessen
soll? und werden vielleicht geneigt sein, dies für eine der un-
natürlichsten und abenteuerlichsten Behauptungen zu erklären,
welche je von den Naturforschern aufgestellt worden ist. Ich
will auch sogleich einräumen, dass die Naturforscher selbst nicht
wenig in Verlegenheit gesetzt waren durch diese Ergebnisse ihrer
Untersuchungen. Aber die Thatsachen waren da und liessen sich
nicht wegläugnen. Wie diese Art von Bewegung des Eises aber
zu Stande kommen könne, blieb lange durchaus räthselhaft, um
so mehr, da die bekannte Brüchigkeit des Eises sich auch in
den Gletschern durch die zahlreichen Spaltenbildungen zeigte,

und, wie Tyndall richtig hervorhob, darin wieder ein wesentlicher Unterschied der Eisströme von dem Fluss der Lava, des Theers, des Honigs oder eines Schlammstroms liegt.

Die Lösung dieses wunderlichen Räthsels ergab sich — wie das in den Naturwissenschaften so oft vorkommt —´aus scheinbar fernab liegenden Untersuchungen über die Natur der Wärme, welche eine der wichtigsten Errungenschaften der neueren Physik bilden, und gewöhnlich unter dem Namen der mechanischen Wärmetheorie zusammengefasst werden. Unter einer grossen Zahl von Folgerungen über die Beziehungen der verschiedensten Naturkräfte zu einander ergeben die Grundsätze der mechanischen Wärmetheorie auch gewisse Schlüsse über die Abhängigkeit des Gefrierpunktes des Wassers von dem Druck, dem Eis und Wasser ausgesetzt sind.

Wir bestimmen bekanntlich den einen festen Punkt unserer Thermometerscala, den wir den Gefrierpunkt oder Null Grad zu nennen pflegen, dadurch, dass wir das Thermometer in ein Gemisch von reinem Wasser und Eis setzen. Wasser kann — wenigstens wenn es mit Eis in Berührung ist — nicht weiter abgekühlt werden als bis zum Gefrierpunkte, ohne selbst zu Eis zu werden; Eis kann nicht höher erwärmt werden, als bis zum Gefrierpunkte, ohne zu schmelzen. Eis und Wasser neben einander können also nur bei der einzigen festen Temperatur von 0⁰ bestehen.

Sucht man ein solches Gemisch zu erwärmen durch eine untergesetzte Flamme, so schmilzt das Eis, aber die Temperatur des Gemisches wird durch die zugeleitete Wärme nicht über 0⁰ erhöht, so lange noch etwas Eis ungeschmolzen ist. Durch die zugeleitete Wärme wird also Eis von 0⁰ in Wasser von 0⁰ verwandelt, während für das Thermometer keine merkliche Temperaturerhöhung eingetreten ist. Die Physiker sagen deshalb, die zugeleitete Wärme sei latent geworden, und Wasser von 0⁰ enthalte eine gewisse Menge latenter Wärme mehr als Eis von derselben Temperatur.

Umgekehrt, wenn wir dem Gemische von Eis und Wasser noch weiter Wärme entziehen, so gefriert allmälig das Wasser, aber so lange noch etwas ungefrorenes Wasser da ist, bleibt die Temperatur von 0⁰ bestehen. Das Wasser von 0⁰ hat dabei seine latente Wärme abgegeben und ist in Eis von 0⁰ übergegangen.

Ein Gletscher ist nun eine Eismasse, welche überall mit Wasseräderchen durchrieselt ist, und deshalb in ihrem Innern überall die Temperatur des Gefrierpunktes hat. Selbst die tieferen

Schichten der Firnmeere scheinen auf den Höhen, die in unserer Alpenkette vorkommen, überall dieselbe Temperatur zu haben. Denn wenn auch der frisch gefallene Schnee jener Höhen meist kälter als 0⁰ sein mag, so schmelzen die ersten Stunden warmen Sonnenscheins seine Oberfläche und bilden Wasser, welches in die tieferen kälteren Schichten einsickert, und in diesen so lange wieder gefriert, bis sie durch und durch auf die Temperatur des Gefrierpunktes gebracht worden sind. Diese Temperatur bleibt dann unveränderlich dieselbe. Denn durch die warmen Sonnenstrahlen kann die Oberfläche des Eises wohl abgeschmolzen, aber nicht über 0⁰ erwärmt werden, und die Winterkälte dringt in die schlecht wärmeleitenden Schnee- und Eismassen nicht tief ein, ebenso wenig wie in unsere Keller. Somit behält das Innere der Firnmeere wie der Gletscher unveränderlich die Temperatur des Gefrierpunktes.

Aber die Temperatur des Gefrierpunktes des Wassers kann durch starken Druck verändert werden. Es wurde dies zuerst von James Thomson in Belfast und fast gleichzeitig von Clausius in Zürich aus der mechanischen Wärmetheorie gefolgert, und es konnte sogar die Grösse dieser Veränderung mittels derselben Schlüsse richtig vorausgesagt werden. Es sinkt nämlich für den Druck je einer Atmosphäre der Gefrierpunkt um $1/_{144}$ eines Réaumur'schen Grades. Der Bruder des erstgenannten, W. Thomson, der berühmte Physiker von Glasgow, bestätigte durch den Versuch die Folgerung aus der Theorie, indem er ein Gemisch von Eis und Wasser in einem passenden festen Gefässe comprimirte. Dasselbe wurde in der That kälter und kälter, je mehr er den Druck steigerte, und zwar genau um so viel, als die mechanische Wärmetheorie verlangte.

Wenn nun unter Einwirkung des Druckes ein Gemisch von Wasser und Eis kälter wird, als es vorher war, ohne dass ihm doch dabei Wärme entzogen wird, so kann das nur geschehen, indem freie Wärme latent wird, das heisst, indem etwas Eis in dem Gemische schmilzt und zu Wasser wird. Darin liegt auch der Grund, dass mechanischer Druck auf den Gefrierpunkt einwirken kann. Sie wissen, dass Eis mehr Raum einnimmt, als das Wasser, aus dem es entsteht. Wenn Wasser in einem verschlossenen Gefässe gefriert, so sprengt es ja bekanntlich nicht nur gläserne Flaschen, sondern selbst eiserne Bomben. Dadurch also, dass in dem zusammengepressten Gemische von Eis und Wasser etwas Eis schmilzt und zu Wasser wird, verringert sich das Volumen der Masse, und die Masse kann dem Drucke, der auf ihr lastet, mehr nachgeben, als sie ohne eine solche Veränderung des Gefrierpunktes gekonnt hätte. Der mechanische Druck begünstigt hier, wie dies meistentheils bei der Wechselwirkung verschiedener Naturkräfte gegen einander zu geschehen pflegt, das Eintreten einer solchen Veränderung, nämlich der Schmelzung, welche der Entfaltung seiner eigenen Wirksamkeit günstig ist.

Bei dem erwähnten Versuche von W. Thomson war Wasser und Eis zusammen in einem festen Gefässe eingeschlossen, aus dem nichts entweichen konnte. Etwas anders gestaltet sich die Sache, wenn, wie das auch in den Gletschern der Fall ist, das zwischen dem zusammengepressten Eise befindliche Wasser durch Spalten entweichen kann. Dann wird zwar das Eis gepresst, aber nicht das Wasser, welches ausweicht. Das gepresste Eis wird dann kälter, entsprechend der Erniedrigung seines Gefrierpunktes durch den Druck, aber der Gefrierpunkt des Wassers, welches nicht zusammengepresst wird, wird nicht erniedrigt. So haben wir unter diesen Umständen Eis kälter als 0⁰ in Berührung mit Wasser von der Temperatur 0⁰. Die Folge davon wird sein, dass fortdauernd rings um das gepresste Eis Wasser gefriert und neues Eis bildet, während dafür ein Theil des gepressten Eises fortschmilzt.

Dies geschieht zum Beispiel schon, wenn nur zwei Eisstücke an einander gepresst werden; dabei werden sie durch das an ihrer Berührungsfläche gefrierende Wasser fest mit einander vereinigt, und in ein zusammenhängendes Stück Eis vereinigt. Bei starkem Druck, der das Eis auch stärker erkältet, geschieht dies schnell, aber auch bei sehr schwachem Drucke kann es geschehen, wenn man nur lange genug wartet. Faraday, der dieses Phänomen entdeckt hat, nannte es Regelation des Eises; über die Erklärung desselben ist viel gestritten worden; ich habe Ihnen hier diejenige vorgetragen, welche ich für die genügendste halte.

Dieses Zusammenfrieren zweier Eisstücke bringt man sehr leicht zu Stande mit zwei beliebig gestalteten Stücken, die aber nicht kälter als 0⁰ sein dürfen, am besten wenn sie schon im Schmelzen begriffen sind [1]. Man braucht sie nur wenige Augenblicke hindurch kräftig an einander zu pressen, so haften sie an

---

[1] In der Vorlesung wurde eine Reihe kleiner Eiscylinder, die nach einer später zu beschreibenden Methode erzeugt waren, mit ihren ebenen Endflächen auf einander gepresst, und so ein cylindrischer Stab von Eis erzeugt.

einander. Je ebener die sich berührenden Flächen sind, desto
fester verschmelzen sie mit einander. Aber selbst sehr geringer
Druck genügt, wenn man die beiden Eisstücke sehr lange Zeit in
gegenseitiger Berührung lässt [1]).

Die genannte Eigenschaft des schmelzenden Eises wird auch
von den Knaben ausgebeutet, wenn sie Schneebälle und Schnee-
männer machen. Es ist bekannt, dass dies nur gelingt, wenn der
Schnee entweder schon im Schmelzen begriffen ist, oder wenigstens
nur so wenig kälter als 0⁰ ist, dass er durch die Wärme der Hand
leicht bis zu der genannten Temperatur erwärmt werden kann.
Sehr kalter Schnee ist ein trocknes loses Pulver und haftet nicht
zusammen.

Was nun Kinder, welche Schneebälle machen, im Kleinen
thun, das geht im allergrössesten Maassstabe in den Gletschern
vor sich. Die tieferen Lagen des ursprünglich lockeren und fein-
pulverigen Firnschnees werden zusammengedrückt durch die über
ihnen liegenden, oft viele hundert Fuss aufgethürmten Schneemassen und ballen sich unter diesem Druck zu immer festerem
und dichterem Gefüge zusammen. Ursprünglich besteht der frisch
gefallene Schnee aus zarten, mikroskopisch feinen Eisnadelchen,
die zu ungemein zierlichen sechsstrahligen und federähnlich aus-
gefranseten Sternen zusammengesetzt sind. Dadurch, dass von
den oberen Lagen der Schneefelder her, so oft diese der Sonnenwärme ausgesetzt sind, Wasser einsickert, und wo es in den tieferen
Lagen noch kälteren Schnee antrifft, wieder gefriert, wird der
Firn zuerst körnig und auf die Temperatur des Gefrierpunktes
gebracht. Indem nun aber das Gewicht der überlagernden Schneemassen immer mehr und mehr wächst, verwandelt er sich durch
festeres Aneinanderhaften seiner einzelnen Körnchen endlich in
eine ganz dichte und harte Eismasse.

Wir können diese Verwandlung von Schnee in Eis auch künstlich vollziehen, wenn wir einen entsprechenden Druck anwenden.

Sie sehen hier (Fig. 36 a. f. S.) ein cylindrisches Gefäss *A A*
aus Gusseisen; die Bodenplatte *B B* wird durch drei Schrauben
festgehalten, und kann abgenommen werden, um die in dem Cylinder gebildeten Eiscylinder herauszunehmen. Nachdem das Gefäss eine Weile in Eiswasser gelegen hat, um es bis 0⁰ abzukühlen,
wird es mit Schnee vollgestopft und dann der cylindrische Stempel *C C*, der die innere Höhlung ausfüllt, aber noch leicht in ihr

---

[1]) Siehe die Zusätze am Schlusse dieser Vorlesung.

gleitet, mit Hülfe einer hydraulischen Presse hineingetrieben. Die angewendete Presse erlaubt den Druck, dem der Schnee ausgesetzt ist, bis auf funfzig Atmosphären zu steigern. Natürlich

Fig. 36.

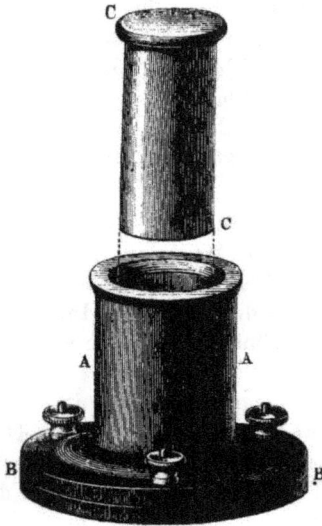

schwindet der lockere Schnee unter einem so gewaltigen Drucke in ein sehr kleines Volumen zusammen. Man lässt mit dem Drucke nach, nimmt den Stempel heraus, füllt den leeren Theil des Cylinders wieder mit Schnee aus, presst wieder, und fährt so fort, bis die ganze Höhlung der Form mit Eismasse angefüllt ist, die dem Drucke nicht mehr nachgiebt. Wenn ich nun den gepressten Schnee herausnehme, werden Sie sehen, dass er zu einem ganz harten, scharfkantigen und trübe durchscheinenden Eiscylinder geworden ist. Wie hart er ist, werden Sie an dem Krachen hören, mit dem er zerschellt, wenn ich ihn gegen den Boden schleudere.

So wie der Firnschnee in den Gletschern zu dichtem Eise zusammengepresst wird, so werden nun aber auch fertig gebildete unregelmässige Eisstücke an vielen Stellen wieder in dichtes klares Eis vereinigt. Am auffallendsten geschieht dies am Fusse der Gletschercascaden. Es kommen Gletscherfälle vor, wo ein oberer Theil des Gletschers an einer steilen Felswand endigt, und seine Eisblöcke nach einander als Lavinen über den Rand dieser Wand hinabstürzen. Das Haufwerk von zerschellten Eisblöcken, welches sich in Folge davon unten ansammelt, vereinigt sich dann wieder am Fusse der Felswand zu einer zusammenhängenden dichten Eismasse, welche ihren Weg als Gletscher unten fortsetzt. Sehr viel häufiger noch als solche Cascaden, wo der Gletscherstrom ganz abreisst, sind aber Stellen, wo der Thalboden sich schneller senkt, wie die schon vorher erwähnten Stellen des Eismeers Fig. 33 bei *g*, der Cascade des Glacier du Géant, bei *i* und bei *h* der grossen Endcascade des Glacier des Bois. Da zerspaltet das Eis in Tausende von Bänken und Klippen, die sich doch wieder am unteren Ende der steileren Senkung zu einer zusammenhängenden Masse vereinigen.

Auch dies können wir nachmachen in unserer eisernen Form; ich werfe statt des Schnees, den ich vorher hineinthat, nun eine Anzahl unregelmässig geformter Eisstückchen hinein und presse sie zusammen; fülle dann neue Eisstücke nach, presse wieder und fahre damit fort bis die Form voll ist. Wenn ich die Masse herausnehme, so bildet sie einen zusammenhängenden festen Cylinder von ziemlich klarem Eise, welcher vollkommen scharfkantig ausgepresst ist und sich vollkommen genau der inneren Fläche der Form anfügt.

Dieser Versuch, der von Tyndall zuerst ausgeführt wurde, zeigt, dass auch ein fertiger Eisblock wie Wachs in eine jede beliebige Form gepresst werden kann. Man könnte nun etwa daran denken, dass ein solcher Block durch den Druck im Innern der Presse erst zu so feinem Pulver zermalmt würde, dass es sich in jede Ecke der Form einfügen kann, und dass dann dieses Eispulver, wie Schnee, wieder durch Zusammenfrieren vereinigt würde. Man könnte daran um so mehr denken, als man in der That, während die Presse angetrieben wird, fortdauerndes Knarren und Knacken des Eises im Innern der Form hört. Indessen schon das Ansehen der aus Eisblöcken gepressten Cylinder kann uns belehren, dass sie nicht in dieser Weise entstanden sind. Sie sind nämlich im Ganzen klarer als das aus Schnee entstandene Eis, und man erkennt in ihnen noch die einzelnen grösseren Eisstücke, freilich in veränderter und plattgepresster Form wieder, die man dabei verwendet hat. Am schönsten ist dies der Fall, wenn man in die Form klare Eisstücke legt und die übrig bleibenden Hohlräume mit Schnee ausstopft. Dann zeigt der Cylinder abwechselnde Schichten klaren und trüben Eises; ersteres von den Eisstücken, letzteres vom Schnee herrührend. Die klaren Eisstücke zeigen sich aber auch in diesem Falle in platte Scheiben zusammengepresst.

Diese Beobachtungen lehren also schon, dass das Eis nicht etwa vorher vollständig zertrümmert zu werden braucht, um sich in die vorgeschriebene Form zu fügen, sondern dass es nachgeben kann, ohne seinen Zusammenhang zu verlieren. Wir können uns davon aber in noch viel auffallenderer Weise überzeugen und zugleich einen besseren Einblick in den Grund der Nachgiebigkeit des Eises gewinnen, wenn wir das Eis nicht in der verschlossenen

Form, in die wir nicht hineinsehen können, sondern frei zwischen zwei ebenen Holzplatten zusammenpressen.

Ich stelle zunächst ein unregelmässig cylindrisches Stück natürlichen Eises, von der gefrorenen Oberfläche des Flusses entnommen, und mit zwei ebenen Endflächen versehen zwischen die Platten der Presse. Ich treibe die Presse an; durch den Druck wird der Block zerbrochen; jeder Riss, der sich bildet, läuft durch die ganze Dicke des Blocks, dieser zerfällt in einen Haufen von grösseren Trümmern, die noch weiter zerspalten und zerbrochen werden, indem ich die Presse weiter antreibe. Lasse ich mit dem Drucke nach, so sind alle diese Eistrümmer allerdings durch Zusammenfrieren wieder zu einer Art unregelmässiger Platte vereinigt, aber man sieht es dem Ganzen an, dass die Form des Eisblockes weniger durch Nachgiebigkeit als durch Zerbrechen verändert worden ist, und dass die einzelnen Bruchstücke ihre Lage gegen einander vollständig geändert haben.

Sehr viel anders gestaltet sich die Sache, wenn ich einen von unseren aus Schnee oder Eis gepressten Cylindern zwischen die Platten der Presse stelle. So oft ich die Presse antreibe, hört man auch diesen knarren und knacken, aber er bricht nicht aus einander, er verändert vielmehr ganz allmälig seine Form, wird immer niedriger, dafür aber dicker, und erst zuletzt, wenn derselbe sich schon in eine ziemlich platte Kreisscheibe verwandelt hat, fängt er an, am Rande einzureissen und Spalten zu bilden, gleichsam Gletscherspalten im Kleinen. Fig. 37 zeigt Höhe und Durchmesser eines solchen *Cylinders in* seinem Anfangszustande, dagegen Fig. 38 dieselben nach der Einwirkung der Presse.

Fig. 37.　　　　　　　Fig. 38.

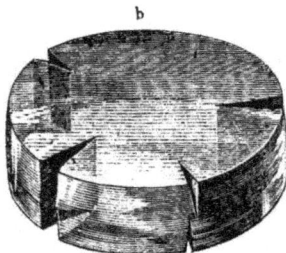

Eine noch stärkere Probe für die Nachgiebigkeit des Eises
aber ist es, wenn wir einen unserer in der Form gepressten Cylinder durch eine enge Oeffnung hindurchtreiben. Dazu setze ich
eine Bodenplatte an die vorher beschriebene cylindrische Form an,
welche eine konisch sich verengernde Durchbohrung hat, deren
äussere Oeffnung einen nur ²/₃ so grossen Durchmesser als die
cylindrische Höhlung der Form hat (Fig. 39 zeigt einen Querschnitt des Ganzen). Wenn ich nun in die Form einen der vorher darin gepressten Eiscylinder
einsetze, und den Stempel antreibe, so wird das Eis gezwungen,
sich durch die engere Oeffnung
in der Bodenplatte hindurch zu
drängen. Man sieht es nun anfangs als einen soliden Cylinder
von dem Durchmesser der Oeffnung austreten. Da aber in der
Mitte der Oeffnung das Eis schneller nachdrängt als an ihren Rändern, so wölbt sich die freie End-
fläche des Cylinders, sein Ende
verdickt sich, so dass es nicht
mehr durch die Oeffnung zurückgezogen werden kann, und spaltet
endlich auf. Fig. 40. *a*, *b*, *c*, zeigt eine Reihe von Formen, die in
dieser Weise zu Stande kommen.

Fig. 39.

Fig. 40.

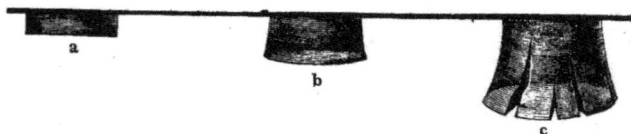

Auch in diesem Falle zeigen die Spalten des hervorquellenden
Eiscylinders eine auffallende Aehnlichkeit mit den longitudinalen
Spalten, die einen Gletscherstrom zertheilen, wo ein solcher sich
durch ein enges Felsenthor in ein weiteres Thal hinausdrängt [1].

---

[1] Bei diesem Versuche verbreitete sich die niedrigere Temperatur des
gepressten Eises zuweilen so weit durch die eiserne Form, dass das Wasser
in dem Spalt zwischen der Bodenplatte und dem Cylinder zu einem dünnen
Eisblatt gefror, obgleich die Eisstücke sowohl wie die eiserne Form vorher
in Eiswasser lagen, und also nicht kälter als 0° waren.

In den beschriebenen Fällen sehen wir nun die Formveränderung des Eises vor unseren Augen vorgehen, wobei der Eisblock im Ganzen seinen Zusammenhang behält, ohne in einzelne Stücke zu zerspringen. Der spröde Eisblock giebt vielmehr scheinbar nach wie Wachs.

Eine genauere Betrachtung eines klaren, aus klaren Eisstücken zusammengepressten Cylinders in den Momenten, wo wir die Presse antreiben, lässt uns aber auch erkennen, was in seinem Innern geschieht. Wir sehen nämlich dann eine unermessliche Zahl äusserst feiner verzweigter Sprünge wie eine trübe Wolke durch ihn hinschiessen, die zum grossen Theil in den nächsten Augenblicken, wenn man die Presse ruhen lässt, wieder verschwinden, aber doch nicht ganz. Ein solcher umgepresster Block ist unmittelbar nach dem Versuche merklich trüber, als er vorher war, und die Trübung rührt, wie man durch die Loupe erkennen kann, von einer grossen Zahl haarfeiner weisslicher Linien her, welche das Innere der übrigens klaren Eismasse durchziehen. Diese Linien sind der optische Ausdruck äusserst feiner Spalten [1]), welche sich durch die Masse des Eises hinziehen.

Wir dürfen daraus schliessen, dass der gepresste Eisblock von einer grossen Zahl feiner Sprünge und Spalten durchrissen wird, dass er dadurch nachgiebig wird, dass seine Theilchen sich ein wenig verschieben und dadurch dem Drucke entziehen, und dass unmittelbar hinterher der grössere Theil der Spaltensysteme durch Zusammenfrieren wieder verschwindet; und nur, wo durch die Verschiebung bewirkt ist, dass die Oberflächen der kleinen verschobenen Eispartikelchen nicht genau auf einander passen, bleiben Reste der Spalträume offen, und verrathen sich durch Reflexion des eindringenden Lichtes als weissliche Linien und Flächen.

Diese Sprünge und Trennungsflächen in dem gepressten Eise

---

[1]) Diese Spalten sind wahrscheinlich ohne Inhalt und luftleer; denn sie bilden sich auch ebenso aus, wenn man klare luftfreie Eisstücke in der ganz mit Wasser gefüllten eisernen Form zusammenpresst, wo gar keine Luft zu den Eisstücken zutreten kann. Dass dergleichen luftfreie Spalträume im Gletschereis vorkommen, hat schon Tyndall nachgewiesen. Wenn das gepresste Eis später langsam zerschmilzt, füllen sich diese Spalten vollständig mit Wasser aus, ohne dass Luftblasen zurückbleiben. Dann werden sie aber sehr viel weniger sichtbar, und der ganze Block daher viel klarer. Eben deshalb können sie im Anfang nicht mit Wasser gefüllt sein.

machen sich auch weiter sehr merklich, wenn das Eis, welches unmittelbar nach dem Pressen, wie ich vorher auseinandersetzte, kälter geworden ist, als 0⁰, sich wieder bis zu dieser Temperatur erwärmt, und allmälig in das Schmelzen übergeht. Dann füllen sich nämlich die Spalten mit Wasser, und solches Eis besteht dann aus einer Menge kleiner stecknadelkopf- bis erbsengrosser Eiskörner, die mit ihren Vorsprüngen und Zacken eng ineinander geschoben sind, und stellenweise auch wohl noch verwachsen sind, während sich die engen Spalten zwischen ihnen mit Wasser gefüllt haben. Ein solcher aus Eiskörnern zusammengesetzter Block haftet fest zusammen, bricht man aber von seinen Kanten mit dem Fingernagel Eistheilchen los, so zeigen sich diese in Gestalt solcher vieleckiger Körnchen. Genau dieselbe Zusammensetzung zeigt übrigens schmelzendes Gletschereis, nur dass die Stücke, aus denen es zusammengesetzt ist, meist grösser sind, als in dem künstlich gepressten Eise, und die Grösse von Taubeneiern erreichen.

Gletschereis und gepresstes Eis erweisen sich also als Substanzen von körniger Structur im Gegensatz zu dem regelmässig krystallinischen Eise, wie es sich auf der Oberfläche ruhiger Gewässer ausbildet. Wir finden hier beim Eise denselben Unterschied, wie zwischen Kalkspath und Marmor, welche beide aus kohlensaurem Kalk bestehen; jener bildet aber regelmässige grosse Krystalle, während der Marmor aus unregelmässig zusammengebackenen krystallinischen Körnern besteht. Im Kalkspath wie in dem krystallinischen Eise erstrecken sich Sprünge, die man durch ein angesetztes Messer hervorbringt, weit hin durch die Masse, während in dem körnigen Eise ein Sprung, der in einem der Körner entsteht, wo es nachgeben muss, nicht nothwendig über die Grenzen des Korns hinausreisst.

Eis, was künstlich aus Schnee gepresst wurde, und daher von Anfang an aus unzähligen, sehr feinen Krystallnadelchen zusammengesetzt ist, zeigt sich als besonders plastisch. Doch unterscheidet es sich zunächst im Aussehen sehr beträchtlich vom Gletschereis, weil es sehr trübe ist, wegen der grossen Menge von Luft, die in der flockigen Masse des Schnees eingeschlossen war, und in Form feiner Bläschen darin zurückbleibt. Man kann es aber klarer machen, wenn man einen Cylinder solchen Eises zwischen Holzplatten umpresst, dann sieht man aus der Oberfläche des Cylinders die Luftbläschen als feinen Schaum entweichen. Zerbricht man die gebildete Eisscheibe wieder, bringt die Stücken in die eiserne Form, und presst sie wieder in einen Cylinder zusammen, so kann man die Luft aus dem Eise durch solches fortgesetztes Umkneten immer mehr entfernen, und es immer klarer machen. In derselben Weise wird auch wohl in den Gletschern die weissliche Firnmasse allmälig in das klare durchsichtige Gletschereis verwandelt.

Endlich wenn man gebänderte Eiscylinder, die aus Schnee- und Eisstücken zusammengepresst sind, zu Scheiben auspresst, so werden sie fein gebändert, indem sowohl ihre klaren wie ihre weisslichen Lagen sich gleichmässig strecken.

Solch gebändertes Eis kommt in vielen Gletschern vor, und entsteht nach Tyndall wahrscheinlich dadurch, dass Schnee zwischen die Blöcke von Eiscascaden hineinfällt, dass dann diese Mischung von Schnee und klarem Eis im weiteren Verlaufe des Gletschers wieder zusammengepresst, und durch die Bewegung der Masse allmälig gestreckt wird; ein Vorgang, der dem von uns künstlich ausgeführten ganz analog ist.

Sie sehen, wie vor dem Auge des Naturforschers der Gletscher mit seinen wirr über einander gethürmten Eisblöcken, seinen öden, steinigen und schmutzigen Eisflächen, seinen Verderben drohenden Spalten zu einem majestätischen Strome geworden ist, der ruhig und regelmässig wie kein anderer dahinfliesst, der nach fest bestimmten Gesetzen sich verengt, ausbreitet, aufstaut oder brandend und zerschellend sich an Abhängen hinunterstürzt. Verfolgen wir ihn nun noch schliesslich über sein Ende hinaus, so sehen wir das durch Schmelzung erzeugte Wasser zu einem starken Bache vereinigt durch das Eisportal des Gletschers hervorbrechen und davonfliessen. Freilich sieht ein solcher Bach zunächst, wie er da unter dem Gletscher zum Vorschein kommt, schmutzig und schlammig genug aus, weil all der Steinstaub, den der Gletscher abgeschliffen hat, mit fortgeschwemmt wird. Man fühlt sich enttäuscht, wenn man das wunderbar schöne und durchsichtige Eis in so schlammiges Wasser verwandelt sieht. In der That ist das Wasser der Gletscherbäche an sich eben so schön und rein wie das Eis, wenn auch zunächst seine Schönheit verhüllt und unsichtbar ist. Man muss diese Bäche wieder aufsuchen, wenn sie durch einen See gegangen sind, und in diesem ihren Steinstaub abgesetzt haben. Der Genfer, Thuner, Vierwaldstätter, Bodensee, der Lago maggiore, der Comer- und Garda-See werden hauptsächlich durch Gletscherwasser gespeist; die Klarheit und die wunderbar schöne blaue oder blaugrüne Farbe ihres Wassers ist das Entzücken aller Reisenden.

Doch lassen wir die Schönheit und fragen wir nach dem Nutzen, so werden wir noch mehr Grund zur Bewunderung finden. Das hässliche Steinpulver, welches die Gletscherbäche fortschwemmen, giebt, wo es sich absetzt, ein für die Vegetation höchst vortheilhaftes Erdreich. Einmal ist es in mechanischer Beziehung äusserst fein zermahlen, und zweitens ist es ein vollkommen unerschöpfter und an mineralischen Pflanzennährstoffen sehr reicher jungfräulicher Boden. Die fruchtbaren Schichten feinen Lehms, welche sich durch das ganze Rheinthal bis nach Belgien hinabziehen, der sogenannte Löss, ist in der That alter Gletschersteinstaub.

Dann zeichnet sich auch die Bewässerung einer Gegend, welche durch die Schneefelder und Gletscher der Hochgebirge unterhalten wird, vor jeder anderen im Allgemeinen aus, erstens dadurch, dass sie verhältnissmässig sehr reichlich ist, weil feuchte Luft, welche über die kalten Höhen der Gebirge getrieben wird, das meiste Wasser, was sie enthält, dort als Schnee absetzt. Zweitens schmilzt der Schnee im Sommer am schnellsten, und deshalb sind die Quellen, welche von den Schneefeldern herkommen, gerade in der Jahreszeit am reichlichsten, wo man des Wassers am meisten bedarf.

So lernen wir also schliesslich die wilden todten Eiswüsten noch von einer anderen Seite kennen; aus ihnen rieselt in tausend Aederchen, Quellen und Bächen das befruchtende Nass hervor, welches den fleissigen Alpenbewohnern erlaubt, saftiges Grün und Fülle der Nahrung den wilden Berggehängen abzugewinnen. Sie erzeugen auf der verhältnissmässig kleinen Oberfläche der Alpenkette die mächtigen Ströme, den Rhein, die Rhone, den Po, die Etsch, den Inn, welche auf Hunderte von Meilen hinaus Europa in reichen breiten Flussthälern durchziehen bis zur Nordsee, bis zum Mittelmeere, zum adriatischen und schwarzen Meere. Erinnern Sie sich, wie gross Goethe in Mahomet's Gesang den Lauf des Felsenquells von seinem Ursprung über Wolken bis zur Vereinigung mit dem Vater Ocean dargestellt hat. Es wäre vermessen nach ihm eine solche Schilderung in anderen als seinen Worten geben zu wollen:

> Und im rollenden Triumphe
> Giebt er Ländern Namen, Städte
> Werden unter seinem Fuss.
> Unaufhaltsam rauscht er weiter,
> Lässt der Thürme Flammengipfel,

Marmorhäuser, eine Schöpfung
Seiner Fülle, hinter sich.
Cedernhäuser trägt der Atlas
Auf den Riesenschultern; sausend
Wehen über seinem Haupte
Tausend Flaggen durch die Lüfte,
Zeugen seiner Herrlichkeit.

Und so trägt er seine Brüder,
Seine Schätze, seine Kinder
Dem erwartenden Erzeuger
Freudebrausend an das Herz.

Zusätze.

Die Theorie der Regelation des Eises hat zu wissenschaftlichen Discussionen zwischen Faraday und Tyndall auf der einen, J. und W. Thomson auf der anderen Seite Veranlassung gegeben. Ich habe im Texte der Vorlesung die Theorie der letzteren acceptirt, und muss mich deshalb hier rechtfertigen.

Die Versuche, welche Faraday angestellt hat, zeigen, dass ein äusserst geringer Druck genügt, sogar der Druck, den die Capillarität der zwischen den Eisstücken lagernden Wasserschicht hervorbringt, um dieselben aneinander frieren zu machen. Dass in den Versuchen von Faraday nicht absolut jeder Druck fehlte, der die Eisstücke aneinander heftete, hat James Thomson schon bemerkt. Aber ich habe mich durch eigene Versuche überzeugt, dass der Druck sehr gering sein kann. Nur ist zu bemerken, dass je geringer der Druck ist, desto länger auch die Zeit wird, welche die beiden Eisstücke gebrauchen, um zusammenzufrieren, und dass dann auch die Verbindungsbrücken zwischen ihnen sehr schmal sind und sehr leicht zerbrechen. Beides erklärt sich aber leicht aus der von J. Thomson gegebenen Theorie. Denn bei schwachem Drucke wird die Temperaturdifferenz zwischen Eis und Wasser sehr klein, und den mit den gepressten Theilen des Eises in Berührung stehenden Wasserschichten wird also ihre latente Wärme äusserst langsam entzogen, so dass sie nothwendig lange Zeit brauchen, um zu gefrieren. Wir werden ferner auch berücksichtigen müssen, dass wir die beiden sich berührenden Eisflächen der Regel nach nicht als absolut congruent betrachten dürfen; unter schwachem Drucke, der ihre Form nicht merklich verändern kann, werden sie sich also nur mit je drei fast punktförmigen Stellen berühren. Auf so schmale Berührungsflächen concentrirt, wird auch ein schwacher Gesammtdruck gegen die Eisstücke immerhin noch eine ziemlich grosse örtliche Pressung hervorbringen können, unter deren Einfluss etwas Eis schmilzt, und das gebildete Wasser gefriert. Aber die Verbindungsbrücke wird eben nur eine schmale werden können.

Bei stärkerem Druck, der die Form der gepressten Eisstücke mehr verändern und einander anpassen kann, und auch ein stärkeres Abschmelzen der sich zuerst berührenden Vorsprünge zur Folge haben wird, werden wir grössere Temperaturdifferenzen zwischen Eis und Wasser, daher schnellere Bildung und grössere Breite der Verbindungsbrücken erhalten.

Da nun der Druck einer Atmosphäre auf ein Quadratmillimeter etwa 10 Grm. beträgt, so wird ein Eisstückchen von 10 Grm. Gewicht, welches auf einem anderen liegt, und dieses mit drei Spitzchen berührt, deren Berührungsflächen zusammengenommen ein Quadratmillimeter betragen, an diesen Spitzen schon einen Druck von einer Atmosphäre hervorbringen, und Eisbildung in dem benachbarten Wasser sogar sehr viel schneller bewirken können, als es in dem Kolben geschah, wo sich die Glaswand zwischen das Eis und Wasser einschob. Ja selbst bei viel kleinerem Gewichte des Eisstückchens wird dasselbe im Verlauf einer Stunde noch geschehen können. In dem Maasse freilich als durch das neugebildete Eis die Verbindungsstellen breiter werden, wird sich der Druck, den das obere Eisstückchen ausübt, auf grössere Flächen vertheilen müssen und schwächer werden, so dass die Verbindungsbrücken bei so schwachem Druck nur wenig und langsam zunehmen können, und daher auch leicht wieder zerbrechen werden, wenn man die Eisstücke zu trennen sucht.

Dass übrigens bei Faraday's Versuchen, wo zwei durchlöcherte Eisscheiben auf einem horizontalen Glasstabe ohne einen durch die Schwere bewirkten Druck neben einander hingen, die Capillarattraction hinreichend ist, um einen Druck der Platten gegen einander von einigen Grammen hervorzubringen, ist wohl nicht zweifelhaft, und die vorausgeschickten Erörterungen zeigen, dass ein solcher Druck hinreichen konnte, im Laufe einer genügenden Zeit Verbindungsbrücken zwischen den Platten herzustellen.

Auch wenn zwei Eisstücke auf Wasser schwimmen, und durch Capillarkraft zu einander hin gezogen werden, verbinden sie sich durch eine Eisbrücke, selbst wenn das Wasser warm genug ist, dass sie merklich abschmelzen. In dem engen Spalt ihrer Berührungsstelle und an dessen Grenzen wird dabei freilich die Temperatur nicht von Null verschieden sein. Ebenso sah Tyndall Regelation eintreten, wenn er ein kleines schwimmendes Eisstückchen mittels eines andern spitzen Stückchens im Wasser etwas niederdrückte. In allen solchen Fällen habe ich selbst die Verbindungsbrücken aber immer ausserordentlich zart gefunden.

Wenn man dagegen zwei von den oben beschriebenen Eiscylindern mit den Händen kräftig aneinander presst, so haften sie nach einigen Augenblicken so fest zusammen, dass man sie nur mit beträchtlicher Anstrengung wieder auseinander brechen kann, ja dass zuweilen die Kraft der Hände dazu nicht ausreicht.

Ich fand überhaupt bei meinen Versuchen die Stärke und Schnelligkeit der Verbindung der Eisstücke so durchaus dem angewendeten Drucke entsprechend, dass ich nicht zweifeln kann, dass der Druck wirklich die zureichende Ursache ihrer Vereinigung sei.

Faraday hat die Regelation auf eine Contactwirkung des Eises zurückzuführen gesucht. Er nimmt an, dass Wasser, was allseitig mit Eis in Berührung ist, leichter gefriert, gleichsam einen höheren Gefrierpunkt hat, als solches, welches gar nicht oder nur einseitig mit Eis in Berührung ist. Er vergleicht die Erscheinungen am Eise mit der Ablagerung krystallisirter Massen aus Lösungen oder Dämpfen, welche immer eher an schon vorhandenen Krystallen gleicher Art, als an Glaswänden geschieht. Diese Erfahrungen zeigen in der That, dass schon gebildete Krystalle eine gewisse Anziehungskraft auf Massen gleicher Art ausüben, die zur Ausscheidung bereit sind, und dieselben bestimmen, sich der vorhandenen Structur des Krystalles homogen anzufügen.

Für das erste Zusammenhaften zweier Eisstücke bei schwachem Druck könnte in der That eine solche Erklärung zulässig erscheinen. Jedenfalls ist aber Druck, namentlich so grosser, wie in den inneren Theilen der Gletscher stattfindet, ein viel gewaltigeres Mittel zur Hervorrufung derselben Wirkungen.

Was die sogenannte Plasticität des Eises betrifft, so hat James Thomson davon eine Erklärung gegeben, bei welcher die Bildung von Sprüngen im Innern des Eises nicht vorausgesetzt ist. Auch ist es in der That unzweifelhaft, dass wenn eine Eismasse in verschiedenen Theilen ihres Innern verschieden starke Pressungen erleidet, ein Theil des stärker gepressten Eises abschmelzen muss, wozu ihm das weniger gepresste Eis und das mit diesem in Berührung stehende Wasser würde die latente Wärme liefern müssen. So würde also an den gepressten Stellen Eis wegthauen, an den nicht gepressten Wasser gefrieren, und das Eis würde auf diese Weise sich in der That allmälig umformen und dem Drucke nachgeben können. Indessen ist klar, dass bei der sehr schlechten Wärmeleitungsfähigkeit des Eises ein solcher Process ausserordentlich langsam vor sich gehen muss, wenn die gepressten und kälteren Eisschichten, wie es in den Gletschern der Fall ist, durch weite Strecken von den weniger gepressten und von dem Wasser entfernt sind, welches ihnen Wärme zum Schmelzen abgeben soll.

Um diese Theorie zu prüfen, legte ich in einem cylindrischen Glasgefässe zwischen zwei Eisscheiben von 3 Zoll Durchmesser ein kleineres cylinderförmiges Stück von etwa 1 Zoll Durchmesser, und belastete die oberste Eisscheibe mit einer Holzscheibe und diese mit einem Gewichte von 20 Pfund. Dadurch war der Querschnitt des schmalen Stücks einem Drucke von mehr als einer Atmosphäre ausgesetzt. Das ganze Gefäss wurde zwischen Eisstücke gepackt, und 5 Tage lang in ein Zimmer gestellt, dessen Temperatur wenige Grade über dem Gefrierpunkte lag. Unter diesen Umständen musste das Eis in dem Glase, welches dem Drucke des Gewichtes ausgesetzt war, schmelzen, und man konnte erwarten, dass der schmale Cylinder, auf den der Druck am stärksten wirkte, hätte am meisten schmelzen sollen. Es bildete sich auch etwas Wasser in dem Gefässe, aber hauptsächlich auf Kosten der grösseren Eisscheiben, die oben und unten lagen und zunächst von der äusseren Mischung von Eis und Wasser durch die Wände des Gefässes hindurch Wärme aufnehmen konnten. Auch bildete sich ein kleiner Wall von neuem Eise rings um die Berührungsstelle des schmaleren mit dem unteren breiteren Eisstück; welcher erkennen liess, dass das Wasser, welches sich unter dem Einfluss des Druckes gebildet hatte, da, wo der Druck aufhörte, wieder gefroren war. Doch war unter diesen Umständen noch keine merkliche Formveränderung des mittleren am meisten gepressten Stückes eingetreten.[1])

Dieser Versuch zeigt, dass wenn auch in langer Zeit Formveränderungen der Eisstücke im Sinne von J. Thomson's Erklärung eintreten müssen, wodurch die stärker gepressten Theile fortschmelzen, und neues Eis an den von Druck freien Stellen sich bildet, diese Veränderungen doch ausserordentlich langsam von Statten gehen müssen, wo die Dicke der Eisstücke, durch welche die Wärme geleitet wird, einigermaassen erheblich ist. Eine beträchtliche Formveränderung durch Abschmelzen inmitten einer Umgebung, deren Temperatur überall 0^0 ist, würde eben ohne Zuleitung von Wärme von aussen oder von dem nicht gepressten Eise und Wasser her nicht geschehen können, und diese wird bei den geringen Temperaturunterschieden, die hier in Betracht kommen, und bei der schlechten Wärmeleitungsfähigkeit des Eises äusserst langsam geschehen.

Dass dagegen, namentlich in körnigem Eise, die Bildung von Sprüngen und Verschiebung der Grenzflächen der Sprünge gegen einander eine Formänderung möglich macht, zeigen die oben beschriebenen Versuche über Pressung, und dass im Gletschereise in solcher Weise Formänderungen vor sich gehen, ergiebt sich deutlich aus der gebänderten Structur, aus der körnigen Aggregation, die beim Abschmelzen zu Tage kommt, der Art wie die Schichten ihre Lage bei der Bewegung verändern und so weiter. Ich zweifele deshalb nicht, dass Tyndall den wesentlichen und hauptsächlichen Grund der Bewegung der Gletscher bezeichnet hat, indem er sie auf Bildung von Sprüngen und Regelation zurückführte.

Daneben möchte ich noch daran erinnern, dass eine nicht unbeträchtliche Quantität von Reibungswärme in den grösseren Gletschern erzeugt werden muss. Die Rechnung ergiebt in der That, dass wenn eine Firnmasse vom Col du Géant bis zur Quelle des Arveyron herabrückt, ihr vierzehnter Theil geschmolzen werden kann durch die von der mechanischen Arbeit erzeugte Wärme. Da nun die Reibung an den am meisten gepressten Stellen der Eismasse am grössten sein muss, wird sie allerdings auch dazu dienen, gerade diejenigen Theile des Eises fortzunehmen, die dem Fortrücken am meisten hinderlich sind.

Schliesslich will ich noch erwähnen, dass die oben beschriebene körnige Structur des Eises sich sehr hübsch im polarisirten Lichte zeigt. Wenn man in der eisernen Form ein kleines klares Eisstück zu einer Scheibe von etwa 5 Millimeter Dicke auspresst, so ist diese durchsichtig genug, um untersucht zu werden. Man sieht dann im Polarisationsapparate in ihrem Innern eine grosse Menge verschiedenfarbiger kleiner Felder und Ringe, und erkennt durch die Anordnung der Farben leicht die Grenzen der Eiskörnchen, welche, mit mannigfach verworfener Richtung ihrer optischen Axe aneinander gelagert, die Platte zusammensetzen. Der Anblick ist im Wesentlichen derselbe, sowohl im Anfang, wenn man die Platte eben aus der Presse genommen hat und die Sprünge in ihr noch als weissliche Linien erscheinen, wie später, wenn durch beginnende Schmelzung die Spalten sich mit Wasser gefüllt haben.

[1]) Neuerdings sind Versuche dieser Art Herrn Dr. Fr. Pfaff gelungen (Poggendorff's Annalen der Physik. Bd. CLV, S. 169).

Um während der Umformung des Eisstücks den Fortbestand des Zusammenhangs des Eisstücks zu erklären, ist zu beachten, dass der Regel
nach die Spalten in dem körnigen Eise nur Einrisse in das Stück bilden,
und nicht vollständig durchgehen. Das sieht man direct beim Pressen
des Eises. Die Spalten bilden sich, schiessen nach verschiedenen Seiten
hin, wie Sprünge, die durch einen heissen Draht in einer Glasröhre erzeugt
sind. Eine gewisse Elasticität kommt dem Eise zu, wie man an dünnen
biegsamen Platten desselben sehen kann. Ein solcher eingerissener Eisblock wird also eine Verschiebung der den Spalt begrenzenden beiden Seiten erleiden können, selbst wenn diese noch durch den ungespaltenen Theil
des Blocks continuirlich zusammenhängen. Wenn dann der erst gebildete
Theil des Spalts durch Regelation geschlossen wird, kann schliesslich der
Spalt nach der andern Seite hin ganz durchreissen, ohne dass zu irgend
einer Zeit der Zusammenhang des Blocks vollständig aufgehoben wäre. So
erscheint es mir auch zweifelhaft, ob bei dem scheinbar aus verschränkten
polyëdrischen Körnern bestehendem gepresstem Eise und Gletschereise die
Körner, schon ehe man sie zu trennen sucht, vollständig von einander
gelöst, und nicht vielmehr durch Eisbrücken, welche leicht zerbrechen,
mit einander verbunden sind, und ob nicht letztere den verhältnissmässig
festen Zusammenhang des scheinbaren Haufwerks von Körnchen vermitteln.

Diese hier beschriebenen Eigenschaften des Eises sind auch in physikalischer Beziehung von Interesse, weil sich hier der Uebergang eines
krystallinischen Körpers in einen körnigen so genau verfolgen, und die
Ursachen, von denen die damit verbundene Veränderung seiner Eigenschaften
abhängt, wie es scheint, besser erkennen lassen, als bei irgend einem
andern bekannten Beispiel. Die meisten Naturkörper zeigen kein regelmässiges krystallinisches Gefüge, unsere theoretischen Vorstellungen passen
aber fast allein auf krystallinische und vollkommen elastische Körper.
Gerade in dieser Beziehung scheint mir der Uebergang des brüchigen und
elastischen krystallinischen Eises in das plastische körnige Eis ein sehr
belehrendes Beispiel zu sein.

DIE NEUEREN FORTSCHRITTE

IN DER

THEORIE DES SEHENS.

Vorlesungen,

gehalten

in Frankfurt a. M. und Heidelberg,

ausgearbeitet

für die

Preussischen Jahrbücher.   Jahrgang 1868.

I.

Der optische Apparat des Auges.

———

Die Physiologie der Sinne bildet ein Grenzgebiet, wo die beiden
grossen Abtheilungen menschlichen Wissens, welche man unter dem
Namen der Natur- und Geisteswissenschaften zu scheiden pflegt,
wechselseitig in einander greifen, wo sich Probleme aufdrängen,
welche beide gleich sehr interessiren, und welche auch nur durch
die gemeinsame Arbeit beider zu lösen sind. Zunächst hat es die
Physiologie freilich nur mit körperlichen Veränderungen in körperlichen Organen zu thun, die Physiologie der Sinne also zunächst
mit den Nerven und mit ihren Empfindungen, sofern diese Erre-
gungszustände der Nerven sind. Aber die Wissenschaft kann doch
nicht umhin, wenn sie die Thätigkeiten der Sinneswerkzeuge untersucht, auch von den Wahrnehmungen äusserer Objecte zu reden,
welche vermittels dieser Erregungen in den Nerven zu Stande
kommen, schon deshalb nicht, weil die Existenz einer Wahrnehmung uns oft eine Nervenerregung oder eine Modification einer
solchen verräth, die wir sonst nicht entdeckt haben würden. Wahrnehmungen äusserer Objecte sind aber jedenfalls Acte unseres Vorstellungsvermögens, die von Bewusstsein begleitet sind; es sind
psychische Thätigkeiten. Ja die genauere Untersuchung der
genannten Vorgänge hat in dem Maasse, als sie tiefer eindrang,
ein immer breiter werdendes Gebiet solcher psychischen Vorgänge
kennen gelehrt, deren Resultate schon in der scheinbar unmittelbarsten sinnlichen Wahrnehmung verborgen liegen, und die bisher

noch wenig zur Sprache gekommen sind, weil man sich gewöhnt
hatte, die fertige Wahrnehmung eines vorliegenden äusseren Dinges als ein durch den Sinn unmittelbar gegebenes und weiter nicht
zu analysirendes Ganze zu betrachten.

Ich brauche hier kaum an die fundamentale Wichtigkeit zu
erinnern, welche gerade dieses Gebiet der Forschung für fast alle
anderen Zweige der Wissenschaft hat. Sinnliche Wahrnehmung
liefert ja am Ende unmittelbar oder mittelbar den Stoff zu allem
menschlichen Wissen, oder doch wenigstens die Veranlassung zur
Entfaltung jeder eingeborenen Fähigkeit des menschlichen Geistes.
Sie liefert die Grundlage für alle Thätigkeit des Menschen gegen
die Aussenwelt hin, und wenn man also auch die hier zur Erscheinung kommenden psychischen Thätigkeiten als die einfachsten und
niedrigsten ihrer Art betrachten mag, so sind sie darum nicht min-
der wichtig und interessant. Auch ist wenig Aussicht, dass zum
Ziele der Erkenntniss kommen wird, wer nicht mit dem Anfang
anfängt.

Es liegt hier der erste Fall vor, dass die auf naturwissenschaft-
lichem Boden gross gezogene Kunst des Experimentirens in das
ihr bisher so unzugängliche Gebiet der Seelenthätigkeiten eingreifen konnte; freilich zunächst nur, insofern wir durch den Versuch
die Art der sinnlichen Eindrücke festzustellen vermögen, welche
bald dieses, bald jenes Anschauungsbild vor unser Bewusstsein
rufen. Aber auch daraus schon fliessen mannigfaltige Folgerungen über das Wesen der mitwirkenden psychischen Vorgänge; und
so will ich denn versuchen, in diesem Sinne hier über die Ergebnisse der genannten physiologischen Untersuchungen Bericht zu
erstatten.

Eine speciellere Veranlassung liegt für mich in dem Umstande,
dass ich erst kürzlich mit einer vollständigen Durcharbeitung des
ganzen Gebietes der physiologischen Optik [1]) fertig geworden bin,
und gern die mir gebotene Gelegenheit benutze, das, was sich in
einem wesentlich naturwissenschaftlichen Zwecken gewidmeten
Buche von hierher gehörigen Anschauungen und Folgerungen zwischen zahllosen Einzelheiten vielleicht verstecken oder verlieren
möchte, in übersichtlicherem Abriss zusammenzustellen. Ich bemerke noch, dass ich bei jener Arbeit namentlich bemüht gewesen
bin, mich von jeder nur einigermaassen wichtigen Thatsache durch

[1]) Handbuch der Physiologischen Optik von H. Helmholtz,
neunter Band von G. Karsten's allgemeiner Encyclopädie der Physik.
Leipzig 1867.

eigene Erfahrung und eigenen Versuch zu überzeugen. Auch ist nicht eben mehr erheblicher Streit über wesentlichere Punkte der Beobachtungsthatsachen, höchstens noch über die Breite gewisser individueller Unterschiede bei einzelnen Classen von Wahrnehmungen. Gerade in den letzten Jahren hat unter dem Einflusse des grossen Aufschwungs der Augenheilkunde eine namhafte Anzahl bedeutender Forscher über die Physiologie des Gesichtsinnes gearbeitet, und in dem Maasse als die Menge der beobachteten Thatsachen gewachsen ist, sind sie auch wissenschaftlicher Ordnung und Klärung zugänglicher geworden. Sachverständige Leser werden übrigens wissen, wie viel Arbeit aufgewendet werden musste, um manche verhältnissmässig einfach und fast selbstverständlich erscheinende Thatsachen dieses Gebietes festzustellen.

Um die späteren Folgerungen in ihrem ganzen Zusammenhange verständlich zu machen, werden wir zunächst die physikalischen Leistungen des Auges als eines optischen Instrumentes kurz zu charakterisiren haben, dann die physiologischen Vorgänge der Erregung und Leitung in den dem Auge zugehörigen Theilen des Nervensystems besprechen, und zuletzt uns der psychologischen Frage zuwenden, wie nämlich aus den Nervenerregungen Wahrnehmungen entspringen. Der erste physikalische Theil der Untersuchung, den wir hier zunächst nicht übergehen können, weil er die wesentliche Grundlage des Folgenden bildet, wird freilich mancherlei schon in weiten Kreisen Bekanntes wiederholen müssen, um das Neue einordnen zu können. Uebrigens nimmt gerade dieser Theil der Untersuchung ein erhöhetes Interesse anderer Art vorzugsweise in Anspruch, weil er nämlich die wesentliche Basis für die ausserordentliche Entwickelung geworden ist, welche die Augenheilkunde in den letzten zwanzig Jahren genommen hat, eine Entwickelung, die durch ihre Schnelligkeit und die Art ihres wissenschaftlichen Charakters vielleicht ohne Beispiel in der Geschichte der Medicin dasteht. Nicht nur der Menschenfreund darf sich dieser Errungenschaften freuen, durch die so viel Elend, dem eine ältere Zeit machtlos gegenüberstand, verhütet oder beseitigt wird; auch der Freund der Wissenschaft hat ganz besonderen Grund, mit stolzer Freude darauf hinzublicken. Denn es ist nicht zu verkennen, dass dieser Fortschritt nicht durch suchendes Herumtappen und glückliches Finden, sondern durch streng folgerichtigen Gang, der die Bürgschaft weiterer Erfolge in sich trägt, errungen worden ist. Wie einst die Astronomie ein Vorbild war, an dem die physikalischen Wissenschaften die Zuversicht auf

den Erfolg der rechten Methode kennen lernen konnten, so zeigt
die Augenheilkunde jetzt in augenfälligster Weise, was auch in der
praktischen Heilkunde durch ausgedehnte Anwendung wohlver-
standener Untersuchungsmethoden und durch die richtige Einsicht in den ursächlichen Zusammenhang der Erscheinungen geleistet werden kann. Es ist nicht zu verwundern, wenn ein Kampf-
platz, der wissenschaftlichem Sinne und arbeitsfreudiger Geisteskraft neue und schöne Siege über die widerstrebenden Kräfte der
Natur in Aussicht stellte, auch die geeigneten Köpfe an sich zog;
darin, dass deren so viele da waren und kamen, ist wesentlich der
Grund für die überraschende Schnelligkeit dieser Entwickelung zu
suchen. Es sei mir vergönnt, aus ihrer Zahl für drei verwandte
Volksstämme je einen Repräsentanten zu nennen, nämlich Albrecht
v. Graefe, Donders in Utrecht, Bowman in London.

Auch noch eine andere Freude mag der Freund ernsten For-
schens dieser Entwickelung gegenüber empfinden, indem er an
Schiller's tiefsinniges Wort von der Wissenschaft denkt:

Wer um die Göttin freit, suche in ihr nicht das Weib.

Es liesse sich nämlich leicht an der Geschichte auch dieses Gegenstandes erweisen und wird sich im Folgenden theilweise zeigen, dass
die wichtigsten praktischen Erfolge ungeahnt aus Untersuchungen
hervorgewachsen sind, die dem Unkundigen als unnützeste Klein-
krämereien erscheinen mochten, während der Kundige darin zwar
ein bisher verborgenes Verhältniss von Ursache und Wirkung sich
offenbaren sah, aber diesem zunächst doch nur in rein theoreti-
schem Interesse nachspüren konnte.

I.

Unter allen Sinnen des Menschen ist das Auge immer als das
liebste Geschenk und als das wunderbarste Erzeugniss der bildenden Naturkraft betrachtet worden. Dichter haben es besungen,
Redner gefeiert; Philosophen haben es als Maassstab für die Leistungsfähigkeit organischer Kraft gepriesen, und Physiker haben
es als das unübertrefflichste Vorbild optischer Apparate nachzuahmen gesucht. Die enthusiastische Bewunderung dieses Organs
ist in der That wohl zu begreifen, wenn man an seine Leistungen
denkt; an seine raumdurchdringende Kraft, an die Schnelligkeit,
mit der es die Fülle seiner farbenprächtigen Bilder wechseln lässt,
und an den Reichthum von Anschauungen, die es uns zuführt. Das
unermessliche All und seine zahllosen leuchtenden Welten können

wir nur durch das Auge; nur das Auge macht uns die Fernen der irdischen Landschaft mit ihrer duftigen Abstufung sonnigen Lichtes, macht uns den Formen- und Farbenreichthum der Pflanzen, das anmuthige oder kräftige Bewegungsleben der Thiere zugänglich.

Als der härteste Verlust nächst dem des Lebens erscheint uns der Verlust des Augenlichts.

Aber noch viel wichtiger als die Freude an der Schönheit und die Bewunderung der Erhabenheit, welche uns das Auge anschauen lässt, ist für uns in jedem Augenblicke unseres Lebens denn doch die Sicherheit und Genauigkeit, womit wir die Lage, Entfernung, Grösse der uns umgebenden Gegenstände durch das Gesicht beurtheilen. Denn diese Kenntniss ist die wesentlich nothwendige Grundlage für alle unsere Handlungen, mögen wir nun eine feine Nadel durch ein verschlungenes Gewirre von Fäden hinführen wollen oder einen Sprung von Fels zu Fels machen, wo von der richtigen Abmessung der Entfernung, zu der wir springen müssen, vielleicht unser Leben abhängt. Durch den Erfolg unserer Bewegungen und Handlungen, die ja auf die mittels des Sehens erlangten Anschauungsbilder der Aussenwelt wesentlich gegründet sind, prüfen wir auch wiederum fort und fort die Richtigkeit und Genauigkeit dieser Anschauungen selbst. Wenn uns das Gesicht über die Lage und Entfernung der gesehenen Gegenstände täuschen sollte, so würde sich das sogleich zeigen, wenn wir das am falschen Orte Gesehene ergreifen oder darauf zueilen wollten. Eben diese unablässige Prüfung der Genauigkeit der Gesichtsbilder durch unsere Handlungen ist es nun auch, was uns die felsenfeste Ueberzeugung von ihrer unmittelbaren und vollkommenen Wahrheit und Treue verschafft, eine Ueberzeugung, welche durch keine noch so wohlbegründet erscheinenden Einwürfe der Philosophie oder Physiologie erschüttert wird.

Dürfen wir uns wundern, wenn diesen Erfahrungen gegenüber sich die Meinung feststellte, das Auge sei ein optisches Werkzeug von einer Vollkommenheit, der kein aus Menschenhänden hervorgegangenes Instrument jemals gleichkommen könne? wenn man durch die Präcision und die Complicirtheit seines Baues die Genauigkeit und die Mannigfaltigkeit seiner Leistungen erklären zu können glaubte?

Die wirkliche Untersuchung der optischen Leistungen des Auges, wie sie in den letzten Jahrzehnten betrieben worden ist, hat nun in dieser Beziehung eine sonderbare Enttäuschung herbeigeführt, eine Enttäuschung, wie sie durch die Kritik der Thatsachen ja auch manchem anderen enthusiastischen Wunderglauben schon bereitet worden ist. Und wie eben auch in solchen anderen Fällen, wo wirklich grosse Leistungen vorliegen, die rechte Bewunderung eher wächst, wenn sie verständiger wird und ihre Ziele richtiger erkennt, so mag es uns vielleicht auch hier ergehen. Denn die grossen Leistungen des kleinen Organs können ja niemals hinweggeleugnet werden; und was wir auf einer Seite unserer Bewunderung etwa abzuziehen uns genöthigt sehen sollten, werden wir ihr an einer anderen Stelle wohl wieder zusetzen müssen.

Uebrigens mag es sein, wie es will, so bleibt doch jedes Werk organisch bildender Naturkraft für uns unnachahmlich; und wenn jene Kraft hier ein optisches Instrument bildete, so ist das natürlich kein geringeres Wunder, als jedes andere ihrer Werke, selbst wenn sich zeigen sollte, dass menschliche Kunst optische Instrumente herstellen kann, die, als solche, allerdings einen höheren Grad von Vollendung erreicht haben, als das Auge.

Als optisches Instrument betrachtet ist das Auge eine Camera obscura. Jedermann kennt jetzt diese Art von Apparaten, wie sie die Photographen anwenden, um Portraits oder Landschaften aufzunehmen.

Ein solcher ist in Fig. 41 dargestellt. Ein innen geschwärzter, aus zwei in einander verschiebbaren Theilen a und b zusammen-

Fig. 41.

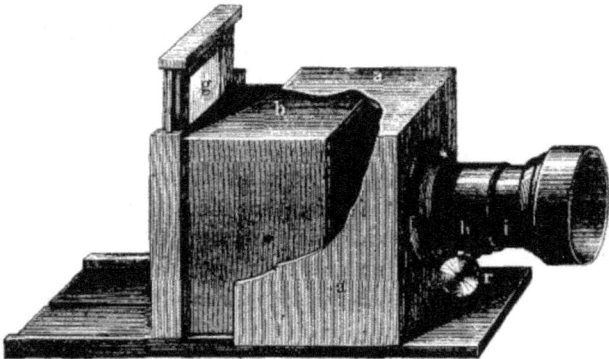

gesetzter Kasten enthält an seiner Vorderseite in der Röhre $h\,i$ Glaslinsen, die das einfallende Licht brechen und es im Hintergrunde des Kastens zu einem optischen Bilde der vor dem Instrumente befindlichen Gegenstände vereinigen. Zuerst wenn der Photograph sein Instrument richtet und einstellt, fängt er das optische Bild mit einer matten Glastafel g auf. Es wird auf dieser sichtbar als ein sehr fein und sauber, in natürlicher Färbung gezeichnetes Bild, zierlicher und schärfer, als es der geschickteste Künstler nachahmen könnte, aber freilich auf den Kopf gestellt. Nachher wird an die Stelle jener Glastafel zum Auffangen des Bildes die präparirte lichtempfindliche Platte eingeschoben, auf der das Licht dauernde chemische Veränderungen hervorbringt, stärkere an den hell beleuchteten Stellen, schwächere an den dunkleren. Diese chemischen Veränderungen, einmal erfolgt, bleiben dann bestehen; durch sie wird das Bild auf der Platte fixirt.

Die natürliche Camera obscura unseres Auges, von dem Fig. 42 einen schematischen Durchschnitt zeigt, hat ebenso ihren innen geschwärzten Kasten; freilich ist er nicht eckig, sondern kugelförmig; nicht aus Holz verfertigt, sondern aus einer straffen dicken weissen Sehnenhaut S gebildet, deren vordere Theile als das Weisse des Auges zwischen den Augenlidern sichtbar werden. Innen ist diese äussere feste Hülle des Augapfels geschwärzt, indem sie mit der feinen, fast ganz aus verschlungenen rothen Blutgefässen gebildeten und mit schwarzem Pigment dicht bedeckten Aderhaut Ch, Fig. 42, austapeziert ist. Abweichend ferner ist es, dass der Augapfel nicht leer, sondern mit durchsichtiger wasserheller Flüssigkeit gefüllt ist. Statt der Glaslinsen der Camera obscura finden wir vorn am Auge die von durchsichtiger Knorpelmasse gebildete kugelig hervorgewölbte Hornhaut C in die weisse Sehnenhaut eingesetzt. Ihre Stellung und Krümmung sind unveränderlich, weil sie mit zur festen äusseren Wand des Augapfels gehört. Die Glaslinsen des Photographen sind dagegen nicht unver-

Fig. 42.

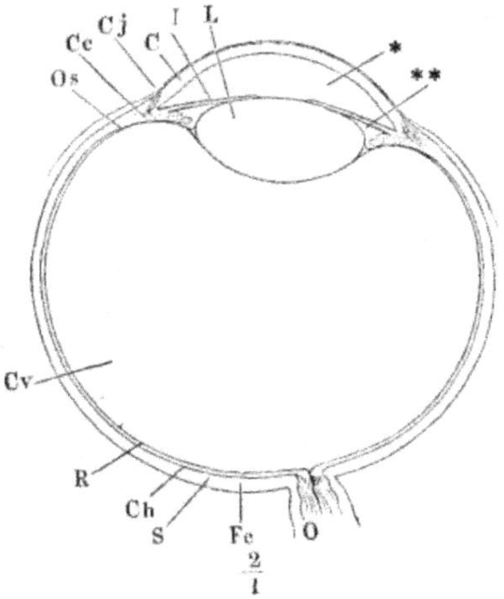

änderlich festgestellt; sie stecken vielmehr in einer verschiebbaren Röhre, und der Photograph bewegt diese mittels einer Schraube r, Fig. 41, um sie der Entfernung der abzubildenden Gegenstände anzupassen und von diesen ein deutliches Bild zu erhalten. Je näher das Object, desto weiter muss er die Linse hervorschieben, je ferner es ist, desto weiter stellt er sie zurück. Nun fällt auch dem Auge die Aufgabe zu, bald ferne bald nahe Gegenstände auf seiner Hinterwand deutlich abzubilden. Dazu ist auch im optischen Apparate des Auges ein veränderlicher Theil nöthig. Dies ist die Krystalllinse L, Fig. 42, die im Inneren nahe hinter der Hornhaut, aber fast ganz verdeckt von der braunen oder blauen Iris J liegt. In der Mitte, wo die Iris eine runde Oeffnung, die Pupille, hat, liegt die Krystalllinse frei, den Rändern der Pupille dicht an; aber sie ist so durchsichtig, dass man bei gewöhnlicher Beleuchtung nichts von ihr erkennt, sondern nur die dem dunklen Hintergrund des Augapfels eigenthümliche Schwärze wahrnimmt. Die Krystalllinse ist ein weich elastischer, linsenförmiger, äusserst durchsichtiger Körper mit einer vorderen und hinteren gewölbten Fläche. Sie ist durch ein sie ringförmig umgebendes, einer Halskrause ähnlich in strahlenförmige Falten gelegtes Befestigungsband, das Strahlenblättchen (Zonula Zinnii) bei **, Fig. 42, ringsum befestigt, und die Spannung dieses Bandes kann durch einen im Auge gelegenen, ringsum am Rande der Hornhaut entspringenden Muskel, den Ciliarmuskel C c, verringert werden. Dann wölben sich die Flächen der Linse, namentlich die vordere, beträchtlicher vor, als sie es im Ruhezustande des Auges thun, die Brechung der Lichtstrahlen in der Linse wird stärker, und das Auge wird dadurch geeignet, Bilder von näheren Gegenständen auf der Fläche seines Hintergrundes zu entwerfen.

Das ruhende normalsichtige Auge sieht ferne Gegenstände deutlich; durch Spannung des Ciliarmuskels wird es für nahe Gegenstände eingerichtet oder accommodirt. Der Mechanismus der Accommodation, den ich eben kurz aus einander gesetzt habe, war seit Kepler eines der grössten Räthsel der Ophthalmologie gewesen und gleichzeitig wegen der sehr häufigen Unvollkommenheiten der Accommodation eine Frage von grösster praktischer Wichtigkeit. Ueber keinen Gegenstand der Optik sind jemals so viele widersprechende Theorien gebaut worden, als über diesen. Die Lösung des Räthsels wurde angebahnt, als der englische Augenarzt Sanson, der sich dabei das Verdienst eines ungewöhnlich aufmerksamen Beobachters erwarb, ganz schwache Lichtreflexe innerhalb der Pupille bemerkte, welche an den beiden Flächen der Krystalllinse zu Stande kommen. Es war dies eines der unscheinbarsten Phänomene, nur bei starker Beleuchtung von der Seite her in übrigens ganz dunklem Raume, nur bei einer bestimmten Stellung des Beobachters und auch dann nur, wie ein schwacher nebeliger Schein zu sehen. Aber dieser schwache Schein war dazu bestimmt, ein grosses Licht in einem dunklen Gebiete der Wissenschaft zu werden. Es war nämlich das erste am lebenden Auge sinnlich wahrnehmbare Zeichen, was von der Krystalllinse herrührte. Sanson benutzte sogleich diese Reflexbildchen, um objectiv constatiren zu können, ob in einem kranken Auge die Linse sich an ihrer Stelle befinde. Max Langenbeck bemerkte zuerst Veränderungen dieser Reflexe bei der Accommodation. Diese wurden von Cramer in Utrecht, und unabhängig davon auch vom Referenten zu einer genauen Feststellung aller Veränderungen benutzt, welche die Linse bei der Accommodation erleidet. Es gelang mir, das Princip des Heliometers, welches die Astronomen anwenden, um an dem ewig beweglichen Himmelsgewölbe sehr kleine Sternabstände trotz ihrer scheinbaren Bewegung so genau zu messen, dass sie dadurch die Tiefen des Fixsternhimmels sondiren konnten, in veränderter Form der Anwendung auch auf das bewegliche Auge zu übertragen. Ein zu diesem Zwecke construirtes Messinstrument, das Ophthalmometer, erlaubt am lebenden Auge die Krümmung der Hornhaut, der beiden Linsenflächen, die Abstände dieser Flächen von einander u. s. w. mit grösserer Schärfe zu messen, als man es bisher selbst am todten Auge thun konnte, und dadurch die ganze Breite der Veränderungen des optischen Apparates, soweit sie auf die Accommodation Einfluss haben, festzustellen.

So war physiologisch die Aufgabe gelöst. Daran schlossen sich nun weiter die Untersuchungen der Augenärzte, namentlich von Donders über die individuellen Fehler der Accommodation, die man im gewöhnlichen Leben unter dem Namen der Kurzsichtigkeit und Weitsichtigkeit zu umfassen pflegt. Zuverlässige Methoden mussten ausgebildet werden, um auch bei ungeübten und ununterrichteten Kranken die Grenzen des Accommodationsvermögens genau bestimmen zu können. Es zeigte sich, dass sehr verschiedenartige Zustände unter dem Namen der Kurzsichtigkeit und Weitsichtigkeit zusammen geworfen waren, welche die Wahl passender Brillen bis dahin unsicher gemacht hatten; dass sehr hartnäckige und dunkle, scheinbar nervöse Leiden einfach auf ge-

244

wissen Fehlern des Accommodationsapparates beruhen und durch
eine richtig gewählte Brille schnell beseitigt werden können. Auch
hat Donders nachgewiesen, dass Fehler der Accommodation die
gewöhnlichste Veranlassung zur Entstehung des Schielens sind,
während A. v. Graefe schon früher gezeigt hatte, dass vernach-
lässigte und allmählig gesteigerte Kurzsichtigkeit Veranlassung
zu den gefährlichsten Dehnungen, Erkrankungen und Verbildun-
gen des Augenhintergrundes wird.

So haben sich die unerwartetsten Verknüpfungen ursächlichen
Zusammenhanges nach allen Richtungen hin erschlossen, und sind
ebenso fruchtbringend für die Kranken, wie interessant für den
Physiologen geworden.

Jetzt bleibt uns noch übrig, von dem Schirme zu handeln, welcher das im Auge entworfene optische Bild auffängt. Es ist dies
die dünne membranartige Ausbreitung des Sehnerven, die Netzhaut, welche die innerste Lage der den Augapfel auskleidenden
Häute bildet. Der Sehnerv O, Fig. 42, ist ein cylindrischer Strang,
der sehr feine Nervenfasern, zusammengefasst und geschützt durch
eine starke sehnige Scheide, dem Augapfel zuführt und an der
Hinterwand desselben, etwas nach der Nasenseite herüber, in ihn
eintritt. Die Fasern des Sehnerven strahlen dann von ihrer Eintrittsstelle nach allen Richtungen über die vordere Fläche der
Netzhaut aus. Sie sind, wo sie enden, mit eigenthümlichen End-
gebilden verbunden, zunächst mit Zellen und Kernen, wie sie auch
in der grauen Nervensubstanz des Gehirns vorkommen; schliesslich aber findet sich an der hinteren Seite der Netzhaut, die Enden der Nervenleitung ausmachend, ein regelmässiges Mosaik aus
feineren cylindrischen Stäbchen und etwas dickeren flaschenförmigen Gebilden, den Zapfen der Netzhaut b Fig. 43 gebildet,
alle dicht aneinander gedrängt, senkrecht zur Fläche der Netzhaut stehend, und jedes mit einer Nervenfaser verbunden, die
Stäbchen mit Fasern allerfeinster Art, die Zapfen mit etwas dickeren. Dieses Mosaik der Stäbchen und Zapfen ist, wie sich durch
bestimmte Versuche zeigen lässt, die eigentlich lichtempfindliche
Schicht der Netzhaut, das heisst diejenige, in welcher allein die
Lichteinwirkung eine Nervenerregung hervorzubringen im Stande ist.

Die Netzhaut hat eine ausgezeichnete Stelle, die nicht ganz
in ihrer Mitte, sondern etwas nach der Schläfenseite hinüber liegt,
und welche wegen ihrer Farbe der gelbe Fleck genannt wird.
Diese Stelle ist etwas verdickt. In ihrer Mitte aber befindet sich
ein Grübchen, die Netzhautgrube, wo die Membran sehr dünn

ist, weil ihre Zusammensetzung hier auf diejenigen Elemente reducirt ist, die zum genauen Sehen unbedingt nothwendig sind. Fig. 43
stellt nach Henle einen Querschnitt dieser Stelle von einem in
Alkohol erhärteten Präparate in 300maliger Vergrösserung dar.

Fig. 43.

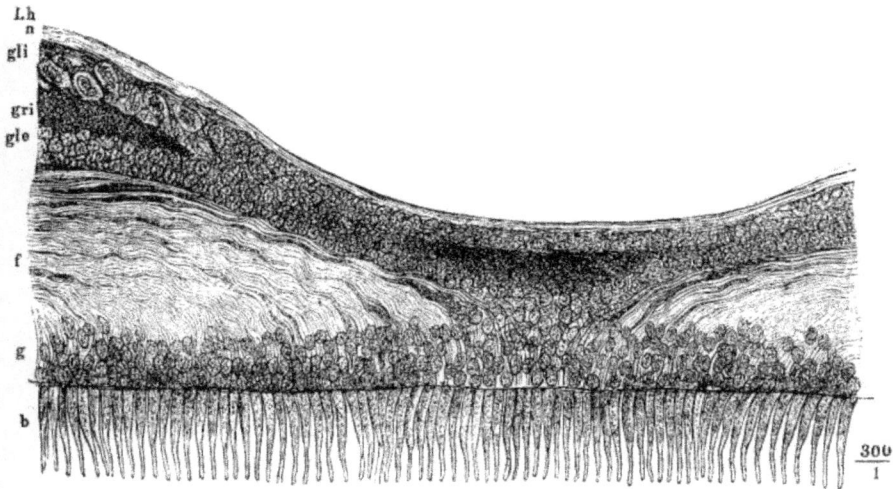

$L\,h$ ist die die Netzhaut gegen den Glaskörper hin begrenzende
elastische Membran. Bei b sieht man dagegen die Zapfen, welche
hier feiner sind ($\frac{1}{400}$ Millimeter im Durchmesser), als in den
übrigen Theilen der Netzhaut, und ein dichtes regelmässiges Mosaik bilden. Die übrigen mehr oder weniger trüben Elemente
der Netzhaut sind zur Seite geschoben, mit Ausnahme der zu den
Zapfen gehörigen Körner g. Man sieht bei f die Faserzüge, welche
zur Verbindung dieser Körner mit den anderen mehr nach vorn
liegenden nervösen Gebilden dienen. Von letzteren sieht man bei
n die Schicht der Nervenfasern des Sehnerven, bei gli und gle zwei
Schichten von Nervenzellen, zwischen ihnen bei gri eine fein
granulirte· Schicht. Alle diese letzteren sind in der Mitte der
Netzhautgrube durchbrochen und in der Figur nur die letzten verdünnten Ausläufer dieser Schichten sichtbar. Auch die Gefässe
der Netzhaut treten nicht in die Netzhautgrube ein, sondern enden
in ihrer nächsten Umgebung mit einem zarten Kranze feinster
Capillarschlingen.

Die Netzhautgrube ist für das Sehen von grosser Wichtigkeit, weil sie die Stelle feinster Raumunterscheidung ist. Die Zapfen als letzte lichtempfindliche Elemente sind hier am engsten zusammengedrängt, und von allen vorliegenden halbdurchsichtigen Theilen befreit. Wir dürfen annehmen, dass von jedem dieser Zapfen eine Nervenfaser durch den Sehnervenstamm isolirt nach dem Gehirn geht, um den empfangenen Eindruck dort hinzuleiten, und dass somit der Erregungszustand jedes einzelnen Zapfens auch isolirt von den übrigen zur Empfindung kommen kann.

Die Entwerfung der optischen Bilder in einer Camera obscura beruht bekanntlich darauf, dass Lichtstrahlen, die von einem leuchtenden Punkte, dem Objectpunkte, ausgegangen sind, durch die Glaslinsen so gebrochen und von ihrer früheren Richtung abgelenkt werden, dass sie sich hinter den Linsen alle wieder in einem Punkte vereinigen, im Bildpunkte. Dasselbe bewirkt bekanntlich jede Brennlinse. Lassen wir Sonnenstrahlen durch eine solche gehen, und halten in passender Entfernung dahinter ein weisses Papier, so ist Zweierlei zu bemerken. Erstens nämlich, was gewöhnlich nicht beachtet wird, dass die Brennlinse einen Schatten wirft wie ein undurchsichtiger Körper, während sie doch aus durchsichtigem Glase besteht, und zweitens, dass in der Mitte dieses Schattens eine blendend hell beleuchtete Stelle erscheint, das Sonnenbildchen. Das Licht, welches, wenn die Linse nicht dagewesen wäre, die ganze Fläche beleuchtet haben würde, auf welche ihr Schatten fällt, wird durch die Brechung in dem Glase auf die kleine leuchtende Stelle des Sonnenbildchens vereinigt, daher hier auch Licht und Wärme viel intensiver sind, als in den ungebrochenen Strahlen der Sonne. Wählen wir statt der Sonnenscheibe eine punktförmige Lichtquelle, wie zum Beispiel den Sirius, so wird auch das Licht im Focus der Linse in einen Punkt vereinigt. Hier beleuchtet es den Papierschirm, und so erscheint ein beleuchteter Punkt des Papierschirms als Bild des Sterns. Steht ein anderer Fixstern in der Nähe, so wird dessen Licht gesammelt auf einem zweiten Punkte des Papierschirms, den es beleuchtet, und dieser zweite Punkt erscheint dem entsprechend als Bild des zweiten Sterns. Ist dessen Licht etwa roth, so erscheint natürlich auch der von ihm erhellte Punkt roth. Sind mehr Sterne in der Nähe, so hat jeder sein Bild an einer anderen Stelle des Papiers, und jedes Bild hat die Farbe des Lichtes, welches der Stern aussendet. Haben wir endlich statt getrennter leuchtender Punkte, wie sie die Sterne darbieten, eine continuirliche Reihenfolge von leuchtenden Punkten einer leuchtenden Linie oder Fläche, so entspricht dieser auch eine continuirliche Reihenfolge von entsprechend beleuchteten Bildpunkten auf dem Papier; aber auch hier wird, vorausgesetzt, dass der Papierschirm an die richtige Stelle gebracht wird, alles Licht, was von einem einzelnen Objectpunkte ausgeht, auf nur einen Punkt des Schirmes concentrirt, beleuchtet diesen mit derjenigen Lichtstärke und Farbe, die ihm eben angehört, während derselbe Punkt des Papiers kein Licht von irgend einem anderen leuchtenden Punkte des Objects erhält.

Setzen wir an Stelle des bisher angenommenen Papierschirms eine präparirte photographische Platte, so wird jeder Punkt derselben von dem ihn treffenden Lichte verändert. Dieses Licht ist aber alles Licht und nur das Licht, was von dem entsprechenden Objectpunkte in das Instrument fällt, und entspricht in seiner Helligkeit der Helligkeit des betreffenden Objectpunktes. So entspricht denn auf der lichtempfindlichen Platte die Intensität der Veränderung, welche sie erleidet, an jeder Stelle der (chemischen) Intensität des Lichtes, welches der betreffende Objectpunkt ausgesendet hat.

Was im Auge geschieht, ist genau dasselbe; nur dass an die Stelle der Glaslinsen Hornhaut und Krystalllinse, an Stelle des Papierschirms oder der photographischen Platte die Netzhaut tritt. Ist also ein genaues optisches Bild auf der Netzhaut entworfen, so wird jeder Zapfen der Netzhaut nur von dem Lichte getroffen, welches ein entsprechend kleines Flächenelement des Gesichtsfeldes aussendet; die aus dem Zapfen entspringende Nervenfaser wird also nur von dem Lichte dieses einen entsprechenden Flächenelements in Erregung versetzt, und empfindet nur dieses, während

Fig. 44.

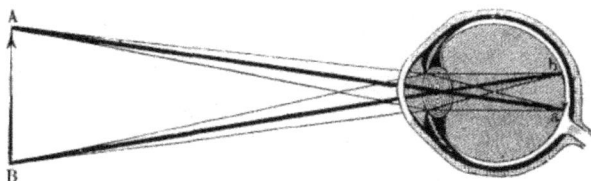

durch das Licht benachbarter Punkte des Gesichtsfeldes andere Nervenfasern erregt werden. Fig. 44 erläutert dieses Verhältniss; die Strahlen, welche von dem Objectpunkte *A* ausgehen,

werden so gebrochen, dass sie sich alle in a auf der Netzhaut vereinigen, während die vom Objectpunkte B ausgehenden sich in b
sammeln.

Auf diese Weise geschieht es also, dass das Licht jedes einzelnen hellen Punktes des Gesichtsfeldes für sich eine besondere
Empfindung erregt, dass die gleiche oder verschiedene Helligkeit
verschiedener Punkte des Gesichtsfeldes in der Empfindung unterschieden und aus einander gehalten werden kann, und dass diese
verschiedenen Eindrücke alle gesondert zum Bewusstsein gelangen
können.

Vergleichen wir nun das Auge mit künstlichen optischen Instrumenten, so fällt uns zunächst als ein Vorzug das sehr grosse
Gesichtsfeld desselben auf, welches für jedes einzelne Auge fast
zwei rechte Winkel von rechts nach links umfasst (160⁰ von
rechts nach links, 120⁰ von oben nach unten), und für beide
zusammengenommen sogar noch etwas mehr als zwei rechte
Winkel in horizontaler Ausdehnung. Das Gesichtsfeld unserer
künstlichen Instrumente ist meist sehr klein, um so kleiner,
je stärker die Vergrösserung des Bildes. Aber freilich ist
auch zu bemerken, dass wir von unseren künstlichen Instrumenten vollkommene Schärfe des Bildes in seiner ganzen Ausdehnung zu verlangen pflegen, während das Netzhautbild nur in sehr
kleiner Ausdehnung, nämlich der des gelben Flecks, eine grosse
Schärfe zu haben braucht. Der Durchmesser der Netzhautgrube
entspricht im Gesichtsfelde etwa einem Winkelgrade, das heisst,
einer Ausdehnung, wie sie von dem Nagel unseres Zeigefingers bedeckt erscheint, wenn wir die Hand möglichst weit von uns entfernen. In diesem kleinen Abschnitte des Gesichtsfeldes ist die
Genauigkeit des Sehens so gross, dass Abstände zweier Punkte
von einer Winkelminute, entsprechend dem sechzigsten Theile der
Breite des Zeigefingernagels in der angegebenen Haltung, noch
unterschieden werden können. Diese Distanz entspricht der Breite
eines Zapfens der Netzhaut. Alle übrigen Theile des Netzhautbildes werden ungenauer gesehen, um so mehr, je weiter sie nach
den Grenzen der Netzhaut hinfallen. So gleicht das Gesichtsbild,
welches wir durch ein Auge erhalten, einer Zeichnung, in welcher
ein mittlerer Theil sehr fein und sauber ausgeführt, die Umgebung aber nur grob skizzirt ist. Wenn wir aber auch in jedem
einzelnen Augenblick nur einen sehr kleinen Theil des Gesichtsfeldes genau sehen, so sehen wir ihn doch gleichzeitig im Zusammenhang mit seiner Umgebung, und wir sehen von letzterer hin-

reichend viel, um auf jeden auffallenden Gegenstand, namentlich
aber auf jede Veränderung in diesem Umkreise sogleich aufmerksam werden zu können, was Alles in einem Fernrohr nicht der
Fall ist. Sind aber die Gegenstände zu klein, so erkennen wir sie
überhaupt nicht mit den Seitentheilen der Netzhaut.

> Wenn über uns, im blauen Raum verloren,
> Ihr schmetternd Lied die Lerche singt,

so ist sie uns eben verloren, so lange es uns nicht gelingt ihr Bild
auf die Netzhautgrube zu bringen. Dann erst erfassen wir sie
mit unserem Blicke, dann nehmen wir sie wahr.

Den Blick auf ein Object hinwenden heisst: das Auge so stellen, dass das Bild jenes Objects sich auf der Stelle des deutlichsten Sehens abbildet. Dies nennen wir auch directes Sehen,
indirectes dagegen, wenn wir mit den seitlichen Theilen der
Netzhaut sehen.

Durch die Beweglichkeit des Auges nun, welche uns erlaubt,
schnell hinter einander den Blick jedem einzelnen Theile des Gesichtsfeldes zuzuwenden, der uns gerade interessirt, werden die Mängel, welche die geringe Schärfe des Bildes und die geringere Anzahl der percipirenden Netzhautelemente in dem grösseren Theile
des Gesichtsfeldes mit sich bringen, reichlich ausgeglichen, und
in dieser grossen Beweglichkeit beruht in der That der grösste
Vorzug, den das Auge vor unseren schwerfälligeren künstlichen
Instrumenten ähnlicher Art hat. Ja bei der eigenthümlichen Weise,
in der unsere Aufmerksamkeit zu arbeiten pflegt, dass sie sich
nämlich in jedem einzelnen Moment nur einer Vorstellung oder
Anschauung zuwendet, so wie sie diese gefasst hat, aber einer neuen
zueilt, gewährt unter übrigens normalen Verhältnissen die beste-
hende Einrichtung des Auges gerade so viel, als erforderlich ist,
und ist praktisch so vollkommen gleichwerthig mit einem in allen
seinen Theilen in vollkommenster Schärfe ausgearbeiteten Gesichtsbilde, dass wir die Unvollkommenheiten des indirecten Sehens gar
nicht einmal zu kennen pflegen, ehe wir geflissentlich unsere Aufmerksamkeit darauf gerichtet haben. Was uns interessirt, blicken
wir an und sehen es scharf; was wir nicht scharf sehen, interessirt
uns der Regel nach in dem Augenblicke auch nicht, wir beachten
es nicht, und bemerken nicht die Undeutlichkeit seines Bildes.

Es wird uns im Gegentheile schwer, und erfordert lange Einübung, wenn wir einmal einer physiologischen Frage wegen unsere
Aufmerksamkeit einem indirect gesehenen Objecte zuwenden wollen, ohne ihm dabei gleichzeitig das Auge zuzuwenden und es an-

zublicken. So sehr ist durch ununterbrochene Gewöhnung unsere Aufmerksamkeit an den Blickpunkt, und die Bewegung des Blicks an die der Aufmerksamkeit gefesselt. Und ebenso schwer ist es andrerseits den Blick während einer Reihe von Secunden auf einen Punkt so genau zu fixiren, wie es zum Beispiel nöthig ist, um ein wohlbegrenztes Nachbild zu erhalten. Auch das erfordert besondere Uebung.

In diesem Verhältnisse ist auch offenbar ein grosser Theil der Bedeutung begründet, welche dem Auge als Mittel seelischen Ausdrucks zukommt. Die Bewegung des Blicks ist eines der directesten Zeichen für die Bewegung der Aufmerksamkeit, und somit der Vorstellungen im Geiste des Blickenden.

Ebenso schnell, wie die Bewegungen des Blicks nach oben, nach unten, nach rechts und nach links, geschehen auch die Aenderungen der Accommodation, wodurch der optische Apparat des Auges in schnellstem Wechsel bald fernen, bald nahen Objecten angepasst werden kann, um jedes Mal von dem Gegenstande, der gerade unsere Aufmerksamkeit fesselt, ein vollkommen scharfes Bild zu geben. Alle diese Aenderungen der Richtung wie der Accommodation gehen an unseren künstlichen Instrumenten unendlich viel schwerfälliger von Statten. Eine Photographie kann niemals ferne und nahe Gegenstände zugleich deutlich zeigen, das Auge auch nicht; aber letzteres kann es nach einander in so schneller Folge thun, dass die meisten Menschen, welche über ihr Sehen nicht reflectirt haben, von diesem Wechsel gar nichts zu wissen pflegen.

Prüfen wir nun unseren optischen Apparat weiter. Wir wollen absehen von den schon erwähnten individuellen Mängeln der Accommodationsbreite, der Kurzsichtigkeit und Weitsichtigkeit. Es sind dies Fehler, die zum Theil mit unserer künstlichen Lebensweise zusammenzuhängen scheinen, zum Theil dem höheren Lebensalter angehören. Aeltere Personen verlieren nämlich ihre Accommodationsfähigkeit und werden auf eine einzige, bald kleinere, bald grössere Entfernung beschränkt, in der sie noch deutlich sehen; für andere Entfernungen, nähere oder weitere, müssen sie mit Brillen nachhelfen.

Aber ein anderes wesentliches Verlangen, was wir an unsere künstlichen Instrumente stellen, ist, dass sie frei von Farbenzerstreuung, dass sie achromatisch seien. Die Farbenzerstreuung der optischen Instrumente rührt von dem Umstande her, dass die Brechung der verschiedenfarbigen einfachen Strahlen des Sonnen-

lichts in den uns bekannten durchsichtigen Substanzen nicht ganz
gleich gross ist. Dadurch wird die Grösse und Lage der von diesen verschiedenfarbigen Strahlen entworfenen optischen Bilder
etwas verschieden; dieselben decken sich dann nicht mehr ganz
vollständig im Gesichtsfelde des Beschauers, und je nachdem die
Bilder bald der rothen, bald der blauen Strahlen grösser sind, erscheinen weisse Flächen bald blauviolett, bald gelbroth gesäumt,
und dadurch die Reinheit der Umrisse mehr oder weniger beeinträchtigt.

Es wird vielen meiner Leser bekannt sein, welch' sonderbare
Rolle die Frage nach der Farbenzerstreuung im Auge bei der Erfindung der achromatischen Fernröhre gespielt hat, ein berühmtes
Beispiel dafür, dass aus zwei falschen Prämissen zuweilen ein richtiger Schluss folgen kann. Newton glaubte ein Verhältniss zwischen dem Brechungs- und Farbenzerstreuungsvermögen verschiedener durchsichtiger Substanzen gefunden zu haben, aus welchem
gefolgert werden musste, dass keine achromatischen lichtbrechen-
den Instrumente möglich seien. Euler schloss dagegen, weil das
Auge achromatisch sei, könne die von Newton angenommene Beziehung zwischen Brechungs- und Zerstreuungsvermögen verschiedener durchsichtiger Substanzen nicht richtig sein. Er stellte
danach die theoretischen Regeln auf für die Construction achro-
matischer Instrumente, und Dollond führte sie praktisch aus.
Aber schon Dollond bemerkte, dass das Auge nicht achromatisch
sein könne, weil sein Bau den von Euler aufgestellten Forderungen nicht entspreche, und Fraunhofer gab endlich messende
Bestimmungen für die Grösse der Farbenzerstreuung. Ein Auge,
welches für rothes Licht auf unendliche Entfernung eingestellt
ist, hat im Violett nur eine Sehweite von zwei Fuss. Im weissen
Lichte wird diese Farbenzerstreuung nur deshalb nicht merklich,
weil die genannten äussersten Farben des Spectrum zugleich die
lichtschwächsten sind, und die von ihnen entworfenen Bilder neben
den lichtstärkeren mittleren gelben, grünen und blauen Farben
nicht sehr ins Gewicht fallen. Aber sehr auffallend ist die Erscheinung, wenn wir durch violette Gläser die äussersten Strahlen
des Spectrum isoliren. Dergleichen durch Kobaltoxyd gefärbte
Gläser lassen das Roth und Blau durch, Gelb und Grün aber,
also die mittleren und hellsten Farben des Spectrum, löschen sie
aus. Denjenigen meiner Leser, welche Augen von normaler Sehweite haben, werden die mit solchen violetten Gläsern versehenen
Strassenlaternen, des Abends von fern gesehen, eine rothe Flamme

in einem breiten blau-violetten Scheine zeigen. Letzterer ist ein Zerstreuungsbild der Flamme, von deren blauem und violettem Lichte entworfen. Dies alltägliche Phänomen gewährt die leichteste und genügendste Gelegenheit, sich von dem Bestehen der Farbenzerstreuung im Auge zu überzeugen.

Der Grund nun, warum die Farbenzerstreuung im Auge unter gewöhnlichen Umständen so wenig auffallend und in der That auch etwas kleiner ist, als sie ein gläsernes Instrument von denselben optischen Leistungen geben würde, beruht darin, dass das hauptsächlichste brechende Medium des Auges Wasser ist, welches eine geringere Farbenzerstreuung giebt als Glas. Uebrigens ist die Farbenzerstreuung des Auges doch noch etwas grösser, als ein bloss aus Wasser gebildeter Apparat unter übrigens gleichen Umständen ergeben würde. So kommt es, dass die Farbenzerstreuung des Auges, obgleich sie da ist, bei der gewöhnlichen weissen Beleuchtung das Sehen nicht in merklicher Weise beeinträchtigt.

Ein zweiter Fehler, der bei optischen Instrumenten mit starker Vergrösserung sehr in das Gewicht fällt, ist die sogenannte Abweichung wegen der Kugelgestalt der brechenden Flächen. Kugelige brechende Flächen vereinigen nämlich die von einem Objectpunkte ausgegangenen Strahlen nur dann annähernd in einen Bildpunkt, wenn alle Strahlen nahehin senkrecht auf jede einzelne brechende Fläche fallen. Sollten die Strahlen wenigstens in der Mitte des Bildes ganz genau vereinigt sein, so müsste man anders als kugelig gekrümmte Flächen anwenden, die sich nicht in nöthiger Vollkommenheit mechanisch herstellen lassen. Nun hat das Auge zum Theil elliptisch gekrümmte Flächen; und wiederum verleitete das günstige Vorurtheil, welches man für den Bau dieses Organs hatte, zu der Voraussetzung, dass bei ihm die Abweichung wegen der Kugelgestalt aufgehoben sei. Aber hierin schoss die natürliche Gunst für das Organ am weitesten über ihr Ziel hinaus. Die genauere Untersuchung ergab nämlich, dass viel gröbere Abweichungen als die wegen der Kugelgestalt am Auge vorkommen, Abweichungen, die an künstlichen Instrumenten bei einiger Sorgfalt leicht zu vermeiden sind, und neben denen es eine ganz unerhebliche Frage ist, ob noch Abweichung wegen der Kugelgestalt bestehe oder nicht. Die zuerst von Senff in Dorpat, dann mit einem geeigneteren Instrumente, dem schon genannten Ophthalmometer vom Referenten, nachher in grosser Anzahl von Donders, Knapp und Anderen ausgeführten Messungen der Hornhautkrümmungen haben ergeben, dass die Hornhaut der meisten

menschlichen Augen nicht drehrund, sondern an ihren verschiedenen Meridianen verschieden gekrümmt sei. Ich habe ferner
eine Methode angegeben, um die Centrirung eines lebenden Auges
zu prüfen, das heisst um zu untersuchen, ob Hornhaut und Krystalllinse für die gleiche Axe symmetrisch gebildet sind. Die Anwendung dieser Methode zeigte bei den untersuchten Augen kleine
aber deutlich erkennbare Mängel der Centrirung. Die Folge dieser beiden Arten der Abweichung ist der sogenannte Astigmatismus des Auges, der sich bei den meisten menschlichen Augen
in geringerem oder höherem Grade findet, und bewirkt, dass wir
nicht gleichzeitig horizontale und verticale Linien in derselben
Entfernung vollkommen deutlich sehen können. Ist der Grad des
Astigmatismus bedeutender, so kann man die von ihm ausgehenden
Störungen durch Brillengläser mit cylindrischen Flächen beseitigen.
Es ist dies ein Gegenstand, der in neuester Zeit die Aufmerksamkeit der Augenärzte in hohem Grade erregt hat.

Aber damit ist es noch nicht genug. Eine nicht drehrunde
elliptische brechende Fläche, ein schlecht centrirtes Fernrohr würden zwar nicht punktförmige Bilder eines Sterns geben, sondern
je nach der Einstellung elliptische, kreisrunde oder strichförmige.
Die Bilder eines Lichtpunkts, wie sie das Auge entwirft, sind aber
noch unregelmässiger; sie sind nämlich unregelmässig strahlig.
Der Grund davon liegt in der Krystalllinse, deren Faserzüge eine
sechsstrahlige Anordnung zeigen, wie die in Fig. 45 dargestellte
Profilansicht der Linse erkennen lässt. In der That, die Strahlen,

Fig. 45.

$\frac{5}{1}$

die wir an den Sternen oder an
fernen Lichtflammen sehen, sind
Abbilder vom strahligen Bau der
menschlichen Linse; und wie allgemein dieser Fehler ist, zeigt
die allgemeine Bezeichnung einer
strahligen Figur als sternförmig.
Dass die Mondsichel, wenn sie
recht schmal ist, vielen Personen
doppelt oder dreifach erscheint,
rührt eben daher.

Nun ist es nicht zuviel gesagt,
dass ich einem Optiker gegen-
über, der mir ein Instrument verkaufen wollte, welches die letztgenannten Fehler hätte, mich vollkommen berechtigt glauben würde,
die härtesten Ausdrücke über die Nachlässigkeit seiner Arbeit zu

gebrauchen, und ihm sein Instrument mit Protest zurückzugeben. In Bezug auf meine Augen werde ich freilich letzteres nicht thun, sondern im Gegentheil froh sein, sie mit ihren Fehlern möglichst lange behalten zu dürfen. Aber der Umstand, dass sie mir trotz ihrer Fehler unersetzlich sind, verringert offenbar, wenn wir uns einmal auf den freilich einseitigen aber berechtigten Standpunkt des Optikers stellen, doch die Grösse dieser Fehler nicht.

Wir sind aber mit unserem Sündenregister für das Auge noch nicht fertig.

Wir verlangen vom Optiker, dass er zu seinen Linsen auch gutes klares Glas nehme, was vollkommen durchsichtig sei. Wenn das Glas trübe ist, so verbreitet sich im Bilde eines solchen Instruments rings um jede helle Fläche ein lichter Schein; das Schwarz erscheint nur grau, das Weiss nicht so hell, als es sollte. Aber gerade diese Fehler finden sich auch in dem Bilde, welches das Auge uns von der Aussenwelt zeigt; die Undeutlichkeit dunkler Gegenstände, die in der Nähe eines sehr hellen gesehen werden, rührt wesentlich von diesem Umstande her, und wenn wir Hornhaut und Krystalllinse eines lebenden Auges stark beleuchten, indem wir das Licht einer hellen Lampe durch eine Linse auf sie concentriren, sehen wir auch ihre Substanz trüb weisslich erscheinen, trüber als die wässerige Feuchtigkeit, welche zwischen beiden liegt. Am auffallendsten ist diese Trübung im blauen und violetten Lichte des Sonnenspectrum; dann tritt nämlich noch die sogenannte Fluorescenz hinzu, welche die Trübung vermehrt. Mit dem Namen der Fluorescenz bezeichnet man bekanntlich die Fähigkeit gewisser Körper, zeitweilig schwach selbstleuchtend zu werden, so lange sie von violettem und blauem Lichte bestrahlt werden. Der bläuliche Schein der Chininlösungen, der grüne des gelbgrünen Uranglases rührt davon her. Die Fluorescenz der Hornhaut und Linse scheint in der That von einer kleinen Menge einer chininähnlichen Substanz herzukommen, die in ihrem Gewebe vorhanden ist. Für den Physiologen freilich ist diese Eigenschaft der Krystalllinse sehr werthvoll; denn man kann letztere durch stark concentrirtes blaues Licht auch im lebenden Auge gut sichtbar machen, constatiren, dass sie dicht hinter der Iris und dieser eng anliegt, worüber lange falsche Ansichten geherrscht haben. Für das Sehen aber ist die Fluorescenz der Hornhaut und Krystalllinse jedenfalls nur nachtheilig.

Ueberhaupt ist die Krystalllinse, so schön und klar sie auch aussieht, wenn man sie aus dem Auge eines frisch geschlachteten

Thieres herausnimmt, optisch sehr wenig homogen. Man kann die Schatten der im Auge enthaltenen Trübungen und dunklen Körperchen, die sogenannten entoptischen Objecte, auf der Netzhaut sichtbar machen, wenn man durch eine sehr feine Oeffnung nach einer ausgedehnten hellen Fläche, dem hellen Himmel zum Beispiel, blickt. Den grössten Beitrag zu diesen Schatten geben immer die Faserzüge und Flecken der Krystalllinse. Daneben werden auch allerlei im Glaskörper schwimmende Fäserchen, Körnchen, Membranfalten sichtbar, die, wenn sie sich nahe vor der Netzhaut befinden, auch wohl beim gewöhnlichen Gebrauche des Auges als sogenannte fliegende Mücken zum Vorschein kommen, so genannt, weil sie, wenn man den Blick auf sie richten will, sich mit dem Auge fortbewegen und also vor dem Blickpunkte immer her fliehen, was den Eindruck macht, als sähe man ein fliegendes Insect. Dergleichen sind in allen Augen vorhanden, und schwimmen gewöhnlich ausserhalb des Gesichtsfeldes im höchsten Punkte des Augapfels, verbreiten sich aber im Glaskörper, wenn dieser durch schnelle Bewegungen des Auges gleichsam aufgerührt wird. Gelegentlich kommen sie dann vor die Netzhautgrube und erschweren das Sehen. Charakteristisch für die Art, wie wir die Sinnesempfindungen beachten, ist auch hier der Umstand, dass dergleichen Objecte Personen, die anfangen an den Augen zu leiden, nicht selten als etwas Neues auffallen, worüber sie sich ängstigen, obgleich zweifellos dieselben Gegenstände schon längst vor ihrer gegenwärtigen Erkrankung in ihrem Glaskörper geschwommen haben.

Kennt man übrigens die Entstehungsgeschichte des Augapfels bei den Embryonen des Menschen und der Wirbelthiere, so erklären sich diese Unregelmässigkeiten in der Structur der Linse und des Glaskörpers von selbst. Beide entstehen nämlich, indem sich beim Embryo ein Theil der äusseren Haut grubenförmig einzieht, sich zu einem flaschenförmigen Hohlraume erweitert, bis der Hals der Flasche sich zuletzt ganz abschnürt. Die Oberhautzellen dieses abgeschnürten Säckchens klären sich zur Substanz der Linse; die Haut selbst wird zur Linsenkapsel, ihr lockeres Unterhautbindegewebe zur sulzigen Masse des Glaskörpers. Die Abschnürungsnarbe zeigt sich noch im entoptischen Bilde mancher erwachsenen Augen.

Wir können hier endlich gewisse Unregelmässigkeiten des Grundes nicht unerwähnt lassen, auf welchem das optische Bild des Auges aufgefangen wird. Erstens hat die Netzhaut nicht sehr

weit von der Mitte des Gesichtsfeldes eine Lücke; da nämlich, wo
der Sehnerv in das Auge tritt. Hier ist die ganze Masse der Membran von den eintretenden Sehnervenfasern gebildet, und es fehlen die eigentlich lichtempfindlichen Elemente, die Zapfen. Daher
wird Licht, was auf diese Stelle fällt, auch nicht empfunden. Dieser Lücke in dem Mosaik der Zapfen, dem sogenannten blinden
Flecke, entspricht eine Lücke im Gesichtsfelde, in deren Ausdehnung nichts wahrgenommen wird. Fig. 46 stellt die innere Ansicht
der hinteren Hälfte eines

Fig. 46.

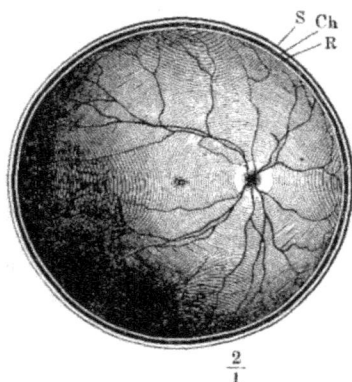

querdurchschnittenen Aug-
apfels dar. Man sieht zu-
nächst die Netzhaut *R* vor
sich mit ihren baumförmig
verästelten Gefässen. Der
Punkt, von wo aus diese sich
verzweigen, ist die Eintrittsstelle des Sehnerven. Links
daneben ist der gelbe Fleck
der Netzhaut angedeutet.
Diese Lücke ist gar nicht
unbedeutend; sie hat etwa
6 Winkelgrade im horizon-
talen und 8° im verticalen
Durchmesser, und ihr inne-
rer Rand liegt etwa 12° in horizontaler Richtung vom Fixationspunkte aus nach der Schläfenseite desselben hin entfernt. Die
Methode, wie man die Lücke am leichtesten erkennt, wird vielen
meiner Leser bekannt sein. Man zeichne auf weisses Papier horizontal neben einander links ein kleines Kreuzchen, rechts etwa
drei Zoll davon entfernt einen kreisförmigen schwarzen Fleck, einen
halben Zoll im Durchmesser. Man schliesse das linke Auge, betrachte mit dem rechten unverwandt das Kreuzchen, und bringe
das Papier langsam aus grösserer Entfernung dem Auge näher.
In etwa elf Zoll Entfernung wird man den schwarzen Kreis verschwinden sehen, und wieder erscheinen, wenn man das Papier
noch weiter nähert.

Die Lücke ist gross genug, dass in ihr horizontal neben einander elf Vollmonde verschwinden könnten, oder ein 6 bis 7 Fuss
entferntes menschliches Gesicht. Mariotte, der das Phänomen
entdeckt hatte, amüsirte König Karl II. von England und seine

Hofleute damit, dass er sie lehrte, wie sie sich gegenseitig ohne Kopf erblicken könnten.

Eine Anzahl kleinerer spaltförmiger Lücken, in denen kleinere helle Punkte, einzelne Fixsterne zum Beispiel, verschwinden können, entsprechen den grösseren Gefässstämmen der Netzhaut. Die Gefässe liegen nämlich in den vorderen Schichten dieser Membran, und werfen deshalb ihren Schatten auf die hinter ihnen liegenden Theile des lichtempfindlichen Mosaiks. Die dickeren halten das Licht ganz ab, die dünneren schwächen es wenigstens. Diese Schatten der Netzhautgefässe können auch im Gesichtsfelde zur Erscheinung kommen, zum Beispiel, wenn man in ein Kartenblatt mit einer Nadel eine feine Oeffnung macht, und durch diese nach dem hellen Himmel sieht, während man das Blatt mit der Oeffnung fortdauernd ein wenig hin und her bewegt. Noch schöner sieht man sie, wenn man durch eine kleine Brennlinse Sonnenlicht auf die weisse Sehnenhaut des Auges am äusseren Augenwinkel concentrirt, während man das Auge gegen die Nase hinwendet. Sie erscheinen dann in der baumförmig verästelten Form, wie sie Fig. 46 darstellt, aber in riesiger Grösse. Es liegen diese Gefässe, welche den Schatten geben, in den vorderen Schichten der Netzhaut selbst, und natürlich können ihre Schatten nur empfunden werden, wenn durch sie die eigentlich lichtempfindliche Schicht der Netzhaut getroffen wird. Daraus folgt, dass die hinteren Schichten der Netzhaut lichtempfindlich sein müssen. Ja es ist sogar mittels dieses Phänomens der Gefässschatten die Entfernung der lichtempfindlichen Schicht der Netzhaut von ihren Gefässe führenden Schichten messbar geworden. Wenn man nämlich den Brennpunkt des auf der Sehnenhaut concentrirten Lichtes ein wenig verschiebt, bewegt sich auch der Schatten auf der Netzhaut und ebenso sein Abbild im Gesichtsfelde. Die Grösse dieser Verschiebungen kann leicht gemessen werden, und daraus hat der, der Wissenschaft leider zu früh entrissene, Heinrich Müller in Würzburg jenen Abstand berechnet, und ihn gleich gefunden dem Abstande zwischen der gefässführenden Schicht und den Zapfen.

Gerade die Stelle des deutlichsten Sehens zeichnet sich übrigens in anderer Beziehung wieder zu ihrem Nachtheile aus; sie ist nämlich weniger empfindlich für schwaches Licht, als die übrige Netzhaut. Es ist seit alter Zeit bekannt, dass man eine Anzahl schwächerer Sterne, zum Beispiel das Haar der Berenice, die Plejaden, heller sieht, wenn man nach einem etwas seitwärts gelegenen Punkte blickt, als wenn man sie direct fixirt. Dies rührt nach-

weisbar zum Theil von der gelben Färbung dieser Stelle her, da
blaues Licht dort am meisten geschwächt wird, zum Theil mag es
auch von dem Mangel der Gefässe in der genannten Stelle bedingt
sein, den wir schon erwähnt haben; dadurch wird nämlich ihr Verkehr mit dem belebenden Blute erschwert.

Alle diese Unregelmässigkeiten würden nun in einer künstlichen Camera obscura, oder in dem von ihr erzeugten photographischen Bilde äusserst störend sein. Im Auge sind sie es nicht, so
wenig, dass es sogar theilweise recht schwer war, sie überhaupt
aufzufinden. Der Grund, dass sie die Wahrnehmung der äusseren
Objecte nicht stören, hängt nicht allein davon ab, dass wir mit
zwei Augen sehen, und dass, wo das eine Auge schlecht sieht, in
der Regel das andere genügende Auskunft giebt. Denn auch beim
Sehen mit einem Ange und bei Einäugigen ist das Anschauungsbild, was wir vom Gesichtsfelde haben, frei von den Störungen,
welche die Unregelmässigkeiten des Grundes sonst veranlassen
könnten. Der Hauptgrund ist vielmehr wieder in den fortdauernden Bewegungen des Auges zu suchen, und darin, dass die Fehler
fast immer nur in diejenigen Stellen des Gesichtsfeldes fallen,
von denen wir zur Zeit unsere Aufmerksamkeit abwenden.

Dass wir aber diese und andere dem Auge selbst angehörige
Gesichtserscheinungen, wie zum Beispiel die Nachbilder heller Objecte, so lange sie nicht stark genug werden, um die Wahrnehmung
äusserer Gegenstände zu hindern, so schwer bemerken, ist eine
andere sehr wunderliche und paradoxe Eigenthümlichkeit unserer
Sinneswahrnehmungen, die nicht bloss beim Gesichtssinn, sondern
auch bei den anderen Sinnen sich regelmässig wiederholt. Am
besten zeigt sich dies in der Geschichte der Entdeckungen dieser
Phänomene. Einzelne von ihnen, wie zum Beispiel der blinde Fleck,
sind durch theoretische Ueberlegungen gefunden worden. In dem
lange geführten Streite, ob die Netzhaut oder die Aderhaut den
Sitz der Lichtempfindung enthalte, fragte sich Mariotte, wie denn
die Empfindung dort sich verhalte, wo die Aderhaut durchbohrt
sei. Er stellte also besondere Versuche für diesen Zweck an und
entdeckte die Lücke im Gesichtsfelde. Jahrtausende lang hatten
Millionen von Menschen ihr Auge gebraucht, Tausende von ihnen
hatten über dessen Wirkungen und ihre Ursachen nachgedacht,
und schliesslich gehörte eine solche besondere Verkettung von
Umständen dazu, ein so einfaches Phänomen, was, wie man denken sollte, sich der unmittelbarsten Wahrnehmung ergeben müsste,
zu bemerken; und noch jetzt findet ein Jeder, der zum ersten Male

in seinem Leben die Versuche über den blinden Fleck wiederholt, eine gewisse Schwierigkeit, seine Aufmerksamkeit von dem Fixationspunkte des Blicks abzulenken, ohne diesen selbst zu verrücken. Ja, es gehört eine lange Gewöhnung an optische Versuche dazu, ehe selbst ein geübter Beobachter im Stande ist, beim Schliessen eines Auges sogleich im Gesichtsfelde die Stelle zu erkennen, wo sich die Lücke befindet.

Andere der hierher gehörigen Erscheinungen sind durch Zufall und dann meist auch nur von besonders in dieser Beziehung begabten Individuen, deren Aufmerksamkeit dafür mehr als bei Anderen geschärft war, entdeckt worden. Unter diesen Beobachtern sind besonders Goethe, Purkinje und Johannes Müller zu nennen. Sobald ein anderer Beobachter ein solches Phänomen, das er aus der Beschreibung kennt, in seinen eigenen Augen wiederzusuchen unternimmt, gelingt ihm dies wohl leichter, als ein neues zu entdecken; und doch ist eine grosse Zahl der Erscheinungen, welche Purkinje beschreibt, von Anderen noch nicht wiedergesehen worden, ohne dass man mit Sicherheit behaupten könnte, dass dieselben nur individuelle Eigenthümlichkeiten der Augen dieses scharfsichtigen Beobachters gewesen wären.

Die bisher genannten Erscheinungen und eine ganze Reihe von anderen kann man unter die allgemeine Regel bringen, dass eine Aenderung des Erregungsgrades eines Empfindungsnerven viel leichter wahrgenommen wird, als eine gleichmässig andauernde Erregung. Dieser Regel entspricht es, dass alle gleichmässig das ganze Leben hindurch stattfindenden Besonderheiten in der Erregung einzelner Fasern, wie die Gefässschatten des Auges, die gelbe Färbung des Netzhautcentrums, die meisten festen entoptischen Objecte gar nicht wahrgenommen werden, und dass ungewöhnliche Arten der Beleuchtung, namentlich aber fortdauernder Wechsel ihrer Richtung dazu gehört, sie wahrnehmbar zu machen.

Nach dem, was wir bisher über die Nervenerregung wissen, erscheint es mir höchst unwahrscheinlich, dass wir es hier mit einem reinen Phänomen der Empfindung zu thun haben; ich glaube es vielmehr für ein Phänomen der Aufmerksamkeit erklären zu müssen, und wollte hier nur vorläufig auf seine Existenz aufmerksam machen, weil die Frage, die sich uns hier schon aufdrängt, erst später in ihrem richtigen Zusammenhange beantwortet werden kann.

So viel über die physikalischen Leistungen des Auges. Wenn man mich fragt, warum ich den Leser so weitläuftig von dessen

Unvollkommenheiten unterhalten habe, so antworte ich, dass dies nicht geschehen ist, wie auch meine vorausgeschickten Verwahrungen bezeugen sollten, um die Leistungen des kleinen Organs herabzusetzen und die Bewunderung dafür zu vermindern. Es kam mir darauf an, schon in diesem Gebiete den Leser darauf aufmerksam zu machen, dass es nicht die mechanische Vollkommenheit der Sinneswerkzeuge ist, welche uns diese wunderbar treuen und genauen Eindrücke verschafft. Der nächste Abschnitt unserer Untersuchung wird uns noch viel kühnere und paradoxere Incongruenzen kennen lehren. Wir sahen bisher, dass das Auge an sich als optisches Instrument durchaus nicht so vollkommen ist, wie es scheint, sondern so Ausserordentliches nur leistet bei der besonderen Art, wie wir es gebrauchen. Seine Vollkommenheit ist eine rein praktische, keine absolute; sie besteht nicht darin, dass alle Fehler vermieden wären, sondern darin, dass alle diese Fehler den nützlichsten und mannigfaltigsten Gebrauch nicht unmöglich machen.

In dieser Beziehung lässt das Studium des Auges einen tiefen Blick in den Charakter der organischen Zweckmässigkeit überhaupt thun, einen Blick, der um so interessanter ist, wenn wir ihn mit den grossen und kühnen Gedanken in Beziehung setzen, welche neuerdings Darwin über die Art der fortschreitenden Vervollkommnung der organischen Geschlechter in unsere Wissenschaft geworfen hat. Auch wo wir sonst in die organischen Bildungen hineinblicken, finden wir überall den gleichen Charakter praktischer Zweckmässigkeit, wir können denselben nur vielleicht nirgends so in das Einzelne verfolgen, wie wir es beim Auge können. Das Auge hat alle möglichen Fehler optischer Instrumente, einzelne sogar, die wir an künstlichen Instrumenten nicht leiden würden, aber sie sind alle in solchen Grenzen gehalten, dass die durch sie bewirkte Ungenauigkeit des Bildes unter gewöhnlichen Bedingungen der Beleuchtung das Maass nicht weit überschreitet, welches der Feinheit der Wahrnehmung durch die Feinheit der lichtempfindenden Zapfen gesetzt ist. So wie man dagegen unter etwas veränderten Umständen beobachtet, bemerkt man die Farbenzerstreuung, den Astigmatismus, die Lücken, die Gefässschatten, die unvollkommene Durchsichtigkeit der Medien und so fort.

Was also die Anpassung des Auges an seinen Zweck betrifft, so ist sie im vollkommensten Maasse vorhanden, und zeigt sich gerade auch in der Grenze, die seinen Fehlern gezogen ist. Hier fällt freilich das, was die Arbeit unermesslicher Reihen von Generationen unter dem Einfluss des Darwin'schen Erblichkeitsgesetzes erzielen kann, mit dem zusammen, was die weiseste Weisheit vorbedenkend ersinnen mag. Ein verständiger Mann wird Brennholz nicht mit einem Rasirmesser spalten wollen, und dem entsprechend mögen wir annehmen, dass jede Verfeinerung des optischen Baues des Auges das Organ verletzlicher oder langsamer in seiner Entwickelung gemacht haben würde. Auch müssen wir berücksichtigen, dass weiche, mit Wasser durchzogene thierische Gewebe immerhin ein ungünstiges und schwieriges Material für ein physikalisches Instrument sind.

Eine Folge dieser Einrichtung, deren Wichtigkeit später noch hervortreten wird, ist, dass nur bei der besonderen Art unseren Blick im Gesichtsfelde herumzuführen, die oben schon theilweise beschrieben ist, ungestört deutliche Wahrnehmungen möglich sind. Andere Umstände, die mit den beschriebenen in gleicher Richtung wirken, werden wir später noch kennen lernen.

Sonst sind wir bis jetzt dem Verständniss des Sehens scheinbar nicht viel näher gekommen. Nur eines haben wir gelernt, wie nämlich durch die Einrichtung des optischen Apparats des Auges es möglich gemacht wird, das Licht, was von verschiedenen Punkten des Gesichtsfeldes her vermischt in unser Auge dringt, wieder zu sondern und alles, was von einem Punkte ausgegangen ist, wieder in einer Nervenfaser zur Empfindung zu bringen.

Sehen wir also zunächst zu, ob, was wir von den Empfindungen des Auges wissen, uns der Lösung des Räthsels näher bringen wird.

II.

Die Gesichtsempfindungen.

———

Wir haben im ersten Abschnitte unseres Berichtes den Gang der Lichtstrahlen bis zur Netzhaut des Auges verfolgt und gesehen, wie durch die besondere Einrichtung des optischen Apparates bewirkt wird, dass das von den einzelnen leuchtenden Punkten der Aussenwelt ausgegangene Licht sich in den empfindlichen Endapparaten einzelner Nervenfasern wieder vereinigt, so dass es nur diese allein, nicht aber ihre Nachbarn in Erregung versetzt. Hier glaubte die ältere Physiologie ihre Aufgabe gelöst zu haben, soweit sie ihr lösbar erschien. In der Netzhaut traf das äussere Licht unmittelbar auf empfindende Nervensubstanz und konnte von dieser, wie es schien, direct empfunden werden.

Das vorige Jahrhundert aber und namentlich das erste Viertel dieses Jahrhunderts bildeten die Kenntniss von den Vorgängen im Nervensystem so weit aus, dass Johannes Müller, damals noch in Bonn, später in Berlin, schon im Jahre 1826 in seinem Epoche machenden Werke: „Zur vergleichenden Physiologie des Gesichtssinns" die wichtigsten Grundzüge für die Lehre von dem Wesen der Sinnesempfindungen hinstellen konnte, Grundzüge, welche durch die Forschungen der darauf folgenden Zeit bisher in allen wesentlichen Stücken nicht nur bestätigt wurden, sondern sogar von noch weitergehender Anwendbarkeit sich erwiesen, als der berühmte Berliner Physiolog nach den ihm vorliegenden Thatsachen damals vermuthen konnte. Die von ihm aufgestellten Sätze werden gewöhnlich unter dem Namen der Lehre von den specifischen Sinnesenergien zusammengefasst. Diese Sätze sind also nicht mehr so neu und so unbekannt, dass sie gerade zu den neuesten Fortschritten der Theorie des Sehens, von denen dieser Bericht handeln soll, zu rechnen wären; auch sind sie öfters, von Anderen sowohl wie von mir selbst [1]), populär dargestellt worden. Aber der ganze hierher gehörige Theil der Lehre vom Sehen ist kaum etwas Anderes, als eine weitere Entwickelung und Durchführung der Lehre von den specifischen Sinnesenergien, und ich muss deshalb den Leser um Verzeihung bitten, wenn ich, um den Zusammenhang des Ganzen übersichtlich zu erhalten, ihm hier mancherlei Bekanntes wieder vorführe, vermischt mit dem Neuen, was ich an seiner Stelle einschalten will.

Alles, was wir von der Aussenwelt wahrnehmen, nehmen wir dadurch wahr, dass gewisse Veränderungen, die durch äussere Eindrücke in unseren Sinnesorganen hervorgebracht worden sind, durch die Nerven zum Gehirne fortgeleitet werden; hier erst kommen sie zum Bewusstsein und werden mit einander zu Vorstellungen der Objecte verbunden. Durchschneiden wir den leitenden Nerven, so dass die Fortleitung des Eindrucks zum Gehirn aufgehoben wird, so hört damit auch die Empfindung und die Perception des Eindrucks auf. Für das Auge speciell liegt der Beweis dafür, dass die Gesichtsanschauung nicht unmittelbar in jeder Netzhaut, sondern erst mittels des fortgeleiteten Eindrucks der Netzhäute im Gehirn zu Stande kommt, darin, dass, wie wir später noch näher erörtern werden, das Gesichtsbild eines körperlich ausgedehnten Gegenstandes von drei Dimensionen erst durch die Verschmelzung und Verbindung der Eindrücke beider Augen zu Stande kommt.

Was wir also unmittelbar wahrnehmen, ist niemals die directe Einwirkung des äusseren Agens auf die Enden unserer Nerven, sondern stets nur die von den Nerven fortgeleitete Veränderung, welche wir als den Zustand der Reizung oder Erregung des Nerven bezeichnen.

Nun sind alle Nervenfäden des Körpers, so weit die bisher gesammelten Thatsachen es erkennen lassen, von derselben Structur, und die Veränderung, welche wir ihre Erregung nennen, ist in allen ein Vorgang von genau derselben Art, so vielfach verschiedenen Thätigkeiten auch die Nerven im Körper dienen. Denn

---

[1]) „Ueber die Natur der menschlichen Sinnesempfindungen" in den Königsberger naturwissenschaftlichen Unterhaltungen. Bd. III. 1852. (S. meine „Wissensch. Abhandl." Bd. II. S. 591.) „Ueber das Sehen des Menschen, ein populär wissenschaftlicher Vortrag von H. Helmholtz. Leipzig, 1855." (Siehe S. 365 dieses Bandes.)

sie haben nicht allein die schon erwähnte Aufgabe, Empfindungs-
eindrücke von den äusseren Organen her zum Gehirn zu leiten;
andere Nerven leiten im Gegentheil Anstösse, die die Willensthä-
tigkeit hervorbringt, vom Gehirn aus zu den Muskeln, und bringen
diese in Zusammenziehung und dadurch die Glieder des Körpers
in Bewegung. Andere leiten die Thätigkeit vom Gehirn zu gewissen Drüsen und rufen deren Secretion hervor, oder zum Her-
zen und den Gefässen, wo sie den Blutlauf regeln, und so weiter.
Aber die Fasern aller dieser Nerven sind die gleichen mikroskopisch feinen, glashellen, cylindrischen Fäden mit demselben theils
öligen, theils eiweissartigen Inhalt. Zwar besteht ein Unterschied
ihrer Dicke, der aber, so weit wir erkennen können, nur von neben-
sächlichen Verhältnissen, von der Rücksicht auf die nöthige Festigkeit und auf die nöthige Anzahl unabhängiger Leitungswege abhängt, ohne in einer wesentlichen Beziehung zur Verschiedenheit
ihrer Wirkungen zu stehen. Alle haben auch, wie aus den Untersuchungen namentlich von E. du Bois-Reymond hervorgeht, dieselben elektromotorischen Wirkungen, in allen wird der Zustand
der Erregung durch dieselben mechanischen, elektrischen, chemischen oder Temperaturveränderungen hervorgerufen, pflanzt sich
mit derselben messbaren Geschwindigkeit von etwa hundert Fuss
in der Secunde nach beiden Enden der Faser hin fort, und bringt
dabei dieselben Abänderungen in ihren elektromotorischen Eigenschaften hervor. Alle endlich sterben unter denselben Bedingungen ab und erleiden entsprechende, nur nach ihrer Dicke etwas
verschieden erscheinende Gerinnungen ihres Inhalts beim Abster-
ben. Kurz Alles, was wir über die verschiedenen Arten der Nerven ermitteln können, ohne dass dabei die anderen Organe des
Körpers, mit denen sie verbunden sind, und an denen im lebenden
Zustande die Wirkungen ihrer Erregung zu Tage kommen, mitwirken, alles das ist für die verschiedenen Arten der Nerven durchaus gleich. Ja es ist in neuester Zeit zweien französischen Physiologen, Philippeau und Vulpian, gelungen, die obere Hälfte
des durchschnittenen Empfindungsnerven der Zunge mit dem unteren Ende des gleichfalls durchschnittenen Bewegungsnerven der
Zunge zusammenzuheilen. Erregung des oberen Stückes, welche
sich unter normalen Verhältnissen als Empfindung äussert, wurde
bei dieser veränderten Verbindung auf den angeheilten Bewegungsnerven und die Muskelfasern der Zunge übertragen, und erschien
nun als motorische Erregung.

Wir schliessen daraus, dass alle Verschiedenheit, welche die

Wirkung der Erregung verschiedener Nervenstämme zeigt, nur von der Verschiedenheit der Organe abhängt, mit welchen der Nerv verbunden ist, und auf die er den Zustand seiner Erregung überträgt.

Man hat die Nervenfäden oft mit den Telegraphendrähten verglichen, welche ein Land durchziehen; und in der That ist dieser Vergleich in hohem Grade geeignet, eine hervorstechende und wichtige Eigenthümlichkeit ihrer Wirkung klar zu machen. Denn es sind in dem Telegraphennetze überall dieselben kupfernen oder eisernen Drähte, welche dieselbe Art von Bewegung, nämlich einen elektrischen Strom, fortleiten, dabei aber die verschiedenartigsten Wirkungen in den Stationen hervorbringen, je nach den Hülfsapparaten, mit denen sie verbunden werden. Bald wird eine Glocke geläutet, bald ein Zeigertelegraph, bald ein Schreibtelegraph in Bewegung gesetzt; bald sind es chemische Zersetzungen, durch welche die Depesche notirt wird. Ja auch Erschütterungen der menschlichen Arme, wie sie der elektrische Strom hervorbringt, können als telegraphische Zeichen benutzt werden, und bei der Legung des atlantischen Kabels fand W. Thomson, dass die allerschwächsten Signale noch durch Geschmacksempfindungen erkannt werden konnten, wenn man die Drähte an die Zunge legte. Wieder in anderen Fällen benutzen wir Telegraphendrähte, um durch starke elektrische Ströme Minen zu sprengen. Kurz jede von den hundertfältig verschiedenen Wirkungen, welche elektrische Ströme überhaupt hervorbringen können, kann ein Telegraphendraht, nach jedem beliebig entlegenen Orte hingelegt, veranlassen, und immer ist es derselbe Vorgang im Drahte, der alle diese verschiedenen Wirkungen hervorruft.

So sind Telegraphendrähte und Nerven sehr auffällige Beispiele zur Erläuterung des Satzes, dass gleiche Ursachen unter verschiedenen Bedingungen verschiedene Wirkungen haben können. So trivial uns dieser Satz auch klingen mag, so lange und schwer hat doch die Menschheit gearbeitet, ehe sie ihn begriffen und an Stelle der früher vorausgesetzten Gleichartigkeit von Ursache und Wirkung gesetzt hat. Und man kann kaum behaupten, dass seine Anwendung uns schon ganz geläufig geworden sei. Gerade in dem Gebiete, welches uns hier vorliegt, hat sich das Widerstreben gegen seine Consequenzen bis in die neueste Zeit hinein erhalten.

Während also Muskelnerven, gereizt, Bewegung verursachen, Drüsennerven Secretion, so bringen Empfindungsnerven, wenn sie gereizt werden, Empfindung hervor. Nun haben wir aber sehr verschiedene Arten der Empfindung. Vor allen Dingen zerfallen die auf Dinge der Aussenwelt bezüglichen Empfindungen in fünf von einander gänzlich getrennte Gruppen, den fünf Sinnen entsprechend, deren Verschiedenheit so gross ist, dass nicht einmal eine Vergleichung einer Lichtempfindung und Tonempfindung oder Geruchempfindung in Bezug auf ihre Qualität möglich ist. Wir wollen diesen Unterschied, welcher also viel eingreifender als der Unterschied vergleichbarer Qualitäten ist, den Unterschied des Modus der Empfindung nennen, dagegen den zwischen Empfindungen, die demselben Sinne angehören, zum Beispiel den Unterschied zwischen den verschiedenen Farbenempfindungen, als einen Unterschied der Qualität bezeichnen.

Ob wir bei der Reizung eines Nervenstammes eine Muskelbewegung, eine Secretion oder eine Empfindung hervorbringen, hängt davon ab, ob wir einen Muskelnerven, einen Drüsennerven oder einen Empfindungsnerven getroffen haben, und gar nicht davon, welche Art der Reizung wir angewendet haben, ob einen elektrischen Schlag, oder Zerrung, oder Durchschneidung des Nerven, oder ob wir ihn mit Kochsalzlösung benetzt, oder mit einem heissen Drahte berührt haben. Ebenso — und das war der grosse Fortschritt, den Johannes Müller machte — hängt der Modus der Empfindungen, wenn wir einen empfindenden Nerven erregen, ob Licht oder Schall, oder ein Tastgefühl, ein Geruch oder Geschmack empfunden werde, ebenfalls nur davon ab, welchem Sinne der gereizte Nerv angehört, und nicht von der Art des Reizes.

Wenden wir dies auf den Sehnerven an, der uns hier vor Allem beschäftigt. Zunächst wissen wir, dass keine Art der Einwirkung auf irgend einen Körpertheil, als auf das Auge allein und den zu ihm gehörigen Sehnerven, jemals Lichtempfindung hervorruft. Die dem allein entgegenstehenden Geschichten von Somnambulen dürfen wir uns schon erlauben nicht zu glauben. Andererseits ist es aber nicht allein das äussere Licht, was im Auge Lichtempfindung hervorrufen kann, sondern auch jede andere Art der Einwirkung, die einen Nerven zu erregen im Stande ist. Elektrische Strömungen der allerschwächsten Art, durch das Auge geleitet, erregen Lichtblitze. Ein Stoss oder auch ein schwacher Druck, mit dem Fingernagel gegen die Seite des Augapfels ausgeübt, erregen im dunkelsten Raume Lichtempfindungen, und zwar unter günstigen Umständen ziemlich intensive. Dabei wird, wie wohl zu bemerken ist, nicht etwa objectives Licht in der Netzhaut entwickelt, wie einige ältere Physiologen angenommen haben. Denn die Lichtempfindung kann intensiv genug sein, dass die zu ihrer Hervorbringung nöthige Erhellung der Netzhaut ohne Schwierigkeit von einem zweiten Beobachter von vorn her durch die Pupille müsste gesehen werden können, wenn die Empfindung wirklich durch eine Lichtentwickelung in der Netzhaut erregt worden wäre. Davon ist aber nicht die leiseste Spur vorhanden. Ein Druck, ein elektrischer Strom erregt wohl den Sehnerven und dem Müller'schen Gesetz entsprechend also Lichtempfindung, aber unter den hier vorkommenden Umständen wenigstens nicht die kleinste Menge wirklichen Lichtes.

Ebenso kann auch Andrang des Blutes zum Auge, abnorme Zusammensetzung desselben in fieberhaften Krankheiten oder nach Einführung berauschender und narkotischer Stoffe Lichtempfindungen im Sehnervenapparate hervorbringen, denen kein äusseres Licht entspricht. Ja sogar in Fällen, wo durch Verletzung oder Operation ein Auge ganz verloren ist, kann der Wundreiz am Nervenstumpfe noch phantastische Lichtempfindungen erzeugen.

Es folgt daraus zunächst, dass der eigenthümliche Modus, wodurch die Lichtempfindung sich von allen anderen Empfindungen unterscheidet, nicht etwa von ganz besonders eigenthümlichen Eigenschaften des äusseren Lichtes abhängt und solchen entspricht, sondern dass jede Einwirkung, welche eben fähig ist den Sehnerven in Erregungszustand zu versetzen, Lichtempfindung hervorbringt, eine Empfindung, welche derjenigen, die durch äusseres Licht entsteht, so ununterscheidbar ähnlich ist, dass Leute, die das Gesetz dieser Erscheinungen nicht kennen, sehr leicht in den Glauben verfallen, sie hätten eine wirkliche objective Lichterscheinung gesehen.

Das äussere Licht bewirkt also im Sehnerven nichts Anderes, als was auch Agentien von ganz verschiedener Natur bewirken können. Nur in einer Beziehung ist es den übrigen Erregungsmitteln dieses Nerven gegenüber bevorzugt, darin nämlich, dass der Sehnerv, in der Tiefe des prallen Augapfels und der knöchernen Augenhöhle verborgen, der Einwirkung aller anderen Erregungsmittel fast ganz entzogen ist, und von ihnen nur selten und ausnahmsweise getroffen wird, während die Lichtstrahlen durch die durchsichtigen Mittel des Auges fortdauernd ungehindert zu ihm dringen können. Andererseits ist aber auch der Sehnerv wegen der an den Enden seiner Fasern angebrachten besonderen Endorgane, der Zapfen und Stäbchen der Netzhaut, unverhältnissmässig empfindlicher gegen die Lichtstrahlen, als irgend ein anderer Nervenapparat des Körpers, da die übrigen nur dann von den Lichtstrahlen afficirt werden, wenn diese hinreichend concentrirt sind, um merkliche Temperaturerhöhungen zu bewirken.

Durch diesen Umstand erklärt es sich, dass für uns die Empfindung im Sehnervenapparat das gewöhnliche sinnliche Zeichen für die Anwesenheit von Licht im Gesichtsfelde ist, und dass wir Licht und Lichtempfindung immer verbunden glauben, selbst wo sie es nicht sind; während wir doch, sobald wir die Thatsachen in ihrem ganzen Zusammenhange überblicken, nicht daran zweifeln können, dass das äussere Licht nur einer der Reize ist, welcher, wie auch andere Reize, den Sehnerven in erregten Zustand versetzen kann, und dass also keineswegs eine ausschliessliche Beziehung zwischen Licht und Lichtempfindung besteht.

Nachdem wir so die Einwirkung der Reize auf die Sinnesnerven im Allgemeinen besprochen haben, wollen wir dazu übergehen die qualitativen Unterschiede der Lichtempfindung insbesondere, nämlich die Empfindungen verschiedener Farben, kennen zu lernen und namentlich zuzusehen, inwiefern diese Unterschiede der Empfindung wirklichen Unterschieden der Körperwelt entsprechen.

Die Physik weist uns nach, dass das Licht eine sich wellenförmig verbreitende schwingende Bewegung eines durch den Weltraum verbreiteten elastischen Mittels ist, welches sie den Lichtäther nennt, eine Bewegung ähnlicher Art, wie die auf einer ebenen Wasserfläche, die ein Stein traf, sich ausbreitenden Wellenringe, oder wie die Erschütterung, welche sich durch unseren Luftkreis als Schall fortpflanzt; nur dass sowohl die Ausbreitung des Lichts, als auch die Geschwindigkeit, mit der die einzelnen von den Lichtwellen bewegten Theilchen hin und her gehen, ausserordentlich viel grösser ist, als die der Wasser- und Schallwellen.

Nun gehen von der Sonne Lichtwellenzüge aus, die durch ihre Grössenverhältnisse beträchtlich von einander unterschieden sind, so wie wir auch auf einer Wasserfläche bald kleines Gekräusel, d. h. kurze Wellen, deren Wellenberge einen oder einige Zoll von einander abstehen, sehen können, bald die langen Wogen des Oceans, zwischen deren schäumenden Kämmen Thäler von 60, ja selbst 100 Fuss Breite gelegen sind. Aber wie hohe und niedrige, kurze und lange Wellen einer Wasserfläche nicht der Art nach, sondern nur der Grösse nach von einander unterschieden sind, so sind die verschiedenen Lichtwellenzüge, die von der Sonne ausgehen, zwar ihrer Stärke nach und ihrer Wellenlänge nach unterschieden, führen aber übrigens alle dieselbe Art der Bewegung aus, und alle zeigen, wenn auch natürlich mit gewissen von dem Werth ihrer Wellenlänge abhängigen Unterschieden, dieselben merkwürdigen physikalischen Eigenschaften der Spiegelung, Brechung, der Interferenz, Diffraction, Polarisation, aus denen geschlossen werden muss, dass in ihnen allen die schwingende Bewegung des Lichtäthers derselben Art ist. Namentlich ist zu erwähnen, dass die Erscheinungen der Interferenz, bei denen Licht durch gleichartiges Licht je nach der Länge des zurückgelegten Weges bald verstärkt, bald vernichtet wird, erweisen, dass alle diese Strahlungen in einer oscillatorischen Wellenbewegung bestehen; ferner dass die Polarisationserscheinungen, bei denen verschiedene Seiten des Strahls sich verschieden verhalten, schliessen lassen, dass die Schwingungsrichtung der bewegten Theilchen senkrecht zur Fortpflanzungsrichtung des Strahls sei.

Alle die genannten verschiedenen Arten von Strahlen haben eine Wirkung gemeinsam, sie erwärmen die irdischen Körper, die sie treffen, und werden dem entsprechend auch alle von unserer Haut als Wärmestrahlen empfunden.

Unser Auge empfindet dagegen nur einen Theil dieser Aetherschwingungen als Licht. Die Wellenzüge von grosser Wellenlänge, die wir den langen Wogen des Oceans vergleichen müssten, empfindet es nämlich gar nicht; wir nennen diese deshalb dunkle strahlende Wärme. Solche Strahlen sind es auch, die von einem heissen, aber nicht glühenden Ofen ausgehen und uns erwärmen, aber uns nicht leuchten.

Dann empfindet unser Auge die Wellenzüge kürzester Wellenlänge, die also dem kleinsten Gekräusel, was ein leichter Windhauch auf der Oberfläche eines Teiches hervorbringt, entsprechen, so ausserordentlich schwach, dass man diese Art der Strahlen ebenfalls für gewöhnlich als unsichtbar betrachtet und sie dunkle chemische Strahlen genannt hat.

Zwischen den zu langen und den zu kurzen Aetherwellen in der Mitte giebt es nun Wellen von mittlerer Länge, die unser Auge kräftig afficiren, aber übrigens in physikalischer Beziehung durchaus nicht wesentlich von den dunklen Wärmestrahlen und von den dunklen chemischen Strahlen unterschieden sind. Ihr Unterschied von letzteren beiden beruht nur in der verschiedenen Grösse der Wellenlängen und in den damit zusammenhängenden physikali-

schen Beziehungen. Diese mittleren Strahlen nennen wir Licht,
weil sie allein es sind, die unserem Auge leuchten.

Wenn wir die wärmende Eigenschaft dieser Strahlen beachten, nennen wir sie auch leuchtende Wärme, und weil sie auf
unsere Haut einen so ganz anderen Eindruck machen als auf unser
Auge, hat man bis vor etwa 30 Jahren allgemein das Wärmende
für eine ganz andere Art von Ausstrahlung gehalten, als das Leuchtende. Aber beides ist in den leuchtenden Sonnenstrahlen absolut dasselbe und nicht von einander zu trennen, wie die neueren
sorgfältigsten physikalischen Untersuchungen zeigen. Es ist nicht
möglich, man mag sie optischen Processen unterwerfen, welchen
man wolle, ihre Leuchtkraft zu schwächen, ohne auch gleichzeitig
und in demselben Verhältnisse ihre wärmende und ihre chemische
Wirkung zu verringern. Jeder Vorgang, der die schwingende Bewegung des Aethers aufhebt, hebt eben natürlich auch alle Wirkungen dieser schwingenden Bewegung auf, das Leuchten, das
Wärmen, die chemische Wirkung, die Erregung der Fluorescenz
und so weiter.

Diejenigen Aetherschwingungen nun, welche unser Auge stark
afficiren, und die wir Licht nennen, erregen je nach der Verschiedenheit ihrer Wellenlänge den Eindruck verschiedener Farbe.
Die von grösserer Wellenlänge erscheinen uns roth, daran schliessen sich mit allmälig abnehmender Wellenlänge goldgelbe,
gelbe, grüne, blaue, violette, letztere haben unter den leuchtenden die kürzeste Wellenlänge. Allbekannt ist diese Farben-
reihe vom Regenbogen her; wir sehen sie, wenn wir durch ein
Glasprisma nach einem Lichte blicken, ein farbenspielender Dia-
mant wirft sie ebenfalls in dieser Reihenfolge nach verschiedenen
Richtungen hin. In den genannten durchsichtigen Körpern trennt
sich nämlich das verschiedenfarbige elementare Licht verschiedener Wellenlänge durch die schon im ersten Artikel erwähnte
verschiedene Stärke der Brechung von einander, und so erscheint
dann jedes in seiner besonderen Farbe für sich. Diese Farben
der verschiedenen einfachen Lichtarten, wie sie uns am besten das
von einem Glasprisma entworfene Spectrum einer schmalen Licht-
linie zeigt, sind zugleich die glänzendsten und gesättigtesten Farben, welche die Aussenwelt aufzuweisen hat.

Mehrere solche Farben zusammengemischt geben den Eindruck einer neuen, meist mehr oder weniger weisslichen Farbe.
Werden sie alle genau in demselben Verhältnisse, wie sie im Sonnenlichte enthalten sind, gemischt, so geben sie den Eindruck von

Weiss. Je nachdem dagegen in einem solchen Gemisch die Strahlen grösserer, mittlerer oder kleinster Wellenlänge vorherrschen, erscheint es röthlichweiss, grünlichweiss, bläulichweiss u. s. w. Jeder, der der Arbeit eines Malers zugesehen hat, weiss, dass zwei Farben mit einander gemischt eine neue Farbe geben. Wenn nun auch im Einzelnen die Resultate der Mischung farbigen Lichts von denen der Mischung von Malerfarben vielfach abweichen, so ist doch im Ganzen die Erscheinung in beiden Fällen für das Auge eine ähnliche. Wenn wir einen weissen Schirm, oder auch eine Stelle unserer Netzhaut gleichzeitig mit zweierlei verschiedenem Lichte beleuchten, sehen wir ebenfalls nur eine Farbe statt der zwei, eine Mischfarbe, mehr oder weniger verschieden von den beiden ursprünglich vorhandenen Farben.

Die auffallendste Abweichung zwischen der Mischung aus Malerfarben und der Mischung farbigen Lichtes zeigt sich darin, dass die Maler aus Gelb und Blau Grün mischen, während gelbes und blaues Licht vereinigt Weiss giebt. Die einfachste Art farbiges Licht zu mischen ist angedeutet durch Fig. 47; darin ist p eine kleine ebene Glasplatte, b und g sind zwei farbige Oblaten. Der Beobachter sieht b durch die Platte hindurch, dagegen g sieht er

Fig. 47.

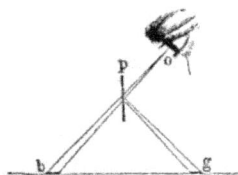

in der Platte gespiegelt; und wenn man g richtig legt, fällt das Spiegelbild von g gerade mit b zusammen. Man glaubt dann bei b eine einzige Oblate in der Mischfarbe der beiden wirklichen zu sehen. Hier vereinigt sich wirklich auf dem Wege von p zum Auge o und auf dessen Netzhaut das Licht, was von b kommend die Platte p durchdringt, mit dem was von g kommend an der Platte p gespiegelt wird.

Im Allgemeinen macht also verschiedenartiges Licht, in welchem Wellenzüge von verschiedenen Werthen der Wellenlängen enthalten sind, unserem Auge einen verschiedenen Eindruck, nämlich den verschiedener Farbe. Aber die Zahl der wahrnehmbaren Farbenunterschiede ist viel kleiner, als die der verschiedenartigen Gemische von Lichtstrahlen, welche die Aussenwelt unserem Auge zusenden kann. Die Netzhaut unterscheidet nicht das Weiss, was nur aus scharlachrothem und grünblauem Lichte zusammengesetzt ist, von dem, was aus grüngelbem und violettem, oder aus gelbem und ultramarinblauem Lichte, oder aus rothem, grünem und vio-

lettem, oder aus allen Farben des Spectrum zusammengesetzt ist.
Alle diese Gemische erscheinen identisch weiss; physikalisch verhalten sie sich sehr verschieden; und es lässt sich sogar keinerlei Art von physikalischer Aehnlichkeit nachweisen,
welche die genannten verschiedenen Lichtgemische
haben, wenn wir von ihrer Ununterscheidbarkeit für das Auge
absehen. So würde zum Beispiel eine mit Roth und Grünblau
beleuchtete Fläche in einer Photographie schwarz, eine andere mit
Gelbgrün und Violett beleuchtete dagegen sehr hell werden, obgleich beide Flächen dem Auge ganz gleich weiss erscheinen. Ferner wenn wir farbige Körper mit solchem verschieden zusammengesetzten weissen Lichte erleuchteten, würden sie ganz verschieden gefärbt und beleuchtet erscheinen. So oft wir durch ein
Prisma dergleichen Licht zerlegten, würde seine Verschiedenheit
zu Tage kommen; ebenso, so oft wir durch ein farbiges Glas darnach hinsähen.

Aehnlich wie rein weisses Licht können nun auch andere
Farben, namentlich wenn sie nicht sehr gesättigt sind, aus sehr
verschiedenen Mischungen verschiedenen einfachen Lichtes für das
Auge ununterscheidbar zusammengesetzt werden, ohne dass dergleichen gleichaussehendes Licht in irgend einer physikalischen
oder chemischen Beziehung als gleichartig zu betrachten wäre.

Das System der für das Auge unterscheidbaren Farben hat
schon Newton auf eine sehr einfache Weise in ein anschauliches
räumliches Bild zu bringen gelehrt, mit dessen Hilfe sich auch das
Mischungsgesetz der Farben verhältnissmässig leicht ausdrücken
lässt. Man denke sich nämlich längs des Umfangs eines Kreises
die Reihe der reinen Spectralfarben passend vertheilt, von Roth
anfangend und durch die Reihe der Regenbogenfarben in unmerk-
licher Abstufung in das Violett übergehend, die Verbindung zwischen Roth und Violett endlich hergestellt durch Purpurroth, welches einerseits in das mehr bläuliche Violett, andererseits in das
mehr zum Gelb neigende Scharlachroth des Spectrum abgestuft
werden kann. In das Centrum des Kreises werde Weiss gesetzt,
und auf den Radien, die vom Mittelpunkte nach der Peripherie
laufen, bringe man in allmäligen Uebergängen diejenigen Farben
an, welche durch Mischung der betreffenden peripherischen gesättigten Farbe mit Weiss entstehen können. Dann zeigt ein solcher
Farbenkreis alle Verschiedenheiten, welche die Farben bei gleicher
Lichtstärke zeigen können.

Man kann nun, wie sich erweisen lässt, in einer solchen Far-

bentafel die Vertheilung der einzelnen Farben und das Maass ihrer
Lichtstärken so wählen, dass wenn man für Lichtstärken nach
derselben Weise, wie für zwei ihnen proportionale Gewichte, den
Schwerpunkt sucht, man die Mischfarbe jeder zwei Farben der
Tafel, deren Lichtstärken gegeben sind, in dem Schwerpunkte dieser Lichtquanta findet. Das heisst also: in der richtig construirten Farbentafel findet man die Mischfarben je zweier Farben der
Tafel auf der geraden Linie angeordnet, welche die Orte der beiden
Farben verbindet, und die Mischfarben, welche mehr von der
einen enthalten, sind dieser desto näher gelegen, je mehr sie von
ihr, je weniger von der anderen Farbe enthalten.

Nur werden bei der letztgenannten Anordnung die Spectralfarben, welche die gesättigtesten Farben der Aussenwelt sind, und
daher am weitesten entfernt vom mittleren Weiss am Umfange
der Farbentafel stehen müssen, sich nicht in einen Kreis ordnen.
Vielmehr bekommt der Umfang der Figur drei Vorsprünge im
Roth, im Grün und im Violett, so dass die ganze Gestalt sich mehr
einem Dreiecke mit abgerundeten Ecken nähert, wie Fig. 48 erken-

Fig. 48.

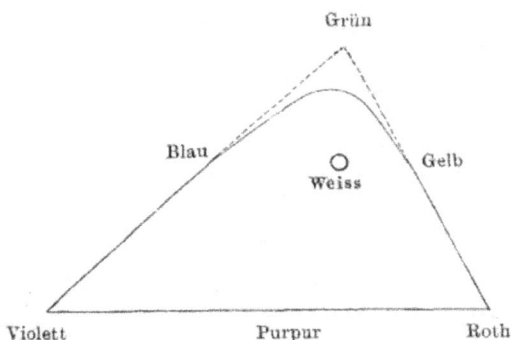

nen lässt. In dieser stellt die ausgezogene Grenzlinie die Curve
der Spectralfarben dar und der kleine Kreis in der Mitte das
Weiss[1]. Während an diesen Ecken selbst die genannten Farben
stehen, zeigen die Seiten des Dreiecks die Uebergänge von Roth

[1] Ich habe Violett als Grundfarbe nach den Versuchen von Herrn
J. J. Müller wieder restituirt, während ich in dem ersten Abdrucke dieser
Abhandlungen der Meinung von Maxwell, dass Blau die Grundfarbe sei,
gefolgt war.

durch Gelb in Grün, von Grün durch Grünblau und Ultramarin-
blau in Violett und von Violett durch Purpurroth in Scharlachroth.

Während Newton die räumliche Darstellung des Farbensystems, in etwas anderer Weise geordnet, als wir sie hier beschrieben haben, nur als ein Mittel gebrauchte, eine sinnlich anschauliche Uebersicht der zusammengesetzten Thatsachen dieses Gebietes
zu geben, ist es neuerdings Maxwell gelungen, die strenge Richtigkeit der in diesem Anschauungsbilde niedergelegten Sätze auch
in quantitativer Beziehung zu erweisen. Es gelang dies mittels
der Farbenmischungen auf schnell rotirenden Kreisscheiben, deren
Sectoren mit verschiedenen Farben gefärbt sind. Wenn eine solche
Scheibe sehr schnell umläuft, so dass das Auge den einzelnen farbigen Sectoren nicht mehr folgen kann, verschmelzen deren Farben in eine gleichmässige Mischfarbe, und es lässt sich die Menge
des Lichts, welches jeder Farbe angehört, direct durch die Breite
des von ihr bedeckten Kreisausschnittes messen. Die Mischfarben
aber, welche auf solche Weise zu Stande kommen, sind genau dieselben, welche bei continuirlicher Beleuchtung derselben Fläche
durch die entsprechenden Farben entstehen würden, wie sich expe-
rimentell erweisen lässt. So ist Maass und Zahl auch in das scheinbar dafür so unzugängliche Gebiet der Farben hineingetragen, und
es sind dessen qualitative Unterschiede auf quantitative Verhältnisse zurückgeführt worden.

Alle Unterschiede der Farbe reduciren sich hiernach auf drei,
die wir bezeichnen können als die Unterschiede des Farbentons,
der Sättigung und der Helligkeit. Die Unterschiede des Farbentons sind diejenigen, welche zwischen den verschiedenen Farben des Spectrum bestehen, und die wir mit dem Namen Roth,
Gelb, Grün, Blau, Violett, Purpur bezeichnen. In Bezug auf den
Farbenton bilden also die Farben eine in sich selbst zurücklau-
fende Reihe, wie wir sie erhalten, wenn wir die Endfarben des Re-
genbogens durch Purpurroth in einander übergehen lassen, und
wie wir sie uns längs des Umfangs der Farbentafel angeordnet
denken wollten. Die Sättigung der Farben ist am grössten in
den reinen Spectralfarben (wenigstens unter den durch äusseres
Licht erzeugbaren Farben; in der Empfindung des Auges ist noch
eine Steigerung möglich, wie wir später sehen werden), sie wird
desto geringer, je mehr Weiss sich ihnen beimischt. So ist Rosen-
roth gleich weisslichem Purpur, Fleischroth gleich weisslichem
Scharlachroth, Blassgelb, Blassgrün, Weissblau u. s. w. sind der-

gleichen wenig gesättigte, mit Weiss gemischte Farben. Alle gemischten Farben sind in der Regel weniger gesättigt, als die einfachen Farben des Spectrum. Endlich haben wir noch die in der Farbentafel nicht dargestellten Unterschiede der Helligkeit oder der Lichtstärke. So lange wir farbiges Licht betrachten, erscheinen diese Unterschiede der Helligkeit nur als quantitativ, nicht als qualitativ. Schwarz ist da nur Dunkelheit, also einfach Mangel des Lichts. Anders ist es, wenn wir Körperfarben betrachten; Schwarz entspricht ebenso gut einer besonderen Eigenthümlichkeit einer Körperfläche in der Reflexion des Lichts, wie Weiss, und wird deshalb ebenso gut als Farbe bezeichnet, wie letzteres. Und so finden wir in der That in der Sprache noch eine ganze Reihe von Bezeichnungen für lichtschwache Farben. Wir nennen sie dunkel, wenn sie zwar lichtschwach, aber gesättigt, dagegen grau, wenn sie weisslich sind. So ist dunkelblau lichtschwaches gesättigtes Blau, graublau lichtschwaches weissliches Blau. Statt der letzteren Bezeichnung wählt man bei einigen Farben noch besondere Namen. So sind Rothbraun, Braun, Olivengrün lichtschwache, bald mehr, bald weniger gesättigte Abstufungen von Roth, Gelb und Grün.

In dieser Weise wird also für die Empfindung alle mögliche objective Verschiedenheit in der Zusammensetzung des Lichts auf nur drei Arten von Unterschieden, den des Farbentons, der Sättigung und der Helligkeit, zurückgeführt. In dieser Weise bezeichnet auch die Sprache das System der Farben. Aber wir können diesen dreifachen Unterschied auch noch anders ausdrücken.

Ich sagte oben, die richtig construirte Farbentafel nähere sich einem Dreieck in ihrer Umfangslinie. Setzen wir einen Augenblick voraus, sie sei ein wirkliches geradliniges Dreieck, wie es die punktirte Linie der Fig. 48 andeutet; über die Abweichung dieser Annahme von der Wirklichkeit werden wir uns später zu rechtfertigen haben. Es mögen die Farben Roth, Grün, Violett in den Ecken stehen. Dann ergiebt das oben aufgestellte Mischungsgesetz, dass alle Farben im Inneren und auf den Seiten des Dreiecks zu mischen sein werden aus den drei Farben an den Ecken des Dreiecks. Dann sind also alle Verschiedenheiten der Farbe darauf zurückzuführen, dass sie verschiedenen Mischungsverhältnissen von drei Grundfarben entsprechen. Als die drei Grundfarben wählt man am besten die drei oben genannten. Die älteren drei Grundfarben Roth, Gelb und Blau sind unzweckmässig, nur nach den Mischungen der Malerfarben gewählt; man kann aus gelbem und blauem Licht kein Grün zusammensetzen.

Das Eigenthümliche, was in dieser Rückführung aller Verschiedenartigkeit in der Zusammensetzung des äusseren Lichts auf die Mischungen aus drei Grundfarben liegt, wird anschaulicher, wenn wir das Auge in dieser Beziehung mit dem Ohre vergleichen.

Auch der Schall ist, wie ich vorhin schon erwähnte, eine sich wellenförmig ausbreitende schwingende Bewegung; auch beim Schalle haben wir Wellenzüge von verschiedener Wellenlänge zu unterscheiden, die unserem Ohre Empfindungen von verschiedener Qualität hervorrufen; nämlich die langen Wellenlängen hören wir als tiefe Töne, die kurzen als hohe. Auch unser Ohr kann gleichzeitig von vielen solchen Wellenzügen, das heisst von vielen Tönen getroffen werden. Aber im Ohre verschmelzen diese Töne nicht zu Mischtönen, in der Art wie gleichzeitig und an gleichem Orte empfundene Farben zu Mischfarben verschmelzen. Wir können nicht statt der beiden gleichzeitig erklingenden Töne C und E etwa D setzen, ohne den Eindruck auf das Ohr gänzlich zu verändern, während das Auge es nicht merkt, wenn wir statt Roth und Gelb Orange substituiren. Der zusammengesetzteste Accord eines vollen Orchesters wird auch für die Empfindung anders, wenn wir irgend einen seiner Töne mit einem oder zwei anderen vertauschen. Kein Accord ist, wenigstens für das geübte Ohr, einem anderen vollkommen gleich, der aus anderen Tönen zusammengesetzt ist. Verhielte sich das Ohr den Tönen gegenüber, wie das Auge den Farben, so würde jeder Accord durch die Zusammenstellung von nur drei constanten Tönen, einem sehr tiefen, einem mittleren, einem sehr hohen, vollständig ersetzt werden können, indem man nur das Verhältniss der Stärke dieser drei Töne zu verändern hätte. Alle Musik liesse sich dann auf die Zusammensetzung von nur drei Tönen zurückführen.

Wir finden nun im Gegentheil, dass ein Accord für das Ohr nur dann unverändert bleibt, wenn die Tonstärke jedes einzelnen in ihm enthaltenen Tons unverändert bleibt. Sollte er also genau und vollständig charakterisirt werden, so müsste die Tonstärke von allen seinen einzelnen Tönen genau bestimmt werden. Ebenso kann die physikalische Natur einer Lichtart vollständig nur dadurch bestimmt werden, dass man die Lichtstärke aller der einzelnen einfachen Farben, die es enthält, misst und bestimmt. Im Lichte der Sonne, der meisten Sterne und Flammen finden wir aber einen continuirlichen Uebergang der Farben in einander durch unzählbare Zwischenstufen. Zur genauen physikalischen Charakterisirung solchen Lichtes müssten wir also die Lichtintensitäten unendlich vieler Elemente bestimmen. In der Empfindung unseres Auges unterscheiden wir dafür nur die wechselnden Intensitäten dreier Elemente. Der geübte Musiker ist im Stande, aus den zusammengesetzten Accorden eines ganzen Orchesters die einzelnen Noten der verschiedenen Instrumente unmittelbar herauszuhören. Der Physiker kann die Zusammensetzung des Lichts nicht unmittelbar mit dem Auge erkennen, sondern er muss sein Organ mit dem Prisma bewaffnen, welches ihm das Licht zerlegt. Dann aber tritt die Verschiedenheit des Lichtes hervor, und er unterscheidet nach den dunklen und hellen Linien, die das Spectrum ihm zeigt, das Licht der einzelnen Fixsterne von einander, und erkennt, welche chemische Elemente in irdischen Flammen oder in den glühenden Atmosphären der Sonne, der Fixsterne, der Nebelflecke enthalten sind. Eben darauf, dass das Licht jeder besonderen Lichtquelle in seiner Mischung gewisse unvertilgbare physikalische Eigenthümlichkeiten hat, beruht die Spectralanalyse, diese glänzendste Entdeckung der letzten Jahre, welche der chemischen Analyse die äussersten Fernen der Himmelsräume zugänglich gemacht hat.

Aeusserst interessant ist nun das gar nicht seltene Vorkommen solcher Augen, welche die Farbenunterschiede auf ein noch einfacheres System reduciren, nämlich auf die Mischungen aus nur zwei Grundfarben. Man nennt solche Augen farbenblind, weil sie Farben verwechseln, die den gewöhnlichen Augen sehr verschieden aussehen. Andere Farben dagegen unterscheiden sie, und zwar ebenso bestimmt, und wie es scheint, sogar noch etwas feiner als die normalen Augen. Gewöhnlich sind sie rothblind; das heisst in ihrem Farbensystem fehlt das Roth und alle Unterschiede, die zwischen verschiedenen Farben durch die Einmischung des Roths hervorgebracht werden. Alle Farbenunterschiede sind ihnen Unterschiede von Blau und Grün, oder wie sie es nennen, Gelb. Also scheint ihnen Scharlachroth, Fleischroth, Weiss und Grünblau identisch zu sein, oder höchstens in der Helligkeit verschieden, ebenso Purpurroth, Violett und Blau, ebenso Roth, Orange, Gelb, Grün. Die scharlachrothen Blüthen des Geranium haben ihnen genau denselben Farbenton, wie die Blätter derselben Pflanze; sie können die rothen und grünen Signallaternen der Eisenbahnen nicht unterscheiden. Das rothe Ende des Spectrum sehen sie nicht, sehr gesättigtes Scharlachroth erscheint ihnen fast schwarz,

so dass sich zum Beispiel ein rothblinder schottischer Geistlicher
verleiten liess, scharlachrothes Tuch zum Talare auszusuchen, weil
er es für schwarz hielt.

Ja wir stossen auch in diesem Gebiete wieder auf sonderbare
Ungleichheiten des Feldes der Netzhaut. Erstens ist jeder Mensch
am äussersten Rande seines Gesichtsfeldes rothblind. Eine Gera-
niumblüthe, die man am Rande des Gesichtsfeldes hin- und herbewegt, erkennt man als beweglichen Gegenstand, aber man erkennt nicht ihre Farbe, und vor einer Blättermasse derselben
Pflanze hin- und herbewegt, unterscheidet sie sich im Ansehen nicht
von dem Grün der Blätter. Ueberhaupt erscheint alles Roth in
indirectem Sehen viel dunkler. Am breitesten ist dieser rothblinde
Theil an der Nasenseite des Gesichtsfeldes, und nach neuen Untersuchungen von Herrn Woinow giebt es am äussersten Rande des
sichtbaren Feldes sogar eine schmale Zone, in der aller Farben-
unterschied fehlt, und nur die Unterschiede der Helligkeit bestehen bleiben. In dieser äussersten Zone sieht alles weiss, grau
oder schwarz aus; wahrscheinlich sind es die grünempfindenden
Fasern allein, die hier übrig sind.

Zweitens ist die Mitte der Netzhaut, wie ich schon erwähnte,
rings um die Centralgrube gelb gefärbt, dadurch wird alles Blau
gerade in der Mitte des Gesichtsfeldes etwas dunkler. Das fällt
namentlich bei Mischungen von Roth und Blaugrün auf, die, wenn
sie direct betrachtet, weiss erscheinen, schon in geringer Entfernung von der Mitte des Gesichtsfeldes überwiegendes Blau zeigen,
und umgekehrt, wenn sie hier weiss erscheinen, direct betrachtet
roth sind.

Auch diese Ungleichheiten des Feldes gleichen sich durch die
fortdauernde Bewegung des Blickes aus. Wir wissen bei den gewöhnlich vorkommenden weisslichen oder matten Farben der Aussenwelt schon, welche Eindrücke des indirecten Sehens anderen
des directen Sehens entsprechen und beurtheilen deshalb die Körperfarben gleich nach dem Eindruck, den sie uns im directen Sehen machen würden. Es gehören wieder ungewöhnlichere Farbenmischungen oder besondere Richtung der Aufmerksamkeit dazu,
um uns den Unterschied erkennen zu lassen.

Die Farbentheorie mit allen diesen wunderlichen und verwickelten Verhältnissen war eine Nuss, an deren Eröffnung
nicht nur unser grosser Dichter vergebens gearbeitet hat, sondern auch wir Physiker und Physiologen; ich schliesse mich
hier ein, weil ich selbst mich lange Zeit damit abgemüht habe,

ohne eigentlich dem Ziele näher zu kommen, bis ich endlich entdeckte, dass eine überraschend einfache Lösung des Räthsels schon im Anfange dieses Jahrhunderts gefunden und längst gedruckt zu lesen war. Sie war gefunden und gegeben von demselben Thomas Young, der auch dem Räthsel der ägyptischen Hieroglyphen gegenüber die erste richtige Spur zur Entzifferung fand. Er war einer der scharfsinnigsten Männer, die je gelebt haben, hatte aber das Unglück, seinen Zeitgenossen an Scharfsinn zu weit überlegen zu sein. Sie staunten ihn an, aber konnten dem kühnen Fluge seiner Combinationen nicht überall folgen, und so blieben eine Fülle seiner wichtigsten Gedanken in den grossen Folianten der königlichen Gesellschaft von London vergraben und vergessen, bis eine spätere Generation in langsamem Fortschritte seine Entdeckungen wieder entdeckte, und sich von der Richtigkeit und Beweiskraft seiner Schlüsse überzeugte.

Indem ich hier die von ihm hingestellte Farbentheorie auseinander setze, bitte ich den Leser noch zu bemerken, dass die später zu ziehenden Schlüsse über das Wesen der Gesichtsempfindungen von dem Hypothetischen in dieser Theorie ganz unabhängig sind.

Thomas Young setzt voraus, dass es im Auge dreierlei Arten von Nervenfasern gebe, wovon die einen, wenn sie in irgend einer Weise gereizt werden, die Empfindung des Roth hervorbringen, die zweiten die Empfindung des Grün, die dritten die des Violett. Er nimmt weiter an, dass die ersteren durch die leuchtenden Aetherschwingungen von grösserer Wellenlänge verhältnissmässig am stärksten erregt werden, die grünempfindenden durch die Wellen mittlerer Länge, die violettempfindenden durch das Licht kleinster Wellenlänge. So würde am rothen Ende des Spectrum die Erregung der rothempfindenden Strahlen überwiegen, und eben daher dieser Theil uns roth erscheinen; weiterhin würde sich eine merkliche Erregung der grünempfindenden Nerven hinzugesellen, und dadurch die gemischte Empfindung des Gelb entstehen. In der Mitte des Spectrum würde die Erregung der grünempfindenden Nerven die der beiden anderen stark überwiegen, daher die Empfindung des Grün herrschen. Wo diese sich dagegen mit der des Violett mischt, entsteht Blau; am brechbarsten Ende des Spectrum überwiegt die Empfindung des Violett [1]).

---

[1]) Der Farbenton der drei Grundfarben lässt sich empirisch noch nicht ganz genau feststellen; den Eindruck der grössten Farbensättigung machen die drei oben genannten Farben des Spectrum. Ebenso hat Th. Young

Man sieht, dass diese Annahme nichts weiter ist, als eine noch weitere Specialisirung des Gesetzes von den specifischen Sinnesenergien. Eben so gut, wie nachweisbar die Verschiedenheit der Licht- und Wärmeempfindung nur darauf beruht, ob die Sonnenstrahlen die Ausbreitung der Sehnerven oder der Tastnerven treffen, so wird in der Young'schen Hypothese vorausgesetzt, dass die Verschiedenheit der Farbenempfindung nur darauf beruht, ob die eine oder andere Nervenart relativ stärker afficirt wird. Gleichmässige Erregung aller drei giebt die Empfindung von Weiss.

Bei rothblinden Augen würden die Erscheinungen darauf zurückzuführen sein, dass die eine Art der Nerven, die rothempfindenden, nicht erregungsfähig ist. Am Rande der Netzhaut jedes normalen Auges fehlen wahrscheinlich die rothempfindenden Fasern oder sind wenigstens sehr sparsam.

Nun fehlt bei Menschen und Säugethieren allerdings noch jedes anatomische Substrat, welches man mit dieser Farbentheorie in Beziehung setzen könnte. Dagegen hat Max Schultze eine offenbar hierher gehörige Structur bei den Vögeln und Reptilien gefunden. In den Augen vieler dieser Thiere findet sich nämlich eine Anzahl von Stäbchen in der Stäbchenschicht der Netzhaut, die an ihrem vorderen, dem einfallenden Lichte zugekehrten Ende einen rothen Oeltropfen enthalten, andere Stäbchen enthalten einen gelben Tropfen, andere gar keinen. Nun ist es unzweifelhaft, dass rothes Licht zu den Stäbchen mit rothem Tropfen einen viel besseren Zugang finden wird, als Licht von anderer Farbe; gelbes und grünes Licht dagegen wird zu den Stäbchen mit gelben Tropfen relativ am besten zugelassen. Blaues wird von beiden ziemlich vollständig ausgeschlossen sein, dagegen die farblosen Stäbchen um so stärker afficiren. So dürfen wir mit grosser Wahrscheinlichkeit in diesen Stäbchen die Endorgane der rothempfindenden, gelbempfindenden und blauempfindenden Nerven suchen.

Eine ganz ähnliche Hypothese habe ich dann später äusserst geeignet und fruchtbar gefunden, um ebenso räthselhafte Eigenthümlichkeiten, welche sich bei der Wahrnehmung musikalischer Töne zeigen, höchst einfach zu erklären, nämlich die Annahme, dass in der sogenannten Schnecke des Ohres, wo die Enden der

---

für die Grundfarbe des brechbareren Endes Violett gewählt, Maxwell hält Blau für wahrscheinlicher; eine sichere Entscheidung ist noch nicht zu geben. Nach Herrn J. J. Müller's Versuchen (Archiv für Ophthalmologie XV, 2. S. 208) ist Violett wahrscheinlicher. Die Fluorescenz der Netzhaut macht hier Schwierigkeiten.

Nervenfasern neben einander regelmässig ausgebreitet liegen und mit kleinen elastischen Anhängseln, den Corti'schen Bögen, versehen sind, die regelmässig wie die Tasten und Hämmer eines Klaviers neben einander geordnet sind, dass, sage ich, hier jede einzelne Nervenfaser zur Wahrnehmung einer bestimmten Tonhöhe befähigt sei, für die ihr elastisches Anhängsel am stärksten in Mitschwingungen komme. Es ist hier nicht der Raum, um auf die besonderen Charaktere der Tonempfindungen einzugehen, welche mich zur Aufstellung einer solchen Hypothese veranlassten, deren Analogie mit Young's Farbentheorie in die Augen springt, und die die Entstehung der Obertöne, der Schwebungen, die Wahrnehmung der Klangfarben, den Unterschied von Consonanz und Dissonanz, die Bildung der musikalischen Scala u. s. w. auf ein ebenso einfaches Princip zurückführt, wie das von Young's Farbentheorie ist. Im Ohre aber war eine viel deutlicher ausgebildete anatomische Grundlage für eine solche Hypothese nachweisbar; und seitdem ist es auch, zwar nicht am Menschen und Wirbelthieren, wo das Gehörlabyrinth zu versteckt liegt, wohl aber an Meerescrustaceen gelungen, ein solches Verhalten direct zu erweisen. Diese haben nämlich äusserliche Anhängsel an ihrem Gehörorgan, die man am unverletzten Thiere beobachten kann, gegliederte Härchen, zu denen Nervenfasern des Hörnerven hintreten, und hier überzeugte sich Herr Hensen in Kiel, dass in der That einzelne Härchen durch einzelne Töne in Schwingung versetzt wurden, andere durch andere.

Noch einen Anstoss gegen Young's Farbentheorie müssen wir beseitigen. Ich erwähnte oben, dass bei der räumlichen Darstellung des Farbensystems in der Farbentafel die Umfangslinie dieser Tafel, welche die gesättigtesten Farben, nämlich die des Spectrum, enthält, sich einem Dreieck annähere. Unsere Schlüsse über die Theorie der drei Grundfarben beruhen aber darauf, dass ein geradliniges Dreieck das ganze System der Farben umfasse, denn nur dann sind sie alle aus den drei in den Ecken des Dreiecks stehenden Grundfarben zu mischen. Aber wohlgemerkt! die Farbentafel umfasst sämmtliche in der Aussenwelt vorkommende Farben, und in der genannten Theorie handelt es sich um die Zusammensetzung von Empfindungen. Wir brauchen nur anzunehmen, dass die objectiven farbigen Lichter noch nicht die vollkommen reinen Farbenempfindungen hervorrufen, dass also rothes einfaches Licht, auch wenn es vollständig von allem weissen Lichte gereinigt ist, doch nicht allein die rothempfindenden Fasern errege, sondern, wenn auch schwach, ebenfalls die grünempfindenden und vielleicht noch schwächer die violettempfindenden. Dann wäre die Empfindung, welche reinstes rothes Licht im Auge hervorruft, noch nicht die reinste Rothempfindung; die letztere müsste ein noch gesättigteres Roth darstellen, als wir an irgend einer Farbe der Aussenwelt anschauen können.

Diese Folgerung lässt sich bewahrheiten; eine solche gesättigtere Rothempfindung lässt sich erzeugen. Diese Thatsache ist nicht nur als Beseitigung eines möglichen Einwandes gegen Young's Theorie, sie ist auch für die Bedeutung der Farbenempfindungen überhaupt, wie man leicht einsieht, von grösster Wichtigkeit. Um das Verfahren zu beschreiben, muss ich auf eine neue Reihe von Erscheinungen eingehen.

Jeder Nervenapparat ermüdet, wenn er in Thätigkeit erhalten wird, um so mehr, je lebhafter diese ist, und je länger sie dauert. Unablässig ist dagegen auch das hellrothe, durch die Arterien strömende Blut thätig, um das verbrauchte Material durch neues zu ersetzen und die durch die Thätigkeit erzeugten Veränderungen, d. h. die Ermüdung zu beseitigen. Dasselbe geschieht im Auge. Wird die ganze Netzhaut in ganzer Ausdehnung ermüdet, — wenn wir zum Beispiel eine Weile im Freien unter grellem Sonnenschein verweilten, — so ist sie für schwächeres Licht überhaupt unempfindlich geworden. Treten wir alsdann unmittelbar in einen dunklen, schwach beleuchteten Raum, so sehen wir anfangs gar nichts, wir sind durch die vorausgegangene Helligkeit geblendet, wie wir es nennen. Nach einiger Zeit erholt sich das Auge, und wir können schliesslich bei derselben schwachen Beleuchtung, die uns anfangs absolutes Dunkel schien, sehen, selbst lesen.

So äussert sich die allgemeine Ermüdung der Netzhaut; es ist aber auch eine Ermüdung einzelner Theile der Netzhaut möglich, wenn nur eine einzelne Stelle derselben längere Zeit hindurch von starkem Lichte getroffen worden ist. Fixiren wir irgend einen hellen Gegenstand, der von dunklem Grunde umgeben ist, längere Zeit, indem wir unverrückt einen Punkt mit dem Blick fixiren, — das ist nämlich nöthig, damit das helle Bild auf der Netzhaut still liege, und einen scharf begrenzten Theil ihrer Fläche ermüde, — und blicken wir nachher auf einen gleichmässigen dunkelgrauen Grund, so sehen wir auf diesem ein Nachbild des vorher gesehenen Objects in denselben Umrissen gezeichnet, aber in der Beleuchtung entgegengesetzt, das Dunkle hell, das Helle dunkel abgebildet, ähnlich den ersten negativen Bildern beim

Photographiren. Durch sorgfältiges Fixiren kann man sehr fein gezeichnete Nachbilder entwickeln, in denen man unter Umständen sogar noch Buchstaben lesen kann. Hier entsteht das Nachbild durch locale Ermüdung; die Theile der Netzhaut, die vorher hell gesehen hatten, empfinden das Licht des grauen Grundes nun schwächer, als ihre nicht ermüdeten Nachbarn; und so weit also früher die Netzhaut von Licht getroffen war, so weit erscheint jetzt ein dunkler Fleck auf dem in Wirklichkeit gleichmässigen Grunde.

Ich bemerke dabei, dass helle gut beleuchtete weisse Papier-blätter hinreichend helle Objecte zur Entwickelung des Nachbil-des sind; blickt man nach sehr viel helleren Objecten, Flammen oder gar der Sonne, so mischt sich im Anfang noch die nicht so-gleich verschwindende Erregung, welche ein positives Nachbild erzeugt, mit der Wirkung der Ermüdung, dem negativen Nach-bilde; ausserdem wirken die verschiedenen Farben des weissen Lichts verschieden lange und verschieden stark. Dadurch werden die Nachbilder farbig, die Erscheinungen überhaupt viel ver-wickelter.

Mittels der Nachbilder überzeugt man sich leicht, dass der Eindruck einer lichten Fläche schon von den ersten Secunden an abzunehmen anfängt; nach einer Minute schon meist auf die Hälfte oder ein Viertel seiner Intensität gesunken ist. Die einfachste Form des Versuches für diesen Zweck ist, dass man mit einem schwarzen Papier ein weisses Blatt halb zudeckt, irgend ein Pünkt-chen des weissen Blatts nahe am Rande des schwarzen fest fixirt, und nach 30 bis 60 Secunden das schwarze Blatt schnell fortzieht, ohne den Blick zu verwenden. Dann tritt plötzlich unter dem Schwarz der Eindruck des Weiss in seiner ersten glänzenden Frische hervor, und man erkennt nun, in wie hohem Grade der ältere Eindruck abgestumpft und geschwächt ist, trotz der kurzen Zeit, während der das Weiss gewirkt hat. Und doch, was wohl zu bemerken ist, hat der Beschauer von dieser so starken Abnahme der scheinbaren Helligkeit nichts gemerkt, während er das Weiss betrachtete.

Endlich ist noch in anderer Beziehung eine partielle Ermü-dung möglich, nämlich eine Ermüdung für einzelne Farben, wenn man nämlich entweder die ganze Netzhaut oder eine einzelne Stelle derselben während einiger Zeit (d. h. einer halben bis fünf Minuten) der Beleuchtung durch eine und dieselbe Farbe aussetzt. Nach Young's Theorie werden dadurch natürlich nur eine oder zwei Arten der lichtempfindenden Nerven ermüdet, die, welche die betreffende Farbe stark empfinden. Die anderen nicht erregten Nerven bleiben unermüdet. Der Erfolg ist, dass wenn man das Nachbild zum Beispiel von Roth auf grauem Grunde betrachtet, das gleichmässig gemischte Licht dieses Grundes in der für Roth ermüdeten Netzhautstelle nur noch die Empfindungen des Grün und Violett stark hervorrufen kann. Die durch Roth ermüdete Stelle ist vorübergehend gleichsam rothblind geworden. Ihr Nachbild erscheint also blaugrün, complementär gefärbt zum Roth.

Hier bietet sich uns nun das Mittel dar, um die reinen gesättigten Urempfindungen der Farben wirklich in unserer Netzhaut hervorzurufen. Wollen wir zum Beispiel das reine Roth sehen, so ermüden wir einen Theil unserer Netzhaut durch Blaugrün des Spectrum, welches Complementärfarbe des Roth ist. Wir machen dadurch diesen Theil unserer Netzhaut gleichzeitig grünblind und violettblind. Nun entwerfen wir das Nachbild auf das Roth eines möglichst gereinigten prismatischen Spectrum. Dasselbe erscheint alsdann in brennend gesättigtem Roth, und das Roth des Spectrum in seiner Umgebung, welches doch das reinste Roth ist, das die Aussenwelt aufzuweisen hat, erscheint der unermüdeten Netzhaut jetzt weniger gesättigt, als das Roth im Netzhautbilde, und wie von einem weisslichen Nebel übergossen.

Es möge genügen an den vorgebrachten Thatsachen; ich möchte nicht weitere Einzelheiten häufen, wobei weitläuftige Beschreibungen vieler einzelnen Versuche doch nicht zu umgehen wären.

Ist es diesen Thatsachen gegenüber nun noch möglich die uns freilich natürlich einwohnende Voraussetzung festzuhalten, dass die Qualität unserer Empfindungen, speciell der Gesichtsempfindungen, ein treues Abbild sei von entsprechenden Qualitäten der Aussendinge? Offenbar nicht. Die Hauptentscheidung ist schon gegeben durch das von J. Müller aus den Thatsachen hergeleitete Gesetz von den specifischen Sinnesenergien. Ob die Sonnenstrahlen uns als Farbe oder Wärme erscheinen, hängt gar nicht ab von ihrer eigenen inneren Beschaffenheit, sondern davon, ob sie Sehnervenfasern erregen oder Hautnervenfasern. Ein Druck auf den Augapfel, ein schwacher elektrischer Strom durch denselben, ein Narcoticum, im Blute verbreitet, können ebenso gut als Licht empfunden werden, wie die Sonnenstrahlen. Der eingreifendste Unterschied, den die verschiedenen Empfindungen darbieten, nämlich der Unterschied zwischen Gesichts-, Gehörs-, Geschmacks-,

Geruchs- oder Tastempfindungen, dieser so tief einschneidende Unterschied, welcher macht, dass die Farben- und Tonempfindungen gar nicht einmal eine Beziehung der Aehnlichkeit oder Unähnlichkeit mit einander haben, hängt, wie wir sehen, gar nicht von der Natur des äusseren Objects, sondern nur von den centralen Verbindungen des getroffenen Nerven ab. Daneben erscheint nun die Frage, ob innerhalb des Qualitätenkreises jedes einzelnen Sinnes noch eine Uebereinstimmung zwischen Objectivem und Subjectivem zu entdecken sei, als eine untergeordnete. In welcher Farbe Aetherwellenzüge von uns gesehen werden, wenn sie den Sehnerven in Erregung versetzen, das hängt allerdings von den Werthen ihrer Wellenlängen ab. Das System der natürlich sichtbaren Farben lässt uns noch eine Reihe von Unterschieden der Lichtmischungen verschiedener Art erkennen. Aber die Zahl dieser Verschiedenheiten ist ausserordentlich reducirt, von einer unendlich grossen Zahl auf drei. Da die wichtigste Fähigkeit des Auges in seiner feinen Raumunterscheidung besteht, und es für diesen Zweck so viel feiner, als das Ohr, organisirt ist, so können wir uns wohl daran genügen lassen, dass das Auge überhaupt noch einige, wenn auch verhältnissmässig wenige qualitative Unterschiede des Lichtes wahrnimmt. Dem Ohre, welches in letzterer Beziehung so ausserordentlich viel reicher ausgestattet ist, geht dafür auch die Raumunterscheidung fast ganz ab. Aber erstaunen müssen wir wohl, so lange wir nämlich auf dem Standpunkt des natürlichen, seinen Sinnen unbedingt vertrauenden Menschen stehen bleiben, dass weder die Grenzen, innerhalb deren das Spectrum unser Auge afficirt, noch die Farbenunterschiede, welche in der Empfindung als vereinfachter Ausdruck der objectiven Unterschiede der Lichtarten stehen geblieben sind, irgend eine andere nachweisbare Bedeutung haben, als die für das Sehen allein. Gleich aussehendes Licht kann in allen anderen bekannten physikalischen und chemischen Wirkungen vollkommen verschieden sein.

Endlich finden wir, dass die reinen einfachen Elemente unserer Farbenempfindung, die Empfindungen der reinen Grundfarben im natürlichen unermüdeten Zustande des Auges ohne künstliche Vorbereitung desselben durch gar keine Art äusseren Lichts hervorgerufen werden können, dass sie nur als subjective Erscheinungen überhaupt bestehen.

Von der Uebereinstimmung zwischen der Qualität des äusseren Lichts und der der Empfindung bleibt also nur eines stehen, welches zunächst vielleicht dürftig genug erscheinen mag, in der

That aber zu einer zahllosen Menge der nützlichsten Anwendungen vollkommen genügt: „Gleiches Licht erregt unter gleichen Umständen die gleiche Farbenempfindung. Licht, welches unter gleichen Umständen ungleiche Farbenempfindung erregt, ist ungleich."

Wenn zwei Verhältnisse sich in dieser Weise einander entsprechen, so ist das eine ein Zeichen für das andere. Dass man den Begriff des Zeichens und des Bildes bisher in der Lehre von den Wahrnehmungen nicht sorgfältig genug getrennt hat, scheint mir der Grund unzähliger Irrungen und falscher Theorien gewesen zu sein.

In einem Bilde muss die Abbildung dem Abgebildeten gleichartig sein; nur so weit sie gleichartig ist, ist sie Bild. Eine Statue ist Bild eines Menschen, insofern sie dessen Körperform durch ihre eigene Körperform nachahmt. Auch wenn sie in reducirtem Maassstabe ausgeführt ist, wird immer Raumgrösse durch Raumgrösse dargestellt.

Ein Gemälde ist Bild des Originals, theils weil es die Farben des letzteren durch ähnliche Farben, theils weil es einen Theil der Raumverhältnisse desselben, nämlich die der perspectivischen Projection, durch entsprechende Raumverhältnisse nachahmt.

Die Nervenerregungen in unserem Hirn und die Vorstellungen in unserem Bewusstsein können Bilder der Vorgänge in der Aussenwelt sein, insofern erstere durch ihre Zeitfolge die Zeitfolge der letzteren nachahmen, insofern sie Gleichheit der Objecte durch Gleichheit der Zeichen, und daher auch gesetzliche Ordnung durch gesetzliche Ordnung darstellen.

Dies genügt offenbar für die Aufgaben unseres Verstandes, der aus dem bunten Wechsel der Welt das Gleichbleibende herauszufinden und als Begriff oder Gesetz zusammenzufassen hat. Dass es auch genügt für alle praktischen Zwecke, wird die dritte Abtheilung unseres Berichtes lehren.

Aber es ist nicht zu verkennen, dass nicht nur ungebildete Personen, die ihren Sinnen blind zu vertrauen gewöhnt sind, sondern selbst Gebildete, welche wissen, dass Sinnestäuschungen vorkommen, an einem so völligen Mangel einer näheren Uebereinstimmung zwischen den Qualitäten der Empfindung und denen der Objecte Anstoss zu nehmen geneigt sind. Haben ja doch selbst die Physiker lange gezögert und alle möglichen Einwendungen gemacht und erschöpft, ehe sie die Identität der Licht- und Wärmestrahlen zugaben, deren wesentliche Verschiedenheit sich in der Empfindung von Licht und Wärme zu offenbaren schien. Ist doch selbst Goethe, wie ich an einem anderen Orte zu zeigen mich bemüht habe, in den Widerspruch gegen Newton's Farbenlehre wesentlich deshalb hineingetrieben worden, weil er sich nicht denken konnte, dass das Weiss, in der Empfindung als die reinste Darstellung des hellsten Lichtes erscheinend, aus dem dunkleren Farbigen zusammengesetzt sei. Es war jene von Newton gefundene Thatsache der erste Keim der neueren Lehre von den Sinnesenergien; auch sind bei seinem Zeitgenossen John Locke die wesentlichen Sätze über die Bedeutung der sinnlich wahrnehmbaren Qualitäten vollkommen richtig hingestellt. So deutlich man aber auch herausfühlt, dass hier für eine grosse Anzahl von Menschen der Stein des Anstosses liegt, so finde ich doch die gegnerische Meinung nirgends klar formulirt und so deutlich ausgesprochen, dass sich das Irrige in derselben bestimmt greifen liesse. Der Grund hiervon scheint mir darin zu liegen, dass sich dahinter noch tiefere begriffliche Gegensätze verstecken.

Man muss sich nur nicht verleiten lassen, die Begriffe von Erscheinung und Schein zu verwechseln. Die Körperfarben sind die Erscheinung gewisser objectiver Unterschiede in der Beschaffenheit der Körper; sie sind also auch der naturwissenschaftlichen Ansicht nach kein leerer Schein, wenn auch die Art, wie sie erscheinen, vorzugsweise von der Beschaffenheit unseres Nervenapparates abhängt. Ein täuschender Schein tritt nur da ein, wo die normale Erscheinungsweise eines Objects mit der eines anderen vertauscht wird. Dies aber tritt beim Farbensehen keineswegs ein; es giebt keine andere Erscheinungsweise derselben, die wir der im Auge gegenüber als die normale bezeichnen könnten.

Die Hauptschwierigkeit liegt hier im Begriffe der Eigenschaft, wie mir scheint. Aller Anstoss verschwindet, sobald man sich klar macht, dass überhaupt jede Eigenschaft oder Qualität eines Dinges in Wirklichkeit nichts Anderes ist, als die Fähigkeit desselben, auf andere Dinge gewisse Wirkungen auszuüben. Die Wirkung geschieht entweder zwischen den gleichartigen Theilchen desselben Körpers, wovon die Verschiedenheiten des Aggregatzustandes abhängen, oder wie die chemischen Reactionen von einem auf den anderen Körper, oder sie geschieht auf unsere Sinnesorgane und äussert sich dann durch Empfindungen, wie die, mit denen wir es hier zu thun haben. Eine solche Wirkung nennen wir Eigenschaft, wenn wir das Reagens, an dem sie sich äussert, als selbstverständlich im Sinne behalten, ohne es zu nennen. So sprechen wir von der Löslichkeit einer Substanz, das ist ihr Verhalten gegen Wasser; wir sprechen von ihrer Schwere, das ist ihre Anziehung gegen die Erde; und ebenso nennen wir sie mit demselben Rechte blau, indem dabei als selbstverständlich vorausgesetzt wird, dass es sich nur darum handelt, ihre Wirkung auf ein normales Auge zu bezeichnen.

Wenn aber, was wir Eigenschaft nennen, immer eine Beziehung zwischen zwei Dingen betrifft, so kann eine solche Wirkung natürlich nie allein von der Natur des einen Wirkenden abhängen, sondern sie besteht überhaupt nur in Beziehung auf und hängt ab von der Natur eines Zweiten, auf welches gewirkt wird. Es hat also gar keinen reellen Sinn, von Eigenschaften des Lichts reden zu wollen, die ihm an und für sich zukämen, unabhängig von allen anderen Objecten, und die in der Empfindung des Auges wieder dargestellt werden sollten. Der Begriff solcher Eigenschaften ist ein Widerspruch in sich, es kann solche überhaupt gar nicht geben; und es kann deshalb auch nicht die Uebereinstimmung der Farbenempfindungen mit solchen Qualitäten des Lichts verlangt werden.

Natürlich haben sich diese Ueberlegungen schon längst denkenden Köpfen aufgedrängt; man findet sie bei Locke und Herbart deutlich ausgesprochen, sie sind durchaus im Sinne von Kant. Sie erforderten aber früher vielleicht eine grosse Abstractionskraft, um verstanden und eingesehen zu werden, während sie jetzt durch die Thatsachen, die wir dargelegt haben, auf das Anschaulichste illustrirt werden.

Nach dieser Abschweifung in die Welt des Abstracten kehren wir noch einmal zur bunten Pracht der Farben zurück, und untersuchen sie in ihrer Eigenschaft als sinnliche Zeichen gewisser äusserer Qualitäten, sei es des Lichts, sei es der Körper, die es zurückwerfen. Die wesentliche Forderung an ein gutes Zeichen ist seine Constanz, dass das gleiche Object immer das gleiche Zeichen mit sich führt. Nun haben wir schon gesehen, dass auch in dieser Beziehung die Farbenempfindungen Einiges zu wünschen übrig lassen. Sie sind nicht ganz gleichmässig im Felde der Netzhaut; aber hier hilft die ewige Bewegung unseres Blickes in derselben Weise über die Klippe des Anstosses hinweg, wie sie es betreffs der ungleichmässigen Schärfe des Netzhautbildes thut. Durch diese besondere Art der Beobachtung gleichen wir auch diesen Fehler des Organs aus.

Dann haben wir gesehen, dass durch Ermüdung des Auges die Intensität der Erregung schnell sehr bedeutende Abänderungen erleiden kann. Auch hier hilft die fortdauernde Bewegung des Blicks dazu, dass die Ermüdung der Regel nach über das ganze Feld der Netzhaut die gleiche ist, und dass sich abgegrenzte Nachbilder selten bilden können; höchstens einmal von sehr hellen Objecten, wie die Sonnenscheibe oder sehr helle Flammen sind.

Bei gleichmässiger Ermüdung der ganzen Netzhaut bleibt aber wenigstens das gegenseitige Verhältniss der Helligkeit und Farbe der verschiedenen vor uns befindlichen Gegenstände nahezu unverändert, und die Ermüdung wirkt nur so, als würde allmälig die Beleuchtung schwächer.

Dies führt uns nun auf die Unterschiede unserer Gesichtsbilder, die von der verschiedenen Beleuchtung der vor uns liegenden Objecte abhängen.

Hier treffen wir wieder auf lehrreiche Thatsachen. Wir erblicken die Objecte der Aussenwelt unter Beleuchtung der verschiedensten Helligkeit, vom grellsten Sonnenschein bis zum Mondschein abgestuft, — jener ist 150,000 Mal heller als Vollmondschein. Auch die Farbe der Beleuchtung kann sich merklich ändern, sei es, dass wir künstliche Beleuchtung anwenden durch Flammen, die immer mehr oder weniger rothgelbes Licht geben, sei es, dass wir uns unter dem grünlichen Schatten eines Laubdachs oder in einem Zimmer mit stark gefärbten Tapeten und Fenstervorhängen befinden. Mit der Helligkeit und Farbe der Beleuchtung ändert sich natürlich auch Helligkeit und Farbe der Lichtmenge, welche die beleuchteten Körper in unser Auge senden. Alle Verschiedenheit der Körperfarbe beruht nämlich darauf, dass die verschiedenen Körper verschieden grosse Antheile der verschiedenen einfachen Strahlungen der Sonne theils zurückwerfen, theils verschlucken. Zinnober wirft die Strahlen grosser Wellenlänge zurück, ohne sie merklich zu schwächen, von allen übrigen Strahlen dagegen sehr wenig. Daher erscheint er in der Farbe jener Strahlen, die er allein zurückwirft und in das Auge sendet, roth. Beleuchten wir ihn mit andersfarbigem Licht, welches kein Roth enthält, so erscheint er fast schwarz.

Somit ergiebt sich leicht, und wird ja auch durch die tägliche Erfahrung in hundertfältigen Variationen bestätigt, dass sich die scheinbare Farbe und Helligkeit der beleuchteten Körper mit der Farbe und Helligkeit der Beleuchtung ändert. Es ist dies ein

Hauptgegenstand des Studiums für die Maler; viele ihrer schönsten Effecte beruhen darauf.

Was uns aber beim Sehen hauptsächlich interessirt, ist die uns umgebenden Körper zu erkennen und wiederzuerkennen; nur selten, höchstens aus ästhetischen oder physikalischen Rücksichten, wenden wir wohl auch einmal unsere Aufmerksamkeit der Beleuchtung zu. Was aber in der Farbe eines Körpers constant ist, das ist nicht die Helligkeit und Farbe des von ihm in unser Auge gesendeten Lichts, sondern das Verhältniss zwischen den Intensitäten der verschiedenfarbigen einfachen Bestandtheile dieses Lichts und den Intensitäten der entsprechenden Bestandtheile der Beleuchtung. Nur dieses Verhältniss ist der Ausdruck einer constanten Eigenschaft des Körpers.

Wenn man sich dies theoretisch überlegt, könnte die Aufgabe, die Farbe eines Körpers bei wechselnder Beleuchtung zu beurtheilen, als eine verzweifelt schwierige erscheinen. Sehen wir uns dagegen in der Praxis um, so finden wir bald, dass wir die Körperfarben mit der grössten Sicherheit und ohne uns nur zu besinnen unter den allerverschiedensten Umständen richtig zu beurtheilen wissen. Weisses Papier im Vollmondschein ist dunkler als schwarzer Sammt im Tageslicht; doch zögern wir nie, das Papier als weiss, den Sammt als schwarz anzuerkennen. Ja, es ist uns viel schwerer, zu erkennen, dass ein grauer, hell von der Sonne beschienener Körper Licht von genau derselben Farbe und vielleicht auch von derselben Helligkeit zurückwirft, wie ein beschatteter weisser, als zu erkennen, dass die Körperfarbe eines beschatteten weissen Papiers dieselbe ist, wie die eines daneben liegenden sonnenbeleuchteten derselben Art. Grau erscheint uns durchaus specifisch verschieden vom Weiss; als Körperfarbe ist es dies auch, denn ein Körper, der nur das halbe Licht zurückwirft, muss eine andere Oberflächenbeschaffenheit haben, als einer, der das ganze zurückwirft. Und doch kann der Netzhauteindruck von beleuchtetem Grau absolut identisch sein mit dem von beschattetem Weiss. Jeder Maler stellt beschattetes Weiss mit grauer Farbe dar; hat er es recht naturgetreu nachgeahmt, so erscheint der dargestellte Gegenstand dessen ungeachtet rein weiss. Will man sich von der Gleichheit der Lichtfarbe des Grau und Weiss sinnlich überzeugen, so kann man das nur, indem man etwa durch eine Brennlinse starkes Licht auf eine graue Kreisscheibe concentrirt, so dass die Grenzen der stärkeren Beleuchtung genau mit denen des grauen Kreises zusammenfallen, und sich das Vorhandensein einer künstlichen Beleuchtung im unmittelbaren sinnlichen Eindruck nirgend verräth. Dann sieht das Grau wirklich weiss aus.

Wir dürfen annehmen — diese Annahme wird durch gewisse Contrasterscheinungen gerechtfertigt —, dass die Beleuchtung des hellsten vorhandenen Weiss uns den Maassstab abgiebt für die Beurtheilung der daneben stehenden dunkleren Körper, da unter gewöhnlichen Verhältnissen bei geschwächter Beleuchtung oder vermehrter Ermüdung der Netzhaut die Lichtstärke aller Körperfarben in gleichem Maasse abzunehmen pflegt.

Dies letztere gilt bei den extremsten Graden der Beleuchtung zwar immer noch für die Intensität des objectiven Lichts, aber nicht mehr für die Empfindung. Bei sehr greller Beleuchtung, die sich dem Blendenden nähert, verwischen sich die Helligkeitsunterschiede der helleren Flächen für die Empfindung mehr und mehr; bei sehr schwachem Lichte werden dafür die Helligkeitsunterschiede der dunkelsten Objecte ununterscheidbar. So nähern sich im Sonnenschein die Körperfarben mittlerer Helligkeit mehr den hellsten, im Mondenschein mehr den dunkelsten. Diesen Unterschied benutzen die Maler, um in ihren Gemälden, die ja alle der Regel nach bei gleich hellem Tageslicht betrachtet werden, und auch nicht entfernt so grosse Unterschiede der mittleren Helligkeit zulassen, wie der zwischen Sonnenschein und Mondschein ist, doch Beides´ darzustellen. Um Sonnenschein auszudrücken, machen sie auch die mittelhellen Gegenstände fast ganz hell, bei Mondschein machen sie auch diese fast ganz dunkel. Dazu kommt dann noch ein anderer Unterschied, der auch in der Empfindungsweise beruht. Bei gleichmässiger Vermehrung der Lichtstärke verschiedener Farben wächst nämlich der Eindruck des Roth und Gelb stärker als der des Blau. Wenn man ein rothes und blaues Papier aussucht, die bei mittlerem Tageslichte etwa gleich hell erscheinen, so erscheint in grellem Sonnenlicht das rothe viel heller, im Mondschein oder Sternenschein das blaue. Spectralfarben zeigen dieselbe Erscheinung. Auch dies benutzen die Maler, indem sie den Sonnenlandschaften überwiegend gelben Ton, dem Mondschein überwiegend blauen geben.

In diesem Verfahren tritt besonders deutlich hervor, wie unabhängig wir uns in unserem Urtheil über die Körperfarben von der absoluten Beleuchtungsstärke gemacht haben. Ebenso befreien wir uns fast vollständig von dem Einflusse, den die Farbe der herrschenden Beleuchtung hat. Wir wissen freilich einigermaassen, dass Kerzenlicht rothgelb ist, verglichen mit Tageslicht; wie sehr sich aber seine Farbe von der des Sonnenlichts unterscheidet, das erfahren wir doch anschaulich erst, wenn wir beide Beleuchtungen in gleicher Intensität dicht neben einander bringen, zum Beispiel bei dem Versuche mit den farbigen Schatten. Lassen wir in ein dunkles Zimmer durch eine enge Oeffnung Licht eines grauen Wolkenhimmels, das ist also geschwächtes weisses Tageslicht (oder auch Mondlicht), von einer Seite auf ein horizontales weisses Papier fallen, von der anderen Seite her Kerzenlicht, und setzen wir einen Stab senkrecht auf das Papier, so wirft er zwei Schatten, einen, den das Tageslicht nicht beleuchtet, wohl aber das Kerzenlicht; dieser ist rothgelb, und sieht auch so aus. Den zweiten Schatten beleuchtet das Tageslicht, aber nicht das Kerzenlicht; dieser ist weiss, und erscheint blau durch Contrast. Dieses Blau und jenes Rothgelb der beiden Schatten sind die beiden Farben, die wir weiss nennen, das eine bei Tagesbeleuchtung, das andere bei Kerzenbeleuchtung. Neben einander gestellt erscheinen sie als zwei sehr verschiedene, ziemlich gesättigte Farben. Und doch stehen wir keinen Augenblick an bei Kerzenbeleuchtung weisses Papier als weiss anzuerkennen, und von goldgelbem zu unterscheiden.

Am merkwürdigsten in dieser Reihe von Erscheinungen ist es, dass wir die Farbe einer durchscheinenden farbigen Decke von der der dahinter liegenden Objecte trennen, wie es bei einer ganzen Reihe interessanter Contrastphänomene geschieht. Ja wenn wir durch einen grünen Schleier blicken, kann es so weit kommen, dass uns weisse Gegenstände, deren Licht doch mit dem grünen des Schleiers gemischt, also jedenfalls grünlich ist, im Gegentheil röthlich erscheinen, indem sich das röthliche Nachbild des Grün an ihnen zeigt. So vollständig trennen wir das Licht, welches der Decke angehört, von den durch die Decke gesehenen Gegenständen [1]).

Man bezeichnet die Veränderungen der Farbe in den beiden letzten Versuchen als Contrasterscheinungen; meistens sind dies Täuschungen über die Körperfarbe von Objecten, welche auf undeutlich ausgeprägten Nachbildern beruhen; dies giebt den sogenannten successiven Contrast, der beim Wandern des Blicks über farbige Objecte eintritt. Zum Theil beruhen die Contrasterscheinungen aber auch darauf, dass uns unsere Gewohnheit, die Körperfarbe nach den relativen Verhältnissen der Helligkeit und

---

[1]) Eine ganze Reihe entsprechender Versuche finden sich beschrieben in meinem Handbuch der Physiologischen Optik S. 398 bis 400; 410 bis 411.

Farbe der verschiedenen gleichzeitig gesehenen Dinge zu beurtheilen, in die Irre führen kann, wenn die Verhältnisse von den
gewöhnlichen abweichen, wenn zum Beispiel zwei Beleuchtungen
oder farbige durchsichtige Decken da sind, oder da zu sein scheinen, wo sie nicht sind; diese letzteren Fälle sind die des simul-
tanen Contrastes. Bei dem Versuche mit den farbigen Schatten
zum Beispiel giebt uns der doppelt beleuchtete Grund, welcher das
hellste unter den gleichzeitig gesehenen Objecten ist, einen falschen Maassstab für das Weiss. Mit ihm verglichen erscheint uns
das wirkliche, aber weniger helle Weiss des einen Schattens blau.
Ausserdem tritt bei diesen Contrasten noch der Umstand mitwir-
kend auf, dass deutlich wahrnehmbare Unterschiede in der Empfindung uns grösser erscheinen, als undeutlich wahrnehmbare.
Deutlich wahrnehmbar sind aber die vor Augen liegenden Farbenunterschiede gegen die in der Erinnerung liegenden, sind ferner
die dicht benachbarter Stellen des Gesichtsfeldes gegen die ent-
fernterer u. s. w. Alles dies hat seinen Einfluss. Es kommen hier
ziemlich viele verschiedenartige Umstände in Betracht, deren Verfolgung in den einzelnen Fällen sehr interessantes Licht wirft auf
die Motive, nach denen wir die Körperfarben beurtheilen, ein Capitel, was wir freilich hier nicht weiter ausführen können. Es ist
dasselbe übrigens für die Theorie der Malerei von ebenso grossem
Interesse wie für die Physiologie, da die Maler vielfältig eine gesteigerte Nachahmung der natürlichen Contrasterscheinungen anwenden, um grössere Lichtunterschiede und Farbensättigung dem
Zuschauer vorzuspiegeln, als sie in der That mit ihren Farben hervorbringen können.

Hiermit beenden wir die Lehre von den Gesichtsempfindungen. Es hat uns dieser Abschnitt unserer Untersuchung also ergeben, dass die Qualitäten der Gesichtsempfindungen nichts als
Zeichen für gewisse qualitative Unterschiede theils des Lichts, theils
der beleuchteten Körper sind, ohne aber eine genau entsprechende
objective Bedeutung zu haben; dass sie sogar das einzige wesentliche Erforderniss eines Zeichensystems, nämlich die Constanz,
nur mit sehr wesentlichen Einschränkungen und Mängeln besitzen;
daher wir oben ihnen nur soviel nachrühmen konnten, dass sie
unter übrigens gleichen Umständen in gleicher Weise für
die gleichen Objecte auftreten. Trotz alledem finden wir schliesslich nun doch, dass wir mittels dieses ziemlich inconstanten
Zeichensystems den wesentlichen Theil der uns gestellten Aufgabe, nämlich die gleichen Körperfarben in constanter Weise

überall wiederzuerkennen, gut, und in Anbetracht der entgegenstehenden Schwierigkeiten sogar auffallend gut zu lösen im Stande sind. Aus diesem schwankenden System von Helligkeiten und Farben, schwankend nach der Beleúchtung, schwankend nach der veränderlichen Ermüdung des Organs, schwankend nach der getroffenen Netzhautstelle, wissen wir das eine, was fest ist, die Körperfarbe, die einer únveränderlich bleibenden Qualität der Körperoberfläche entspricht, herauszulösen, nicht durch langes Besinnen, sondern mit augenblicklicher unwillkürlicher Evidenz.

Was wir in dem optischen Apparat und im Netzhautbilde an Ungenauigkeiten und Unvollkommenheiten gefunden haben, erscheint als durchaus unerheblich neben den Incongruenzen, denen wir hier im Gebiete der Empfindungen begegnen. Fast könnte man glauben, die Natur habe sich hier absichtlich in den kühnsten Widersprüchen gefallen, sie habe mit Entschiedenheit jeden Traum von einer prästabilirten Harmonie der äusseren und inneren Welt zerstören wollen.

Und wie sieht es mit der Lösung unserer Aufgabe aus, das Sehen zu erklären. Mancher könnte glauben, wir seien ihr ferner, als je zuvor; das Räthsel sei nur noch verwickelter, die Hoffnung es zu entziffern noch geringer geworden. Vielleicht fühlt er sich geneigt auf die Wissenschaft zu schmähen, die in unfruchtbarer Kritik die schöne Sinnenwelt nur zu zerschlagen wisse, um die Stücke ins Nichts hinüber zu tragen; und er beschliesst sich auf den gesunden Menschenverstand zu steifen und seinen Sinnen mehr zu glauben, als dem Physiologen.

Uns fehlt aber noch ein Theil der Untersuchung, der die Raumanschauungen zu behandeln hat. Sehen wir zu, ob sich da nicht am Ende noch das natürliche Vertrauen auf die Richtigkeit dessen, was die Sinne uns lehren, auch vor der Wissenschaft rechtfertigen wird.

III.

Die Gesichtswahrnehmungen.

Die Farben, mit deren Bedeutung wir uns im vorigen Abschnitte beschäftigt haben, sind ein Schmuck, den wir ungern entbehren würden; sie sind auch ein Mittel, um die Unterscheidung und die Wiedererkennung der Gesichtsobjecte zu erleichtern, indessen tritt ihre Wichtigkeit bei Weitem hinter der schnellen und ausgedehnten Unterscheidung der Raumverhältnisse zurück, deren wir durch das Auge fähig sind. Kein anderer Sinn kann in dieser Beziehung mit dem Auge sich vergleichen. Der Tastsinn unterscheidet zwar auch Raumverhältnisse und hat vor dem Auge den Vorzug, dass er das Materielle, was er erreichen kann, zuverlässiger auffasst, weil er sogleich auch Widerstand, Masse und Gewicht prüft. Aber sein Bereich ist beschränkt, und die Unterscheidung kleiner Distanzen lange nicht so fein, wie die durch das Gesicht. Dennoch genügt der Tastsinn, wie die Erfahrungen an Blindgebornen lehren, vollkommen, um fertige Raumanschauungen zu entwickeln. Er bedarf dazu nicht des Auges. Ja wir werden uns noch überzeugen können, dass wir die Raumanschauungen des Auges fortdauernd durch die des Tastsinns, wo es angeht, controliren und corrigiren und dabei die Aussagen des letzteren immer als die entscheidenden betrachten. Beide Sinne, welche im Wesentlichen an derselben Aufgabe, aber mit äusserst verschiedener Begabung arbeiten, ergänzen sich gegenseitig in sehr glücklicher Weise. Während der Tastsinn ein zuverlässiger Gewährsmann, aber von eng begrenztem Gesichtskreise ist, dringt das Auge mit dem kühnsten Fluge der Phantasie wetteifernd in ungemessene Fernen vor.

Für die uns vorliegende Aufgabe ist diese Verbindung von grosser Wichtigkeit. Denn da wir es hier nur mit dem Gesichtssinn zu thun haben, und der Tastsinn zur vollständigen Hervorbringung der Raumanschauung genügt, so können wir zunächst die letztere in ihren allgemeinen Zügen als fertig gegeben voraussetzen, und uns darauf beschränken zu untersuchen, wo die Uebereinstimmung zwischen den Raumanschauungen des Gesichtssinns und des Tastsinns herrührt. Die Frage, wie es bei den gegebenen sinnlichen Perceptionen überhaupt zur Raumanschauung kommen könne, wollen wir erst am Schluss besprechen.

Zunächst fällt es in die Augen, wenn wir die allbekannten Thatsachen überschauen, dass die Vertheilung der Empfindungen auf örtlich getrennte Nervenapparate keineswegs nothwendig die Vorstellung local getrennter Ursachen dieser Empfindungen hervorruft. Wir können zum Beispiel Licht, Wärme, verschiedene Töne eines Musikinstruments, und vielleicht auch einen Geruch in einem Zimmer empfinden und erkennen, dass alle diese Agentien gleichzeitig und räumlich nicht getrennt in der Luft des Zimmers allgemein verbreitet vorhanden sind. Wir erhalten von einer Mischfarbe, die sich in unserer Netzhaut abbildet, drei verschiedene Elementarempfindungen, wahrscheinlich in verschiedenen Nerven, ohne sie zu trennen. Wir hören von einer angeschlagenen Saite, oder von einer menschlichen Stimme gleichzeitig verschiedene Töne, einen Grundton und eine Reihe harmonischer Obertöne, welche ebenfalls wahrscheinlich von verschiedenen Nerven empfunden werden, ohne dieselben örtlich zu trennen. Bei vielen Substanzen, die wir geniessen, schmecken wir verschieden mit den verschiedenen Stellen der Zunge und riechen gleichzeitig, während die Speise den Schlund passirt, deren flüchtige Bestandtheile, während doch diese verschiedenen, durch verschiedene Nervenapparate percipirten Empfindungen gewöhnlich ungetrennt in der einen Gesammtempfindung des Geschmackes der genossenen Substanz vereinigt bleiben.

Allerdings können wir bei einiger Aufmerksamkeit die Stellen unseres Körpers kennen lernen, durch welche diese Empfindungen eindringen, aber wenn diese auch verschieden sind, so folgt daraus nicht, dass wir das Object, was die Empfindung hervorruft, uns entsprechend räumlich getrennt denken müssten.

Im Bereiche des Sehens finden wir eine entsprechende Thatsache, nämlich die, dass wir mit zwei Augen dasselbe Object einfach sehen, trotz der Empfindung in zwei getrennten Nervenapparaten. Es ist dies, wie sich hier zeigt, ein einzelnes Beispiel eines viel allgemeineren Gesetzes.

Wenn wir also finden, dass auf der Netzhaut ein flächenhaft ausgebreitetes optisches Bild der Gegenstände des Gesichtsfeldes zu Stande kommt, und dass die verschiedenen Theile dieses Bildes verschiedene Nervenfasern erregen, so ist dies noch nicht ein genügender Grund dafür, dass wir diese Empfindungen auch auf räumlich getrennte Theile des Gesichtsfeldes beziehen. Es muss offenbar noch etwas Anderes hinzukommen, um die Anschauung der räumlichen Trennung dieser Eindrücke hervor zu bringen.

Dasselbe Problem gilt offenbar in gleicher Weise vom Tastsinn. Wenn zwei verschiedene Stellen der Haut gleichzeitig berührt werden, so werden zwei verschiedene empfindende Nervenfasern in Erregung gesetzt. Aber deren räumliche Trennung ist an sich, wie wir schliessen müssen, noch nicht der ausreichende Grund dafür, dass wir die beiden Berührungsstellen als verschiedene anerkennen, und zwei verschiedene berührende Objecte vorstellen. Ja beim Tastsinn kann das sogar nach Nebenumständen wechseln. Wenn wir mit beiden Zeigefingern den Tisch berühren, und unter jeder Fingerspitze ein Sandkorn fühlen, so bilden wir die Wahrnehmung, dass zwei Sandkörner da seien. Wenn wir aber die beiden Fingerspitzen aneinander gelegt und zwischen beiden ein Sandkorn eingeschlossen haben, so können wir dieselben Berührungsempfindungen in denselben beiden Nervenfasern haben, wie vorher, und doch bildet sich uns unter diesen Umständen die Vorstellung von nur einem Sandkorn. Es hat hier offenbar die gleichzeitige Wahrnehmung von der Stellung der Glieder Einfluss auf das Resultat unserer Anschauung, und es ist bekannt, dass unter Umständen, wo wir eine falsche oder unvollkommene Vorstellung von der Stellung der tastenden Finger haben, zum Beispiel wenn zwei Finger über einander gekreuzt werden, wir auch zwei berührte Kügelchen zu fühlen glauben, während nur eines zwischen den Fingern ist.

Was ist es nun, was noch hinzukommt zu der räumlichen Trennung der empfindenden Nerven, und in diesen Fällen die entsprechende räumliche Trennung in der Anschauung hervorbringt? In der Beantwortung dieser Frage treffen wir auf einen noch nicht beendeten Streit. Die eine Partei antwortet, dem Vorgange von Johannes Müller folgend, dass das räumlich ausgedehnte Sinnesorgan, Netzhaut oder Haut, sich selbst in dieser räumlichen Ausdehnung empfände, dass diese Anschauung angeboren sei, und

dass die von aussen her erregten Eindrücke nur an entsprechender
Stelle in das räumlich ausgedehnte Anschauungsbild des Organes
von sich selbst eingetragen würden. Wir wollen diese Ansicht als
die nativistische Theorie der Raumanschauung bezeichnen.
Sie schneidet im Wesentlichen das weitere Nachsuchen nach dem
Ursprung der Raumanschauung ab, indem sie sie für etwas ursprünglich gegebenes, angeborenes, nicht weiter erklärbares aus-
giebt.

Die entgegenstehende Ansicht ist in allgemeinerer Form schon
von den englischen Sensualisten, von Molineux, J. Locke, Ju-
rine ausgesprochen worden. Ihre Anwendung auf die specielleren
physiologischen Verhältnisse konnte erst in neuester Zeit beginnen, nachdem namentlich das Studium der Augenbewegungen genauer durchgeführt war. Die Erfindung des Stereoskops durch
Wheatstone machte die Schwierigkeiten und Unzuträglichkeiten
der nativistischen Theorie viel augenfälliger, als sie vorher waren,
und drängte zu einer anderen Lösung, welche sich jener älteren
wieder näher anschloss, und die wir als die empiristische Theorie vom Sehen bezeichnen wollen. Diese Theorie nimmt an, dass
unsere Sinnesempfindungen uns überhaupt nichts weiter geben als
Zeichen für die äusseren Dinge und Vorgänge, welche zu deuten
wir durch Erfahrung und Uebung erst lernen müssen. Was namentlich die Wahrnehmung der örtlichen Unterschiede betrifft, so
würde diese erst mit Hilfe von Bewegungen kennen zu lernen sein,
im Gesichtsfelde namentlich mittels der Augenbewegungen. Einen
Unterschied zwischen den Empfindungen verschiedener Netzhautstellen, der von der örtlichen Verschiedenheit derselben herrührt,
muss natürlich auch die empiristische Theorie anerkennen. Wenn
ein solcher nicht vorhanden wäre, würde es überhaupt unmöglich
sein, örtliche Unterschiede im Gesichtsfelde zu machen. Die Empfindung von Roth, welches die rechte Seite einer Netzhaut trifft,
muss irgendwie unterschieden sein von der Empfindung desselben
Roth, wenn es die linke Seite derselben Netzhaut trifft, und zwar
muss dieser Unterschied beider Empfindungen ein anderer sein,
als wenn zwei verschiedene Abstufungen des Roth nach einander
dieselbe Netzhautstelle treffen. Diesen übrigens vorläufig seiner
Art nach unbekannt bleibenden Unterschied zwischen den Empfindungen, welche dieselbe Farbe in verschiedenen Netzhautstellen erregt, nennen wir mit Lotze das Localzeichen der Empfindung.
Ich halte es für verfrüht, irgend welche weiteren Hypothesen über
die Art dieser Localzeichen aufzustellen. Nur die Existenz der-

selben folgt zweifellos aus der Thatsache, dass wir locale Unterschiede im Gesichtsfelde unterscheiden. Der Unterschied zwischen den einander gegenüberstehenden Ansichten ist also der, dass die empiristische Theorie die Localzeichen als irgend welche Zeichen betrachtet — gleichviel, welcher Art sie seien — und verlangt, dass die Bedeutung dieser Zeichen für die Erkenntniss der Aussenwelt gelernt werden könne und gelernt werde. Dabei ist es also auch nicht nöthig, irgend welche Art von Uebereinstimmung zwischen den Localzeichen und den ihnen entsprechenden äusseren Raumunterschieden vorauszusetzen. Die nativistische Theorie dagegen setzt voraus, dass die Localzeichen nichts anderes seien als unmittelbare Anschauungen der Raumunterschiede als solcher, sowohl ihrer Art, als ihrer Grösse nach. Der Leser wird hieran erkennen, dass der durchgreifende Gegensatz der verschiedenen philosophischen Systeme, welche bald eine prästabilirte Harmonie zwischen den Gesetzen des Denkens und Vorstellens mit denen der äusseren Welt voraussetzen, bald alle Uebereinstimmung der inneren und äusseren Welt aus der Erfahrung herzuleiten suchen, auch in das uns vorliegende Gebiet eingreift.

So lange wir uns nun auf die Betrachtung eines flächenhaften Feldes beschränken, dessen einzelne Theile keine oder wenigstens keine erkennbare Verschiedenheit ihrer Entfernung vom Auge darbieten, so lange wir also zum Beispiel nur den Himmel und die entfernten Theile der Landschaft betrachten, so geben beide Theorien im Wesentlichen gleich guten Aufschluss über die Wahrnehmung der Raumverhältnisse eines solchen Feldes. Das flächenhafte Netzhautbild entspricht dann dem flächenhaften Anschauungsbilde, welches wir von den genannten Objecten gewinnen. Die Incongruenzen, welche zwischen beiden bestehen, sind nicht von so eingreifender Art, dass sie nicht noch durch verhältnissmässig einfache Erklärungen oder Annahmen mit der nativistischen Theorie zu vereinigen wären.

Die erste dieser Incongruenzen zeigt sich darin, dass das Netzhautbild auf den Kopf gestellt ist, das Obere nach unten, das Rechte nach links gekehrt; die Fig. 44, Seite 247 lässt erkennen, wie durch die Kreuzung der Strahlen in der Pupille diese Lage der Bilder zu Stande kommt. Der Punkt a ist das Bild von A, b von B. Es ist dies ein alter Stein des Anstosses in der Theorie vom Sehen gewesen, zu dessen Beseitigung vielerlei Arten von Hypothesen ausgesonnen worden sind. Zuletzt sind zwei hauptsächlich stehen geblieben; entweder der Begriff von Oben und Unten in den Gesichtsanschauungen wird überhaupt, wie es Johannes Müller that, als nur relativ, die Beziehung des Einen gegen das Andere betreffend, betrachtet, und es wird vorausgesetzt, dass die Uebereinstimmung zwischen dem Oben des Gesichtssinns und dem des Tastsinns durch die Erfahrung gewonnen werde, indem man die tastenden Hände im Gesichtsfelde erscheinen sieht. Oder, da ja doch die Erregungen von den Netzhäuten nach dem Gehirne geleitet werden müssen, um dort wahrgenommen zu werden, könnte man auch mit L. Fick die zweite Annahme machen, dass im Gehirn Sehnervenfasern und Tastnervenfasern passend zusammengeordnet seien, um die Uebereinstimmung von Oben und Unten, von Rechts und Links herzustellen; eine Annahme, der freilich bis jetzt jede Spur eines bekannten anatomischen Substrats abgeht.

Die zweite Incongruenz für die nativistischen Theorien ist die, dass wir zwei Netzhautbilder haben, während wir doch einfach sehen. Dieser Schwierigkeit wurde von den Anhängern genannter Theorien durch die Annahme begegnet, dass beide Netzhäute, wenn sie erregt werden, im Gehirn nur eine Empfindung auslösen, und zwar so, dass die Punkte beider Netzhäute paarweise zusammengehören und je zwei zusammengehörige (identische oder correspondirende) Punkte nur als einer empfunden werden. Eine anatomische Structur, die dieser Annahme vielleicht entsprechen könnte, ist in der That zu finden. Es kreuzen sich nämlich beide Sehnerven, ehe sie in das Gehirn eintreten, und verbinden sich hier mit einander. Pathologische Erfahrungen, bei Gehirnkrankheiten gemacht, lassen es als wahrscheinlich erscheinen, dass die Nervenfasern beider rechten Netzhauthälften nach der rechten Hirnhemisphäre, die der linken zur linken ihren Lauf nehmen, wobei also in der That correspondirende Fasern zusammengefasst werden. Wenn dies aber auch richtig ist, so ist doch jedenfalls anatomisch noch nicht erwiesen, dass correspondirende Fasern verschmelzen.

Für die empiristische Theorie liegen in den beiden berührten Punkten keine Schwierigkeiten, da es sich in ihr nur darum handelt, dass das gegebene sinnliche Zeichen, sei es einfach, sei es zusammengesetzt, erkannt werde als das Zeichen für das, was es bedeutet. Der ununterrichtete Mensch ist in seinen Gesichtswahrnehmungen so sicher wie möglich, ohne auch nur zu wissen, dass es zwei Netzhäute, darauf zwei umgekehrte Netzhautbilder, dass es Erregungen von Sehnervenfasern giebt, und dass diese nach dem Gehirn geleitet werden. Ihn kümmert also auch die Verkehrtheit und die Doppeltheit der Netzhautbilder nicht. Er kennt die Eindrücke, die dieses oder jenes, so oder so gelegene Ding ihm durch sein Auge macht, und danach richtet er sich. Die Möglichkeit aber, die räumliche Bedeutung der unseren Gesichtsempfindungen anhaftenden Localzeichen kennen zu lernen, ist dadurch gegeben, dass wir einerseits die bewegten Theile unseres eigenen Körpers im Gesichtsfelde haben, und also, wenn wir durch den Tastsinn schon wissen, was räumliche Verhältnisse und was Bewegung sei, lernen können, welche Aenderungen im Gesichtseindrucke einer Bewegung der gesehenen Hand nach hierhin oder dorthin entsprechen. Andererseits, wenn wir die Augen vor einem mit ruhenden Objecten gefüllten Gesichtsfelde bewegen, und mit ihnen die Netzhaut, so verschiebt sich diese gegen das fast unveränderte Lage behaltende Netzhautbild. Wir erfahren dadurch, welchen Eindruck das gleiche Object auf verschiedene Theile der Netzhaut macht. Ein unverändertes Netzhautbild, was bei der Drehung des Auges sich an der Netzhaut verschiebt, ist wie ein Cirkel, den wir auf einer Zeichnung hin- und herbewegen, um dadurch zu erfahren, welche Abstände gleich, welche ungleich gross sind. Selbst wenn die Localzeichen der Empfindung ein beliebig und ohne alle systematische Ordnung durch einander gewürfeltes System von Zeichen wären (was ich aber keineswegs als wahrscheinlich voraussetze), würde es durch dieses Verfahren möglich sein zu ermitteln, welche benachbarten Stellen angehören, und welche Paare von Zeichen gleichen Distanzen in verschiedenen Theilen des Gesichtsfeldes entsprechen.

Es ist mit dieser Annahme in Uebereinstimmung, dass wie die darauf bezüglichen Versuche von Fechner, Volkmann und mir selbst gelehrt haben, auch vom vollkommen ausgebildeten Auge des Erwachsenen nur solche Paare von Linien und Winkeln im Gesichtsfelde genau und richtig ihrer Grösse nach verglichen werden, welche mittels der normalen Augenbewegungen unmittelbar nach einander auf derselben Linienstrecke oder demselben Winkel der Netzhaut abgebildet werden können.

Ferner lässt sich durch einen einfachen Versuch nachweisen, dass die Uebereinstimmung zwischen den Wahrnehmungen des Tastsinns und des Gesichtssinns auch beim Erwachsenen auf einer fortdauernden Vergleichung beider mittels der Gesichtsbilder unserer Hände beruht. Wenn man nämlich eine Brille mit prismatischen Gläsern aufsetzt, deren ebene Grenzflächen nach rechts hin

convergiren, so erscheinen alle Gegenstände den Augen nach rechts
hin verschoben. Sucht man einen der gesehenen Gegenstände zu
greifen, indem man die Augen schliesst, ehe man die Hand im Gesichtsfelde erscheinen sieht, so greift man rechts daran vorbei.
Sieht man aber bei diesem Versuche nach der Hand hin, so führt
man sie richtig, indem man das Gesichtsbild der Hand nach dem
Gesichtsbilde des Objectes hinführt, was man greifen will. Hat
man ein bis zwei Minuten lang mit der Hand die Objecte betastet,
und ist ihr mit den Augen gefolgt, so ist trotz der täuschenden
Brille die neue Uebereinstimmung zwischen Auge und Hand hergestellt, und man weiss nun die falsch gesehenen Gegenstände richtig zu greifen, auch wenn man die Augen schliesst. Ja man weiss
sie jetzt auch mit der anderen nicht gesehenen Hand richtig zu
greifen, woraus folgt, dass nicht die Wahrnehmung durch den
Tastsinn den falschen Gesichtsbildern, sondern im Gegentheil die
Gesichtswahrnehmung derjenigen des Tastsinns angepasst und
nach letzterer berichtigt worden ist. Nimmt man dann aber, nachdem man eine Weile so fortgefahren hat, die Brille ab, betrachtet
die Gegenstände mit freien Augen, ohne die Hand zu zeigen, und
sucht jetzt die Dinge zu greifen, indem man die Augen schliesst,
so fährt man nun nach der entgegengesetzten Seite, als vorher,
nämlich nach links, vorbei. Die neue Verbindung zwischen den
Gesichts- und Tastwahrnehmungen wirkt dann noch fort, auch
nachdem die normalen Verhältnisse wieder eingetreten sind.

Wenn wir unter dem umkehrenden zusammengesetzten Mi-
kroskope mit Nadeln präpariren, und selbst schon, wenn wir uns
nach dem Rechts und Links verkehrenden Bilde eines gewöhnlichen
Spiegels rasiren lernen, tritt ebenfalls eine neue Anpassung der Bewegungen an ein abweichendes Gesichtsbild ein.

Während die bisher erwähnten Fälle, wo das Anschauungsbild
eines flächenhaften Gesichtsfeldes den wirklich vorhandenen Netzhautbildern im Wesentlichen gleichartig und ähnlich ist, sich den
beiden einander entgegenstehenden Theorien ziemlich gleich gut
anpassen lassen, stellt sich die Sache ganz anders, wenn wir zur
Betrachtung nahe vor uns befindlicher, nicht nur nach zwei, sondern nach drei Dimensionen ausgedehnter Objecte übergehen.
Hier tritt eine wesentliche und tief eingreifende Incongruenz zwischen unseren Netzhautbildern einerseits, und sowohl der wirklichen Aussenwelt, als dem richtigen Anschauungsbilde, was wir von
ihr haben, andererseits ein. Auf diesem Gebiete ist die Entscheidung zwischen den einander gegenüber stehenden Theorien zu

suchen, und dieses Gebiet, die Lehre von der Tiefenwahrnehmung des Gesichtsfeldes und vom binocularen Sehen, durch welches jene hauptsächlich zu Stande kommt, ist deshalb auch schon seit einer Reihe von Jahren der Tummelplatz vieler Untersuchungen und vieler Streitigkeiten gewesen. In der That sind es, wie das Vorhergehende zeigt, fundamentale Fragen von grosser Wichtigkeit und weit reichender Bedeutung für alles menschliche Wissen, die hier zur Entscheidung drängen.

Jedes unserer Augen entwirft ein flächenhaftes Bild auf seiner Netzhaut. Wie man sich auch die Nervenleitungen angelegt denken mochte, im Gehirn konnten die beiden vereinigten Netzhautbilder doch auch immer nur wieder durch ein flächenhaftes Bild repräsentirt werden. Aber an Stelle der zwei flächenhaften Netzhautbilder finden wir in unserer Anschauung ein körperliches Bild nach drei Dimensionen gedehnt. Auch hier ist, wie im Systeme der Farben, die Aussenwelt wieder reicher um eine Dimension, als die Empfindung; aber dies Mal folgt die Anschauung in unserem Bewusstsein dem Reichthum der Aussenwelt vollkommen nach. Diese unsere Tiefenanschauung ist, was wohl zu bemerken ist, vollkommen ebenso lebendig, unmittelbar und genau, wie die Anschauung der flächenhaften Dimensionen des Gesichtsfeldes. Wenn wir einen Sprung von einem Stein zum anderen machen sollen, hängen Gesundheit und Leben ebenso sehr davon ab, dass wir die Entfernung des Steins von uns richtig schätzen, als dass wir ihn nicht zu weit nach rechts oder nach links verlegen; und wir thun in der That das eine ebenso schnell und ebenso sicher, wie das andere.

Wie kann nun Tiefenanschauung zu Stande kommen? Lernen wir zunächst die Thatsachen kennen.

Zuerst ist zu bemerken, dass die Unterscheidung der körperlichen Form der Gegenstände und ihres verschiedenen Abstandes von uns nicht ganz fehlt, auch wenn wir dieselben nur mit einem Auge und ohne uns von der Stelle zu bewegen betrachten. Die Hilfsmittel, die uns dabei zu Gebote stehen, sind wesentlich dieselben, welche der Maler anwenden kann, um den auf seiner Leinwand dargestellten Gegenständen den Schein einer körperlichen Form und verschiedener Entfernung zu geben. Wir loben es, wenn in einem Gemälde die Objecte nicht flach, sondern kräftig körperlich hervorspringend erscheinen. Beobachten wir nun den Landschaftsmaler, so finden wir: er liebt tief stehende Sonne, welche ihm starke Schatten giebt, denn diese heben die Form der dargestellten Objecte kräftig hervor; er liebt eine nicht ganz klare Luft, leichte Trübung derselben macht die Ferne stark zurücktreten. Er liebt Staffage von Menschen und Vieh; denn an den Gegenständen von bekannter Grösse orientiren wir uns leicht über die wahre Grösse der dargestellten Objecte und über ihre scheinbare Entfernung. Endlich sind auch regelmässig gebildete Producte menschlichen Kunstfleisses, z. B. Gebäude, nützlich für die Orientirung, denn sie geben unzweideutig die Richtung der Horizontalebene zu erkennen. Am vollkommensten gelingt die Darstellung der Körperform mittels richtig construirter perspectivischer Zeichnungen bei Gegenständen von regelmässiger und symmetrischer Form, wie die Zeichnungen von Gebäuden, Maschinen und Geräthschaften zeigen. Bei allen solchen wissen wir, dass deren Körperform in ihren Hauptzügen entweder durch rechtwinklig auf einander stossende Ebenen oder durch kugelige und drehrunde Flächen begrenzt wird. Dies genügt, um für unser Verständniss zu ergänzen, was die Zeichnung unmittelbar nicht ergiebt; ja selbst schon die Symmetrie der beiden Seiten des menschlichen und thierischen Körpers erleichtert das Verständniss perspectivischer Abbildungen derselben.

Dagegen an Körpern von unbekannter und ganz unregelmässiger Gestalt, Felsen, Eisblöcken u. s. w., scheitert auch die Kunst des besten Malers; ja selbst die von der Natur selbst vollendete, getreueste Darstellung solcher Gegenstände in Photographien zeigt oft nichts als ein unverständliches Gemenge dunkler und heller Flecke. Haben wir die gleichen Gegenstände dagegen in Wirklichkeit vor Augen, so genügt ein Blick, um ihre Form genau aufzufassen.

Es war zuerst einer der grossen Meister der Malerei, welcher genau ausgesprochen hat, worin die wirkliche Anschauung des wirklichen Gegenstandes jedem Gemälde nothwendig überlegen ist, nämlich Leonardo da Vinci, der übrigens ein fast ebenso grosser Physiker als Maler war. Er machte in seinem Trattato della pittura schon darauf aufmerksam, dass wir mit zwei Augen sehen, und dass deren beide Ansichten der Welt nicht ganz mit einander identisch sind. Jedes Auge nämlich sieht in seinem Netzhautbilde eine perspectivische Ansicht der vor ihm liegenden Gegenstände; aber da beide Augen etwas verschiedenen Ort im Raume haben, so ist der Standpunkt, von dem aus ein jedes seine perspectivische Aufnahme vollzieht, nicht gleich, und demnach das perspectivische Bild selbst etwas verschieden von dem des anderen Auges. Wenn ich meinen Finger vor mich hinhalte, und abwechselnd das rechte und linke Auge öffne und schliesse, so deckt mir der Finger in dem Bilde des linken Auges eine weiter nach rechts gelegene Stelle der gegenüberliegenden Wand des Zimmers, als im Bilde des rechten Auges. Wenn ich meine ausgestreckte rechte Hand so halte, dass der Daumen dem Gesicht zugekehrt ist, so sehe ich mit dem rechten Auge mehr vom Rücken der Hand, mit dem linken mehr von der Fläche, und ähnlich ist es, so oft wir Körper anblicken, deren verschiedene Theile verschiedene Entfernung von unseren Augen haben. Wenn ich aber eine Hand in der Lage, wie ich die meinige eben betrachtete, in einem Gemälde dargestellt sähe, so würde das rechte, wie das linke Auge genau dieselbe Darstellung sehen, das eine genau ebenso viel, wie das andere, vom Rücken, wie von der Fläche der Hand. Also: die körperlichen Objecte zeigen beiden Augen verschiedene Bilder, ein Gemälde zeigt beiden gleiche Bilder. Darin liegt eine Verschiedenheit des sinnlichen Eindrucks, die auch die grösste Vollkommenheit der Darstellung in einem ebenen Bilde nicht beseitigen kann.

Wie viel nun in der That das Sehen mit zwei Augen und die Verschiedenheit der Bilder beider Augen zur sinnlichen Anschauung der Tiefendimension des Gesichtsfeldes beiträgt, das hat in der augenscheinlichsten Weise Wheatstone's Erfindung des Stereoskops gelehrt. Dies Instrument, und die eigenthümliche Täuschung, die es hervorbringt, darf ich wohl als bekannt voraussetzen. Wir sehen darin die körperliche Form der auf den stereoskopischen Bildern dargestellten Objecte mit der vollen sinnlichen Evidenz, wie wir sie an den Objecten selbst sehen würden, wenn wir diese vor uns hätten. Die Täuschung wird dadurch bewirkt, dass beiden Augen etwas verschiedene Bilder gezeigt werden, und zwar dem rechten Auge eines, was das Object perspectivisch darstellt, wie es von dem angenommenen Standpunkte des rechten Auges, und dem linken eines, wie es vom Standpunkte des linken Auges erscheinen würde. Sind die Bilder übrigens gut und genau ausgeführt, zum Beispiel durch photographische Aufnahme des Objects von zwei verschiedenen Standpunkten aus, so erhalten wir, in das Stereoskop blickend, nun in der That ganz denselben Gesichtseindruck, den uns das Object selbst gewähren würde, abgesehen von der Färbung.

Um zwei stereoskopische Bilder zu einer körperlichen Anschauung zu combiniren, ist für Jemanden, der seine Augenbewegungen hinreichend zu beherrschen weiss, gar kein Instrument

306

nöthig. Man muss nur die Augen so zu richten wissen, dass beide
gleichzeitig entsprechende Punkte beider Bilder fixiren. Bequemer aber wird es mit Hilfe von Instrumenten, welche die beiden
Bilder scheinbar an denselben Ort verlegen.

In dem ursprünglichen Instrumente von Wheatstone, dargestellt in Fig. 49, blickte das rechte Auge des Beobachters in den
Spiegel *b*, das linke in den Spiegel *a*. Beide Spiegel standen

Fig. 49.

schräg gegen die Gesichtslinien des Beobachters und die beiden
Bilder waren bei *g* und *k* seitlich so aufgestellt, dass beide Spiegelbilder derselben scheinbar an denselben Ort hinter die beiden Spiegel
fielen. Das rechte Auge aber sah in seinem Spiegel das ihm zugehörige Bild, das linke ebenso das andere Bild in dem anderen Spiegel.

Bequemer, wenn auch weniger scharf in den Bildern ist das gewöhnliche Prismenstereoskop von Brewster, dargestellt in Fig. 50.
Hier befinden sich die beiden Bilder neben einander auf einem
Blatte, und werden in den unteren Theil des Stereoskops gelegt,
welches einen durch eine Scheidewand *S* in zwei Hälften getheil-
ten Kasten bildet. Oben sind zwei schwach prismatische Gläser mit
convexen Flächen angebracht, welche die Bilder etwas entfernter,
etwas grösser und gleichzeitig scheinbar gegen die Mitte des Kastens hin verschoben sehen lassen. Die Figur 51, welche einen Durchschnitt des oberen Theils des Instrumentes darstellt, lässt in *L*
und *R* die Durchschnitte der beiden prismatischen Gläser sehen.
So kommen für den Beschauer auch hier beide Bilder wieder
scheinbar an denselben Ort in der Mittelebene des Kastens zu
liegen, und jedes Auge sieht allein das ihm zugehörige Bild.

Am augenfälligsten ist die stereoskopische Täuschung da, wo
uns die übrigen Hilfsmittel für die Erkennung der körperlichen
Form in Stich lassen, einmal bei geometrischen Linienfiguren, zum

Beispiel Abbildungen von Krystallmodellen; dann auch bei Darstellungen ganz unregelmässiger Körper, namentlich wenn dieselben durchscheinend und deshalb nicht in der uns geläufigen Weise undurchsichtiger Körper beschattet sind. So zeigen denn zum Beispiel stereoskopische Photographien von Gletschereisblöcken

Fig. 50.

dem einzelnen Auge oft nur ein unverständliches Gewirr von dunklen und hellen Flecken, während das Stereoskop das von Spalten durchzogene, vom Lichte durchschienene, klare Eis mit seinen glatten glänzenden Flächen in der sinnlichsten Lebendigkeit hervortreten lässt.

Fig. 51.

Schon manches Mal ist es mir so gegangen, dass Gebäude, Städte, Landschaften, die ich aus stereoskopischen Bildern kannte, wenn ich ihnen zum ersten Male wirklich gegenüberstand, nicht mehr den Eindruck des Neuen machten. Das ist mir früher niemals nach dem Anblicke aller möglichen Abbildungen und Gemälde vorgekommen, weil diese den sinnlichen Eindruck doch immer nur unvollständig wiedergeben können.

Auch ist die Genauigkeit des stereoskopischen Sehens staunenswerth. Dove hat davon eine sehr sinnreiche Anwendung gemacht. Wenn man nämlich zwei Stücke gedruckten Papiers, welche beide mit demselben Buchstabensatze oder derselben Kupferplatte gedruckt, und daher in ihren Formen ganz gleich sind, statt der stereoskopischen Zeichnungen in das Stereoskop bringt, so combiniren sie sich zu dem Bilde einer vollkommen ebenen Fläche, entsprechend dem, was ich vorher über die Gleichheit der beiderseitigen Netzhautbilder eines ebenen Gemäldes gesagt habe. Keine menschliche Geschicklichkeit ist aber im Stande die Buchstaben und Zeichen einer Kupferplatte auf einer zweiten so genau zu copiren, dass nicht Unterschiede zwischen den Abdrücken beider Platten beständen, die genügend sind, um bei stereoskopischer Combination beider Drucke einzelne Buchstaben und Linien vor den anderen hervor-, andere zurücktreten zu lassen. Es ist dies das leichteste Mittel falsche Geldpapiere zu erkennen. Man lege ein verdächtiges mit einem echten zusammen in das Stereoskop und untersuche, ob in dem gemeinsamen Bilde alle Züge in gleicher Ebene erscheinen.

Aber diese Thatsache ist auch für die Theorie des Sehens wichtig, weil sie in sehr schlagender Weise die Lebendigkeit, Sicherheit und Feinheit der durch die Verschiedenheiten beider Netzhautbilder bedingten Tiefenanschauungen lehrt.

Nun kommen wir zu der Frage: Wie ist es möglich, dass zwei verschiedene perspectivische und flächenhafte Netzhautbilder, zwei Bilder von zwei Dimensionen, sich vereinigen in ein körperliches Anschauungsbild, ein Bild von drei Dimensionen?

Zunächst ist zu constatiren, dass wir die zwei flächenhaften Bilder, welche uns beide Augen geben, wirklich auch unterscheiden können. Wenn ich meinen ausgestreckten Finger vor mich hinhalte und nach der gegenüberliegenden Wand blicke, so deckt der Finger jedem Auge einen anderen Theil der Wand, wie ich vorher schon erwähnte, ich sehe also den Finger zwei Mal, vor zwei verschiedenen Stellen der Wand; und wenn ich diese einfach sehe, so sehe ich ein Doppelbild des Fingers.

Beim gewöhnlichen Sehen nun, wo wir auf die Körperform der gesehenen Dinge achten, bemerken wir diese Doppelbilder gar nicht, oder wenigstens nur in sehr auffallenden Fällen. Um sie zu sehen, müssen wir das Gesichtsfeld in anderer Weise betrachten, nämlich so, wie ein Zeichner es thut, der es nachzeichnen will. Ein solcher sucht die wirkliche Form, Grösse, Entfernung der Gegenstände, die er darstellen will, zu vergessen. Er sucht sie nur so zu sehen, wie sie flächenhaft im Gesichtsfelde erscheinen, um sie dann wieder auf der Fläche der Zeichnung ebenso darzustellen. Man sollte denken, das wäre die einfachere und ursprünglichere Art des Sehens; auch ist sie von den meisten Physiologen bisher als die durch unmittelbare Empfindung gegebene Anschauungsform betrachtet worden, die Körperanschauung dagegen als eine erlernte, secundäre Art des Sehens, als eine durch Erfahrung bedingte Vorstellung. Jeder Zeichner weiss dagegen, wie viel schwerer es ist, die scheinbare Form, unter der die Gegenstände im Gesichtsfelde uns erscheinen, aufzufassen und vergleichend abzumessen, als ihre wahre körperliche Form und Grösse. Die Anschauung der letzteren, die der Zeichner nicht loswerden kann, ist es namentlich, die das Zeichnen nach der Natur am meisten erschwert.

Wenn wir also das Gesichtsfeld in der besonderen Art mit beiden Augen betrachten, wie es der Zeichner thut, und unsere Aufmerksamkeit auf die flächenhaften Formen richten, dann fallen uns in der That die Verschiedenheiten der beiden Netzhautbilder in die Augen; dann erscheinen diejenigen Gegenstände doppelt, welche näher oder ferner als der Fixationspunkt vom Auge liegen, und nicht zu weit seitlich von diesem entfernt sind, um noch eine deutliche Unterscheidung ihrer Lage zuzulassen. Im Anfange erkennt man nur weit auseinander liegende Doppelbilder, bei grösserer Uebung in der Beobachtung derselben auch solche von geringer Differenz der Lage.

Halte ich also zum Beispiel einen Finger in einiger Entfernung von meinem Antlitz und blicke nach der gegenüberstehenden Wand, wobei der Finger, wie schon vorher bemerkt, meinem rechten Auge andere Punkte der Wand deckt als dem linken, so sehe ich, wenn ich beide Augen gleichzeitig öffne, die Wand, deren einen Punkt ich fixire, einfach; zwei verschiedene Stellen der Wand aber mit dem Finger zusammenfallend und von diesem theilweise gedeckt; demgemäss kann der Finger nicht anders als doppelt erscheinen.

Alle diese und ähnliche Erscheinungen, welche die Lage der Doppelbilder eines zweiäugig gesehenen Gegenstandes darbietet, lassen sich auf eine einfache Regel zurückführen, welche von Johannes Müller formulirt worden ist. Zu jedem Punkte einer Netzhaut gehört auf der anderen ein correspondirender Punkt. Im gemeinsamen flächenhaften Gesichtsfelde beider Augen fallen der Regel nach Bilder correspondirender Punkte zusammen, Bilder nicht correspondirender auseinander. Correspondirend sind (von kleinen Abweichungen abgesehen) Punkte beider Netzhäute, welche gleich weit nach rechts oder links, und gleich weit nach oben oder unten vom Fixationspunkte liegen.

Ich habe schon oben erwähnt, dass die nativistische Theorie

des Sehens eine vollkommene Verschmelzung solcher Empfindungen voraussetzen muss und vorausgesetzt hat, welche von correspondirenden oder, wie sie Johannes Müller nannte, identischen Punkten aus erregt werden. Diese Annahme fand ihren prägnantesten Ausdruck in der anatomischen Hypothese, dass die zwei Nervenfasern, welche von correspondirenden Stellen beider Netzhäute ausgehen, sich entweder in der Kreuzungsstelle der Sehnerven oder im Gehirn zu einer einzigen vereinigen sollten. Ich bemerke dabei, dass Johannes Müller die Möglichkeit einer solchen mechanischen Erklärung zwar angedeutet, aber sie doch nicht als definitiv angenommen hat. Er wollte sein Gesetz von den identischen Punkten als Ausdruck der Thatsachen betrachtet wissen, und legte nur Gewicht darauf, dass die Localisation ihrer Empfindungen im Gesichtsfeld immer die gleiche sei.

Nun trat aber die Schwierigkeit ein, dass die Unterscheidung der Doppelbilder jedesmal, wo ihre Verschmelzung in die Anschauung eines räumlich ausgedehnten Gegenstandes möglich ist, eine relativ ziemlich ungenaue ist, was in um so auffallenderen Contrast tritt zu der ausserordentlichen Genauigkeit, mit der wir, wie Dove nachgewiesen hat, das stereoskopische Relief beurtheilen. Und doch geschieht das letztere mittels derselben Differenzen der Netzhautbilder, welche der Erscheinung der Doppelbilder zu Grunde liegen. Eine sehr kleine Differenz zweier stereoskopischer Bilder kann genügen, um den Eindruck eines gewölbten Reliefs hervorzubringen, und müsste zwanzig bis dreissig Mal so gross gemacht werden, ehe sie uns in Doppelbildern merklich wird, selbst wenn wir für diese die allersorgfältigste Beobachtung durch einen wohlgeübten Beobachter voraussetzen.

Dazu kommen dann allerlei andere Umstände, die die Wahrnehmung der Doppelbilder bald erschweren, bald erleichtern. Am auffallendsten geschieht das erstere durch die Anschauung des Reliefs. Je lebendiger sich diese aufdrängt, desto schwerer ist es die Doppelbilder zu sehen; daher bei wirklichen Objecten schwerer, als bei ihren stereoskopischen Abbildungen. Erleichtert wird dagegen die Beobachtung, wenn entweder die Färbung und Helligkeit der Linien in beiden Zeichnungen verschieden ist, oder wenn Linien und Punkte in die Zeichnungen hineingesetzt werden, die in beiden correspondirend liegen, und nun durch ihren Gegensatz die mangelnde Uebereinstimmung der benachbarten nicht genau correspondirenden Linien und Punkte herausheben. Alle diese Umstände sollten billiger Weise keinen Einfluss haben, wenn die gleiche Localisation der Empfindung durch irgend welche Verbindung der Nervenleitungen gesetzt wäre.

Dazu kam ferner nach der Erfindung des Stereoskops die Schwierigkeit, die Tiefenwahrnehmungen durch die Differenz der beiden Netzhautbilder zu erklären. Zunächst machte Brücke auf eine Reihe von Thatsachen aufmerksam, welche eine Vereinigung der stereoskopischen Erscheinungen mit der Theorie der angeborenen Identität der Netzhäute möglich zu machen schienen. Beobachten wir den Gang unseres Blicks bei der Betrachtung stereoskopischer Bilder oder entsprechender Gegenstände, so bemerken wir, dass wir nach einander den verschiedenen Umrisslinien folgen, so dass wir den jedesmal fixirten Punkt einfach sehen, während andere Punkte in Doppelbildern erscheinen. Für gewöhnlich ist unsere Aufmerksamkeit aber auf den fixirten Punkt concentrirt und wir bemerken die Doppelbilder so wenig, dass sie erwachsenen Leuten, die man darauf aufmerksam macht, zuweilen eine ganz neue Erscheinung sind. Da wir nun bei der Verfolgung der Umrisse einer solchen Figur die Augen ungleichmässig hin- und herbewegen, sie bald mehr convergiren, bald mehr divergiren lassen müssen, je nachdem wir anscheinend nähere oder fernere Theile des Umrisses durchlaufen, so könnten diese Ungleichmässigkeiten der Bewegung Veranlassung dazu geben, die Vorstellung von verschiedener Entfernung der gesehenen Linien auszubilden. In der That ist es richtig, dass man durch solche Bewegung des Blicks über eine stereoskopische Linienzeichnung ein viel deutlicheres und genaueres Bild von dem durch sie dargestellten Relief gewinnt, als bei starrem Fixiren eines Punktes; die Ursache hiervon liegt vielleicht einfach darin, dass man bei der Bewegung des Blicks nach einander alle Punkte der Figur direct und daher viel schärfer sieht, als wenn man nur einen direct, die anderen indirect erblickt.

Brücke's Voraussetzung, dass die Tiefenwahrnehmung nur durch und bei der Bewegung des Blicks zu Stande komme, erwies sich aber nicht als stichhaltig den Versuchen von Dove gegenüber, welche zeigten, dass die eigenthümliche Täuschung durch stereoskopische Bilder auch zu Stande komme bei der Beleuchtung mit dem elektrischen Funken. Das Licht eines solchen dauert noch nicht den viertausendsten Theil einer Secunde. Innerhalb eines so kleinen Zeitraums bewegen sich schwere irdische Körper, selbst bei sehr bedeutenden Geschwindigkeiten, so wenig vorwärts, dass sie absolut stillstehend erscheinen. Daher kann während der Dauer des Funkens auch nicht die kleinste merkliche Augenbewegung zu Stande kommen, und doch erhalten wir dabei den vollkommenen Eindruck des stereoskopischen Reliefs.

Dass ferner eine solche Verschmelzung der Empfindungen beider Augen, wie sie die anatomische Hypothese voraussetzt, gar nicht stattfindet, zeigt das Phänomen des stereoskopischen Glanzes, was ebenfalls Dove entdeckt hat. Wenn nämlich in einem stereoskopischen Bilde eine Fläche weiss, im anderen aber schwarz ist, so erscheint dieselbe in dem vereinigten Bilde glänzend, selbst, wenn das Papier der Zeichnung ganz stumpf und ohne Glanz ist. Man hat oft stereoskopische Zeichnungen von Krystallmodellen so ausgeführt, dass die eine weisse Linien auf schwarzem Grunde, die andere schwarze Linien auf weissem Grunde zeigt. Das Ganze sieht dann aus, als wäre das Krystallmodell aus glänzendem Graphit gearbeitet. Noch schöner kommt oft auf stereoskopischen Photographien durch dasselbe Mittel der Glanz des Wassers, der Pflanzenblätter u. s. w. zu Stande.

Die Erklärung dieses eigenthümlichen Phänomens ist folgende: Eine matte Fläche, zum Beispiel die von mattem weissem Papier, wirft das auffallende Licht nach allen Richtungen in gleichem Maasse zurück, und sieht deshalb immer gleich hell aus, von welcher Seite man sie auch ansehen mag; eine solche erscheint also auch nothwendig immer beiden Augen gleich hell. Eine glänzende Fläche giebt dagegen ausser dem gleichmässig nach allen Richtungen zerstreuten Lichte auch noch Reflexe, deren Licht nur nach gewissen Richtungen geht. Nun kann das eine Auge von solchem reflectirten Lichte getroffen werden, ohne dass nothwendig das andere getroffen wird. Dann erscheint die reflectirende Fläche dem einen Auge viel heller, als dem anderen; und da dies nur bei glänzenden Körpern vorkommen kann, so glauben wir im stereoskopischen Bilde Glanz zu sehen, wenn wir diesen Eindruck nachahmen.

Käme eine Verschmelzung der Eindrücke beider Netzhautbilder vor, so müsste die Vereinigung von Weiss und Schwarz Grau geben. Dass Weiss und Schwarz, stereoskopisch combinirt, Glanz geben, also einen sinnlichen Eindruck hervorbringen, der durch keinerlei Art von grauen gleichgefärbten Flächen erhalten werden kann, zeigt, dass die Eindrücke der beiden Netzhautbilder nicht in der Empfindung verschmelzen.

Dass der Eindruck des Glanzes auch nicht auf einem Wechsel zwischen dem Eindruck des einen und anderen Auges, oder auf dem sogenannten Wettstreit der Netzhäute beruht, zeigt sich wieder bei der momentanen Beleuchtung solcher Bilder durch den elektrischen Funken. Denn der Eindruck des Glanzes kommt dabei vollkommen zur Erscheinung.

Ja es lässt sich zeigen, dass die Bilder beider Augen nicht nur in der Empfindung nicht verschmelzen, sondern dass die beiden Empfindungen, welche wir von beiden Augen erhalten, nicht einmal gleich sind, vielmehr wohl unterschieden werden. Denn wenn die Empfindung, welche uns das rechte Auge giebt, ununterscheidbar gleich wäre derjenigen, welche das linke giebt, so müsste es wenigstens beim Lichte des elektrischen Funken, wo keine Augenbewegungen der Unterscheidung zu Hülfe kommen können, gleichgültig sein, ob wir das rechte Bild dem rechten, das linke dem linken Auge zeigen, oder umgekehrt das rechte Bild nach links, das linke nach rechts legen. Das ist aber keineswegs gleichgültig; denn wenn wir die Vertauschung ausführen, bekommen wir das umgekehrte Relief des Gegenstandes; was ferner sein sollte, sieht näher aus, was erhaben sein sollte, sieht vertieft aus, und umgekehrt. Da wir nun auch bei der Beleuchtung mit dem elektrischen Funken niemals das richtige Relief mit dem verkehrten verwechseln, so zeigt dies mit Bestimmtheit, dass der Eindruck vom rechten Auge dem des linken n i c h t ununterscheidbar gleich sei.

Sehr eigenthümlich und interessant endlich sind die Erscheinungen, wenn man beiden Augen gleichzeitig Bilder vorlegt, welche sich nicht zur Anschauung eines Gegenstandes vereinigen lassen. Wenn man zum Beispiel das eine auf ein bedrucktes Blatt, das andere auf einen Kupferstich blicken lässt. Dann tritt nämlich der sogenannte Wettstreit der Sehfelder ein. Man sieht dann nicht beide Bilder gleichzeitig sich deckend, sondern an einzelnen Stellen drängt sich das eine und an anderen das andere hervor. Sind beide Zeichnungen gleich deutlich, so wechseln gewöhnlich nach einigen Secunden die Stellen, wo man das eine oder andere sieht. Bietet aber das eine Bild an einer Stelle des Gesichtsfeldes gleichmässigen weissen oder schwarzen Grund ohne Unterbrechung, das andere ebendaselbst markirte Umrisse, so herrschen in der Regel die letzteren dauernd vor und unterdrücken die Wahrnehmung des gleichmässigen Grundes. Ich muss jedoch, den gegentheiligen Angaben früherer Beobachter entgegen, hervorheben, dass man diesen Wettstreit durch willkührliche Richtung der Aufmerksamkeit jeder Zeit beherrschen kann. Wenn man die Buchstaben zu lesen versucht, so bleiben dauernd die Buchstaben stehen, wenigstens da, wo man eben zu lesen hat. Sucht man im

Gegentheil der Schraffirung und den Umrissen des Kupferstichs zu folgen, so treten diese dauernd hervor. Ich finde ferner, dass man die Aufmerksamkeit unter solchen Umständen auf ein ganz schwach beleuchtetes Object fesseln, und ein deckendes viel helleres, was im Netzhautbilde des anderen Auges steht, dafür verdrängen kann, zum Beispiel die Faserung einer gleichmässig weissen reinen Papierfläche verfolgen, und starke schwarze Zeichnungen des anderen Feldes dabei verdrängen kann. Der Wettstreit entspricht also nicht dem Vorherrschen oder Schwanken einer Empfindung, sondern der Fesselung oder dem Schwanken der Aufmerksamkeit. Es ist vielleicht kein Phänomen so geeignet wie dieses, um die Motive zu studiren, welche geeignet sind, die Aufmerksamkeit zu lenken. Es genügt nicht bloss die bewusste Absicht dazu, jetzt mit dem einen Auge zu sehen, dann mit dem anderen, sondern man muss sich eine möglichst deutliche sinnliche Vorstellung hervorrufen von dem, was man zu sehen wünscht. Dann tritt dies auch in der Erscheinung hervor. Ueberlässt man aber den Vorstellungslauf sich selbst, ohne ihn durch eine bestimmte Absicht zu fesseln, so tritt eben unwillkührlich jenes Schwanken ein, welches man mit dem Namen des Wettstreites belegt. Dabei siegen dann in der Regel sehr helle und stark gezeichnete Objecte über dunklere und schwach unterscheidbare im anderen Felde, entweder dauernd oder für längere Zeit wenigstens.

Ja selbst, wenn man vor beide Augen verschiedenfarbige Gläser hält, und durch sie nach den gleichen Objecten des Gesichtsfeldes sieht, tritt ein ähnlicher Wettstreit zwischen den Farben ein, indem fleckweise bald die eine, bald die andere hervortritt; erst nach einiger Zeit, wenn die Lebhaftigkeit der Farben in beiden Augen durch die eintretende einseitige Ermüdung und die von ihr hervorgebrachten complementären Nachbilder geschwächt ist, beruhigt sich der Wechsel, und man sieht dann eine Art von Mischfarbe aus den beiden ursprünglichen Farben.

Auf die eine oder andere Farbe ist es viel schwerer die Aufmerksamkeit zu fixiren, als auf verschiedene Muster, die man zum Wettstreit gebracht hat. Denn die Aufmerksamkeit lässt sich eben nur dann auf einen sinnlichen Eindruck dauernd fixiren, wenn man fortdauernd etwas Neues daran zu verfolgen findet. Aber man kann nachhelfen, wenn man von der dem Auge zugekehrten Seite der Glasplatten Buchstaben oder Linienmuster spiegeln lässt, und auf diese die Aufmerksamkeit fixirt. Diese Spiegelbilder sind weiss, und nicht farbig; sobald man aber auf eines derselben die

Aufmerksamkeit fixirt, tritt auch die entsprechende Farbe des Grundes in die Wahrnehmung ein.

Ueber diese den Wettstreit der Farben betreffenden Versuche hat ein sonderbarer Streit zwischen den besten Beobachtern geherrscht, dessen Möglichkeit auch für die Art dieses Vorganges charakteristisch ist. Ein Theil der Beobachter — und unter ihnen finden wir die Namen von Dove, Regnault, Brücke, Ludwig, Panum, Hering — behaupten bei binocularer Combination zweier Farben deren Mischfarbe zu sehen. Andere, wie H. Meyer in Zürich, Volkmann, Meissner, Funke, erklären ebenso bestimmt, nie die Mischfarbe gesehen zu haben. Ich selbst muss mich durchaus den letzteren anschliessen, und eine sorgfältige Prüfung derjenigen Fälle, wo etwa der Anschein entstehen konnte, als sähe ich die Mischfarbe, hat mir immer gezeigt, dass ich Contrasterscheinungen vor mir hatte. Jedes Mal, wenn ich die wirkliche Mischfarbe neben die binoculare Farbenmischung brachte, zeigte sich mir der Unterschied beider vollkommen deutlich. Andererseits kann wohl kein Zweifel sein, dass die erstgenannten Beobachter gesehen haben, was sie zu sehen angeben, und dass hier also wirklich eine grosse individuelle Verschiedenheit besteht. In gewissen Fällen, die Dove gerade als besonders geeignet empfiehlt (binoculare Verbindung complementärer Polarisationsfarben zu Weiss), konnte ich selbst auch nicht den geringsten Schein einer Mischung erhalten.

Diese auffällige Verschiedenheit bei einer verhältnissmässig so einfachen Beobachtung scheint mir von grösstem Interesse zu sein, und eine merkwürdige Bestätigung für die oben besprochene Voraussetzung der empiristischen Theorie zu geben, dass als örtlich getrennt im Allgemeinen nur solche Empfindungen angeschaut werden, die sich durch willkührliche Bewegungen von einander trennen lassen. Auch wenn wir mit einem Auge eine gemischte Farbe sehen, entstehen nach Th. Young's Theorie drei verschiedene Empfindungen neben einander; diese sind aber bei keiner Bewegung des Auges von einander zu trennen, sondern bleiben immer in gleicher Weise local vereinigt. Und doch haben wir gesehen, dass auch für diese ausnahmsweise eine Trennung in der Anschauung zu Stande kommt, sobald der Schein entsteht, dass ein Theil der Farbe einer durchsichtigen farbigen Decke angehört. Bei der Beleuchtung zweier correspondirenden Netzhautstellen mit verschiedenen Farben wird eine Trennung derselben beim gewöhnlichen Sehen zwar nicht oft vorkommen, und wenn sie vorkommt, meist in die nicht beachteten Theile des Gesichtsfeldes fallen.

Aber eine solche Trennung in zwei sich einigermaassen unabhängig von einander bei den Augenbewegungen bewegende Bestandtheile ist doch angebahnt, und es wird von dem Grade der Aufmerksamkeit abhängen, den der Beobachter dem indirect gesehenen Theile des Gesichtsfeldes und den vorkommenden Doppelbildern zuzuwenden pflegt, ob er mehr oder weniger gut gelernt haben wird, die Farben, welche gleichzeitig beide Netzhäute treffen, von einander zu trennen oder nicht zu trennen. Monoculare und binoculare Farbenmischung erregen mehrere Farbenempfindungen gleichzeitig und mit gleicher Localisation derselben im Gesichtsfelde. Der Unterschied in der Anschauung besteht nur darin, dass wir entweder diesen Complex von Empfindungen unmittelbar als ein zusammengehöriges Ganze auffassen, ohne es weiter in seine Theile zu zerlegen, oder ob wir eine gewisse Uebung gewonnen haben, die Theile, aus denen es besteht, zu erkennen und von einander zu trennen. Ersteres thun wir überwiegend, aber doch nicht immer, bei der monocularen Farbenmischung; zu letzterem sind wir geneigter bei der binocularen Mischung. Da aber diese Neigung sich wesentlich stützen muss auf die durch frühere Beobachtung erlangte Uebung der Unterscheidung, so ist zu verstehen, warum sie so grosse individuelle Eigenthümlichkeiten zeigt.

Achtet man auf den Wettstreit bei der Verbindung zweier stereoskopischer Zeichnungen, von denen die eine mit schwarzen Linien auf weissem, die andere mit weissen Linien auf schwarzem Grunde ausgeführt ist, so zeigt sich, dass die nahe correspondirend liegenden weissen und schwarzen Linien immer neben einander sichtbar bleiben, was nur geschehen kann, indem auch gleichzeitig das Weiss des einen Grundes und das Schwarz des anderen stehen bleibt. Dadurch entsteht auf dem scheinbar graphitähnlich glänzenden Grunde eine viel ruhigere Art des Eindrucks, als während eines Wettstreits zu Stande kommt, wie ihn ganz differente Zeichnungen hervorbringen. Am schönsten sieht man dies, wenn man neben die schwarze Hälfte der Zeichnung noch ein bedrucktes weisses Blatt legt, so dass der schwarze Grund nach der einen Seite hin Glanz, nach der anderen Seite hin, binocular sich deckend, Wettstreit giebt. So lange man der Gestalt des dargestellten Objects seine Aufmerksamkeit zuwendet, und dies mit dem Blicke überläuft, sind die verschiedenfarbigen Contourlinien die gemeinsamen Führer des Fixationspunktes, und die Fixation kann nur dadurch erhalten bleiben, dass man fortdauernd beiden folgt. Daher muss man beide mit der Aufmerksamkeit festhalten, und dabei bleibt denn auch der Eindruck beider in gleichmässiger Weise neben einander bestehen. Es giebt kein besseres Mittel, den combinirten Eindruck beider Bilder dauernd festzuhalten, als das hier erwähnte. Man kann auch wohl sonst für kurze Zeit bei sich deckenden unähnlichen Zeichnungen beide theilweise combinirt sehen, indem man auf die Art, wie sie sich decken, unter welchen Winkeln ihre Linien sich schneiden u. s. w., achtet. Aber so wie dann die Aufmerksamkeit einer dieser Linien sich zuwendet, verschwindet das andere Feld, dem diese Linie nicht angehört.

Wenn wir nun noch einmal auf die das zweiäugige Sehen betreffenden Thatsachen zurückblicken, so finden wir:

1) Die Erregungen correspondirender Stellen beider Netzhäute werden nicht in einen Eindruck ununterscheidbar verschmolzen, denn sonst wäre es nicht möglich, stereoskopischen Glanz zu sehen. Dass dieses Phänomen nicht aus dem Wettstreit zu erklären ist, selbst wenn man diesen als einen Vorgang der Empfindung, nicht der Aufmerksamkeit ansehen wollte, dass es im Gegentheil mit einer Hemmung des Wettstreits verbunden ist, ist oben nachgewiesen.

2) Die Empfindungen, welche von Erregung correspondirender Netzhautstellen herrühren, sind nicht ununterscheidbar gleich; denn sonst würde es nicht möglich sein, bei momentaner Beleuchtung das richtige Relief eines stereoskopischen Bildes von dem pseudoskopischen zu unterscheiden.

3) Die Verschmelzung der beiden verschiedenen Empfindungen von correspondirenden Stellen kommt auch nicht dadurch zu Stande, dass eine derselben zeitweilig unterdrückt wird; denn die zweiäugige Tiefenwahrnehmung beruht ja nur darauf, dass beide verschiedene Bilder gleichzeitig zum Bewusstsein kommen. Eine solche Tiefenwahrnehmung ist aber möglich bei festliegendem Netzhautbilde und bei momentaner Beleuchtung.

Wir erkennen also durch diese Untersuchung, dass von beiden Augen her gleichzeitig zwei unterscheidbare Empfindungen unverschmolzen zum Bewusstsein kommen, und dass also ihre Verschmelzung zu dem einfachen Anschauungsbilde der körperlichen Welt nicht durch einen vorgebildeten Mechanismus der Empfindung, sondern durch einen Act des Bewusstseins geschehen muss.

4) Wir finden ferner, dass die übereinstimmende Localisation der Gesichtseindrücke von correspondirenden Netzhautstellen im Gesichtsfelde zwar im Ganzen gleich oder wenigstens nahehin gleich

ausfällt, dass aber die Vorstellung, welche beide Eindrücke auf dasselbe einfache Object bezieht, jene Gleichheit erheblich stören kann. Wäre jene Gleichheit der Localisation durch einen unmittelbaren Act der Empfindung gegeben, so würde diese Empfindung nicht durch eine entgegenstehende Vorstellung aufgehoben werden können. Etwas Anderes ist es, wenn die Gleichheit der Localisation correspondirender Bilder auf dem Augenmaass, das heisst einer durch Erfahrung eingeübten Abschätzung der Distanzen, also einer erworbenen Kenntniss der Bedeutung der Localisationszeichen beruht. Dann kämpft nur eine Erfahrung gegen die andere; dann ist es begreiflich, dass die Vorstellung, wonach zwei Gesichtsbilder demselben Objecte angehören, auf die Abschätzung ihrer beiderseitigen Lage mittels des Augenmaasses Einfluss gewinnt, und dass in Folge dessen ihre Entfernungen vom Fixationspunkte in der Fläche des Gesichtsfeldes als gleich angesehen werden, trotzdem sie nicht genau gleich sind.

Es folgt aber auch weiter, dass wenn die Gleichheit der Localisation correspondirender Stellen in beiden Gesichtsfeldern nicht auf der Empfindung beruht, auch die ursprüngliche Vergleichung verschiedener Distanzen in jedem einzelnen Gesichtsfelde nicht auf unmittelbarer Empfindung beruhen kann. Denn wäre eine solche gegeben, so müsste nothwendig auch die Uebereinstimmung beider Felder in unmittelbarer Empfindung vollständig gegeben sein, sobald nur die Identität der beiden Fixationspunkte und die Uebereinstimmung von nur einem Meridian mit dem correspondirenden des anderen Auges festgestellt wäre.

Der Leser sieht, wie wir durch diese Verkettung der Thatsachen in die empiristische Theorie nothwendig hineingetrieben werden. Ich muss dabei erwähnen, dass in neuerer Zeit noch Versuche gemacht worden sind, das Zustandekommen der Tiefenwahrnehmung und die Erscheinungen des binocularen Einfach- und Doppeltsehens durch die Annahme präformirter Mechanismen zu erklären. Diese Versuche, auf deren Kritik ich an dieser Stelle nicht weiter eingehen kann, weil eine solche uns in zu verwickelte Specialitäten hineinführen würde, sind trotz ihrer zum Theil sehr künstlichen und gleichzeitig sehr unbestimmten und dehnbaren Voraussetzungen bisher immer noch daran gescheitert, dass die wirkliche Welt unendlich viel reichere Verhältnisse darbietet, als jene zu berücksichtigen im Stande waren. So kommt es denn, dass wenn dergleichen Systeme irgend einem bestimmten Falle des Sehens angepasst sind, und von diesem eine Erklärung zu geben behaupten, sie auf alle anderen nicht passen. Dann muss die sehr bedenkliche Annahme aushelfen, dass in diesen anderen Fällen die Empfindung durch die ihr entgegenstehende Erfahrung ausgelöscht und besiegt werde. Wohin sollte es aber mit unseren Wahrnehmungen kommen, wenn wir Empfindungen unter Umständen, wo sie sich auf das Object unserer Aufmerksamkeit beziehen, entgegenstehenden Vorstellungen zu lieb auslöschen könnten? Und jedenfalls ist klar, dass in einem jeden solchen Falle, wo die Erfahrung schliesslich entscheiden muss, die Bildung der richtigen Anschauung unter ihrer Hilfe sehr viel leichter von Statten gehen wird, wenn keine entgegenstehenden Empfindungen da sind, die besiegt werden müssen, als wenn das richtige Urtheil gegen deren Einfluss gewonnen werden muss.

Dazu kommt nun, dass diese Hypothesen, welche man in den verschiedenen Formen der nativistischen Theorien nach einander den Erscheinungen anzupassen versucht hat, vollkommen unnöthig sind. Es ist bisher noch keine Thatsache bekannt, welche unvereinbar mit der empiristischen Theorie wäre, in der wir gar keine unnachweisbaren anatomischen Structuren, keine ganz unerhörten Arten physiologischer Thätigkeit der Nervensubstanz anzunehmen brauchen, in der wir nichts voraussetzen, als die durch die tägliche Erfahrung ihren wesentlichen Gesetzen nach wohl bekannten Associationen der Anschauungen und Vorstellungen. Es ist wahr, dass eine vollständige Erklärung der psychischen Thätigkeiten noch nicht, und wahrscheinlich auch nicht so bald in der Zukunft zu geben ist. Aber da diese Thätigkeiten factisch bestehen, und da bisher auch noch keine Form der nativistischen Theorien vermeiden konnte, auf ihre Wirksamkeit zurück zu greifen, wo andere Erklärungsversuche scheiterten, wird man auch vom Standpunkte des Naturforschers aus die Geheimnisse des Seelenlebens nicht als Mängel unserer Theorie des Sehens betrachten dürfen.

Es ist nicht möglich, im Gebiete der Raumanschauungen irgendwo eine Grenze zu ziehen, um einen Theil, der der unmittelbaren Empfindung angehöre, von einem anderen Theile zu trennen, der erst durch Erfahrung gewonnen sei. Wo man auch diese Grenze zu ziehen versucht, immer finden sich dann die Fälle, wo die Erfahrung sich als genauer, unmittelbarer und bestimmter ausweist, als die angebliche Empfindung, und letztere besiegt. Nur die eine Annahme führt in keine Widersprüche, die der empiristischen Theorie, welche alle Raumanschauung als auf Erfahrung beruhend betrachtet, und voraussetzt, dass auch die Localzeichen unserer Gesichtsempfindungen ebenso wie deren Qualitäten an und für sich nichts als Zeichen sind, deren Bedeutung wir zu lesen erst lernen müssen.

Wir lernen sie aber lesen, indem wir sie mit dem Erfolge unserer Bewegungen und den Veränderungen, die wir selbst durch diese in der Aussenwelt hervorbringen, vergleichen. Das Kind fängt zuerst an mit seinen Händen zu spielen; es giebt eine Zeit, wo es diese und seine Augen noch nicht nach einem glänzenden oder farbigen Gegenstande, der seine Aufmerksamkeit erregt, hinzuwenden weiss. Später greift es nach Gegenständen, wendet diese immer wieder um und um, besieht, betastet, beleckt sie von allen Seiten. Die einfachsten sind ihm die liebsten; das primitivste Spielzeug macht immer mehr Glück als die raffinirtesten Erfindungen moderner Industrie in diesem Fache. Wenn das Kind dann Wochen lang — jeden Tag eine Weile — ein solches Stück immer wieder betrachtet hat, und es schliesslich in allen seinen perspectivischen Bildern kennt, wirft es das erste weg und greift nach anderen Formen. So lernt es gleichzeitig die verschiedenen Gesichtsbilder kennen, die derselbe Gegenstand giebt, in Verbindung mit den Bewegungen, welche seine Händchen dem Object geben können. Die anschauliche Vorstellung von der räumlichen Form eines Gegenstandes, die in solcher Weise gewonnen wird, ist der Inbegriff von allen diesen Gesichtsbildern. Wenn wir ein genaues Anschauungsbild der Form von irgend welchem Objecte gewonnen haben, sind wir in der That im Stande uns daraus durch unsere Einbildungskraft herzuleiten, welchen Anblick das Object uns gewähren wird, wenn wir es von dieser oder jener Seite betrachten, so oder so drehen. Alle diese einzelnen Anschauungsbilder sind zusammenbegriffen in der Vorstellung von der körperlichen Form des Objects, und können aus ihr wieder hergeleitet werden, zugleich mit der Vorstellung derjenigen Bewegungen, die wir ausführen müssen, um die einzelnen Formen des Anblicks wirklich zu erhalten.

Ein sehr auffallender Beleg dafür hat sich mir oft bei der Betrachtung stereoskopischer Bilder geboten. Wenn man zum Beispiel verwickelte Linienzeichnungen von sehr zusammengesetzten Krystallformen betrachtet, wird es anfangs oft schwer sie zu vereinigen. Dann pflege ich mir zunächst in den *Bildern* zwei Punkte zu suchen, die zusammengehören, und bringe sie durch willkührliche Bewegung der Augen zur Deckung; aber so lange ich noch nicht verstanden habe, was für eine Art von *Form* die

Bilder vorstellen sollen, fahren meine Augen immer wieder aus
einander, und die Deckung hört auf. Nun suche ich mit dem Blick
den verschiedenen Linien der Figur zu folgen; plötzlich geht mir
das Verständniss der Körperform auf, welche dargestellt ist, und
von dem Augenblick ab gleiten meine beiden Gesichtslinien ohne
die mindeste Schwierigkeit an den Umrisslinien des scheinbar vorhandenen Körpers hin und her, ohne jemals wieder aus einander
zu kommen. So wie die richtige Vorstellung der Körperform auf-
getaucht ist, ist damit auch die Regel für die bei der Betrachtung
dieses Körpers zusammengehörigen Augenbewegungen gefunden.
Indem wir diese Bewegungen ausführen, und die erwarteten Gesichtsbilder erhalten, übersetzen wir unsere Vorstellung gleichsam
wieder zurück in das Gebiet der realen Welt, und erproben, ob
die Rückübersetzung mit dem Originale zusammenstimmt, um uns
so durch das Experiment von der Richtigkeit unserer Vorstellung
zu überzeugen.

Ich glaube, dass namentlich dieser letztere Punkt wohl zu berücksichtigen ist. Die Deutung unserer Sinnesempfindungen beruht auf dem Experiment und nicht auf blosser Beobachtung äusseren Geschehens. Das Experiment lehrt uns, dass die Verbindung zwischen zwei Vorgängen in jedem von uns gewählten
beliebigen Augenblicke bestehe, unter übrigens von uns beliebig abgeänderten Verhältnissen. Die Zusammengehörigkeit der
beiden Vorgänge bewährt sich dadurch unmittelbar als constant
in der Zeit, da wir sie in jedem beliebigen Augenblicke prüfen können. Blosse Beobachtung gewährt uns kaum je dieselbe Sicherheit
der Kenntniss, trotz noch so häufiger Wiederholung unter vielfach
veränderten Umständen. Denn sie lehrt uns wohl, dass die Vorgänge, um deren Zusammengehörigkeit es sich handelt, oft oder
bisher immer zusammen eingetreten sind, nicht aber, dass sie zu
jeder beliebigen von uns gewählten Zeit eintreten. Selbst wenn
wir die Beispiele methodisch vollendeter wissenschaftlicher Beobachtung überblicken, wie sie die Astronomie, Meteorologie, Geolo-
gie darbietet, so finden wir, dass wir nur dann uns über die Ursachen der betreffenden Erscheinungen sicher fühlen, wenn dieselben Kräfte auch in unseren Laboratorien durch das Experiment
nachgewiesen werden können. Wir haben durch die nicht experimentellen Wissenschaften noch keine einzige neue Kraft kennen
gelernt. Ich glaube, dass diese Thatsache nicht ohne Bedeutung
ist.

Es ist klar, dass wir durch die in der beschriebenen Weise

gesammelten Erfahrungen über die Bedeutung der sinnlichen Zeichen alles das lernen können, was sich nachher an der Erfahrung wieder prüfen lässt, also den ganzen wahrhaft reellen Inhalt unserer Anschauungen. Es war hierbei bisher vorausgesetzt, dass wir durch den Tastsinn schon eine Anschauung von Raum und Bewegung gewonnen hätten. Zunächst erfahren wir natürlich unmittelbar nur, dass wir durch die Willensimpulse Veränderungen hervorbringen, die wir durch den Tastsinn und Gesichtssinn wahrnehmen. Die meisten dieser Aenderungen, die wir willkührlich hervorbringen, sind nur Raumänderungen, d. h. Bewegungen; es können freilich auch andere, Aenderungen an den Dingen selbst, dadurch bewirkt werden. Können wir nun die Bewegungen unserer Hände und Augen als Raumänderungen erkennen, ohne dies vorher zu wissen, und von anderen Aenderungen, welche die Eigenschaften der Dinge betreffen, unterscheiden? Ich glaube, ja! Es ist ein wesentlich unterscheidender Charakter der Raumbeziehungen, dass sie veränderliche Beziehungen zwischen den Substanzen sind, die nicht von deren Qualität und Masse abhängen, während alle anderen reellen Beziehungen zwischen den Dingen von deren Eigenschaften abhängen. Bei den Gesichtswahrnehmungen bewährt sich dies nun unmittelbar und am leichtesten. Eine Augenbewegung, die eine Verschiebung des Netzhautbildes auf der Netzhaut hervorbringt, bringt bei gleicher Wiederholung dieselbe Reihe von Veränderungen hervor, welches auch der Inhalt des Gesichtsfeldes sein mag; sie bewirkt, dass die Eindrücke, welche bisher die Localzeichen a_0, a_1, a_2, a_3 hatten, die neuen Localzeichen b_0, b_1, b_2, b_3 bekommen; und dies kann stets in gleicher Weise geschehen, welches auch die Qualitäten dieser Eindrücke sein mögen. Dadurch sind diese Veränderungen charakterisirt als von der eigenthümlichen Art, welche wir eben Raumveränderungen nennen. Der empirischen Aufgabe ist hiermit Genüge geleistet, und wir brauchen uns auf die Discussion der Frage, wieviel a priori, wieviel a posteriori von der allgemeinen Anschauung des Raums gegeben sei, hier nicht weiter einzulassen.

Ein Anstoss für die empirische Theorie könnte darin gefunden werden, dass Sinnestäuschungen möglich sind. Denn wenn wir die Deutung unserer Empfindungen aus der Erfahrung gelernt haben, müsste sie auch immer mit der Erfahrung übereinstimmen. Die Erklärung für die Möglichkeit der Sinnestäuschungen liegt darin, dass wir die Vorstellungen von den äusseren Dingen, welche bei normaler Beobachtungsweise richtig sein würden, uns auch dann bilden, wenn ungewöhnliche Umstände die Netzhautbilder geändert haben. Was ich hier die normale Beobachtungsweise nenne, erstreckt sich nicht nur darauf, dass die Lichtstrahlen geradlinig von dem leuchtenden Punkte bis an unsere Hornhaut gelangen müssen, sondern schliesst auch ein, dass wir unsere Augen so gebrauchen, wie sie gebraucht werden müssen, um die deutlichsten und am besten unterscheidbaren Bilder zu erhalten. Dazu gehört, dass wir die einzelnen Punkte der Umrisslinien des betrachteten Objects nach einander auf den Centren beider Netzhäute abbilden, und dabei diejenige Art der Augenbewegungen ausführen, welche die sicherste Vergleichung der verschiedenen Augenstellungen zulässt. Jede Abweichung von einer dieser Bedingungen bringt Täuschungen hervor. Am längsten bekannt sind unter diesen diejenigen, welche eintreten, wenn die Lichtstrahlen vor ihrem Eintritt in das Auge eine Brechung oder Spiegelung erleiden. Aber auch mangelhafte Accommodation, während man durch eine oder zwei feine Oeffnungen sieht, unpassende Convergenz bei einäugigem Sehen, Verschiebung des Augapfels durch Druck mit dem Finger oder Muskellähmung können Irrthümer über die Lage der gesehenen Objecte verursachen. Ferner können Täuschungen dadurch eintreten, dass gewisse Elemente der Empfindung nicht sehr genau unterschieden werden, dazu gehört namentlich der Grad der Convergenz der Augen, dessen Beurtheilung wegen der leicht eintretenden Ermüdung der dazu wirkenden Muskeln unsicher ist. Die einfache Regel für alle diese Täuschungen ist immer die: wir glauben stets solche Objecte vor uns zu sehen, wie sie vorhanden sein müssten, um bei normaler Beobachtungsweise dieselben Netzhautbilder hervorzubringen. Sind diese Bilder aber von der Art, dass sie bei keiner normalen Beobachtungsweise entstehen könnten, so urtheilen wir nach der nächstliegenden Aehnlichkeit mit einer solchen, wobei wir die unsicher wahrgenommenen Elemente der Empfindung leichter vernachlässigen, als die sicher wahrgenommenen. Sind mehrere Deutungen gleich naheliegend, so schwanken wir zwischen diesen meist unwillkührlich hin und her. Aber auch dieses Schwanken kann man beherrschen, wenn man absichtlich sich die Vorstellung des gewünschten Bildes möglichst anschaulich vor dem inneren Sinne hervorzurufen strebt.

Es sind dies offenbar Vorgänge, die man als falsche Inductionsschlüsse bezeichnen könnte. Freilich sind es aber Schlüsse, bei denen man nicht in bewusster Weise die früheren Beobachtun-

gen ähnlicher Art sich aufzählt und zusammen auf ihre Berechtigung, den Schluss zu begründen, prüft. Ich habe sie deshalb schon
früher als unbewusste Schlüsse bezeichnet, und diese Bezeich-
nungsweise, die auch von anderen Vertheidigern der empiristischen
Theorie angenommen worden ist, hat viel Widerspruch und Anstoss
erregt, weil nach der gewöhnlich gegebenen psychologischen Darstellungsweise ein Schluss gleichsam der Gipfelpunkt in der Thätigkeit unseres bewussten Geisteslebens ist. Dagegen sind nun in
der That die Schlüsse, welche in unseren Sinneswahrnehmungen
eine so grosse Rolle spielen, niemals in der gewöhnlichen Form
eines logisch analysirten Schlusses auszusprechen, und man muss
von den gewöhnlich betretenen Pfaden der psychologischen Analyse etwas seitab gehen, um sich zu überzeugen, dass man es hierbei wirklich mit derselben Art von geistiger Thätigkeit zu thun
hat, die in den gewöhnlich so genannten Schlüssen wirksam ist.

Der Unterschied zwischen den Schlüssen der Logiker und den
Inductionsschlüssen, deren Resultat in den durch die Sinnesempfindungen gewonnenen Anschauungen der Aussenwelt zu Tage kommt,
scheint mir in der That nur ein äusserlicher zu sein, und hauptsächlich darin zu bestehen, dass jene ersteren des Ausdrucks in
Worten fähig sind, letztere nicht, weil bei ihnen statt der Worte
nur die Empfindungen und die Erinnerungsbilder der Empfindungen eintreten. Eben darin, dass die letzteren sich nicht in Worten beschreiben lassen, liegt aber auch die grosse Schwierigkeit,
von diesem ganzen Gebiete von Geistesoperationen überhaupt nur
zu reden.

Neben dem Wissen, welches mit Begriffen arbeitet, und deshalb des Ausdrucks in Worten fähig ist, besteht noch ein anderes
Gebiet der Vorstellungsfähigkeit, welches nur sinnliche Eindrücke
combinirt, die des unmittelbaren Ausdrucks durch Worte nicht
fähig sind. Wir nennen es im Deutschen das Kennen. Wir kennen einen Menschen, einen Weg, eine Speise, eine riechende Substanz, das heisst wir haben diese Objecte gesehen, geschmeckt oder
gerochen, halten diesen sinnlichen Eindruck im Gedächtniss fest
und werden ihn wieder erkennen, wenn er sich wiederholt, ohne
dass wir im Stande wären uns oder anderen eine Beschreibung
davon in Worten zu geben. Dessen ungeachtet ist es klar, dass
dieses Kennen den allerhöchsten Grad von Bestimmtheit und Sicherheit haben kann, und in dieser Beziehung hinter keinem in Worten ausdrückbaren Wissen zurücksteht. Aber es ist nicht direct
mittheilbar, wenn nicht die betreffenden Objecte zur Stelle ge-

schafft, oder deren Eindruck anderweitig nachgeahmt werden kann, wie zum Beispiel für einen Menschen durch sein Portrait. Eine wichtige Seite des Kennens ist es, die Muskelinnervationen zu kennen, die wir anwenden müssen, um irgend einen Erfolg durch Bewegung unserer Körpertheile zu erreichen. Wir wissen alle, dass wir als Kinder das Gehen lernen müssen; dass wir später lernen auf Stelzen oder Schlittschuhen zu gehen, oder zu reiten, zu schwimmen, zu singen, neue Buchstaben fremder Sprachen auszusprechen u. s. w. Durch Beobachtung von Säuglingen erkennt man auch, dass sie eine ganze Reihe von Dingen lernen müssen, von denen wir uns später gar nicht mehr vorstellen können, dass es eine Zeit gegeben habe, wo wir sie noch nicht gelernt hatten, zum Beispiel unsere Augen auf das Licht richten, was wir sehen möchten. Diese Art des Kennens nennen wir ein Können (im Sinne des französischen savoir) oder auch wohl ein Verstehen (zum Beispiel: ich verstehe zu reiten). ´Das erstere Wort soll von gleicher Etymologie sein, wie Kennen, und die Verwandtschaft der Form würde sich aus dieser Verwandtschaft der Bedeutung erklären. Freilich brauchen wir jetzt unser Wort „Können" auch, wo wir bestimmter das Verbum „vermögen" anwenden würden (französisch pouvoir), wo es sich also um Kraft und Hilfsmittel handelt, nicht nur um die Kenntniss ihrer Anwendung.

Ich bitte auch hier zu beachten, dass diese Kenntniss der anzuwendenden Willensimpulse den allerhöchsten Grad von Sicherheit, Bestimmtheit und Genauigkeit erreichen muss, ehe wir ein so künstliches Gleichgewicht, wie das beim Stelzengehen oder Schlittschuhlaufen erhalten können, oder ehe der Sänger mit der Stimme, der Violinspieler mit dem aufgesetzten Finger einen Ton genau zu treffen weiss, dessen Schwingungsdauer nicht um ein halbes Procent variiren darf.

Es ist ferner klar, dass man mit dergleichen sinnlichen Erinnerungsbildern statt der Worte dieselbe Art der Verbindung herstellen kann, die man, wenn sie in Worten ausgedrückt wäre, einen Satz oder ein Urtheil nennen würde. Ich kann zum Beispiel wissen, dass ein Mann, dessen Gesicht ich kenne, eine eigenthümliche Stimme hat, deren Klang mir. in lebhafter Erinnerung ist. Ich würde Gesicht und Stimme aus tausend anderen sicher herauserkennen und bei jedem von beiden wissen, dass das andere dazu gehört. Aber in Worte fassen kann ich diesen Satz nicht, wenn ich von dem Manne nicht noch andere begrifflich zu definirende Merkmale angeben kann. Dann kann ich mir mit einem Demonstrativum helfen und sagen: diese Stimme, die wir jetzt hören, gehört dem Manne, den wir dort und damals gesehen haben.

Aber es sind nicht bloss singuläre, es sind auch allgemeine Sätze, in denen die Worte durch sinnliche Eindrücke vertreten sein können. Ich brauche nur an die Wirkungen der künstlerischen Darstellung zu erinnern. Eine Götterstatue würde mir nicht den Eindruck eines bestimmten Charakters, Temperaments, einer bestimmten Stimmung machen können, wenn ich nicht wüsste, dass die Art von Gesichtsbildung und Mienenspiel, welche sie zeigt, in den meisten oder in allen Fällen, wo sie vorkommt, jene Bedeutung hat. Und um im Gebiete der Sinneswahrnehmungen zu bleiben, wenn ich weiss, dass eine bestimmte Art zu blicken, für welche ich die Art der anzuwendenden Innervation sehr wohl und bestimmt kenne, nöthig ist, um einen zwei Fuss entfernten, und so und so weit nach rechts gelegenen Punkt zu fixiren, so ist auch dies ein allgemeiner Satz, der für alle Fälle gilt, in denen ich einen so gelegenen Punkt fixirt habe und fixiren werde. Dieser in Worten nicht ausdrückbare Satz ist das Resultat, in dem ich meine bisherige einschlägige Erfahrung mir aufbewahrt habe. Er kann jeden Augenblick zum Major eines Schlusses werden, so wie der Fall eintritt, dass ich einen Punkt in der betreffenden Lage fixire und fühle, dass ich so blicke, wie es jener Major aussagt. Letztere Wahrnehmung ist mein Minor, und die Conclusio ist, dass an der betreffenden Stelle sich das gesehene Object befinde.

Gesetzt nun, ich wendete die besagte Art des Blickens an, aber in ein Stereoskop hinein. Jetzt weiss ich, dass ich vor mir an der betreffenden Stelle kein wirkliches Object habe. Aber ich habe doch denselben sinnlichen Eindruck, als ob dort eines wäre, und diesen Eindruck kann ich weder mir selbst noch Anderen anders bezeichnen und charakterisiren, als dadurch, dass es der Eindruck ist, der bei normaler Beobachtungsweise entstehen würde, wenn dort ein Object wäre. Dies müssen wir wohl bemerken. Der Physiolog kann freilich den Eindruck noch anders beschreiben, nach der Stellung der Augen, der Lage der Netzhautbilder u. s. w. Aber unmittelbar kann die Empfindung, die wir haben, nicht anders bestimmt und charakterisirt werden. So wird sie also von uns als täuschende Empfindung anerkannt, und doch können wir die Empfindung dieser Täuschung nicht fortschaffen. Wir können eben die Erinnerung an ihre normale Bedeutung nicht vertilgen, selbst wenn wir wissen, dass diese in dem vorliegenden Falle nicht zutrifft; ebenso wenig, als wir die Bedeutung eines Wortes unserer

Muttersprache uns aus dem Sinne schlagen können, wenn es einmal als Zeichen oder Stichwort zu einem ganz anderen Zwecke angewendet wird.

Dass diese Schlüsse im Gebiete der Sinneswahrnehmungen uns so zwingend entgegentreten, wie eine äussere Naturgewalt, und dass ihre Resultate uns deshalb durch unmittelbare Wahrnehmung gegeben zu sein scheinen ohne alle Selbstthätigkeit von unserer Seite, unterscheidet sie ebenfalls nicht von den logischen und bewussten Schlüssen, wenigstens nicht von denen, die diesen Namen wirklich verdienen. Was wir mit Willkühr und Bewusstsein thun können, um einen Schluss zu Stande zu bringen, ist doch nur, dass wir das Material für seine Vordersätze vollständig herbeischaffen. Sobald dieses Material wirklich vollständig da ist, drängt sich uns ja auch der Schluss unabweislich auf. Die Schlüsse, welche man je nach Belieben glaubt ziehen zu können oder nicht ziehen zu können, sind überhaupt nicht viel werth.

Wir werden, wie man sieht, durch diese Untersuchungen zu einem Gebiet von psychischen Thätigkeiten geführt, von denen bisher in wissenschaftlichen Untersuchungen wenig die Rede gewesen ist, weil es schwer hält, überhaupt von ihnen in Worten zu reden. Am meisten sind sie noch in ästhetischen Untersuchungen berücksichtigt worden, wo sie als „Anschaulichkeit", „unbewusste Vernunftmässigkeit", „sinnliche Verständlichkeit" und in ähnlichen halbdunkeln Bezeichnungen eine grosse Rolle spielen. Es steht ihnen das sehr falsche Vorurtheil entgegen, dass sie unklar, unbestimmt, nur halbbewusst vor sich gingen, dass sie als eine Art rein mechanischer Operationen dem bewussten und durch die Sprache ausdrückbaren Denken untergeordnet seien. Ich glaube nicht, dass in der Art der Thätigkeit selbst ein Unterschied zwischen den ersteren und den letzteren nachgewiesen werden kann. Die ungeheure Ueberlegenheit des bis zur Anwendung der Sprache gereiften Erkennens erklärt sich hinlänglich schon dadurch, dass die Sprache einerseits es möglich macht, die Erfahrungen von Millionen von Individuen und Tausenden von Generationen zu sammeln, fest aufzubewahren und durch fortgesetzte Prüfung allmälig immer sicherer und allgemeiner zu machen. Andererseits beruht auch die Möglichkeit überlegten gemeinsamen Handelns der Menschen, und damit der grösste Theil ihrer Macht, auf der Sprache. In beiden Beziehungen kann das Kennen nicht mit dem Wissen rivalisiren; doch folgt daraus nicht nothwendig eine geringere Klarheit oder eine andere Natur des ersteren.

Die Anhänger der nativistischen Theorien pflegen sich auf die Fähigkeiten der neugeborenen Thiere zu berufen, von denen sich viele ja weit geschickter zeigen, als das menschliche Kind. Letzteres lernt offenbar, trotz seiner überlegenen Gehirnmasse und geistigen Entwickelungsfähigkeit, die einfachsten Aufgaben äusserst langsam, zum Beispiel seine Augen nach einem Objecte hinwenden, mit den Händen etwas Gesehenes greifen. Soll man daraus nicht schliessen, dass das menschliche Kind eben viel mehr zu lernen hat, als das von Instincten richtig geleitete, aber auch gefesselte Thier. Man sagt vom Kalbe, dass es das Euter sehe und darauf zugehe; ob es dasselbe nicht bloss riecht, und die Bewegungen fortsetzt, die es diesem Geruch näher bringen, wäre erst noch zu prüfen. Das menschliche Kind weiss jedenfalls von einem solchen Gesichtsbilde nichts; es dreht sich oft genug hartnäckig von der Brust weg nach der falschen Seite, und sucht dort nach derselben.

Je beschränkter die Geistesfähigkeiten der Thiere im erwachsenen Zustande sind, desto sicherer führt sie im Allgemeinen ihr Instinkt gleich von Anfang an. Neuere Beobachtungen [1] lehren, dass junge Hühnchen, im Brütofen ausgebrütet, denen man gleich nach dem Auskriechen eine dunkle Kappe über den Kopf gebunden hatte, wenn sie am dritten Tage, wo sie kräftig genug zu Bewegungen geworden waren, eine Henne glucken hörten, dieser geraden Weges zuliefen. Behielten sie ihre Kappe dabei auf, so stiessen sie sich an Hindernisse, nahm man sie ihnen ab, so vermieden sie diese. Auch picken sie von Anfang an geschickt und ohne zu fehlen nach kleinen Objecten, die am Boden liegen, müssen aber erst lernen, was sie aufzupicken, und was zu vermeiden haben, denn anfangs picken sie auch nach ihrem eigenen Unrath. Dabei ist freilich zu bedenken, dass sie schon vorher in der Eischaale gepickt und vielleicht dabei auch gesehen haben; die genannten Erfahrungen bei dem ersten Laufe sind deshalb beweisender. Vorläufig wissen wir für solche Thatsachen keine andere Erklärung zu geben, als dass Gemüthsaffecte, die sich bei den Eltern und Voreltern an gewisse zusammengesetzte Gesichtsbilder geknüpft haben, auf die Nachkommen übergegangen sind und auch diese veranlassen solchen Gesichtsbildern, die Lust verkünden, zuzustreben, solchen dagegen, die Gefahr verkünden, auszuweichen.

---

[1] Mr. Spalding und Lady Amberly nach Tyndall's Angabe (Address to the Brit. Assoc. 1874).

Uebrigens zeigen die bisher vorliegenden Beobachtungen, dass eine Menge unerwarteter und interessanter Verhältnisse bei den thierischen Instinkten vorkommen, welche sorgfältigstes Studium namentlich mit Bezug auf die hier besprochene Frage verdienen. Wie ein Kind, welches gelernt hat aus der Saugflasche zu trinken, nachher nicht mehr die Brust nehmen will, so scheuen junge Enten, die in der Küche aufgewachsen sind, das Wasser, so schliesst sich ein Hühnchen, was vor dem fünften Tage keine Henne gefunden hat, einem Menschen an, der es pflegt, und folgt dann nicht mehr der Henne. Das scheint zu zeigen, dass den erfahrenen Thatsachen gegenüber die Triebe, welche anfangs wirken, so lange das Gedächtniss eine tabula rasa ist, schnell ihren Einfluss verlieren. Ehe diese Verhältnisse sorgfältig und ausgiebig studirt sind, halte ich es für verfrüht, eine Theorie der Instinkte aufzustellen; jedenfalls unterscheidet sich der Mensch gerade darin von den Thieren, dass diese angeborenen Triebe bei ihm auf das geringste mögliche Maass zurückgeführt sind.

Wir haben übrigens für dieses ganze Gebiet von Vorgängen die auffallendste Analogie an einem anderen willkührlich gewählten, nicht natürlich gegebenen Systeme von Zeichen, welches wir nachweisbar zu verstehen erst lernen müssen, nämlich an den Worten unserer Muttersprache.

Das erste Erlernen der Muttersprache ist offenbar ein viel schwierigeres Geschäft, als jedes spätere Erlernen einer fremden Sprache. Es muss überhaupt erst errathen werden, dass diese Laute Zeichen sein sollen, und gleichzeitig muss die Bedeutung jedes einzelnen durch dieselbe Art von Induction gefunden werden, wie die der Sinnesempfindungen. Und doch sehen wir Kinder am Ende des ersten Jahres schon einzelne Worte und Sätze verstehen, wenn sie sie auch noch nicht nachsprechen. Ja Hunde leisten gelegentlich dasselbe.

Andererseits wird auch diese nachweislich erst erlernte Verbindung zwischen dem Namen und dem Gegenstande, dem er angehört, ebenso fest und unausweichlich, wie die der Empfindungen und Objecte.

Wir können nicht umhin an die normale Bedeutung eines Wortes zu denken, auch wenn es ausnahmsweise einmal zu einem anderen Zwecke anders gebraucht wird. Wir können uns der Gemüthsbewegung, die eine erdichtete Geschichte hervorruft, nicht entziehen, selbst wenn wir wissen, dass sie erdichtet sei; ebenso wie wir die normale Bedeutung der Empfindungen in einem Falle von Sinnestäuschung, die wir als solche erkennen, uns nicht aus dem Sinne schlagen können.

Endlich ist noch ein dritter Vergleichungspunkt bemerkenswerth. Die elementaren Zeichen der Sprache sind nur die 24 Buchstaben, und wie ausserordentlich mannigfaltigen Sinn können wir durch deren Combinationen ausdrücken und einander mittheilen! Nun bedenke man im Vergleich damit den ungeheuren Reichthum der elementaren Zeichen, die der Sehnervenapparat geben kann. Man kann die Zahl der Sehnerverfasern auf 250,000 schätzen. Jede derselben ist unzählig vieler verschiedener Grade der Empfindung von einer oder drei verschiedenen Grundfarben fähig. Dadurch ist natürlich ein unendlich viel reicheres System von Combinationen herzustellen, als mit den wenigen Buchstaben, wozu dann weiter noch die Möglichkeit schnellsten Wechsels in den Bildern des Gesichtes kommt. So dürfen wir uns nicht wundern, wenn die Sprache unserer Sinne uns so ausserordentlich viel feiner abgestufte und reicher individualisirte Nachrichten zuführt, als die der Worte.

Dies ist die Lösung des Räthsels von der Möglichkeit des Sehens, und zwar die einzige, welche die zur Zeit bekannten Thatsachen, so viel ich einsehe, zu geben erlauben. Gerade die auffallenden und groben Incongruenzen zwischen den Empfindungen und Objecten, sowohl in Bezug auf die Qualität, wie auf die Localisation, sind äusserst lehrreich, weil sie uns auf den richtigen Weg hindrängen. Und selbst diejenigen Physiologen, welche noch Stücke der prästabilirten Harmonie zwischen Empfindungen und Objecten zu retten suchen, müssen eingestehen, dass die eigentliche Vollendung und Verfeinerung der sinnlichen Anschauung auf der Erfahrung beruht, so sehr, dass letztere es sein müsste, welche endgültig entscheidet, wo sie etwa den hypothetischen angeborenen Anpassungen des Organs widerspräche. Dadurch wird die Bedeutung, welche solchen Anpassungen etwa noch zuerkannt werden kann, darauf beschränkt, dass sie vielleicht die erste Einübung der Anschauungen zu unterstützen im Stande sind.

Die Uebereinstimmung zwischen den Gesichtswahrnehmungen und der Aussenwelt beruht also ganz oder wenigstens der Hauptsache nach auf demselben Grunde, auf dem alle unsere Kenntniss der wirklichen Welt beruht, nämlich auf der Erfahrung und der fortdauernden Prüfung ihrer Richtigkeit mittels des Experiments, wie wir es bei jeder Bewegung unseres Körpers vollziehen. Natürlich sind wir jener Uebereinstimmung aber auch nur in so weit versichert, als dieses Mittel der Prüfung reicht, das ist aber gerade so weit, als wir ihrer für praktische Zwecke bedürfen. Jenseits dieser Grenzen, zum Beispiel im Gebiete der Qualitäten, können wir zum Theil die Nichtübereinstimmung bestimmt nachweisen. Nur die Beziehungen der Zeit, des Raums, der Gleichheit, und die davon abgeleiteten der Zahl, der Grösse, der Gesetzlichkeit, kurz das Mathematische, sind der äusseren und inneren Welt gemeinsam, und in diesen kann in der That eine volle Uebereinstimmung der Vorstellungen mit den abgebildeten Dingen erstrebt werden. Aber ich denke, wir wollen der gütigen Natur darum nicht zürnen, dass sie uns die Grösse und Leerheit dieser Abstracta durch den bunten Glanz einer mannigfaltigen Zeichenschrift zwar verdeckt, dadurch aber auch um so schneller übersichtlich und für praktische Zwecke verwendbar gemacht hat, während für die Interessen des theoretischen Geistes Spuren genug sichtbar bleiben, um ihn bei der Untersuchung, was Zeichen und was Bild sei, richtig zu führen.

ÜBER DAS

ZIEL UND DIE FORTSCHRITTE

DER

NATURWISSENSCHAFT.

———

Eröffnungsrede

für die

Naturforscherversammlung

zu

Innsbruck,

1869.

Hochgeehrte Versammlung!

Indem ich der ehrenvollen Aufforderung, die an mich ergangen ist, Folge leiste und auf diesen Platz trete, um den ersten wissenschaftlichen Vortrag in der ersten öffentlichen Sitzung der diesjährigen Naturforscherversammlung zu halten, erscheint es mir der Bedeutung dieses Augenblicks und der Würde dieser Versammlung angemessen, statt auf einen einzelnen Gegenstand meiner eigenen Studien einzugehen, Sie vielmehr aufzufordern, einen Blick auf die Entwickelung des ganzen Kreises von Wissenschaften zu werfen, der hier vertreten ist. Dieser Kreis umfasst ein ungeheures Gebiet von Specialstudien, ein Material von kaum zu umfassender Mannigfaltigkeit, dessen äussere Ausdehnung und innerer Reichthum jährlich wächst, und für dessen Wachsen noch gar keine Grenze abzusehen ist. In der ersten Hälfte dieses Jahrhunderts haben wir noch einen Alexander von Humboldt gehabt, der die damaligen naturwissenschaftlichen Kenntnisse bis in ihre Specialitäten hinein zu überschauen und in einen grossen Zusammenhang zu bringen vermochte. In der gegenwärtigen Lage möchte es wohl sehr zweifelhaft erscheinen, ob dieselbe Aufgabe selbst einem Geiste von so eigenthümlich dafür geeigneter Begabung, wie sie Humboldt besass, in derselben Weise lösbar sein würde, auch wenn er alle seine Zeit und seine Arbeit auf diesen Zweck verwenden wollte.

Wir alle aber, die wir an dem weiteren Ausbau einzelner Zweige der Wissenschaft arbeiten, können unsere Zeit nur zu einem sehr kleinen Theile auf das gleichzeitige Studium anderer Theile derselben verwenden. Wir müssen, sobald wir irgend eine einzelne Untersuchung vornehmen, alle unsere Kräfte auf ein eng begrenztes Feld concentriren. Wir haben nicht nur, wie der Philologe oder Historiker, Bücher herbeizuschaffen und durchzusehen, Notizen zu sammeln von dem, was Andere schon über denselben Gegenstand gefunden haben; das ist im Gegentheil nur ein untergeordneter Theil unserer Arbeit. Wir müssen die Dinge selbst angreifen, und jedes von ihnen bietet seine neuen und eigenthümlichen Schwierigkeiten von ganz anderer Art, als der Büchergelehrte sie kennt. Und was am meisten Zeit und Arbeit kostet, sind in der Mehrzahl der Fälle Nebendinge, die nur in entfernter Verbindung mit dem Ziele der Untersuchung stehen.

Da müssen wir uns darauf werfen, Fehler der Instrumente zu studiren, sie zu beseitigen oder, wo sie sich nicht beseitigen lassen, ihren nachtheiligen Einfluss zu umgehen. Ein anderes Mal müssen wir Zeit und Gelegenheit abpassen, um einen Organismus in dem Zustande zu finden, wie wir ihn zur Untersuchung brauchen. Dann wiederum lernen wir erst während der Untersuchung mögliche Fehler derselben kennen, welche das Ergebniss geschädigt haben oder auch vielleicht nur im Verdacht stehen könnten, es geschädigt zu haben, und sehen uns genöthigt unsere Arbeit immer wieder von vorn zu beginnen, bis jeder Schatten eines Verdachtes beseitigt ist. Und nur wenn der Beobachter sich so in seinen Gegenstand gleichsam verbeisst, so alle seine Gedanken und all' sein Interesse darauf heftet, dass er Wochen lang, Monate lang, oder wohl Jahre lang nicht davon loslassen kann, und nicht eher loslässt, als bis er alle Einzelheiten beherrscht und bis er sich aller derjenigen Ergebnisse sicher fühlt, welche zur Zeit zu gewinnen sind, nur dann entsteht eine tüchtige und werthvolle Arbeit. Jeder von Ihnen wird wissen, wie unverhältnissmässig viel mehr Zeit mit den Vorbereitungen, mit den Nebenarbeiten, mit der Controle möglicher Fehler und namentlich mit der Abgrenzung der zur Zeit erreichbaren Ergebnisse von dem Unerreichbaren bei einer guten Untersuchung hingeht, als schliesslich dazu nöthig ist, die eigentlich endgültigen Beobachtungen oder Versuche durchzumachen; wie viel mehr Scharfsinn und Nachdenken oft aufgeboten werden muss, um ein ungehorsames Stück Messing oder Glas gefügig zu machen, als um den Plan der ganzen Untersuchung zu entwerfen. Jeder von Ihnen wird diese ungeduldige Erhitzung in der Arbeit kennen, wo alle Gedanken in einen engen Kreis von Fragen hineingebannt sind, deren Bedeutung dem Draussenstehenden als höchst gering und verächtlich erscheint, weil er das Ziel nicht kennt, zu dem die augenblickliche Arbeit nur die Pforte öffnen soll. Ich glaube nicht zu irren, wenn ich

in dieser Weise die Arbeit und den geistigen Zustand beschreibe,
aus denen alle die grossen Resultate hervorgegangen sind, die die
Entwickelung unserer Wissenschaften nach so langem Harren so
schnell gezeitigt, und ihr einen so mächtigen Einfluss auf alle
Seiten des menschlichen Lebens eröffnet haben.

Die Zeit des Arbeitens ist also jedenfalls keine Zeit grosser
umfassender Umblicke. Freilich wenn der Sieg über die Schwierigkeiten glücklich errungen und die Ergebnisse sichergestellt
sind, so tritt der Natur der Sache nach ein Ausruhen ein, und das
nächste Interesse ist dann darauf gerichtet, die Tragweite der neu
festgestellten Thatsachen zu überblicken, und einmal wieder einen
grösseren Ausblick auf die benachbarten Gebiete zu wagen. Auch
dies ist nothwendig, und nur derjenige, der zu einem solchen Ausblick befähigt ist, kann hoffen auch für fernere Arbeiten frucht-
bare Angriffspunkte zu finden.

Der früheren Arbeit folgen dann spätere, die andere Gegenstände behandeln. Aber auch in der Reihenfolge seiner verschiedenen Arbeiten wird sich der einzelne Forscher nicht weit von
einer mehr oder weniger eng begrenzten Richtung entfernen dürfen. Denn es kommt für ihn nicht nur darauf an, dass er aus
Büchern Kenntnisse über die zu bearbeitenden Felder gesammelt
habe. Das menschliche Gedächtniss ist am Ende noch verhältnissmässig geduldig und kann eine fast unglaublich grosse Masse von
Gelehrsamkeit in sich aufspeichern. Aber der Naturforscher braucht
ausser dem Wissen, was ihm Vorlesungen und Bücher zufliessen lassen, auch noch Kenntnisse, die nur eine reiche und aufmerksame
sinnliche Anschauung geben kann; er braucht Fertigkeiten, welche
nur durch oft wiederholte Versuche und durch lange Uebung zu gewinnen sind. Seine Sinne müssen geschärft sein für gewisse Arten
der Beobachtung, für leise Verschiedenheiten der Form, der Farbe,
der Festigkeit, des Geruchs u. s. w. der untersuchten Objecte; seine
Hand muss geübt sein bald die Arbeit des Schmiedes, des Schlossers
und Tischlers, bald die des Zeichners oder Violinspielers auszuführen, bald, wenn er unter dem Mikroskop anatomirt, die Spitzen-
klöpplerin in Genauigkeit der Führung einer Nadel zu übertreffen.
Dann wiederum muss er den Muth und die Kaltblütigkeit des Soldaten haben, wenn er übermächtigen zerstörenden Gewalten gegen-
übersteht, oder blutige Operationen, bald an Menschen, bald an
Thieren auszuführen hat. Solche theils in ursprünglicher Anlage
schon empfangene, theils durch langjährige Uebung erworbene
oder verfeinerte Eigenschaften und Fähigkeiten sind nicht so

schnell oder so massenhaft zu erwerben, wie es allenfalls möglich
wäre, wo es sich nur um Schätze des Gedächtnisses handelte; und
eben darum sieht sich der einzelne Forscher auch für die Reihe
der Arbeiten seines ganzen Lebens gezwungen, sein Feld passend
zu begrenzen und auf demjenigen Umkreise zu bleiben, welcher
seinen Fähigkeiten entsprechend ist.

Wir können aber nicht verkennen, dass, je mehr der Einzelne
gezwungen ist, das Feld seiner Arbeit zu verengern, desto mehr das
geistige Bedürfniss sich ihm fühlbar machen muss, den Zusammenhang mit dem Ganzen nicht zu verlieren. Wo soll er die
Kraft und die Freudigkeit für seine mühsame Arbeit hernehmen,
wo die Zuversicht, dass das, woran er sich gemüht, nicht ungenützt
vermodern, sondern einen dauernden Werth behalten werde, wenn
er sich nicht die Ueberzeugung wach erhält, dass auch er einen
Baustein geliefert hat zu dem grossen Ganzen der Wissenschaft,
welche die vernunftlosen Mächte der Natur den sittlichen Zwecken
der Menschheit dienstbar unterwerfen soll?

Auf einen unmittelbaren praktischen Nutzen ist freilich bei
den einzelnen Untersuchungen gewöhnlich im Voraus nicht zu rechnen. Zwar haben die Naturwissenschaften das ganze Leben der
modernen Menschheit durch die praktische Verwerthung ihrer Ergebnisse umgestaltet. Aber der Regel nach kommen diese Anwendungen bei Gelegenheiten zum Vorschein, wo man es am wenigsten vermuthet hatte; ihnen nachzujagen führt gewöhnlich nicht
zu irgend einem Ziele, wenn man nicht schon ganz sichere nahe
Anhaltpunkte dafür hat, so dass es sich nur noch um Beseitigung
einzelner Hindernisse für die Ausführung handelt. Sieht man die
Geschichte der wichtigsten Erfindungen durch, so sind sie entweder, namentlich in älterer Zeit, von Handwerkern und Arbeitern
gemacht, die ihr ganzes Leben hindurch nur eine Arbeit trieben,
und bald durch günstigen Zufall, bald durch hundertfältig wiederholte tastende Versuche einen neuen Vortheil in ihrem Geschäfts-
betriebe fanden; oder sie sind — und zwar ist dies bei den neueren Erfindungen meist der Fall — Früchte der ausgebildeten wissenschaftlichen Kenntniss des betreffenden Gegenstandes, welche
Kenntniss zunächst immer ohne directe Aussicht auf möglichen
Nutzen nur um der wissenschaftlichen Vollständigkeit der Gesammt-
erkenntniss willen gewonnen worden war.

Gerade die Naturforscherversammlung vertritt nun die Gesammtheit unserer Wissenschaften. Hier findet sich heute der
Mathematiker, Physiker, Chemiker mit dem Zoologen, Botaniker,

Geologen zusammen, der Lehrer der Wissenschaft mit dem Arzte, dem Techniker und mit dem Dilettanten, der naturwissenschaftliche Arbeiten als Erholung von anderen Beschäftigungen treibt. Hier hofft Jeder wieder Anregung und Ermuthigung für seine Specialarbeiten zu finden; er hofft die Anerkennung zu erlangen, die ihm, wenn er Einwohner eines kleineren Ortes ist, anders kaum zu Theil wird, dass seine Arbeiten zu dem Ausbau des grossen Ganzen mit beigetragen haben; er hofft im Gespräche mit näher und ferner stehenden Fachgenossen sich die Ziele neuer Untersuchungen feststellen zu können. Hier sehen wir zu unserer Freude auch eine grosse Anzahl von Theilnehmern aus den gebildeten Kreisen der Nation, wir sehen einflussreiche Staatsmänner unter uns. Sie alle sind bei unseren Arbeiten betheiligt; sie erwarten von uns weiteren Fortschritt in der Civilisation, fernere Siege über die Naturkräfte. Sie sind es, die uns die äusseren Hilfsmittel für unsere Arbeiten zu Gebote stellen müssen, und deshalb auch nach den Ergebnissen dieser Arbeiten zu fragen berechtigt sind. Hier und an dieser Stelle scheint es mir deshalb vorzugsweise wünschenswerth, dass Rechenschaft gegeben werde über die Fortschritte des grossen Ganzen der Naturwissenschaften, über die Ziele, denen es nachstrebt, über die Grösse der Schritte, um die es sich diesen Zielen genähert hat.

Eine solche Rechenschaft ist wünschenswerth; dass ein Einzelner kaum im Stande sein wird diese Aufgabe auch nur annähernd vollständig zu lösen, liegt in dem begründet, was ich vorausgeschickt habe. Dass ich selbst heute hier stehe, mit einer solchen Aufgabe betraut, mag hauptsächlich dadurch entschuldigt werden, dass kein Anderer sich daran wagen wollte, und ich meinte, ein halb misslungener Versuch, ihr gerecht zu werden, sei immerhin noch besser als gar keiner. Ausserdem hat ein Physiologe vielleicht am meisten unmittelbare Veranlassung, sich einen gewissen Ausblick auf das Ganze fortdauernd klar zu halten. Denn in der jetzigen Lage der Dinge ist gerade die Physiologie besonders darauf angewiesen, von allen anderen Zweigen der Naturwissenschaft Hilfe zu empfangen und mit ihnen in Zusammenhang zu bleiben. Gerade in der Physiologie hat sich die Wichtigkeit der grossen Fortschritte, von denen ich reden will, am fühlbarsten gemacht, und durch die principiellen Streitfragen der Physiologie sind einige der hervortretendsten unter ihnen geradezu veranlasst worden.

Wenn ich erhebliche Lücken lasse, so bitte ich diese theils

mit der Grösse der Aufgabe, theils damit zu entschuldigen, dass
die dringende Aufforderung der verehrten Geschäftsführer dieser
Versammlung an mich sehr spät und während einer Sommerfrische
im Gebirge kam. Und was ich an Lücken lasse, werden die Sec-
tionsverhandlungen jedenfalls reichlich ergänzen.

Machen wir uns denn an unsere Aufgabe! Die erste Frage,
die uns entgegentritt, wenn wir vom Fortschritt der gesammten
Naturwissenschaft reden wollen, wird sein: Nach welchem Maassstab sollen wir denn einen solchen Fortschritt beurtheilen?

Dem Uneingeweihten ist diese Wissenschaft eine Zusammen-
häufung einer unübersehbaren und verwirrenden Menge von Einzelheiten, unter denen sich einige durch praktische Nützlichkeit
hervorheben, andere als Curiosa, als Gegenstände des Erstaunens.
Aber in diesem Zustande unzusammenhängender Einzelheiten, selbst,
wenn es etwa durch eine systematische Ordnung, wie in dem Linne'-
schen Pflanzensystem oder in lexikalischen Encyclopädien, leicht gemacht wäre, eine jede derselben schnell nach Bedürfniss wiederzu-
finden, würde solches Wissen nicht den Namen der Wissenschaft
verdienen, und weder dem wissenschaftlichen Bedürfnisse des
menschlichen Geistes, noch dem Verlangen nach fortschreitender
Herrschaft des Menschen über die Naturmächte Genüge thun.
Denn das erstere fordert geistig fassbaren Zusammenhang der
Kenntnisse; das zweite fordert die Voraussicht des Erfolges in noch
unbekannten Fällen und unter Bedingungen, die wir durch unsere
Handlungen erst herbeizuführen beabsichtigen. Beides ist offenbar erst durch die Kenntniss des Gesetzes der Erscheinungen zu
erreichen.

Nicht die einzelnen beobachteten Thatsachen und Versuche
an sich haben Werth; und wenn ihre Zahl noch so unermesslich
wäre. Erst dadurch erhalten sie Werth, theoretischen wie praktischen, dass sie uns das Gesetz einer Reihe gleichartig wiederkeh-
render Erscheinungen erkennen lassen, oder vielleicht auch nur
negativ erkennen lassen, dass eine bisher als vollständig betrachtete Kenntniss eines solchen Gesetzes unvollständig war. Bei der
strengen und allverbreiteten Gesetzlichkeit der Naturerscheinungen genügt freilich unter Umständen schon eine einzige Beobachtung eines Verhältnisses, was wir als streng gesetzmässig voraussetzen dürfen, um darauf mit höchstem Grade von Wahrschein-
lich-
keit eine Regel zu begründen; wie wir zum Beispiel die Kenntniss
des Skeletts eines urweltlichen Thieres als vollständig voraussetzen,
wenn wir auch nur ein vollständiges Skelett eines einzelnen Indi-

viduums gefunden haben. Aber wir müssen uns nur besinnen, dass auch hier die einzelne Beobachtung nicht als einzelne ihren Werth hat, sondern weil sie zur Kenntniss der gesetzlichen Regelmässigkeit im Körperbau einer ganzen Species von Organismen verhilft. Und ebenso ist die Kenntniss der specifischen Wärme von einem einzigen kleinen Stückchen eines neuen Metalls wichtig, weil wir nicht zu zweifeln brauchen, dass alle anderen ebenso behandelten Stücke desselben Metalls sich ebenso verhalten werden.

Das Gesetz der Erscheinungen finden, heisst sie begreifen. In der That ist das Gesetz der allgemeine Begriff, unter den sich eine Reihe von gleichartig ablaufenden Naturvorgängen zusammenfassen lassen. Wie wir in den Begriff „Säugethier" alles zusammenfassen, was dem Menschen, dem Affen, dem Hunde, dem Löwen, dem Hasen, dem Pferde, dem Walfische u. s. w. gemeinsam ist, so fassen wir im Brechungsgesetz zusammen, was wir regelmässig wiederkehrend finden, wenn irgend ein Lichtstrahl von irgend einer Farbe, in irgend einer Richtung durch die gemeinsame Grenzfläche irgend zweier durchsichtiger Medien dringt.

Ein Naturgesetz ist aber nicht bloss ein logischer Begriff, den wir uns zurecht gemacht haben als eine Art von mnemotechnischen Hilfsmittels, um die Thatsachen besser zu behalten. Auch sind wir modernen Menschen jetzt so weit in der Einsicht vorgeschritten, um zu begreifen, dass die Naturgesetze nicht etwas sind, was wir uns auf speculativem Wege vielleicht ausdenken könnten. Wir müssen sie vielmehr in den Thatsachen entdecken; wir müssen sie in immer wiederholten Beobachtungen oder Versuchen, an immer neuen Einzelfällen, unter immer wieder veränderten Umständen prüfen, und nur in dem Maasse, als sie unter einem immer grösseren Wechsel der Bedingungen und in einer immer grösseren Zahl von Fällen und bei immer genaueren Beobachtungsmitteln ausnahmslos sich bewähren, steigt unser Vertrauen in ihre Zuverlässigkeit.

So treten uns die Naturgesetze gegenüber als eine fremde Macht, nicht willkürlich zu wählen und zu bestimmen in unserem Denken, wie man etwa verschiedene Systeme der Thiere und Pflanzen hintereinander aufstellen konnte, so lange man bloss den mnemotechnischen Zweck verfolgte, die Namen aller gut zu behalten. Wo wir ein Naturgesetz vollständig kennen, müssen wir auch Ausnahmslosigkeit seiner Geltung fordern und diese zum Kennzeichen seiner Richtigkeit machen. Wenn wir uns vergewissern können, dass die Bedingungen eingetreten sind, unter denen das

Gesetz zu wirken hat, so müssen wir auch den Erfolg eintreten sehen ohne Willkür, ohne Wahl, ohne unser Zuthun, mit einer die Dinge der Aussenwelt ebenso gut, wie unser Wahrnehmen, zwingenden Nothwendigkeit. So tritt uns das Gesetz als eine objective Macht entgegen, und demgemäss nennen wir es Kraft.

Wir objectiviren zum Beispiel das Gesetz der Lichtbrechung als eine Lichtbrechungskraft der durchsichtigen Substanzen, das Gesetz der chemischen Wahlverwandtschaften als eine Verwandtschaftskraft der verschiedenen Stoffe zu einander. So sprechen wir von einer elektrischen Contactkraft der Metalle, von einer Adhäsionskraft, Capillarkraft und anderen mehr. In diesen Namen sind Gesetze objectivirt, welche zunächst erst kleinere Reihen von Naturvorgängen umfassen, deren Bedingungen noch ziemlich verwickelt sind. Mit solchen musste die Begriffsbildung in den Naturwissenschaften anfangen, bis man von einer Anzahl wohlbekannter speciellerer Gesetze zu allgemeineren fortschreiten konnte. Man musste hierbei namentlich suchen die Zufälligkeiten der Form und der räumlichen Vertheilung, welche die mitwirkenden Massen darbieten konnten, zu beseitigen, indem man aus den an grossen sichtbaren Massen beobachteten Erscheinungen die Gesetze für die Wirkungen der verschwindend kleinen Massentheilchen herauszulesen suchte; das heisst objectiv ausgedrückt, indem man die Kräfte der zusammengesetzten Massen auflöste in die Kräfte ihrer kleinsten Elementartheile. Aber gerade in der so gewonnenen reinsten Form des Ausdrucks der Kraft, dem der mechanischen Kraft, die auf einen Massenpunkt wirkt, tritt es besonders deutlich heraus, dass die Kraft nur das objectivirte Gesetz der Wirkung ist. Die durch die Anwesenheit solcher und solcher Körper gegebene Kraft wird gleichgesetzt der Beschleunigung der Masse, auf die sie wirkt, multiplicirt mit dieser Masse. Der thatsächliche Sinn einer solchen Gleichung ist, dass sie das Gesetz ausspricht: Wenn solche und solche Massen vorhanden sind und keine anderen, so tritt solche und solche Beschleunigung ihrer einzelnen Punkte ein. Diesen thatsächlichen Sinn können wir mit den Thatsachen vergleichen und an ihnen prüfen. Der abstracte Begriff der Kraft, den wir einschieben, fügt nur das noch hinzu, dass wir dieses Gesetz nicht willkürlich erfunden, dass es ein zwingendes Gesetz der Erscheinungen sei.

Unsere Forderung, die Naturerscheinungen zu begreifen, das heisst ihre Gesetze zu finden, nimmt so eine andere Form des Ausdrucks an, die nämlich, dass wir die Kräfte aufzusuchen haben, welche die Ursachen der Erscheinungen sind. Die Gesetzlichkeit der Natur wird als causaler Zusammenhang aufgefasst, sobald wir die Unabhängigkeit derselben von unserem Denken und unserem Willen anerkennen.

Wenn wir also nach dem Fortschritt der Naturwissenschaft als Ganzem fragen, so werden wir ihn nach dem Maasse zu beurtheilen haben, in welchem die Anerkennung und die Kenntniss eines alle Naturerscheinungen umfassenden ursächlichen Zusammenhanges fortgeschritten ist.

Blicken wir zurück auf die Geschichte unserer Wissenschaften, so ist das erste grosse Beispiel von Unterordnung einer ausgedehnten Mannigfaltigkeit von Thatsachen unter ein umfassendes Gesetz von der theoretischen Mechanik ausgegangen, deren Grundbegriffe Galilei zuerst klar hingestellt hatte. Es handelte sich damals darum, die allgemeinen Sätze zu finden, die uns jetzt so selbstverständlich erscheinen, dass alle Masse träge sei, und dass die Grösse der Kraft nicht durch die Geschwindigkeit, sondern durch deren Veränderung zu messen sei. Zunächst wusste man die Wirkung einer continuirlich wirkenden Kraft sich nur als eine Reihe kleiner Stösse darzustellen. Erst als Leibnitz und Newton mit der Erfindung der Differentialrechnung das alte Dunkel, in welches der Begriff des Unendlichen gehüllt war, zerstreut und den Begriff des Continuirlichen und continuirlich Veränderlichen klargestellt hatten, konnte man zu einer reichen und fruchtbaren Anwendung der neu gefundenen mechanischen Begriffe fortschreiten. Das geeignetste und glänzendste Beispiel einer solchen Anwendung war die Bewegung der Planeten, und ich brauche hier nur daran zu erinnern, welch' leuchtendes Vorbild die Astronomie für die Entwickelung aller anderen Naturwissenschaften gewesen ist. In ihr wurde durch die Gravitationstheorie zum ersten Male eine ungeheure und verwickelte Masse von Thatsachen unter ein einziges Princip von grösster Einfachheit zusammengefasst, eine Uebereinstimmung der Theorie und der Thatsachen erreicht, wie sie weder früher noch später in einem anderen Felde je wieder erreicht werden konnte. An den Bedürfnissen der Astronomie haben sich fast alle genaueren Messungsmethoden, sowie die meisten Fortschritte der neueren Mathematik entwickelt; sie war besonders geeignet auch die Augen der Laien auf sich zu ziehen, theils durch die Erhabenheit ihrer Gegenstände, theils durch den praktischen Nutzen, den sie der Schifffahrt, der Geodäsie und dadurch einer Menge von industriellen und socialen Interessen brachte.

Galilei begann mit dem Studium der irdischen Schwere; Newton dehnte deren Anwendung, anfangs vorsichtig und zögernd auf den Mond, dann kühner auf alle Planeten aus. Die neuere Zeit hat gelehrt, dass dieselben Gesetze der aller wägbaren Masse gemeinsamen Trägheit und Gravitation ihre Anwendung finden bis in die Bahnen der entferntesten Doppelsterne hinein, von welchen das Licht noch zu uns gelangt.

In der zweiten Hälfte des vorigen und der ersten Hälfte des laufenden Jahrhunderts reihte sich daran die grosse Entwickelung der Chemie, welche die alte Aufgabe, die Elemente zu finden, woran sich so viele metaphysische Speculationen geknüpft hatten, endlich thatsächlich löste; und wie sich dann immer die Wirklichkeit viel reicher erweist, als die kühnste und phantasiereichste Speculation, so traten nun an die Stelle der vier alten metaphysischen Elemente, Feuer, Wasser, Luft und Erde, die später bis auf die Anzahl von 65 vermehrten Elemente der neueren Chemie. Die Wissenschaft hat erwiesen, dass diese Elemente wirklich unzerstörbar sind, unveränderlich in ihrer Masse, unveränderlich auch in ihren Eigenschaften, insofern als sie aus jedem Zustande, in den sie übergeführt worden sind, immer wieder ausgeschieden und auf dieselben Eigenschaften zurückgeführt werden können, die sie früher irgend einmal in isolirtem Zustande gehabt haben. In allem bunten Wechsel der Erscheinungen der belebten und unbelebten Natur, so weit sie uns zugänglich sind, in allen den überraschenden Resultaten chemischer Zersetzung und Verbindung, deren Anzahl und Mannigfaltigkeit unsere Chemiker mit unermüdlichem Fleisse jedes Jahr in steigendem Maasse vermehren, herrscht das eine Gesetz von der Unveränderlichkeit der Stoffe mit ausnahmsloser Nothwendigkeit. Und schon ist die Chemie mit der Spectralanalyse hinausgedrungen in die Tiefen des unermesslichen Raumes, und hat in dessen fernsten Sonnen und Nebelflecken die Spuren wohlbekannter irdischer Elemente aufgefunden, so dass an der durchgehenden Gleichartigkeit der Stoffe im Weltall nicht zu zweifeln ist, wenn auch immerhin einzelne Elemente auf einzelne Gruppen von Weltkörpern beschränkt sein mögen.

An diese Constanz der Elemente schliesst sich eine andere weiter gehende Folgerung. Die Chemie erwies durch thatsächliche Untersuchung, dass alle Masse aus den von ihr gefundenen Elementen zusammengesetzt ist. Die Elemente können ihre Verbindung und Mischung unter einander, die Art ihrer Aggregation oder ihrer Molecularstructur mannigfach verändern, das heisst sie können die Art ihrer Vertheilung im Raume verändern. Dagegen zeigen sie sich als durchaus unveränderlich in ihren Eigenschaften; das heisst, wenn sie in dieselbe Verbindung, beziehlich Isolirung, und in dieselbe Aggregation zurückgeführt werden, zeigen sie immer wieder dieselben Eigenschaften. Sind aber alle elementaren Substanzen unveränderlich nach ihren Eigenschaften und nur veränderlich nach ihrer Mischung, nach ihrer Aggregation, das heisst nach ihrer Vertheilung im Raume, so ist alle Veränderung in der Welt Aenderung der räumlichen Vertheilung der elementaren Stoffe und kommt in letzter Instanz zu Stande durch Bewegung.

Ist aber Bewegung die Urveränderung, welche allen anderen Veränderungen in der Welt zu Grunde liegt, so sind alle elementaren Kräfte Bewegungskräfte, und das Endziel der Naturwissenschaften ist, die allen anderen Veränderungen zu Grunde liegenden Bewegungen und deren Triebkräfte zu finden, also sich in Mechanik aufzulösen.

Wenn dies nun auch offenbar die letzte Consequenz der nachgewiesenen quantitativen und qualitativen Unveränderlichkeit der Materie ist, so bleibt sie doch zuvörderst nur als eine ideale Forderung stehen, von deren Verwirklichung wir noch weit entfernt sind. Erst in beschränkten Gebieten ist es gelungen, die Rückführung der unmittelbar beobachteten Veränderungen auf Bewegungen und Bewegungskräfte bestimmter Art zu Stande zu bringen. Ausser der Astronomie sind hier die rein mechanischen Theile der Physik, dann die Akustik, Optik, Elektricitätslehre zu nennen; in der Wärmelehre und in der Chemie wird schon eifrig an der Ausbildung bestimmter Vorstellungen über die Form der Bewegungen und Lagerungen der Molekeln gearbeitet, in den physiologischen Wissenschaften sind kaum erst unbestimmte Anfänge davon vorhanden.

Um so wichtiger ist es, dass sich im Laufe des letzten Vierteljahrhunderts ein bedeutender und allgemeingiltiger Fortschritt vollzogen hat, der geradezu auf das bezeichnete Ziel hin gerichtet ist. Wenn alle elementaren Kräfte Bewegungskräfte, alle also gleicher Natur sind, so müssen sie alle nach dem gleichen Maasse, nämlich dem Maasse der mechanischen Kräfte, zu messen sein. Und dass dies der Fall sei, ist in der That schon als erwiesen zu betrachten. Das Gesetz, welches dies ausspricht, ist unter dem Namen des Gesetzes von der Erhaltung der Kraft bekannt.

Für einen beschränkten Kreis von Naturerscheinungen war dasselbe schon von Newton ausgesprochen worden, deutlicher und allgemeiner dann von D. Bernouilli, von wo ab es in anerkannter Giltigkeit für den grösseren Theil der bekannten rein mechanischen Vorgänge stehen blieb. Einzelne Erweiterungen tauchten gelegentlich auf, namentlich bei Rumford, Humphrey Davy, Montgolfier. Aber als der, welcher zuerst den Begriff dieses Gesetzes rein und klar erfasst und seine absolute Allgemeingiltigkeit auszusprechen gewagt hat, ist derjenige zu nennen, den wir nachher von dieser Stelle zu hören die Freude haben werden, Dr. Robert Mayer von Heilbronn. Während Herr Mayer durch physiologische Fragen zu der Entdeckung der allgemeinsten Form dieses Gesetzes geleitet wurde, waren es technische Fragen des Maschinenbaues, die gleichzeitig und unabhängig von ihm Herrn Joule in Manchester zu denselben Ueberlegungen führten, und letzterem verdanken wir namentlich die wichtigen und mühsamen Experimentaluntersuchungen über dasjenige Gebiet, in welchem die Giltigkeit des Gesetzes von der Erhaltung der Kraft am zweifelhaftesten erscheinen konnte, und wo die wichtigsten Lücken unserer thatsächlichen Kenntnisse bestanden, nämlich die Erzeugung von Arbeit durch Wärme und von Wärme durch Arbeit.

Um das Gesetz klar hinzustellen, musste im Gegensatze zu dem früher von Galilei gefundenen Begriffe der Intensität der Kraft ein neuer mechanischer Begriff ausgearbeitet werden, den wir als den Begriff der Quantität der Kraft bezeichnen können, und der auch sonst Quantität der Arbeit oder der Energie genannt worden ist.

Dieser Begriff der Quantität der Kraft war vorbereitet worden theils in der theoretischen Mechanik durch den Begriff des Quantums lebendiger Kraft einer bewegten Masse, theils in der praktischen Mechanik durch den Begriff der Triebkraft, die nöthig ist, um eine Maschine in Gang zu halten. Auch hatten die Maschinentechniker schon das Maass gefunden, nach welchem eine jede Triebkraft zu messen ist, indem sie bestimmten, wie viel Pfunde dadurch in der Secunde um einen Fuss gehoben werden können; so wird bekanntlich eine Pferdekraft gleich der zur Hebung von 70 Kilogramm um ein Meter für jede Secunde nöthigen Triebkraft definirt.

In der That tritt an den Maschinen und den zu ihren Bewegungen nöthigen Triebkräften die durch das Gesetz von der Erhaltung der Kraft ausgesprochene Gleichartigkeit aller Naturkräfte in der am meisten populären Form heraus. Jede Maschine, welche in Thätigkeit gesetzt werden soll, bedarf einer mechanischen Triebkraft. Wo diese hergenommen wird und welche Form sie hat, ist einerlei, wenn sie nur gross genug ist und anhaltend wirkt. Bald brauchen wir eine Dampfmaschine, bald ein Wasserrad oder eine Turbine, bald Pferde oder Ochsen an einem Göpelwerk, bald eine Windmühle oder, wenn nicht viel Kraft nöthig ist, den menschlichen Arm, ein aufgezogenes Gewicht oder eine elektro-magnetische Maschine. Welche von diesen Triebkräften wir wählen, ist nur abhängig von der Grösse der Kraft, die wir brauchen, und von der Gunst der Gelegenheit. In der Wassermühle wirkt die Schwere des von den Bergen herabfliessenden Wassers; hinaufgeschafft auf die Berge wird es durch die meteorologischen Processe, diese sind die Quelle der Triebkraft für die Mühle. In der Windmühle ist es die lebendige Kraft der bewegten Luft, welche die Flügel umtreibt; auch diese Bewegung stammt aus den meteorologischen Processen der Atmosphäre. In der Dampfmaschine ist es die Spannkraft der erhitzten Dämpfe, welche den Stempel hin- und herschiebt; diese wird hervorgerufen durch die Wärme, die im Feuerraume durch Verbrennung der Kohlen, das heisst durch einen chemischen Process erzeugt wird. Letzterer ist hier die Quelle der Triebkraft. Ist es ein Pferd oder der menschliche Arm, welche arbeiten, so sind es deren Muskeln, welche, angeregt durch die Nerven, unmittelbar die mechanische Kraft erzeugen. Damit aber der lebende Körper Muskelkraft erzeugen könne, muss er genährt werden und athmen. Die Nahrungsmittel, die er einnimmt, scheiden wieder aus ihm aus, nachdem sie sich mit dem Sauerstoff der geathmeten Luft zu Kohlensäure und Wasser verbunden haben. Wiederum ist also auch hier ein chemischer Process nöthig, um dauernd die Muskelkraft zu unterhalten. Dasselbe gilt für die elektro-magnetischen Maschinen unserer Telegraphen.

So gewinnen wir mechanische Triebkraft aus den allerverschiedenartigsten Naturprocessen in der verschiedenartigsten Weise, aber, wie wir gleich dabei bemerken müssen, auch immer nur in begrenzter Quantität. Wir verbrauchen immer etwas dabei, was uns die Natur liefert. Wir verbrauchen in der Wassermühle eine Quantität in der Höhe angesammelten Wassers, wir .verbrauchen Kohlen in der Dampfmaschine, Zink und Schwefelsäure in der elektro-magnetischen Maschine, Nahrungsmittel für das arbeitende Pferd; wir verbrauchen in der Windmühle die Bewegung des Windes, welche an deren Flügeln gehemmt wird.

Umgekehrt, steht uns eine Triebkraft zur Verfügung, so können wir die verschiedenartigsten Wirkungen damit erreichen. Ich brauche hier die zahllose Mannigfaltigkeit industrieller Maschinen und die verschiedenartige Arbeit, die sie leisten, nicht aufzuzählen.

Achten wir vielmehr auf die physikalischen Unterschiede der möglichen Leistungen einer Triebkraft. Wir können mit ihrer Hilfe Lasten heben, Wasser in die Höhe pumpen, Gase verdichten, Eisenbahnzüge in Bewegung setzen, durch Reibung Wärme erzeugen. Wir können durch sie magnet-elektrische Maschinen drehen, dadurch elektrische Ströme erzeugen, und mit deren Hilfe Wasser oder andere chemische Verbindungen von stärkster Verwandtschaft zersetzen, Drähte glühend machen, Eisen magnetisiren u.s.w.

So können wir, wenn uns eine ausreichende mechanische Triebkraft zu Gebote steht, alle diejenigen Zustände und Bedingungen wieder restituiren, von denen ausgehend wir nach der zuerst gegebenen Aufzählung mechanische Triebkraft gewinnen konnten.

Wie aber die aus einem bestimmten Naturprocess zu gewinnende Triebkraft eine begrenzte ist, so ist auch andererseits der Betrag der Veränderungen begrenzt, die wir durch Aufwendung einer bestimmten Triebkraft hervorbringen können.

Diese Erfahrungen, die zunächst vereinzelt an Maschinen und physikalischen Apparaten gemacht waren, haben sich nun vereinigen lassen in ein Naturgesetz von weitreichendster Giltigkeit. Jede Veränderung in der Natur ist äquivalent einer gewissen Erzeugung oder einem gewissen Verbrauch an Triebkraft. Wird Triebkraft erzeugt, so kann sie entweder als solche zur Erscheinung kommen, oder unmittelbar wieder verbraucht werden, um andere Veränderungen von äquivalenter Grösse hervorzubringen. Die hauptsächlichsten Bestimmungen dieser Aequivalenz beruhen auf Joule's Messungen des mechanischen Wärmeäquivalents. Wenn wir eine Dampfmaschine durch zugeleitete Wärme in Bewegung setzen, so verschwindet in ihr Wärme proportional der geleisteten Arbeit; und zwar ist die Wärme, welche ein bestimmtes Gewicht Wasser um einen Grad der hunderttheiligen Scala erwärmen kann, fähig, in Arbeit verwandelt, dasselbe Gewicht Wasser zur Höhe von 425 Meter zu heben. Und wenn wir Arbeit durch Reibung in Wärme verwandeln, brauchen wir wiederum, um ein bestimmtes Gewicht Wasser um einen Centesimalgrad zu erwärmen, die Triebkraft, welche dasselbe Gewicht Wasser gegeben haben würde, wenn es von 425 Meter Höhe herabgeflossen wäre. Die chemischen Processe erzeugen Wärme in bestimmtem Verhältniss; dadurch ist auch die solchen chemischen Kräften äquivalente Triebkraft bestimmt, und somit auch die Energie der chemischen Verwandt-

schaftskraft nach mechanischem Maasse messbar. Dasselbe gilt
für alle anderen Formen der Naturkräfte, was hier nicht weiter
ausgeführt zu werden braucht.

So stellt sich denn in der That als Ergebniss der betreffenden
Untersuchungen heraus, dass alle Naturkräfte nach demselben
mechanischen Maasse messbar, und dass alle in Bezug auf Arbeitsleistung reinen Bewegungskräften äquivalent sind. Dadurch ist
zunächst ein erster und bedeutender Fortschritt zu der Lösung der
umfassenden theoretischen Aufgabe, alle Naturerscheinungen auf
Bewegungen zurückzuführen, vollführt.

Während die bisher angestellten Ueberlegungen mehr den
logischen Werth des Gesetzes von der Erhaltung der Kraft klar-
zustellen suchen sollten, spricht sich seine factische Bedeutung für
die allgemeine Auffassung der Naturprocesse in dem grossartigen
Zusammenhange aus, den es zwischen sämmtlichen Vorgängen des
Weltalls über alle Entfernungen in Raum und Zeit hinaus eröffnet.
Das Weltall erscheint, nach diesem Gesetze, ausgestattet mit einem
Vorrathe an Energie, der durch allen bunten Wechsel der Naturprocesse nicht vermehrt, aber auch nicht vermindert werden kann;
der da fortbesteht in stets wechselnder Erscheinungsweise, aber,
wie die Materie, von Ewigkeit zu Ewigkeit in unveränderlicher
Grösse; wirkend im Raume, aber nicht theilbar, wie die Materie, mit dem Raume. Alle Veränderung in der Welt besteht nur
in einem Wechsel der Erscheinungsform dieses Vorraths von Energie. Hier erscheint ein Theil desselben als lebendige Kraft bewegter Massen, dort als regelmässige Oscillation in Licht und
Schall, dann wieder als Wärme, das heisst als unregelmässige Bewegung der unsichtbar kleinen Körpertheilchen; bald erscheint die
Energie in Form der Schwere zweier gegen einander gravitirenden
Massen, bald als innere Spannung und Druck elastischer Körper,
bald als chemische Anziehung, elektrische Ladung oder magnetische Vertheilung. Schwindet sie in einer Form, so erscheint sie
sicher in einer anderen; und wo sie in neuer Form erscheint, sind
wir auch sicher, dass eine ihrer anderen Erscheinungsformen
verbraucht ist.

Das von Clausius berichtigte Carnot'sche Gesetz der mechanischen Wärmetheorie lässt uns sogar erkennen, dass dieser
Wechsel im Allgemeinen fortdauernd in einer bestimmten Richtung fortschreitet, indem immer mehr von dem grossen Vorrathe
der Energie des Weltalls in die Form von Wärme übergehen
muss.

So können wir im Geiste zurückgehen auf den Anfangszustand, wo die Masse unserer Weltkörper noch kalt, wahrscheinlich als chaotischer Dampf oder Staub im Weltraum vertheilt war. Wir sehen, dass sie sich erwärmen musste, wenn sie sich unter dem Einflusse der Schwerkraft zusammenballte. Auch jetzt noch erkennen wir Reste der lose vertheilten Materie mittels der Spectralanalyse (einer Methode, deren theoretische Principien selbst aus der mechanischen Wärmetheorie herfliessen) in den Nebelflecken, wir erkennen sie in den Meteorschwärmen und Kometen; der Ballungsprocess und die Wärmeentwickelung gehen noch immer fort, wenn sie in unserem Theile des Weltraums auch grösstentheils vollendet sind. Der grösste Theil der ehemaligen Energie der Masse, welche jetzt unserem Sonnensystem angehört, besteht gegenwärtig als Wärme der Sonne. Aber diese Energie bleibt nicht ewig unserem Systeme erhalten; fortdauernd strahlen Theile von ihr hinaus als Licht und Wärme in die unendlichen Weltenräume. Bei diesem Hinausstrahlen empfängt auch unsere Erde ihren Antheil. Die einstrahlende Sonnenwärme aber ist es, welche an der Erdfläche die Winde und die Meeresströme erzeugt, die die Wasserdämpfe aus den tropischen Meeren aufsteigen und herüber auf Gebirge und Länder destilliren lässt, wonach sie wieder als Quellen und Ströme zum Meere zurückfliessen. Die Sonnenstrahlen geben den Pflanzen die Kraft, aus der Kohlensäure und dem Wasser wieder verbrennliche Stoffe abzuscheiden, welche den Thieren als Nahrung dienen, und so ist auch in dem bunten Wechsel des organischen Lebens die treibende Kraft nur aus dem ewigen grossen Vorrathe des Weltalls herzuleiten.

Dies erhabene Bild des Zusammenhangs aller Naturvorgänge ist in neuerer Zeit oft ausgemalt worden; ich brauche hier nur an seine grossen Züge zu erinnern. Wenn die Aufgabe der Naturwissenschaften ist, die Gesetze zu finden, so ist hier in der That ein Schritt nach vorwärts von umfassendster Bedeutung geschehen.

Die eben erwähnte Anwendung des Gesetzes von der Erhaltung der Kraft auf die Vorgänge in Thieren und Pflanzen führt uns zu einer anderen Richtung hinüber, in welcher die Erkenntniss der Gesetzmässigkeit der Natur Fortschritte gemacht hat. Das genannte Gesetz ist nämlich auch in den principiellen Fragen der Physiologie von der eingreifendsten Bedeutung; und eben deshalb wurden R. Mayer und ich selbst gerade von Seite der Physiologie her zu den auf die Erhaltung der Kraft bezüglichen Untersuchungen geführt.

Den Erscheinungen der unorganischen Natur gegenüber bestand schon längst kein Zweifel mehr, die Grundsätze der Methode betreffend. Es war klar, dass feste Gesetze der Erscheinungen zu suchen waren, und Beispiele genug waren bekannt, dass solche Gesetze sich finden liessen.

Der grösseren Verwickelung der Lebensvorgänge, ihrer Verbindung mit den Seelenthätigkeiten und der unverkennbaren Zweckmässigkeit der organischen Bildungen gegenüber konnte indessen selbst die Existenz einer festen Gesetzmässigkeit zweifelhaft erscheinen, und in der That hat die Physiologie von jeher mit der Principienfrage gekämpft: Sind alle Lebensvorgänge absolut gesetzmässig? oder giebt es irgend einen kleineren oder grösseren Umkreis derselben, innerhalb dessen Freiheit herrscht? Mehr oder weniger durch Worte verdeckt war und ist, namentlich ausserhalb Deutschlands, noch jetzt die Ansicht von Paracelsus, Helmont und Stahl verbreitet, dass eine „Lebensseele" die organischen Vorgänge regiere, die mehr oder weniger ähnlich begabt sei, wie die bewusste Seele des Menschen. Zwar wurde der Einfluss der unorganischen Naturkräfte auch in den Organismen anerkannt, indem man annahm, dass die Lebensseele Macht über die Materie nur mittels der physikalischen und chemischen Kräfte der Materie selbst habe, und also ohne deren Hilfe nichts ausführen könne, dass ihr aber die Fähigkeit zukomme, die Wirksamkeit dieser Kräfte zu binden und zu lösen, je nachdem es ihr gut scheine.

Nach dem Tode, nicht mehr gebunden durch den Einfluss der Lebensseele oder Lebenskraft, seien es gerade die chemischen Kräfte der organischen Masse, welche die Fäulniss herbeiführten. Uebrigens blieb bei allem Wechsel der Ausdrucksweise, mochte man nun vom Archäus, oder von der Anima inscia, oder von der Lebenskraft und Naturheilkraft sprechen, die Fähigkeit, den Körper planmässig aufzubauen und sich zweckmässig den äusseren Umständen zu accommodiren, das wesentlichste Attribut dieses hypothetischen regierenden Princips der vitalistischen Theorie, für welches deshalb seinen Attributen nach auch nur der Namen einer „Seele" wirklich passte.

Es ist aber klar, dass die genannte Vorstellung dem Gesetze von der Erhaltung der Kraft direct widerspricht. Könnte die Lebenskraft die Schwere eines Gewichts zeitweilig aufheben, so würde dasselbe ohne Arbeit zu beliebiger Höhe geschafft werden können, und später, wenn die Wirkung seiner Schwere wieder freigegeben wäre, beliebig grosse Arbeit zu leisten vermögen. So wäre

Arbeit ohne Gegenleistung aus Nichts zu schaffen. Könnte die Lebenskraft zeitweilig die chemische Anziehung des Kohlenstoffs zum Sauerstoff aufheben, so würde Kohlensäure ohne Arbeitsaufwand zu zerlegen sein, und der freigewordene Kohlenstoff und Sauerstoff wieder neue Arbeit leisten können.

In der That finden wir aber keine Spur davon, dass die lebenden Organismen irgend welches Quantum Arbeit ohne entsprechenden Verbrauch erzeugen könnten. Wenn wir nur auf die Arbeitsleistung Rücksicht nehmen, so sind die Leistungen der Thiere denen der Dampfmaschinen durchaus ähnlich. Die Thiere, wie die genannten Maschinen, können sich bewegen und arbeiten, nur wenn sie fortdauernd Brennmaterial (nämlich Nahrungsmittel) und sauerstoffhaltige Luft zugeführt erhalten; beide geben die aufgenommenen Stoffe in verbranntem Zustande wieder aus, und beide erzeugen dabei Wärme und Arbeit. Die bisherigen Untersuchungen über das Quantum der Wärme, welche ein ruhendes Thier erzeugt, widersprechen auch durchaus nicht der Annahme, dass diese Wärme genau dem Arbeitsäquivalent der in Thätigkeit gesetzten chemischen Verwandtschaftskräfte gleich ist.

Für die Leistungen der Pflanzen ist eine jedenfalls genügend grosse Kraftquelle in den Sonnenstrahlen vorhanden, deren sie bedürfen, um das organische Material ihres Körpers zu vermehren. Indessen sind allerdings für sie sowohl, wie für die Thiere, genaue quantitative Untersuchungen der verbrauchten und erzeugten Kraftäquivalente noch erst auszuführen, um die strenge Uebereinstimmung beider Grössen thatsächlich zu constatiren.

Ist aber das Gesetz von der Erhaltung der Kraft auch für die lebenden Wesen giltig, so folgt daraus, dass die physikalischen und chemischen Kräfte der zum Aufbau ihres Körpers verwendeten Stoffe ohne Unterbrechung und ohne Willkür fortdauernd thätig sind, und dass ihre strenge Gesetzlichkeit in keinem Augenblicke durchbrochen wird.

Die Physiologie musste sich also entschliessen mit einer unbedingten Gesetzlichkeit der Naturkräfte auch in der Erforschung der Lebensvorgänge zu rechnen; sie musste Ernst machen mit der Verfolgung der physikalischen und chemischen Processe, die innerhalb der Organismen vor sich gehen. Es ist dies eine ungeheuer verwickelte und weitläufige Arbeit; aber es ist, namentlich in Deutschland, eine grosse Anzahl rüstiger Arbeiter am Werke, und schon können wir sagen, dass der Lohn nicht ausgeblieben ist, und dass das Verständniss der Lebenserscheinungen in den letzten vierzig

Jahren grössere Fortschritte gemacht hat, als vorher in zwei Jahrtausenden.

Eine nicht hoch genug zu schätzende Unterstützung für diese Klärung der Grundprincipien der Lehre vom Leben kam von der Seite der beschreibenden Naturwissenschaften durch Darwin's Theorie von der Fortbildung der organischen Formen, indem durch sie die Möglichkeit einer ganz neuen Deutung der organischen Zweckmässigkeit gegeben wurde.

Die in der That ganz wunderbare und vor der wachsenden Wissenschaft immer reicher sich entfaltende Zweckmässigkeit im Aufbau und in den Verrichtungen der lebenden Wesen war wohl das Hauptmotiv gewesen, welches zur Vergleichung der Lebensvorgänge mit den Handlungen eines seelenartig wirkenden Princips herausforderte. Wir kennen in der ganzen uns umgebenden Welt nur eine einzige Reihe von Erscheinungen, die einen ähnlichen Charakter zeigen, das sind die Werke und Handlungen eines intelligenten Menschen; und wir müssen anerkennen, dass in unendlich vielen Fällen die organische Zweckmässigkeit den Fähigkeiten der menschlichen Intelligenz so ausserordentlich überlegen erscheint, dass man ihr eher einen höheren als einen niederen Charakter zuzuschreiben geneigt sein möchte.

Man wusste daher vor Darwin nur zwei Erklärungen der organischen Zweckmässigkeit zu geben, welche aber beide auf Eingriffe freier Intelligenz in den Ablauf der Naturprocesse zurückführten. Entweder betrachtete man der vitalistischen Theorie gemäss die Lebensprocesse als fortdauernd geleitet durch eine Lebensseele; oder aber man griff für jede lebende Species auf einen Act übernatürlicher Intelligenz zurück, durch die sie entstanden sein sollte. Die letztere Ansicht nimmt zwar seltenere Durchbrechungen des gesetzlichen Zusammenhanges der Naturerscheinungen an, und erlaubte die gegenwärtig zu beobachtenden Vorgänge in den jetzt bestehenden Arten lebender Wesen streng wissenschaftlich zu behandeln; aber auch sie wusste jene Durchbrechungen nicht vollständig zu beseitigen, und erfreute sich deshalb kaum einer erheblichen Gunst der vitalistischen Ansicht gegenüber, welche gleichsam durch den Augenschein, das heisst durch das natürliche Streben hinter ähnlichen Erscheinungen auch ähnliche Ursachen zu suchen, mächtig gestützt wurde.

Darwin's Theorie enthält einen wesentlich neuen schöpferischen Gedanken. Sie zeigt, wie Zweckmässigkeit der Bildung in den Organismen auch ohne alle Einmischung von Intelligenz durch das blinde Walten eines Naturgesetzes entstehen kann. Es ist dies das Gesetz der Forterbung der individuellen Eigenthümlichkeiten von den Eltern auf die Nachkommen; ein Gesetz, was längst bekannt und anerkannt war, und nur eine bestimmtere Abgrenzung zu erhalten brauchte. Wenn beide Eltern gemeinsame individuelle Eigenthümlichkeiten haben, so nimmt auch die Majorität ihrer Nachkommen an denselben Theil; und wenn auch einige unter diesen vorkommen, die eine Verminderung der genannten Eigenthümlichkeiten zeigen, so finden sich dagegen unter einer grösseren Anzahl regelmässig auch andere, die eine Steigerung derselben Eigenschaften zeigen. Werden nun vorzugsweise die letzteren zur Erzeugung neuer Nachzucht benutzt, so kann eine immer weiter und weiter gehende Steigerung solcher Eigenthümlichkeiten erzielt und vererbt werden. In der That ist dies das Verfahren, welches Thier-, züchter und Gärtner anwenden, um mit grosser Sicherheit neue Racen und Varietäten mit sehr merklich abweichenden Eigenschaften zu erziehen. Die Erfahrungen der künstlichen Züchtung sind wissenschaftlich als eine Bestätigung des angeführten Gesetzes durch das Experiment zu betrachten; und zwar ist dieses Experiment mit Arten aus allen Classen der organischen Reiche, in einer ungeheuren Anzahl von Fällen und in Beziehung auf die verschiedensten Organe des Körpers schon geglückt, und wird fortdauernd tausendfältig wiederholt.

Nachdem auf diese Weise die allgemeine Wirksamkeit des Erblichkeitsgesetzes festgestellt war, handelte es sich für Darwin nur noch darum, zu discutiren, welche Folgen dasselbe Gesetz für die wild lebenden Thiere und Pflanzen haben müsse. Das bekannte Ergebniss ist, dass diejenigen Individuen, welche im Kampfe um das Dasein sich durch irgend welche vortheilhafte Eigenschaften auszeichnen, auch am meisten Wahrscheinlichkeit haben, Nachkommenschaft zu erzeugen, und dieser ihre vortheilhaften Eigenschaften zu vererben. Dadurch ist also eine allmälig von Generation zu Generation sich vervollkommnende Anpassung jeder Art lebender Wesen an die Umstände bedingt, unter denen sie zu leben haben, bis ihr Typus so weit ausgebildet ist, dass jede erhebliche Abweichung von ihm unvortheilhaft wird. Dann wird derselbe fest für so lange Zeit, als die äusseren Bedingungen seiner Existenz im Wesentlichen unverändert bleiben. Einen solchen nahehin festen Zustand scheinen die jetzt lebenden Geschöpfe erreicht zu haben; daher die Constanz der Species wenigstens für die Zeiten der Menschengeschichte vorwiegend beobachtet wird.

Noch besteht lebhafter Streit um die Wahrheit oder Wahrscheinlichkeit von Darwin's Theorie; er dreht sich aber doch eigentlich nur um die Grenzen, welche wir für die Veränderlichkeit der Arten annehmen dürfen. Dass innerhalb derselben Species erbliche Racenverschiedenheiten auf die von Darwin beschriebene Weise zu Stande kommen können, ja dass viele der bisher als verschiedene Species derselben Gattung betrachteten Formen von derselben Urform abstammen, werden auch seine Gegner kaum leugnen. Ob wir uns aber hierauf beschränken müssen, oder ob wir vielleicht alle Säugethiere von einem ersten Beutelthier, oder auch weiter alle Wirbelthiere von einem ersten Lancettfischchen, oder gar alle Thiere und Pflanzen zusammengenommen aus dem schleimigen Protoplasma eines Eozoon ableiten dürfen, darüber entscheiden im Augenblicke allerdings mehr die Neigungen der einzelnen Forscher, als die Thatsachen. Doch häufen sich schon immer mehr die Bindeglieder zwischen den Classen von scheinbar unvereinbarem Typus; schon sind wirklich nachweisbare Uebergänge sehr verschiedener Formen in einander in regelmässig gelagerten geologischen Schichten gefunden worden, und es wächst unverkennbar, seitdem man danach sucht, die Zahl der Thatsachen, welche mit Darwin's Theorie wohl übereinstimmen und ihr im Einzelnen immer speciellere Ausführung geben.

Daneben wollen wir nicht vergessen, welch' klares Verständniss Darwin's grosser Gedanke in die bis dahin so mysteriösen Begriffe der natürlichen Verwandtschaft, des natürlichen Systems und der Homologie der Organe bei verschiedenen Thieren gebracht hat; wie die wunderbare Wiederholung der niederen Thierbildungen bei den Embryonen der höheren, die der natürlichen Verwandtschaft folgende Entwickelung der paläontologischen Formen, die eigenthümlichen Verwandtschaftsverhältnisse innerhalb der geographisch beschränkten Faunen und Floren sich aus ihm erklärt haben. Die natürliche Verwandtschaft erschien sonst nur als eine räthselhafte aber vollkommen grundlose Aehnlichkeit der Formen; jetzt ist sie zur wirklichen Blutsverwandtschaft geworden, Das natürliche System drang sich zwar der Anschauung als solches auf, aber die Theorie leugnete eigentlich jede reelle Bedeutung desselben; jetzt erhält es die Bedeutung eines wirklichen Stammbaums der Organismen. Die Thatsachen der paläontologischen und embryologischen Entwickelung, der geographischen Vertheilung waren räthselhafte Wunderlichkeiten, so lange man jede einzelne Species durch einen unabhängigen Schöpfungsact er-

356

zeugt glaubte, oder warfen gar ein kaum vortheilhaft zu nennen-
des Licht auf das seltsam herumtastende Verfahren, welches dem
Weltenschöpfer dabei zugemuthet wurde. Darwin hat alle diese
vereinzelten Gebiete aus dem Zustande einer Anhäufung räthsel-
hafter Wunderlichkeiten in den Zusammenhang einer grossen Entwickelung erhoben, und an die Stelle einer Art von künstlerischer
Anschauung oder Ahnung, wie sie für die Thatsachen der vergleichenden Anatomie und der Morphologie der Pflanzen schon
für Goethe als einen der ersten aufgegangen war, bestimmte Begriffe gesetzt.

Damit ist auch die Möglichkeit bestimmter Fragestellung für
die weitere Forschung gegeben, ein grosser Gewinn jedenfalls, auch
wenn sich herausstellen sollte, dass Darwin's Theorie nicht die
ganze Wahrheit umfasst, und dass vielleicht neben den von ihm
aufgewiesenen Einflüssen noch andere bei der Umformung der organischen Formen sich geltend gemacht haben sollten.

Während Darwin's Theorie sich ausschliesslich auf die durch
die Reihe der geschlechtlichen Zeugungen eintretende allmälige
Umformung der Arten bezieht, ist bekannt, dass auch das einzelne
Individuum sich den Bedingungen, unter denen es zu leben hat,
bis zu einem gewissen Grade anpasst, oder, wie wir zu sagen pflegen, eingewöhnt; dass also auch noch während des einzelnen Lebens eines Individuums eine gewisse höhere Ausbildung der organischen Zweckmässigkeit gewonnen werden kann. Und gerade in
demjenigen Gebiete des organischen Lebens, wo die Zweckmässigkeit seiner Bildungen den höchsten Grad erreicht und die meiste
Bewunderung erregt hat, nämlich im Gebiete der Sinneswahrnehmungen, lehren die neueren Fortschritte der Physiologie, dass
diese individuelle Anpassung eine ganz hervorragende Rolle spielt.

Wer hat nicht schon die Treue und Genauigkeit der Nachrichten bewundert, welche unsere Sinne uns von der umgebenden
Welt zuführen, vor allen die des in die Ferne dringenden Auges.
Diese Nachrichten sind ja die Voraussetzungen für die Entschlüsse,
die wir fassen, für die Handlungen, die wir ausführen; und nur
wenn unsere Sinne uns richtige Wahrnehmungen zugeführt haben,
können wir erwarten, richtig zu handeln, so dass der Erfolg unseren Erwartungen entspricht. Durch den Erfolg unserer Handlungen prüfen wir immer wieder die Treue der Berichte, welche die
Sinne uns geben, und millionenfach wiederholte Erfahrung lehrt
uns, dass diese Treue sehr gross, fast ausnahmslos ist. Wenigstens
sind die Ausnahmen, die sogenannten Sinnestäuschungen, selten,

und werden nur durch ganz besondere und ungewöhnliche Bedingungen herbeigeführt.

So oft wir die Hand ausstrecken, um etwas zu ergreifen, oder den Fuss vorsetzen, um auf einen Gegenstand zu treten, müssen wir vorher richtige Gesichtsbilder über die Lage des zu berührenden Gegenstandes, seine Form, seine Entfernung u. s. w. gebildet haben, sonst würden wir fehlgreifen, oder fehltreten. Die Sicherheit und Genauigkeit unserer Sinneswahrnehmungen muss mindestens so weit gehen, als die Sicherheit und Genauigkeit, welche unsere Handlungen bei guter Einübung erreichen können; und der Glaube an die Zuverlässigkeit unserer Sinne ist deshalb kein blinder Glaube, sondern ein nach seiner praktischen Richtigkeit durch unzählbare Versuche immer wieder geprüfter und bewährter.

Ist nun diese Uebereinstimmung zwischen den Sinneswahrnehmungen und ihren Objecten, diese Grundlage aller unserer Erkenntnisse, ein vorbereitetes Product der organischen Schöpfungskraft: so hat hier in der That deren zweckmässiges Bilden den Gipfel seiner Vollendung erreicht. Aber gerade hier hat die Untersuchung der wirklichen Thatsachen den Glauben an die vorbestimmte Harmonie der inneren und äusseren Welt auf das unbarmherzigste in Stücke zerschlagen.

Ich schweige von dem immerhin unerwarteten Ergebnisse der ophthalmometrischen und optischen Untersuchungen, wonach das Auge keineswegs ein vollkommeneres optisches Instrument ist, als die von Menschenhänden gemachten, im Gegentheil ausser den unvermeidlichen Fehlern eines jeden dioptrischen Instruments auch solche zeigt, die wir an einem künstlichen Instrumente bitter tadeln würden; dass auch das Ohr uns die äusseren Töne keineswegs im Verhältnisse ihrer wirklichen Stärke zuträgt, sondern sie eigenthümlich zerlegt, verändert und nach der Verschiedenheit ihrer Höhe in sehr verschiedenem Maasse verstärkt oder schwächt.

Diese Abweichungen verschwinden gegen diejenigen, welche wir finden, wenn wir die Qualitäten der Sinnesempfindungen untersuchen, durch welche uns von den verschiedenen Eigenschaften der äusseren Dinge Kunde gegeben wird. In Bezug auf letztere können wir geradezu den Beweis führen, dass gar keine Art und kein Grad von Aehnlichkeit besteht zwischen der Qualität einer Sinnesempfindung und der Qualität des äusseren Agens, durch welches sie erregt ist, und welches durch sie abgebildet wird.

Es war dies der Hauptsache nach schon durch das von Jo-

hannes Müller aufgestellte Gesetz von den specifischen Sinnesenergien dargelegt worden. Danach kommt jedem Sinnesnerven
eine eigenthümliche Weise der Empfindung zu; jeder kann zwar
durch eine ganze Anzahl von Erregungsmitteln in Thätigkeit gebracht werden, aber dasselbe Erregungsmittel kann meist auch
verschiedene Sinnesorgane afficiren; und wie dies auch geschehen
mag, immer entsteht im Sehnerven nur Lichtempfindung, im Hörnerven nur Tonempfindung, überhaupt in jedem einzelnen empfindenden Nerven nur eine seiner besonderen specifischen Energie
entsprechende Empfindung. Die allereingreifendsten Unterschiede
der Qualitäten der Empfindung, nämlich die zwischen den Empfindungen verschiedener Sinne, hängen also durchaus nicht von der
Natur des äusseren Erregungsmittels, sondern nur von der Natur
des getroffenen Nervenapparates ab.

Die Tragweite dieses Müller'schen Gesetzes ist durch die
weiteren Forschungen nur vergrössert worden. Es ist höchst wahrscheinlich geworden, dass selbst die Empfindungen verschiedener
Farben und verschiedener Tonhöhen, also auch die qualitativen
Unterschiede der Lichtempfindungen unter einander und der Tonempfindungen unter einander, von der Erregung verschiedener und
mit verschiedenen specifischen Energien begabter Fasersysteme
des Sehnerven, beziehlich des Hörnerven abhängen. Die unendlich viel grössere objective Mannigfaltigkeit der Lichtmischungen
wird dadurch in der Empfindung auf eine nur dreifache Verschiedenartigkeit, nämlich auf die der Mischungen von drei Grundfarben, zurückgeführt. Wegen dieser Reducirung der Unterschiede
können sehr verschiedene Lichtmischungen gleich aussehen. Dabei
hat sich dann gezeigt, dass keinerlei Art von physikalischer Gleichheit der subjectiven Gleichheit verschieden gemischter Lichtmen-
gen von gleicher Farbe entspricht. Es geht aus diesen und ähnlichen Thatsachen die überaus wichtige Folgerung hervor, dass
unsere Empfindungen nach ihrer Qualität nur Zeichen für die
äusseren Objecte sind, und durchaus nicht Abbilder von irgend
einem Grade der Aehnlichkeit. Ein Bild muss in irgend einer
Beziehung seinem Objecte gleichartig sein; wie zum Beispiel
eine Statue mit dem abgebildeten Menschen gleiche Körperform,
ein Gemälde gleiche Farbe und gleiche perspectivische Projection
hat. Für ein Zeichen genügt es, dass es zur Erscheinung kommt,
so oft der zu bezeichnende Vorgang eintritt, ohne dass irgend welche andere Art von Uebereinstimmung, als die Gleichzeitigkeit des
Auftretens zwischen ihnen existirt; nur von dieser letzteren Art

ist die Correspondenz zwischen unseren Sinnesempfindungen und ihren Objecten. Sie sind Zeichen, welche wir lesen gelernt haben, sie sind eine durch unsere Organisation uns mitgegebene Sprache, in der die Aussendinge zu uns reden; aber diese Sprache müssen wir durch Uebung und Erfahrung verstehen lernen, eben so gut wie unsere Muttersprache.

Und nicht bloss mit den qualitativen Unterschieden der Empfindungen verhält es sich so, sondern auch jedenfalls mit dem grössten und wichtigsten Theil, wenn nicht mit der Gesammtheit der räumlichen Unterschiede in unseren Wahrnehmungen. In dieser Beziehung ist namentlich die neuere Lehre vom binocularen Sehen und die Erfindung des Stereoskops von Wichtigkeit geworden. Was die Empfindung der beiden Augen uns unmittelbar und ohne Vermittelung psychischer Thätigkeiten liefern könnte, wären höchstens zwei etwas verschiedene flächenhafte Bilder der Aussenwelt von je zwei Dimensionen, wie sie auf den beiden Netzhäuten liegen; statt dessen finden wir in unserer Anschauung ein räumliches Bild der uns umgebenden Welt von drei Dimensionen vor. Wir erkennen sinnlich eben so gut die Entfernung der nicht allzu entfernten Gegenstände von uns, wie ihr perspectivisches Nebeneinanderstehen, und vergleichen die wahre Grösse zweier verschieden weit entfernter Objecte von ungleicher scheinbarer Grösse viel sicherer mit einander, als die gleiche scheinbare Grösse eines Fingers etwa und des Mondes.

Eine vor allen einzelnen Thatsachen stichhaltende Erklärung der räumlichen Gesichtswahrnehmungen gelingt es meines Erachtens nur zu geben, wenn man mit Lotze annimmt, dass den Empfindungen der räumlich verschieden gelagerten Nervenfasern gewisse Verschiedenheiten, Localzeichen, anhaften, deren Raumbedeutung von uns gelernt wird. Dass eine Kenntniss dieser Bedeutung unter solchen Voraussetzungen und unter Beihilfe der Bewegungen unseres Körpers gewonnen werden kann, und dass dabei gleichzeitig zu lernen ist, wie die Bewegungen richtig ausgeführt werden, um ihren erwarteten Erfolg zu erreichen und dessen Erreichung wahrzunehmen, ist von mehreren Seiten ausgeführt worden.

Dass die Erfahrung bei der Deutung der Gesichtsbilder ausserordentlich einflussreich ist, und im Falle des Zweifels meist endgiltig entscheidet, geben auch diejenigen Physiologen zu, welche möglichst viel von der angeborenen Harmonie der Sinne mit der Aussenwelt retten möchten. Der Streit bewegt sich gegenwärtig fast nur noch um die Frage, wie breit beim Neugeborenen etwa die Einmischung angeborener Triebe ist, welche die Einübung in das Verständniss der Sinnesempfindungen erleichtern könnten. Nothwendig ist die Annahme solcher Triebe nicht; ja sie erschwert eher die Erklärung der gut beobachteten Phänomene beim Erwachsenen, als dass sie sie erleichtert [1]).

Daraus geht nun hervor, dass diese feine und viel bewunderte Harmonie zwischen unseren Sinneswahrnehmungen und ihren Objecten im Wesentlichen und mit nur zweifelhaften Ausnahmen eine individuell erworbene Anpassung ist, ein Product der Erfahrung, der Einübung, der Erinnerung an die früheren Fälle ähnlicher Art.

Hier schliesst sich der Ring unserer Betrachtungen wieder zusammen und führt zu seinem Ausgangspunkt zurück. Wir sahen im Anfange, dass das, was unsere Wissenschaft zu erstreben hat, die Kenntniss der Gesetze sei, das heisst die Kenntniss, wie zu verschiedenen Zeiten auf gleiche Vorbedingungen gleiche Folgen eintreten. Wir sahen, wie in letzter Instanz alle Gesetze in Gesetze der Bewegung aufgelöst werden müssen. Wir sehen nun hier am Schlusse, dass unsere Sinnesempfindungen nur Zeichen für die Veränderungen in der Aussenwelt sind, und nur in der Darstellung der zeitlichen Folge die Bedeutung von Bildern haben. Eben deshalb sind sie aber auch im Stande, die Gesetzmässigkeit in der zeitlichen Folge der Naturphänomene direct abzubilden. Wenn unter gleichen Umständen in der Natur die gleiche Wirkung eintritt, so wird auch der unter gleichen Umständen beobachtende Mensch die gleiche Folge von Eindrücken sich gesetzmässig wiederholen sehen. So genügt, was unsere Sinnesorgane leisten, gerade für die Erfüllung der Aufgabe der Wissenschaft, und genügt auch gerade für die praktischen Zwecke des handelnden Menschen, der sich auf die theils unwillkürlich durch die alltägliche Erfahrung, theils absichtlich durch die Wissenschaft erworbene Kenntniss der Naturgesetze stützen muss.

Indem wir hiermit unsere Uebersicht schliessen, dürfen wir wohl ein uns befriedigendes Facit ziehen. Die Wissenschaft von der Natur ist rüstig vorgeschritten, und zwar nicht nur zu vereinzelten Zielen, sondern in einem gemeinsamen grossen Zusammenhange; das schon Geleistete mag die Erreichung weiterer Fortschritte verbürgen. Die Zweifel an der vollen Gesetzmässigkeit

---

[1]) Eine weitere Ausführung über diese Verhältnisse findet sich in meinen drei Vorlesungen über die neuern Fortschritte in der Theorie des Sehens (Seite 233 dieses Bandes).

der Natur sind immer mehr zurückgedrängt worden, immer allgemeinere und umfassendere Gesetze haben sich enthüllt. Dass diese Richtung des wissenschaftlichen Strebens eine gesunde ist, haben namentlich ihre grossen praktischen Folgen deutlich erwiesen; und hier mag es mir erlaubt sein, die von mir speciell vertretene Wissenschaft besonders hervorzuheben. Gerade in der Physiologie war die wissenschaftliche Arbeit durch die Zweifel an der nothwendigen Gesetzlichkeit, das heisst also an der Begreiflichkeit der Lebenserscheinungen von lähmendem Einflusse gewesen, und derselbe erstreckte sich natürlich auch auf die von der Physiologie abhängende praktische Wissenschaft, die Medicin. Beide haben einen seit Jahrtausenden nicht dagewesenen Aufschwung gewonnen, seit man mit Ernst und Eifer sich der naturwissenschaftlichen Methode, der genauen Beobachtung der Erscheinungen, dem Versuch zugewendet hat. Ich kann als früherer praktischer Arzt persönlich davon Zeugniss ablegen. Meine Ausbildung fiel in eine Entwickelungsperiode der Medicin, wo bei den nachdenkenden und gewissenhaften Köpfen völlige Verzweiflung herrschte. Dass die alten, überwiegend theoretisirenden Methoden, die Medicin zu betreiben, gänzlich haltlos waren, war nicht schwer zu erkennen; mit diesen Theorien aber waren die wirklich ihnen zu Grunde liegenden Erfahrungsthatsachen so unentwirrbar verstrickt, dass auch diese meist über Bord geworfen wurden. Wie man die Wissenschaft neu erbauen müsse, war an dem Beispiel der übrigen Naturwissenschaften wohl klar geworden; aber die neue Aufgabe stand riesengross vor uns, sie zu überwältigen war kaum ein Anfang gemacht, und diese ersten Anfänge waren zum Theil recht grob und ungeschickt. Wir dürfen uns nicht wundern, wenn viele redliche und ernsthaft denkende Männer sich damals in Unbefriedigung von der Medicin abwendeten, oder grundsätzlich sich einem übertriebenen Empirismus ergaben.

Aber die rechte Arbeit brachte auch schneller ihre rechten Früchte, als es von Vielen gehofft wurde. Die Einführung der mechanischen Begriffe in die Lehre von der Circulation und Respiration, das bessere Verständniss der Wärmeerscheinungen, die feiner ausgebildete Physiologie der Nerven ergaben schnell praktische Consequenzen von der grössten Wichtigkeit; die mikroskopische Untersuchung der parasitischen Gewebeformen, die grossartige Entwickelung der pathologischen Anatomie lenkten von nebelhaften Theorien unwiderstehlich auf die Wirklichkeit hin. Hier fand man viel bestimmtere Unterschiede und ein viel deutlicheres Verständniss des Mechanismus der Krankheitsprocesse, als es das Pulszählen, die Harnsedimente und der Fiebertypus der älteren Medicin je gegeben hatten. Darf ich einen Zweig der Medicin nennen, in welchem sich der Einfluss der naturwissenschaftlichen Methode wohl am glänzendsten gezeigt hat, so ist es die Augenheilkunde. Die eigenthümliche Beschaffenheit des Auges begünstigt die Anwendung physikalischer Untersuchungsmethoden, sowohl für die functionellen, wie für die anatomischen Störungen des lebenden Organs. Einfache physikalische Hilfsmittel, Brillen, bald sphärisch, bald cylindrisch, bald prismatisch, genügen in vielen Fällen zur Beseitigung von Missständen, die einer früheren Zeit das Organ dauernd leistungsunfähig erscheinen liessen; andererseits sind eine grosse Anzahl von Veränderungen, die früher erst zu erkennen waren, wenn sie unheilbare Blindheit herbeigeführt hatten, jetzt in ihren Anfängen sicher zu entdecken und zu beseitigen. Die Augenheilkunde hat auch wohl eben deshalb, weil sie der wissenschaftlichen Methode die günstigsten Anhaltspunkte darbietet, besonders viele ausgezeichnete Forscher angezogen und sich schnell zu ihrer jetzigen Stellung entwickelt, in der sie den übrigen Zweigen der Medicin etwa ebenso als leuchtendes Beispiel der Leistungsfähigkeit der ächten Methode vorangeht, wie es lange Zeit die Astronomie den übrigen Naturwissenschaften that.

Während in der Erforschung der unorganischen Natur die verschiedenen Nationen Europas ziemlich gleichmässig vorschritten, gehört die neuere Entwickelung der Physiologie und Medicin vorzugsweise Deutschland an. Ich habe die Hindernisse schon bezeichnet, welche dem Fortschritt in diesen Gebieten früher entgegenstanden. Die Fragen über die Natur des Lebens hängen eng mit psychologischen und ethischen Fragen zusammen. Zunächst handelt es sich freilich auch hier um den unermüdlichen Fleiss, der für rein ideale Zwecke und ohne nahe Aussicht auf praktischen Nutzen der reinen Wissenschaft zugewendet werden muss. Und wir dürfen es ja wohl von uns rühmen, dass gerade durch diesen begeisterten und entsagenden Fleiss, der für die innere Befriedigung und nicht für den äusseren Erfolg arbeitet, sich die deutschen Forscher von jeher ausgezeichnet haben.

Aber das Entscheidende war meiner Meinung nach in diesem Falle etwas Anderes, nämlich, dass bei uns eine grössere Furchtlosigkeit herrscht vor den Consequenzen der ganzen und vollen Wahrheit, als anderswo. Auch in England und Frankreich giebt es ausgezeichnete Forscher, welche mit voller Energie in dem rechten Sinne der naturwissenschaftlichen Methode zu arbeiten im Stande wären; aber sie mussten sich bisher fast immer beugen vor gesellschaftlichen und kirchlichen Vorurtheilen, und konnten, wenn sie ihre Ueberzeugung offen aussprechen wollten, dies nur zum Schaden ihres gesellschaftlichen Einflusses und ihrer Wirksamkeit thun.

Deutschland ist kühner vorgegangen; es hat das Vertrauen gehabt, welches noch nie getäuscht worden ist, dass die vollerkannte Wahrheit auch die Heilmittel mit sich führt gegen die Gefahren und Nachtheile, welche das halbe Erkennen der Wahrheit hier und da mit sich bringen mag. Ein arbeitsfrohes, mässiges, sittenstrenges Volk darf solche Kühnheit üben, es darf der Wahrheit voll in das Antlitz zu schauen suchen; es geht nicht zu Grunde an der Aufstellung einiger voreiligen und einseitigen Theorien, wenn diese auch die Grundlagen der Sittlichkeit und der Gesellschaft anzutasten scheinen sollten.

Wir stehen hier nahe an den Südgrenzen des deutschen Vaterlandes. In der Wissenschaft brauchen wir ja wohl nicht nach politischen Grenzen zu fragen, sondern da reicht unser Vaterland so weit, als die deutsche Zunge klingt, als deutscher Fleiss und deutsche Unerschrockenheit im Ringen nach Wahrheit Anklang finden. Und dass sie hier Anklang finden, haben wir aus der gastlichen Aufnahme und aus den begeisterten Worten, mit denen wir begrüsst wurden, erkennen können. Eine junge medicinische Facultät wird hier gebildet. Wir wollen ihr den Wunsch auf ihren Lebensweg mitgeben, dass sie sich kräftig entwickeln möge in diesen Cardinaltugenden deutscher Wissenschaft; dann wird sie die Heilmittel nicht nur für körperliche Leiden zu finden wissen; dann wird sie ein belebendes Centrum sein für die Stärkung der geistigen Selbstständigkeit, Ueberzeugungstreue und Wahrheitsliebe, ein Centrum auch zur Stärkung des Gefühls für den Zusammenhang mit dem grossen Vaterlande.

ÜBER

DAS SEHEN DES MENSCHEN.

Ein populär wissenschaftlicher Vortrag,

gehalten

zu Königsberg in Pr. zum Besten von Kant's Denkmal
am 27. Februar 1855.

Geehrte Versammlung!

Es hat uns hier das Andenken eines Mannes vereint, welcher vielleicht mehr, als irgend ein anderer, dazu beigetragen hat, den Namen unserer Stadt unauflöslich mit der Culturgeschichte der Menschheit zu verknüpfen, das Andenken Kant's, des Philosophen. Ihm wünschen wir ein Denkmal zu setzen, welches fortan verkünden soll, dass unsere Zeit und unsere Stadt eine dankbare und ehrende Erinnerung für Männer hat, denen sie wissenschaftlichen Fortschritt und Belehrung verdankt. Ihm will auch ich durch meine heutige Bemühung einen Zoll der Achtung und Verehrung darzubringen suchen. — Wie? der Naturforscher dem Philosophen? wird vielleicht mancher von Ihnen fragen, der einigermaassen mit den wissenschaftlichen Richtungen der neueren Zeit bekannt ist. Weiss man nicht allgemein, dass Naturforscher und Philosophen gegenwärtig nicht gerade gute Freunde sind, wenigstens in ihren wissenschaftlichen Arbeiten? Weiss man nicht, dass zwischen beiden lange Zeit hindurch ein erbitterter Streit geführt worden ist, der neuerdings zwar aufgehört zu haben scheint, aber jedenfalls nicht deshalb, weil eine Partei die andere überzeugt hätte, sondern, weil jede die andere zu überzeugen verzweifelt ist? Man hört die Naturforscher sich gern und laut dessen rühmen, die grossen Fortschritte ihrer Wissenschaft in der neuesten Zeit hätten angehoben von dem Augenblicke, wo sie ihr Gebiet von den Einflüssen der Naturphilosophie ganz und vollständig gereinigt hätten. Solche unter Ihnen, welche diese Verhältnisse kennen, werden sie nicht denken, eigentlich sei es nicht ein herzlicher Antheil an der Sache, der mich heute hierher führe, sondern es seien äussere Rücksichten auf die Stadt, die Hochschule, der Kant einst angehörte, und der auch ich gegenwärtig anzugehören die Ehre habe, vielleicht sei es auch die gewöhnliche Klugheit kämpfender Parteien, dadurch ein gutes Licht auf sich selbst zu werfen, dass sie unschädlich gewordene Gegner rühmen und ehren?

Ich aber versichere Ihnen, dass es nicht bloss äussere Rücksichten oder verdeckte Gegnerschaft sind, die mich leiten, sondern volle Anerkennung und Hochachtung. Ich habe deshalb für meinen heutigen Vortrag einen Gegenstand gewählt, an dem Sie erkennen sollen, wie die Gedanken des grossen Philosophen auch noch gegenwärtig in Zweigen der Wissenschaft fortleben und sich entwickeln, wo man es vielleicht nicht erwartet haben sollte. Die principielle Spaltung, welche jetzt Philosophie und Naturwissenschaften trennt, bestand noch nicht zu Kant's Zeiten. Kant stand in Beziehung auf die Naturwissenschaften mit den Naturforschern auf genau denselben Grundlagen, er selbst interessirte sich lebhaft für Newton's Theorie der Bewegungen der Weltkörper, für dieses grossartigste Gedankenwerk, welches der menschliche Verstand bis dahin erbaut hatte, in welchem aus der einfachsten Grundlage, der allgemeinen Gravitationskraft, sich in strengster Folgerichtigkeit die unendliche Mannigfaltigkeit der himmlischen Bewegungen entwickelt, und welches gleichsam als das Vorbild für alle späteren naturwissenschaftlichen Theorien betrachtet werden kann. Ja Kant versuchte selbst, ganz in Newton's Sinne, eine Hypothese über die Entstehung unseres Planetensystems unter der Einwirkung der Gravitationskraft auszubilden, ein Versuch, der uns sogar berechtigen könnte, den Philosophen auch unter die Zahl der Naturforscher zu setzen.

Die Naturwissenschaften stehen noch jetzt fest auf denselben Grundsätzen, die sie zu Kant's Zeiten hatten, und zu deren fruchtbarer Anwendung Newton das grosse Beispiel gegeben hat, sie haben sich nur reicher entfaltet, und ihre Grundsätze an einer immer grösseren Fülle von Einzelheiten geltend gemacht. Aber die Philosophie hat ihre Stellung zu ihnen verändert. Kant's Philosophie beabsichtigte nicht, die Zahl unserer Kenntnisse durch das reine Denken zu vermehren, denn ihr oberster Satz war, dass alle Erkenntniss der Wirklichkeit aus der Erfahrung geschöpft werden müsse, sondern sie beabsichtigte nur, die Quellen unseres Wissens und den Grad seiner Berechtigung zu untersuchen, ein Geschäft, welches immer der Philosophie verbleiben wird, und dem sich kein Zeitalter ungestraft wird entziehen können.

Auch Fichte, der gewaltige Denker, welcher unter Kant's Auspicien seine wissenschaftliche Laufbahn ebenfalls in unserer Stadt begonnen hatte, so fremd und schroff er sich auch der gemeinen Anschauungsweise der Welt entgegenstellt, befindet sich, soweit ich urtheilen kann, in keinem principiellen Gegensatze gegen die Naturwissenschaften, vielmehr ist seine Darstellung der sinnlichen Wahrnehmung in der genauesten Uebereinstimmung mit den Schlüssen, welche später die Physiologie der Sinnesorgane aus den Thatsachen der Erfahrung gezogen hat, und von denen ich Ihnen einen Theil heut vorzulegen denke.

Aber als nach seinem Tode Schelling die Wissenschaft des südlichen, Hegel die des nördlichen Deutschlands beherrschte, hub der Zwist an. Nicht mehr zufrieden mit der Stellung, welche Kant ihr angewiesen hatte, glaubte die Philosophie neue Wege entdeckt zu haben, um die Resultate, zu denen die Erfahrungswissenschaften schliesslich gelangen müssten, im Voraus auch ohne Erfahrung durch das reine Denken finden zu können. Sie verzweifelte nicht, alle höchsten Fragen über Himmel und Erde, Gegenwart und Zukunft in ihr Bereich ziehen zu können. Der Gegensatz dieser Schulen gegen die wissenschaftlichen Grundsätze der Naturforschung sprach sich namentlich deutlich in der höchst unphilosophisch leidenschaftlichen Polemik Hegel's und einiger seiner Schüler gegen Newton und dessen Theorien aus. Die Naturwissenschaften, welche damals neben dem überwiegend philosophischen Interesse der Gebildeten in Deutschland wenig gepflegt waren, unterlagen meistens. Wer sollte nicht den kurzen, selbstschöpferischen Weg des reinen Denkens der mühevollen, langsam fortschreitenden Tagelöhnerarbeit der Naturforschung vorzuziehen geneigt sein? Wenige ehrenvolle Ausnahmen unter den deutschen Naturforschern, v. Humboldt, Erman, Pfaff, kämpften beharrlich, aber vereinzelt gegen das, was man Philosophie der Natur nannte, bis endlich der grosse Aufschwung der Naturwissenschaften in den europäischen Nachbarländern auch Deutschland mit sich fortriss.

Die Philosophie hatte Alles in Anspruch nehmen wollen, jetzt ist man kaum noch geneigt, ihr einzuräumen, was ihr wohl mit Recht zukommen möchte. Aber darf es wundern, wenn auf die überfliegenden Hoffnungen tiefe Niedergeschlagenheit folgte, wenn man die jüngsten Systeme der Philosophie mit der Philosophie überhaupt verwechselt, und das Misstrauen gegen jene auf die ganze Wissenschaft überträgt?

Der Punkt, an dem sich Philosophie und Naturwissenschaften am nächsten berühren, ist die Lehre von den sinnlichen Wahrnehmungen des Menschen. Ich will mich daher bemühen, Ihnen die Resultate der Naturwissenschaften für das Sinnesorgan darzulegen, dessen Verrichtungen bisher am vollständigsten untersucht werden konnten, nämlich das Auge. Sie werden dann selbst urtheilen können, in welchem Verhältnisse hier die Ergebnisse der Erfahrung zu denen der Philosophen stehen.

Das Auge ist ein von der Natur gebildetes optisches Instrument, eine natürliche Camera obscura. Ich setze voraus, dass der grösste Theil meiner Zuhörer schon Daguerre'sche oder photographische Bilder hat anfertigen sehen, und sich das Instrument ein wenig betrachtet hat, welches dazu gebraucht wird. Dieses Instrument ist eine Camera obscura. Sein Bau ist ausserordentlich einfach; es ist im Wesentlichen nichts als ein innen geschwärzter Kasten von Holz, an dessen einer Seite eine Glaslinse eingesetzt ist, und auf dessen entgegengesetzter Seite sich eine mattgeschliffene Glastafel befindet. Wenn die Seite des Kastens, welche die Linse enthält, nach irgend einem gut beleuchteten entfernteren Gegenstande hingewendet wird, sieht man ein verkleinertes, bei richtiger Einstellung des Instruments sehr scharf gezeichnetes und mit den natürlichen Farben geschmücktes, aber auf dem Kopfe stehendes Bild des Gegenstandes auf der matten Glastafel entworfen. Nachdem der Photograph seinem Instrumente die richtige Stellung gegeben hat, entfernt er die Glastafel, und bringt an ihre Stelle die bearbeitete Silberplatte, so dass sich auf dieser dasselbe Bild entwirft, wie vorher auf der Glasplatte. Auf der Silberplatte bleibt das Bild sichtbar erhalten, weil ihre Oberfläche an den helleren Theilen des Bildes durch die Einwirkung des Lichts eigenthümlich verändert wird. Die allgemein bekannten Lichtbilder sind also in der That nur fixirte Bilder einer Camera obscura.

Ein eben solches Instrument ist nun das Auge; der einzige wesentliche Unterschied mit demjenigen, welches beim Photographiren gebraucht wird, besteht darin, dass statt der matten Glastafel oder lichtempfindlichen Platte im Hintergrunde des Auges die empfindliche Nervenhaut oder Netzhaut liegt, in welcher das Licht Empfindungen hervorruft, die durch die im Sehnerven zusammengefassten Nervenfasern der Netzhaut dem Gehirn, als dem körperlichen Organe des Bewusstseins, zugeführt werden. In der äusseren Form weicht die natürliche Camera obscura von der künstlichen wohl ab, statt des viereckigen Holzkastens finden Sie den runden Augapfel, dessen feste Wand von einer weissen Sehnenhaut gebildet wird, deren vorderen Theil wir auch am lebenden Menschen als das Weisse des Auges erblicken. Die schwarze Farbe, mit der der Kasten der Camera obscura innen ausgestrichen ist, ersetzt am Auge eine zweite, feinere, braunschwarz gefärbte Haut, die Aderhaut. Von ihr sehen wir am lebenden Auge ebenfalls nur das vordere Ende, nämlich die Iris, den blauen oder braunen Kreis, welcher die mittlere dunkelschwarze Oeffnung, die Pupille, umgiebt. Die Iris ist auf ihrer hinteren Seite tief schwarz, wie die übrige Aderhaut, auf der vorderen Seite aber, welche wir erblicken, liegen ungefärbte oder wenig gefärbte Schichten. Die blaue Farbe der Iris entsteht nicht durch einen besonderen Farbstoff, sondern hat denselben Grund, wie die blaue Farbe verdünnter Milch, sie ist weisslichen trüben Mitteln eigenthümlich, welche vor einem dunklen Grunde stehen. Die braune Farbe der Iris entsteht dagegen durch Ablagerung kleiner Mengen desselben braunschwarzen Farbstoffs in den vorderen Schichten der Iris, welcher ihre hintere Fläche bedeckt. Daher kann die Färbung auch wechseln, wenn mit der Zeit sich Farbstoff in der Iris ablagert. Schon der berühmte griechische Philosoph Aristoteles berichtet, dass alle Kinder mit blauen Augen geboren würden, auch wenn sie später braune bekämen. Sie sehen, dass in alter Zeit auch die Philosophen zu beobachten wussten.

Der schwarze Kreis in der Mitte des braunen oder blauen, die sogenannte Pupille, ist also eine Oeffnung, durch welche das Licht in den hinteren Theil des Auges eindringt. Ist die Lichtmenge zu gross, so wird die Pupille enger, ist sie sehr gering, so wird sie weiter. Vor der Pupille liegt uhrglasförmig gewölbt die durchsichtige Hornhaut, deren Oberfläche durch die über sie hinsickernde Thränenfeuchtigkeit und das Blinzen der Augenlider stets spiegelblank erhalten wird. Hinter der Pupille liegt noch ein sehr klarer, durchsichtiger, linsenförmiger Körper, die Krystalllinse, dessen Anwesenheit im lebenden Auge nur schwache Lichtreflexe verrathen. Das Innere des Auges ist übrigens mit Flüssigkeit gefüllt. Die Krystalllinse im Verein mit der gekrümmten Fläche der Hornhaut vertritt im Auge die Stelle der Glaslinse in der Camera obscura des Photographen. Sie entwerfen verkleinerte, natürlich gefärbte, aber auf dem Kopfe stehende Bilder der äusseren Gegenstände auf der Fläche der Netzhaut, welche letztere im Hintergrunde des Auges vor der Aderhaut liegt. Um die Netzhaut des lebenden Auges zu sehen, habe ich vor einigen Jahren ein kleines optisches Instrument, den Augenspiegel, construirt, mit dem man nun auch die Netzhautbilder im Auge eines Andern direct sehen und sich von ihrer Schärfe, Stellung u. s. w. überzeugen kann.

Wir sagten vorher, der Photograph müsse sein Instrument für den Gegenstand, den er abbilden will, richtig einstellen. In der That findet man bei genauer Betrachtung der Bilder in der Camera obscura, dass, wenn ferne Gegenstände mit scharfen Umrissen abgebildet werden, nähere verwaschen erscheinen, und umgekehrt. Der Photograph muss die Linse seines Instruments der Tafel, auf der das Bild entworfen wird, etwas näher rücken, wenn er ferne Gegenstände, er muss sie etwas entfernen, wenn er nahe abbilden will. Etwas Aehnliches kommt beim Auge vor. Dass Sie nicht gleichzeitig ferne und nahe Gegenstände deutlich sehen, davon überzeugen Sie sich am leichtesten und besten, wenn Sie einen Schleier etwa sechs Zoll von den Augen entfernt halten, und das eine Auge schliessen. Sie können dann willkürlich und ohne die Richtung des Blicks zu ändern, bald durch den Schleier hin ferne Gegenstände betrachten, wobei Ihnen der Schleier nur noch als eine verwaschene Trübung des Gesichtsfeldes erscheint, Sie aber nicht die einzelnen Fäden des Schleiers erkennen, oder Sie können die Fäden des Schleiers betrachten, wobei Sie dann aber nicht mehr die Gegenstände des Hintergrundes deutlich erkennen. Man fühlt bei diesem Versuche eine gewisse Anstrengung im Auge, indem man von einem zum anderen Gesichtspunkte übergeht. In der That wird dabei die Form der Krystalllinse durch besondere, im Auge liegende Muskelapparate willkürlich geändert. Diese Veränderung, vermöge deren das Auge sich willkürlich bald für nahe, bald für ferne Gegenstände einrichten kann, nennt man die Accommodation für die Nähe oder die Ferne. Auch die Veränderungen der Bilder bei veränderter Accommodation kann man durch den Augenspiegel direct beobachten.

Ich verweile hier noch einen Augenblick dabei, was für ein Bewenden es eigentlich mit dem optischen Bilde im Auge und den optischen Bildern überhaupt habe. Lichtstrahlen, welche aus einem durchsichtigen Mittel in ein anderes übergehen, z. B. aus Luft in Glas, oder aus Luft in die Augenflüssigkeiten, werden von ihrer früheren Richtung abgelenkt, sie werden „gebrochen", wenn sie nicht etwa gerade senkrecht gegen die Trennungsfläche auffallen. Die Glaslinse der Camera obscura und die durchsichtigen Mittel des Auges verändern nun den Weg der Lichtstrahlen, welche von einem lichten Punkte eines abgebildeten Gegenstandes ausgegangen sind, so, dass sie alle in einem Punkte, dem entsprechenden Punkte des Bildes, sich wieder vereinigen. Liegt dieser Vereinigungspunkt der Lichtstrahlen in der Fläche der Netzhaut, so wird dieser Punkt der Netzhaut von allem Lichte getroffen, welches von dem entsprechenden Punkte des Gegenstandes her in das Auge fällt, und nichts von diesem Lichte fällt auf andere Theile der Netzhaut. Ebenso wenig wird aber auch jener Punkt von Licht getroffen, welches von irgend einem anderen Punkte des Gegenstandes ausgegangen wäre. Also der betreffende Punkt der Netzhaut empfängt alles Licht, und nur das Licht, welches von dem entsprechenden Punkte des abgebildeten Gegenstandes her in das Auge gefallen ist. Sendet dieser Punkt des Gegenstandes viel Licht aus, so wird der entsprechende Punkt der Netzhaut stark beleuchtet, sendet er wenig aus, so wird der letztere dunkel sein. Sendet ersterer rothes Licht aus, so wird der letztere auch roth, wenn grünes, grün beleuchtet sein u. s. w. So entspricht also jedem Punkte der Aussenwelt ein besonderer Punkt des Bildes, der eine entsprechende Stärke der Beleuchtung und die gleiche Farbe hat, und so entspricht insbesondere im Auge beim deutlichen Sehen jeder einzelne Punkt der Netzhaut einem einzelnen Punkte des äusseren Gesichtsfeldes, so dass er nur von dem Lichte, was von diesem äusseren Punkte hergekommen ist, getroffen, und zur Empfindung angeregt wird. Da somit jeder einzelne Punkt des Gesichtsfeldes durch sein Licht nur einen einzelnen Punkt der empfindenden Nervensubstanz afficirt, kann auch für jeden äusseren Punkt gesondert zum Bewusstsein kommen, welche Menge und Farbe des Lichts ihm angehört. Es wird durch diese Einrichtung des Auges, als eines optischen Apparats, möglich, die verschiedenen hellen Gegenstände unserer Umgebung gesondert wahrzunehmen, und je vollkommener der optische Theil des Auges seinen Zweck erfüllt, desto schärfer ist die Unterscheidung der Einzelheiten des Gesichtsfeldes.

Auf diesen physikalischen Theil der Vorgänge des Sehens, den ich nur als die Grundlage für das Verständniss des Folgenden berühren musste, will ich hier nicht weiter eingehen, so mannigfache interessante Fragen und Thatsachen er auch darbietet. Nur eines will ich erwähnen als Beispiel, wie unser Bild von der Aussenwelt auch durch den Bau des physikalischen Theiles unseres Auges bestimmt wird. Die Sterne erscheinen uns strahlig; „sternförmig" ist in unserer Sprache von gleicher Bedeutung wie „strahlig". In Wahrheit sind die Sterne von runder Gestalt, oder meist so klein, dass wir überhaupt von ihrer Gestalt nichts erkennen können, dass sie uns als untheilbare Punkte erscheinen müssten. Die Strahlen bekommt das Bild des Sternes aber weder in dem Weltenraume, noch in unserer Atmosphäre, sondern damit wird es erst in unserer Krystalllinse geschmückt, welche einen strahligen Bau hat, und die Strahlen, die wir den Sternen zutheilen, sind also in Wahrheit Strahlen unserer Krystalllinse.

Wir sind jetzt also so weit gekommen, dass auf der Fläche der Netzhaut ein optisches Bild entworfen wird, wie es auch in jeder Camera obscura geschieht. Aber die letztere sieht dieses Bild nicht, das Auge sieht es. Worin liegt da der Unterschied? Er liegt darin, dass die Netzhaut, welche im Auge das optische Bild empfängt, ein empfindlicher Theil unseres Nervensystems ist, und dass durch die Einwirkung des Lichts, als eines äusseren Reizes, in ihr Lichtempfindung hervorgerufen wird. Was wissen wir nun über die Erregung der Lichtempfindung durch das Licht?

Die ältere und scheinbar natürlichste Ansicht war, dass die Netzhaut des Auges eine viel grössere Empfindlichkeit hätte, als irgend ein anderer Nervenapparat des Körpers, und deshalb auch die Berührung selbst eines so feinen Agens, wie das Licht, empfinde. Dass die Art des Eindrucks, den das Licht auf das Auge macht, so ganz verschieden ist von der Tonempfindung, von der Wärmeempfindung, von den Empfindungen der Haut für Hartes, Weiches, Rauhes, Glattes u. s. w. schien sich einfach dadurch zu erklären, dass das Licht eben etwas anderes sei, als der Ton, die Wärme, als ein harter oder weicher, rauher oder glatter Körper, und man fand es in der Ordnung, dass jedes Ding, je nach seinen verschiedenen Eigenschaften, auch eigenthümlich empfunden werde.

Dabei waren nun allerdings einige unbequeme Erscheinungen vorhanden, die man gern als unbedeutend bei Seite liegen liess, und nicht beachtete. Wenn man das Auge drückt oder schlägt, treten Lichterscheinungen auf, auch in der tiefsten Dunkelheit. Elektrische Ströme durch das Auge geleitet erzeugen ebenfalls

Lichterscheinungen. Ja wir brauchen so gewaltsame Mittel nicht einmal anzuwenden; wer im vollständigsten Dunkel mit geschlossenen Augen Aufmerksamkeit auf sein Gesichtsfeld wendet, bemerkt darin allerlei wunderliche krause, gesternte oder streifige, verschiedenfarbige Figuren, die fortdauernd wechseln, und ein phantastisches regelloses Spiel ausführen; sie werden heller und schöner gefärbt, wenn man das Auge reibt, oder wenn erregende Getränke oder Krankheiten das Blut zum Kopfe treiben, aber sie fehlen nie ganz. Man nennt sie den Lichtstaub des dunkeln Gesichtsfeldes.

Als man sich zuerst die Mühe nahm, diese Erscheinungen zu beachten und sie erklären zu wollen, meinte man, hier könne wohl durch innere Processe Licht im Auge erzeugt werden. Man erklärte dies durch eine geheimnissvolle Verwandtschaft des Nervenfluidum der Netzhaut mit dem Lichte, vermöge deren eine Erregung des ersteren auch letzteres erzeugen könne. Die leuchtenden Augen der Katzen und Hunde schienen den Beweis der Möglichkeit zu liefern, sie schienen selbständig Licht zu erzeugen, sie sollten besonders hell leuchten, wenn man diese Thiere zum Zorn reizte, also eine Erregung des Nervensystems hervorbrächte. Man glaubte so das in ihrem Auge entwickelte Licht selbst beobachten zu können.

Es wird Ihnen gleich aus der deutschen Volkssage ein Bekenner dieser Ansicht einfallen, der berühmteste aller deutschen Jäger, Herr v. Münchhausen, der nach Verlust des Feuersteins von seiner Flinte sich von einem Bären verfolgt sah, und mit seiner bekannten Geistesgegenwart und Genialität ein unerwartetes Auskunftsmittel traf. Er legte an, zielte, schlug sich mit der Faust in das Auge, dass es Funken sprühte: das Pulver zündete, der Bär war todt. Aber ernsthafte Verlegenheit bereitete ein gerichtlicher Fall, wo der Kläger in einer dunkeln Nacht einen Schlag in das Auge bekommen hatte, und bei dem dadurch erregten Lichtscheine die Person des Angreifers erkannt haben wollte. War die eben ausgeführte physiologische Ansicht richtig, so musste auch die Aussage dieses Mannes für glaublich gehalten werden. Die Theorie von der Lichtentwickelung im Auge wurde also vor Gericht gezogen, und wir sind deshalb so glücklich, ausser den übrigen Gründen, welche gegen sie sprechen, auch durch richterlichen Spruch ihre Verwerflichkeit bestätigt zu sehen.

Eine genauere Prüfung gab der Sache ein ganz anderes Ansehen. Erstens fand sich die vorausgesetzte grosse Empfindlichkeit des Sehnerven gar nicht bestätigt, im Gegentheil schien dessen Verletzung so gut wie gar keinen Schmerz hervorzubringen, während die Verletzung eines anderen, ebenso starken Hautnerven des Körpers von überwältigendem Schmerze begleitet ist. In einzelnen beklagenswerthen Krankheitsfällen muss der Augapfel entfernt werden, um das Leben des Kranken zu retten. Dann hat der Operirte im Augenblicke der Durchschneidung des Sehnerven keinen Schmerz, sondern er glaubt einen Lichtblitz zu sehen.

Ferner stellten sorgfältig angestellte Untersuchungen übereinstimmend heraus, dass die sogenannten leuchtenden Thieraugen in absoluter Dunkelheit niemals leuchteten, sondern dass ihr Leuchten immer nur durch Zurückwerfung von äusserem Lichte entsteht. In der That findet sich im Hintergrunde dieser Augen statt des schwarzen Färbstoffs eine helle, schillernd gefärbte Stelle, das sogenannte Tapetum, welche im Stande ist, das eingefallene Licht lebhaft zurückzuwerfen. Ja später hat Bruecke gelehrt, wie man bei passender Beleuchtung auch die Pupille des menschlichen Auges roth erleuchtet, gleich einer glühenden Kohle, erscheinen lassen kann, und der Gebrauch des Augenspiegels beruht gerade auf dieser Thatsache. Ebenso wenig ist jemals etwas von Licht in dem Auge eines Anderen zu sehen, während dieser selbst in Folge von Druck, elektrischer Ströme oder anderer Ursachen die lebhaftesten Lichtblitze wahrnimmt. Wir können also in diesen Fällen nicht zweifeln, dass Lichtempfindung stattfindet, ohne durch wirkliches Licht angeregt zu sein. Wir wissen aber, dass die Mittel, durch welche wir im Auge Lichtempfindung erregen, Stoss, Druck, mechanische Misshandlung, elektrische Ströme, wenn sie auf irgend einen Nervenapparat wirken, immer dessen Thätigkeit erregen; wir nennen sie deshalb Reizmittel für die Nerven, und können also den allgemeinen Satz aussprechen: Die gewöhnlichen Reizmittel der Nerven erregen auf die Sehnerven wirkend Lichtempfindung, ganz wie das wirkliche Licht, und, können wir hinzusetzen, wenn wir an die Operirten denken, sie erregen im Sehnerven keine andere Empfindung als Lichtempfindung allein.

Wenn wir dieselben Reize auf andere Nerven einwirken lassen, entsteht niemals Lichtempfindung, sondern im Hörnerven werden Schallempfindungen hervorgerufen, in den Hautnerven Tastempfindungen oder Wärmegefühl, von den Muskelnerven aus gar keine Empfindungen, wohl aber Muskelzuckungen. Nur wenn sie

auf das Auge wirken, erregen alle diese Reize Lichtempfindung.
Am reichsten ist das Gebiet der Empfindungen, welches strömende
Elektricität im Körper hervorruft, weil man sie leicht auf die
meisten Nervenapparate einwirken lassen kann, und sie diese
sehr kräftig erregt. Im Auge wird der Anfang des elektrischen
Stromes durch einen Lichtblitz bezeichnet, dem eine mildere Erhellung des Gesichtsfeldes folgt, je nach der Richtung des Stromes
hellblau oder rothgelb. Bei der Unterbrechung des Stromes folgt
wieder ein Lichtblitz. In der Zunge ruft der Strom, je nach der
Richtung, sauren oder bitterlich laugenhaften Geschmack hervor,
in der Haut Brennen und Fressen, im Innern der Glieder Zuckun-
gen u. s. w.

Wie schade ist es, werden Sie vielleicht denken, dass die
übrigen Nervenapparate unseres Körpers gegen das Licht unempfindlich sind. Es würde doch interessant sein, zu erfahren,
welche Empfindungen das Licht anderswo erregte? In unserem
gewöhnlichen Vorstellungskreise können wir nicht anders glauben,
als dass wir das Licht eben nur mit dem Auge, und nicht mit
der Hand empfinden können. Aber wir wollen uns bedenken.
Soviel wird Ihnen schon wahrscheinlich geworden sein, dass das
Licht, wenn es von der Hand empfunden werden könnte, in ihr
nicht dieselbe Art von Empfindung hervorrufen wird, wie im
Auge. Nun lassen Sie doch einmal Sonnenstrahlen auf die Hand
fallen. Werden Sie sie nicht fühlen? „Ja wohl“, werden Sie
antworten, „ich fühle es wohl; aber das ist Sonnenwärme, nicht
Licht, welches ich fühle; die Wärme ist immer mit dem Lichte
verbunden.“ Gut, ich verdenke es Ihnen nicht, wenn Sie so antworten, denn die überwiegende Mehrzahl der Physiker hat bis
auf die letzten zwanzig Jahre auch so geantwortet. Wenn aber
die Wärme immer das Licht begleitet, so ist doch die Frage
aufzuwerfen, ob Wärme und Licht nicht etwa nur die verschiedenen Aeusserungen eines und desselben Princips seien. Die Physik
hat nun die Frage einer sorgfältigen Prüfung unterzogen, und
ist bis jetzt zu der Ansicht darüber gekommen, dass bei ein-
fachem, einfarbigem Lichte, wie wir es mittelst durchsichtiger
Prismen aus dem Sonnenlichte ausscheiden können, das Erwärmungsvermögen mit dem Erleuchtungsvermögen unzertrennlich
verbunden ist, dass wenn eines von beiden abnimmt, das andere
in demselben Verhältnisse vermindert wird, wie es eben sein
muss, wenn Wärme und Licht nur die Wirkungen desselben
Agens sind. Bei Licht verschiedener Art, d. h. verschiedener

Farbe, sind Erwärmungsvermögen und Erleuchtungsvermögen in sehr verschiedenem Grade verbunden. Gelbes Licht wärmt bei gleicher Helligkeit stärker als blaues, rothes mehr als gelbes. An die rothen Strahlen endlich schliessen sich im Sonnenspectrum Strahlungen an, welche zwar wärmen, aber gar nicht leuchten, die dunklen Wärmestrahlen. · Sie sind in allen rein physikalischen Beziehungen den leuchtenden Strahlen ähnlich, nur in ihrer Wirkung auf das menschliche Auge unterscheiden sie sich von ihnen. Eben solche dunkle Wärme strahlen heisse Oefen aus, zu der, wenn die Temperatur bis zur Rothgluth steigt, sich auch leuchtende Wärmestrahlen gesellen können.

Somit bliebe als Unterschied zwischen Wärme und Licht nichts weiter übrig, als die verschiedene Empfindung, welche sie erregen, je nachdem sie die Haut oder das Auge treffen; dort erregen sie das Gefühl von Wärme, hier das von Licht. Dürfen wir nun aus diesen verschiedenen Wirkungen schliessen, dass sie zwei verschiedenen physikalischen Agentien entsprechen? Wohl kaum, wenn wir das erwägen, was ich von den verschiedenen Wirkungen des elektrischen Stromes und der mechanischen Reizung auf verschiedene Nerven gesagt habe. Die Strahlung der leuchtenden und heissen Körper, — die Physik hält sie für eine schwingende Bewegung eines überall verbreiteten elastischen Stoffes, des Lichtäthers, — die Aetherschwingungen also, sind ebenfalls in die Reihe der Reizmittel unserer Nerven einzuschliessen, und sie, wie alle anderen Reize, bringen verschiedene Eindrücke hervor, wenn sie auf verschiedene Nerven einwirken, und zwar jedes Mal Eindrücke, welche dem besonderen Kreise von Empfindungen des besonderen Nervenapparats angehören.

So kommen wir zu der von Johannes Müller, dem Berliner Physiologen, aufgestellten Lehre von den specifischen Sinnesenergien, dem bedeutsamsten Fortschritte, den die Physiologie der Sinnesorgane in neuerer Zeit gemacht hat. Die Qualität unserer Empfindungen, ob sie Licht oder Wärme, oder Ton, oder Geschmack u. s. w. sei, hängt nicht ab von dem wahrgenommenen äusseren Objecte, sondern von dem Sinnesnerven, welcher die Empfindung vermittelt. Lieben Sie paradoxe Ausdrücke, so können Sie sagen: Licht wird erst Licht, wenn es ein sehendes Auge trifft, ohne das ist es nur Aetherschwingung.

Aehnlich verhält es sich mit den Modificationen der Lichtempfindung, den Farben. Aetherschwingungen von verschiedener Schwingungsgeschwindigkeit erregen Empfindungen verschiedener Farben, die schnelleren die des Violett, die langsameren in der Ordnung, wie ihre Dauer zunimmt, die Empfindung des Blau, Grün, Gelb, Orange, Roth. Wenn Licht von verschiedener Farbe gemischt wird, erregt es den Eindruck einer neuen Farbe, einer Mischfarbe, welche stets weisslicher und weniger gesättigt ist, als die einfachen Farben, aus denen sie zusammengesetzt wurde. Mischfarben von ganz gleichem Aussehen können aber auf die verschiedenste Weise zusammengesetzt sein, und ihre Aehnlichkeit besteht dann eben nur für das Auge, durchaus nicht in irgend einer anderen physikalischen Beziehung.

Dass die Art unserer Wahrnehmungen ebenso sehr durch die Natur unserer Sinne, wie durch die äusseren Dinge bedingt sei, wird durch die angeführten Thatsachen sehr augenscheinlich an das Licht gestellt, und ist für die Theorie unseres Erkenntnissvermögens von der höchsten Wichtigkeit. Gerade dasselbe, was in neuerer Zeit die Physiologie der Sinne auf dem Wege der Erfahrung nachgewiesen hat, suchte Kant schon früher für die Vorstellungen des menschlichen Geistes überhaupt zu thun, indem er den Antheil darlegte, welchen die besonderen eingeborenen Gesetze des Geistes, gleichsam die Organisation des Geistes, an unseren Vorstellungen haben. Die neuere Philosophie dagegen, ausgehend von der Annahme der Identität der Natur und des Geistes, suchte diese Gesetze des Geistes auch zu Gesetzen der Wirklichkeit zu machen, und musste demgemäss auch versuchen die Gleichheit unserer Sinnesempfindungen mit den wirklichen Eigenschaften der wahrgenommenen Körper nachzuweisen. Zu dem Ende warf sie sich namentlich zur Vertheidigerin von Goethe's Farbenlehre auf. Dass der Streit über diese Lehre wesentlich diesen Sinn hat, habe ich bei einer anderen Gelegenheit[1] darzulegen gesucht.

So entsteht also durch das äussere Licht die Lichtempfindung, welche durch die Fasern des Sehnerven dem Gehirne zugeleitet wird, und hier zum Bewusstsein gelangt. Aber Lichtempfindung ist immer noch kein Sehen. Zum Sehen wird die Lichtempfindung erst, insofern wir durch sie zur Kenntniss der Gegenstände der Aussenwelt gelangen; das Sehen besteht also erst im Ver-

---

[1] Siehe meinen Vortrag über Goethe's naturwissenschaftliche Arbeiten, S. 1 dieses Bandes.

ständniss der Lichtempfindung. Die vornehmste Thatsache, welche uns in diesem psychologischen Gebiete unserer Untersuchung entgegentritt, ist die: Jede Lichtempfindung veranlasst die Vorstellung von etwas Hellem vor uns im Gesichtsfelde. Das scheint sehr einfach und natürlich zu sein, da ja doch Lichtempfindung immer von Licht angeregt wird. Immer? Das ist nicht genau gesprochen. Ich habe vorher schon angeführt, dass auch durch andere Reize, welche den Sehnerven und die Netzhaut treffen, Lichtempfindung erregt wird. Auch in diesen Fällen entsteht in uns die Vorstellung, dass dieses Licht aus dem vor uns liegenden Raume komme. Lassen wir bei offenen Augen einen elektrischen Strom von der Stirn zum Nacken gehen, der dabei auch den Sehnerven reizt, so glauben wir einen Lichtblitz zu sehen, welcher die vor uns liegenden Körper erhellt, obgleich der elektrische Strom in diesem Falle gar kein objectives Licht, keine Aetherschwingungen, weder im Auge noch in der Aussenwelt, erzeugt. In diesem Falle wird die Sinnesempfindung zur Sinnestäuschung. Das Sinnesorgan täuscht uns dabei nicht, es wirkt in keiner Weise regelwidrig, sondern im Gegentheile wirkt es nach seinen festen, unabänderlichen Gesetzen, und kann gar nicht anders wirken. Aber wir täuschen uns im Verständniss der Sinnesempfindung.

Ferner ruft Reizung einer bestimmten Stelle der Netzhaut die Vorstellung eines leuchtenden Körpers an einer bestimmten Stelle des vor uns liegenden Raumes hervor. Ich habe Ihnen vorher aus einander gesetzt, dass Licht, welches von einem bestimmten Punkte des Gesichtsfeldes ausgeht, beim deutlichen Sehen nur einen Punkt unserer Netzhaut trifft, deshalb verlegen wir den Ursprung aller Lichtempfindung, welche in einem solchen Punkte der Netzhaut entsteht, stets in die correspondirende Stelle des äusseren Gesichtsfeldes. Drücken Sie mit dem Nagel am äusseren Augenwinkel; es entsteht ein kleiner Lichtschein. Sie werden ihn vielleicht zuerst gar nicht bemerken, weil Sie ihn da suchen möchten, wo Sie drücken. Weit gefehlt! Gerade an der entgegengesetzten Seite des Gesichtsfeldes, in der Nähe des Nasenrückens erscheint er, als ein kleiner heller Kreis. Sie drücken unter dem Augenbrauenrande der Augenhöhle auf das Auge, und der Lichtschein erscheint in der Gegend des unteren Augenlides; kurz, an welcher Seite des Auges Sie auch drücken mögen, der Lichtschein erscheint Ihnen immer an der entgegengesetzten.

Die Erklärung der Erscheinung ist schon aus dem Vorhergesagten klar. Kehren wir zurück zu dem Falle, wo wir am äusseren Augenwinkel drücken, und der Lichtschein am Nasenrücken erscheint. Es werden hier dieselben Punkte der Netzhaut durch den Druck gereizt, welche Licht vom Nasenrücken her zu bekommen pflegen, denn das Bild auf der Netzhaut ist umgekehrt, und das Bild des Nasenrückens wird auf der äusseren Seite der Netzhaut entworfen. Wenn wir uns also einmal verleiten lassen, von der Reizung der Netzhaut durch den Druck des Fingernagels auf das Vorhandensein von Licht zu schliessen, so ist es auch nur folgerichtig, wenn wir dies Licht von derselben Stelle des Raumes herkommen lassen, von welcher das wirkliche Licht herkommt, wenn es die betreffende Stelle der Netzhaut trifft. In der Erfahrung unseres ganzen Lebens haben wir aber den Ursprung des Lichtes, welches die äussersten Theile der Netzhaut trifft, am Nasenrücken gesucht und gefunden, und unsere Vorstellung verlegt also frisch weg auch das scheinbare Licht des Druckes an dieselbe Stelle. Dass unsere Vorstellung so verfährt, werden wir natürlich und begreiflich finden, aber auf einen auffallenden Umstand will ich hier gleich aufmerksam machen, der wohl geeignet ist, Ueberraschung zu erregen.

Wir haben nämlich unsere Vorstellung auf einem Fehlschlusse ertappt, wir haben auch wissenschaftlich eingesehen, wie sie dazu gekommen ist, und wie die Sache sich eigentlich in Wahrheit verhält; wir wissen, unsere Vorstellung hat eine Schlussfolgerung, welche sich millionen Male als richtig erwies, unrichtiger Weise auf einen Fall angewendet, auf den sie nicht passt. Nun sollte unsere Vorstellung doch billiger Weise ein Einsehen haben, und uns nicht mehr das falsche Bild eines Lichtscheins auf dem Nasenrücken vorspiegeln wollen, sondern den Lichtschein dahin verlegen, wo die Lichtempfindung erregt ist. Wir wiederholen den Versuch nun mit der wissenschaftlich gesicherten Ueberzeugung, die Lichtempfindung finde am äusseren Augenwinkel statt. Hat sich unsere Vorstellung belehren lassen? Wir werden gestehen müssen, nein. Sie beträgt sich wie der ungelehrigste aller Schüler, sie lässt die arme Lehrerin Wissenschaft reden, so lange und viel sie auch wolle, und bleibt hartnäckig bei ihrer Aussage stehen, der Lichtschein sitze doch auf dem Nasenrücken.

So ist es auch bei allen anderen Sinnestäuschungen, von welchen ich noch zu reden haben werde. Sie verschwinden niemals dadurch, dass wir ihren Mechanismus einsehen, sondern bleiben in ungestörter Kraft bestehen.

Eine andere Reihe von Täuschungen über den Ort des gesehenen Gegenstandes entsteht, wenn das Licht nicht ungestört von dem Gegenstande zum Auge gelangen konnte, sondern auf spiegelnde oder lichtbrechende Körper gestossen ist. Der bekannteste Fall dieser Art ist die Spiegelung an den gewöhnlichen ebenen Spiegeln. Das Licht, welches auf einen Spiegel fällt, wird von diesem so zurückgeworfen, als käme es von Gegenständen her, die ebenso weit hinter der Spiegelebene liegen, wie die wirklich vorhandenen Gegenstände vor ihr. Fällt das gespiegelte Bild in das Auge, so wird es in diesem natürlich ebenso gebrochen, und trifft eben dieselben Netzhautpunkte, wie es Licht thun würde, welches von wirklichen Körpern ausgegangen wäre, die an dem scheinbaren Orte der optischen Bilder des Spiegels sich befänden. Unsere sinnliche Vorstellung construirt sich also auch sogleich die den Spiegelbildern entsprechenden wirklichen Körper, und legt ihnen denselben Grad von Bestimmtheit und Evidenz bei, wie den direct gesehenen Körpern, und auch hier erhält sich die scheinbare Lebhaftigkeit und die scheinbare räumliche Lage des Bildes, trotzdem dass unser Verstand von seiner Nicht-Existenz überzeugt ist.

Aehnlich verhält es sich mit den Fernröhren und Mikroskopen. In ihren Gläsern wird das Licht so gebrochen, dass es, wenn es das Instrument verlassen hat, so weiter geht, als käme es von einem vergrösserten Gegenstande her, und der, welcher durch das Instrument sieht, glaubt nun wirklich diesen vergrösserten Gegenstand zu sehen.

Nach der Stelle unserer Netzhaut, in welcher Lichtempfindung angeregt wird, beurtheilen wir also, in welcher Richtung die verschiedenen hellen Gegenstände, die uns umgeben, sich befinden, in welche Theile des Gesichtsfeldes wir sie zu setzen haben. Wir hätten dadurch ein perspectivisches Bild der Aussenwelt erhalten, wie auch das optische Bild auf unserer Netzhaut ein solches perspectivisches Bild ist. Ein richtiges perspectivisches Bild von Gegenständen, die eine regelmässige uns wohl bekannte Form haben, lässt uns allerdings auch ein ziemlich gutes Urtheil über die Tiefendimensionen der dargestellten Gegenstände fassen, namentlich wenn noch eine richtige Beleuchtung und Schattengebung hinzukommt. Deshalb genügen gute perspectivische Zeichnungen von Maschinentheilen, dem Aeusseren und Inneren von

Gebäuden u. s. w., weil wir wissen, dass die Zeichnung Gegenstände von regelmässiger kugeliger, cylindrischer oder prismatischer Grundgestalt darstellen soll. Bei unregelmässig gebildeten Gegenständen geben die perspectivischen Zeichnungen dagegen nur sehr unvollkommene Anschauung der Tiefendimension. In der Landschaftsmalerei hilft noch die sogenannte Luftperspective, d. h. die Veränderung des Farbentons und der Klarheit der Umrisse, welche durch die zwischengelegenen Luftschichten verursacht wird. Wodurch unterscheidet sich nun eine perspectivische Zeichnung von der directen Ansicht des Gegenstandes selbst, welche uns unsere Augen liefern, und warum erkennen wir beim directen Sehen die körperlichen Verhältnisse so sehr viel besser und sicherer?

Die Antwort liefert uns ein optisches Instrument, welches in den letzten Jahren ein ziemlich verbreiteter Gegenstand der Unterhaltung für das Publicum geworden ist, das von dem englischen Physiker Wheatstone erfundene Stereoskop nämlich. Dieses Instrument giebt perspectivischen Zeichnungen die vollste Lebendigkeit der Tiefenanschauung, selbst solchen Zeichnungen, an denen man bei der directen Betrachtung durchaus nicht entscheiden kann, welche Theile vorn, welche hinten liegen sollen, und um wie viel der eine Theil hinter dem anderen liegt.

Die Principien des Stereoskops sind einfach folgende. Wenn wir irgend einen Gegenstand, eine Landschaft, ein Zimmer oder dergleichen betrachten, dessen verschiedene Theile in verschiedener Entfernung liegen, so gewinnen wir von verschiedenen Standpunkten verschiedene Ansichten. Diejenigen Gegenstände des Vordergrundes, welche, von dem ersten Standpunkte gesehen, irgend eine bestimmte Stelle des Hintergrundes bedeckten, decken vom zweiten Standpunkte aus andere Stellen. Flächen, die vom ersten Standpunkte stark verkürzt erschienen, erscheinen es vom zweiten weniger, und umgekehrt. Wenn wir also von zwei verschiedenen Standpunkten aus perspectivische Ansichten desselben körperlich ausgedehnten Gegenstandes aufnehmen, so sehen diese Ansichten nicht gleich aus, sondern unterscheiden sich um so mehr, je verschiedener die Standpunkte sind. Wenn wir aber die allervollkommenste perspectivische Zeichnung desselben Gegenstandes betrachten, so wird diese ihr Ansehen nicht wesentlich verändern, wenn wir sie nach einander von verschiedenen Standpunkten betrachten. Die Gegenstände des Vordergrundes der Zeichnung decken immer genau dieselben Stellen ihres Hinter-

grundes, die Flächen, welche einmal verkürzt erscheinen, thun
es immer.

Nun hat aber der Mensch zwei Augen, welche fortdauernd
die Welt von zwei verschiedenen Standpunkten aus betrachten.
welche also auch fortdauernd zwei verschiedene perspectivische
Ansichten dem Bewusstsein zur Begutachtung darbieten, so oft
sie einen körperlich ausgedehnten Gegenstand betrachten. Betrachten sie dagegen beide eine perspectivische Zeichnung des
Gegenstandes, die auf einer ebenen Fläche ausgeführt ist, so erhalten beide Augen dasselbe perspectivische Bild. Dadurch
werden wir in den Stand gesetzt, den wirklichen Gegenstand von
seiner Abbildung zu unterscheiden, letztere mag so getreu und
vollkommen sein, als es nur denkbar ist.

Wenn wir aber nun zwei perspectivische Zeichnungen dessel-
ben Gegenstandes anfertigen, welche den Ansichten des rechten
und linken Auges entsprechen, dann jedem Auge die betreffende
Zeichnung in einer richtigen Lage zeigen, so hört der wesentliche
Unterschied zwischen der Ansicht des Gegenstandes und seiner
Abbildung auf, und wir glauben nun statt der Zeichnungen in der
That die Gegenstände zu sehen.

Dies leistet das Stereoskop. Zu seinen Darstellungen gehören also immer je zwei Zeichnungen desselben Gegenstandes,
welche von zwei verschiedenen Standpunkten aus aufgenommen
sind. Der optische Theil des Instruments, der äusserst verschieden eingerichtet sein kann, leistet weiter nichts, als dass er die
beiden verschiedenen Zeichnungen scheinbar an denselben Ort
verlegt. Ja, Jemand der im Schielen geübt ist, braucht gar
keine optischen Hilfsmittel. Wenn man einfach die beiden Zeichnungen neben einander legt, und zu schielen anfängt, bis von
den dabei entstehenden doppelten Bildern die beiden mittleren
sich decken, tritt die stereoskopische Täuschung ein.

Am lehrreichsten sind stereoskopische Darstellungen von
körperlichen Figuren, welche aus einfachen Linien und Punkten
zusammengesetzt sind, weil hier alle anderen Hilfsmittel für die
Beurtheilung der Tiefendimension fehlen, und daher die Täuschung
selbst und ihr Grund am augenscheinlichsten hervortritt. Am
wunderbarsten aber, wegen der ausserordentlichen Lebhaftigkeit
der Täuschung, sind die von Moser[1] zuerst ersonnenen und
ausgeführten stereoskopischen Darstellungen von Landschaften,

Statuen und menschlichen Figuren, welche mittelst der Photographie gewonnen werden.

So construiren wir uns also die Raumverhältnisse der uns umgebenden Gegenstände fortdauernd aus zwei verschiedenen perspectivischen Ansichten, welche uns unsere beiden Augen von ihnen liefern. Der Einäugige entbehrt dieses Vortheils: so lange er sich nicht von der Stelle bewegt, erkennt er seine Umgebung nur so weit richtig, als man es aus einem vollkommen getreuen Gemälde kann. Nur wenn er sich fortbewegt, lernt er die Ansichten verschiedener Standpunkte kennen, und die Raumverhältnisse sicher beurtheilen. Man kann also sagen, so lange er still sitzt, sieht er nicht die Welt, sondern nur ein perspectivisches Gemälde der Welt. Er kann deshalb auch vom Stereoskop keinen Vortheil ziehen, weil die Täuschung beim Gebrauche dieses Instruments auf dem gleichzeitigen Gebrauche beider Augen beruht.

So erklärt sich auch die Schwierigkeit eines von der Jugend zuweilen geübten Spiels. Man hängt einen Ring an einem Faden auf. *Einer der Spielenden setzt sich so, dass er den Ring von der schmalen Seite sieht*, und hat die Aufgabe, während er ein Auge schliesst, ein Stäbchen durch den Ring zu schieben. Gewöhnlich gelingt es ihm, zum Gelächter der Anderen, erst nach vielen vergeblichen Bemühungen, während die Aufgabe mit zwei offenen Augen ganz leicht zu lösen ist.

Von den Momenten, welche wir zur Beurtheilung der Raumverhältnisse gebrauchen, ist schliesslich noch eines zu erwähnen. Wir beurtheilen die Richtung, aus der das Licht herkommt, nach der Stelle der Netzhaut, welche es trifft. Aber die Stelle des Bildes auf der Netzhaut ändert sich, wenn das Auge bewegt wird. Es muss also auch noch die Stellung des Auges im Kopfe bekannt sein, wenn wir richtig auf die Raumverhältnisse schliessen sollen. Jede Bewegung des Auges, die nicht in Folge unseres Willenseinflusses entsteht, oder nicht so ausgeführt wird, wie wir es durch unseren Willen beabsichtigt haben, stört daher unser Urtheil über die Stellung der uns umgebenden Gegenstände. Schliesst man ein Auge, und drückt oder zerrt am anderen, so treten sogleich scheinbare Bewegungen der gesehenen Gegenstände ein. Durch den äusseren mechanischen Einfluss wird hier das Auge verschoben, ohne dass wir genau beurtheilen können, in welcher Richtung und wie weit dies geschieht; die optischen Bilder verschieben sich dabei auf der Netzhaut, und wir schliessen daraus auf eine Bewegung der Gegenstände. Haben wir bei diesem Versuche beide Augen geöffnet, so erblickt das unbewegte Auge den Gegenstand fest und unverrückt, während das gedrückte oder gezerrte Auge ein zweites bewegliches Bild desselben daneben sieht. Dahin gehören auch die Scheinbewegungen, welche beim Schwindel eintreten. Sie erklären sich grössten Theils aus einer falschen Beurtheilung der Wirkung der Muskeln, welche das Auge bewegen. Daher z. B. ein Fieberkranker, dem die Gegenstände zu tanzen scheinen, wenn er die Augen bewegt, weil er die Wirkung seiner Augenmuskeln auf die Stellung des Auges falsch beurtheilt, Erleichterung findet, sobald er sie fest auf einen Punkt geheftet hält, wobei der Grund dieser Scheinbewegungen fortfällt. Jemand, der sich schnell im Kreise gedreht hat, sieht, wenn er wieder still steht, die Gegenstände seiner Umgebung in entgegengesetzter Richtung eine Scheinbewegung ausführen. Jemand, der in einem Eisenbahnzuge sitzend, längere Zeit die Gegenstände, an denen er vorüberfährt, betrachtet hat, und nun in den Wagen hineinblickt, glaubt die Gegenstände im Coupé in der entgegengesetzten Richtung bewegt zu sehen. Jemand, der einige Zeit auf der See gefahren ist, glaubt nachher am Lande ähnliche Bewegungen des Zimmers zu sehen, wie sie in der Cajüte des Schiffes stattfanden. In diesen Fällen hat sich eine falsche Gewöhnung des Urtheils ausgebildet. Während die wirkliche Bewegung stattfand, musste der Beobachter, wenn er einen Gegenstand fixiren wollte, seine Augen selbst entsprechend mitbewegen. So entsteht nun eine neue Art von Einübung bei ihm, die ihn lehrt, welchen Grad von Spannung er den Augenmuskeln geben muss, um einen Gegenstand zu fixiren. Wenn die wirkliche Bewegung aufhört, will er in derselben Weise fortfahren, die Gegenstände zu fixiren. Jetzt aber tritt bei derselben Spannung der Muskeln eine Verschiebung des Netzhautbildes ein, da die Gegenstände sich nicht mehr in entsprechender Weise mit den Augen bewegen, und der Beobachter urtheilt deshalb, dass die stillstehenden Gegenstände sich bewegten, bis er sich wieder auf die Fixation feststehender Gegenstände eingeübt hat. Es ist diese Art der Scheinbewegungen namentlich interessant, weil sie lehrt, wie schnell eine veränderte Einübung in der Deutung der Sinneswahrnehmungen eintreten kann.

Wie wenig wir überhaupt bei dem täglichen praktischen Gebrauche unserer Sinnesorgane geneigt sind, an die Rolle zu denken, welche sie dabei spielen, wie ausschliesslich uns eben

nur das von ihren Wahrnehmungen interessirt, was uns über
Verhältnisse der Aussenwelt Nachricht verschafft, und wie wenig
wir solche Wahrnehmungen berücksichtigen, welche dazu nicht
geeignet sind, dafür noch einige Beispiele. Wenn wir einen
Gegenstand genau betrachten wollen, so richten wir die Augen
so auf ihn, dass wir ihn deutlich und einfach sehen. Wenn wir
dann ein Auge durch einen Druck mit dem Finger seitlich verschieben, entstehen, wie ich schon erwähnte, Doppelbilder des
Gegenstandes, weil wir nun nicht mehr die Bilder beider Augen
in dieselbe Stelle des Gesichtsfeldes verlegen. Aber während wir
den einen Gegenstand fixiren, passt die Stellung unserer Augen
nicht mehr für alle Gegenstände, welche näher oder ferner liegen,
als der fixirte, und alle diese Gegenstände erscheinen uns doppelt.
Man halte einen Finger nahe vor das Gesicht, und sehe nach
dem Finger; achtet man nun gleichzeitig auf die Gegenstände
des Hintergrundes, so erscheinen diese doppelt, und sieht man
nach einem Punkte des Hintergrundes, so erscheint der Finger
doppelt. Wir können also nicht zweifeln, dass wir fortdauernd
den grösseren Theil der Gegenstände des Gesichtsfeldes doppelt
sehen, und doch merken wir das gar nicht so leicht, vielleicht
giebt es viele Personen, die es durch ihr ganzes Leben nicht
gemerkt haben, und auch, wenn wir es schon wissen, gehört
immer noch ein besonderer Act von Aufmerksamkeit dazu, um
die Doppelbilder wahrzunehmen, während wir bei dem gewöhnlichen praktischen Gebrauche der Augen von ihnen mit der grössten
Beharrlichkeit abstrahiren.

Ferner, würden Sie wohl glauben, dass in jedem menschlichen Auge ganz nahe der Mitte des Gesichtsfeldes sich eine
Stelle befindet, welche gar nichts sieht, sondern vollständig blind
ist, nämlich die Eintrittsstelle des Sehnerven? Und das sollten
wir unser ganzes Leben lang nicht bemerkt haben? wie ist das
möglich? Es ist ebenso gut möglich, als dass Jemand Monate,
Jahre lang auf einem ganzen Auge blind sein kann, und es erst
bei einer zufälligen Erkrankung des anderen Auges bemerkt. So
auch mit dem normalen blinden Flecke des Auges. Die blinden
Flecke beider Augen fallen nicht auf denselben Theil des Gesichtsfeldes. Wo also das eine Auge nichts sehen kann, sieht das
andere, und auch wenn wir ein Auge schliessen, bemerken wir
nicht so leicht den blinden Fleck, weil wir gewöhnlich, um etwas
genau zu sehen, nur eine einzige, durch einen besonderen Bau
ausgezeichnete Stelle der Netzhaut, die Stelle des directen Sehens,

anwenden, und die Eindrücke, welche von den übrigen Theilen des Gesichtsfeldes kommen, gleichsam nur eine flüchtige Skizze von der Umgebung des betrachteten Gegenstandes geben. Und da wir meistens den Blick auf den verschiedenen Theilen des Gesichtsfeldes umherschweifen lassen, und die Gegenstände, welche uns interessiren, dabei nach einander fixiren, so werden wir, trotz des blinden Flecks, bei diesen Bewegungen mit allen Theilen des Gesichtsfeldes bekannt, und durch seine Anwesenheit nicht gehindert, alles das wahrzunehmen, an dessen Wahrnehmung uns etwas liegt.

Um sich von dem Vorhandensein eines solchen Fleckes zu überzeugen, muss man schon methodische Beobachtungen anstellen. Wenn man das linke Auge schliesst, ein Papierblatt in der Entfernung von 7 Zoll vor das rechte Auge hält, und irgend einen bezeichneten Punkt der Papierfläche fixirt, so entspricht der blinde Fleck der Stelle des Papiers, welche 2 Zoll nach rechts von dem Gesichtspunkte liegt. Befindet sich hier ein schwarzer Fleck, oder irgend ein kleiner Gegenstand, so sieht man diesen nicht, sondern die weisse Fläche des Papiers erscheint ununterbrochen [1]).

Die Grösse des blinden Flecks ist hinreichend, um uns am Himmel eine Scheibe, welche einen 12mal grösseren Durchmesser hätte als der Mond, zu verdecken. Ein menschliches Gesicht kann er verdecken, wenn sich dieses in 6 Fuss Entfernung befindet. Sie sehen, dass seine Grösse verhältnissmässig gar nicht unbedeutend ist.

Diese Thatsachen bestätigen, was ich vorher aussprach, dass wir von unseren Sinneswahrnehmungen beim unbefangenen Gebrauche der Sinne nur das berücksichtigen, was uns Aufschluss über die Aussenwelt giebt. Aber neuere Untersuchungen über den blinden Fleck geben uns ausserdem noch interessante Aufschlüsse über die Rolle, welche psychische Processe schon bei

---

[1]) Der Leser wird den Versuch an der beistehenden Figur leicht ausführen können.

$+$ ●

Er schliesse das linke Auge, blicke mit dem rechten nach dem Kreuzchen und entferne das Papierblatt etwa 7 Zoll vom Auge, so wird ihm die schwarze Kreisfläche verschwinden. Nähert er das Papier dem Auge oder entfernt er es mehr, so kommt sie wieder zum Vorschein. Man achte aber ja darauf, stets das Kreuzchen zu fixiren.

den einfachsten Sinneswahrnehmungen spielen. Bringen wir in die dem blinden Flecke entsprechende Stelle des Gesichtsfeldes irgend einen kleinen Gegenstand, welcher kleiner ist als der blinde Fleck, so sehen wir diesen überhaupt nicht, sondern füllen die Lücke mit der Farbe des Grundes aus, wie das namentlich in dem beschriebenen Versuche mit dem schwarzen Flecke auf weissem Papiere geschieht. Fällt der blinde Fleck auf einen Theil irgend einer Figur, so ergänzen wir die Figur, und zwar so, wie es den am häufigsten uns vorkommenden Figuren ähnlicher Art entspricht. Fällt der blinde Fleck z. B. auf einen Theil einer schwarzen Linie auf weissem Grunde, so setzt die Einbildungskraft die Linie auf dem kürzesten Wege durch den blinden Fleck hin fort, auch dann, wenn in Wahrheit an der Stelle die wirkliche Linie eine Lücke oder Ausbiegung haben sollte.

Fällt der blinde Fleck auf die Mitte eines Kreuzes, so ergänzt die Einbildungskraft die mittlere Parthie, und wir glauben ein Kreuz zu sehen, selbst in dem Falle, wo in Wahrheit die vier Schenkel in der Mitte gar keine Verbindung haben sollten, u. s. w.

Sind verschiedene Auslegungen gleich geläufig, so schwankt die Vorstellung oft zwischen der einen und anderen, sie kann aber nicht durch den Willen gezwungen werden, die eine oder die andere zu wählen.

Sind beide Augen geöffnet, so entscheiden wir im Allgemeinen nach den Wahrnehmungen des sehenden Auges. Halte ich ein Papier mit einem rothen Flecke so vor mich hin, dass der rothe Fleck vom rechten Auge nicht gesehen wird, so wird er doch vom linken gesehen, und ich glaube deshalb, ein Papier mit einem rothen Flecke wahrzunehmen, was auch der Wirklichkeit entspricht. In anderen Fällen entscheiden wir aber nicht unbedingt nach den Wahrnehmungen des sehenden Auges. Wenn ich nun ein ganz weisses Papier nehme, und vor das linke Auge ein rothes Glas halte, so erscheint das ganze Papier gleichmässig röthlich-weiss, ohne dass die dem blinden Flecke des rechten Auges entsprechende Stelle sich durch ein besonderes Ansehen auszeichnete. Und doch sind die unmittelbaren Empfindungen, welche sich auf diese Stelle beziehen, jetzt in beiden Augen genau dieselben wie vorher, wo das Papier mit dem rothen Flecke betrachtet wurde, nämlich das rechte Auge sieht hier gar nichts, das linke reines Roth. Trotzdem erscheint diese Stelle nicht

rein roth, sondern, wie das ganze übrige Papier, weiss mit einem
schwachen röthlichen Scheine. Der Unterschied liegt nur darin,
dass jetzt dem linken Auge nicht bloss die eine Stelle, sondern
die ganze Papierfläche rein roth erscheint. Die dem blinden
Flecke des rechten Auges entsprechende Stelle zeichnet sich im
linken nicht durch ihre Farbe vor dem anderen Papiere aus, und
das Urtheil findet deshalb keinen Grund, jener Stelle eine besondere Beschaffenheit beizulegen. Hier finden wir also einmal
einen Fall, wo die Einbildungskraft sich durch das Urtheil bestimmen lässt, trotz der gleichen Sinneseindrücke, verschiedene
und richtige Deutungen der Sinneseindrücke zu geben.

Das Feld der sogenannten Gesichtstäuschungen ist noch ungemein reich. Die angeführten werden aber genügen, Ihnen eine
Anschauung von den Eigenthümlichkeiten der Wahrnehmungen
des Auges, und unserer Sinne überhaupt zu geben.

Ich habe bisher immer davon gesprochen, dass die Vorstellung in uns urtheilt, schliesst, überlegt u. s. w., wobei ich
mich wohl gehütet habe zu sagen, dass wir urtheilen, schliessen,
überlegen, denn ich habe schon anerkannt, dass diese Acte ohne
unser Wissen vor sich gehen, und auch nicht durch unseren
Willen und unsere bessere Ueberzeugung abgeändert werden
können. Dürfen wir denn nun, was hier geschieht, wirklich als
Processe des Denkens bezeichnen, ein Denken ohne Selbstbewusstsein, und nicht unterworfen der Controlle der selbstbewussten
Intelligenz? Dazu kommt, dass die Genauigkeit und Sicherheit
in der Construction unserer Gesichtsbilder so gross, so augenblicklich und unzweifelhaft ist, wie wir sie unseren Schlussfolgerungen zuzutrauen eigentlich nicht recht geneigt sind. Denn
so sehr wir uns auch zuweilen mit der Macht unseres Verstandes
brüsten, so belegen wir doch zu oft im gemeinen Leben und in
den nicht mathematischen Wissenschaften das mit dem Namen
eines Schlusses, was eigentlich nur ein Errathen oder eine wahr-
scheinliche Annahme ist, als dass wir nicht immer noch geheime
Zweifel gegen die Zuverlässigkeit solcher Schlussfolgerungen hegen,
die nicht auf Erfahrung gestützt sind. Und was die Schnelligkeit
der Schlussfolgerungen betrifft, so sind diese auch da, wo wir
absolute Zuverlässigkeit erreichen können, wie in den mathematischen Folgerungen und Rechnungen, so schwerfällig, umständlich und langsam, dass sie mit den blitzschnellen Auf-
fassungen unseres Auges nicht im Entferntesten verglichen werden
können.

Die Natur der psychischen Processe zu bestimmen, welche die Lichtempfindung in eine Wahrnehmung der Aussenwelt verwandeln, ist eine schwere Aufgabe, und leider finden wir bei den Psychologen keine Hülfe, weil für die Psychologie die Selbstbeobachtung bisher der einzige Weg des Erkennens gewesen ist, wir es aber hier mit geistigen Thätigkeiten zu thun haben, von denen uns die Selbstbeobachtung gar keine Kunde giebt, deren Dasein wir vielmehr erst aus der physiologischen Untersuchung der Sinneswerkzeuge erschliessen können. Die Psychologen haben daher die geistigen Acte, von denen hier die Rede ist, auch meist unmittelbar zur sinnlichen Wahrnehmung gerechnet, und keinen näheren Aufschluss über sie zu erhalten gesucht.

Diejenigen, welche sich nicht entschliessen mochten, dem Denken und Schliessen eine Rolle bei den sinnlichen Wahrnehmungen einzuräumen, kamen zunächst zu der Annahme, dass das Bewusstsein aus dem Auge hinaustrete, längs des Lichtstrahls bis zu dem gesehenen Objecte sich hinbreite, und dieses an Ort und Stelle wahrnehme, etwa so, wie Platon es ausspricht: „Unter allen Organen bildeten die Götter die strahlenden Augen „zuerst. Ein Organ des Feuers, das nicht brennt, sondern ein „mildes Licht giebt, jedem Tage angemessen, hatten sie bei dieser „Bildung zur Absicht. Wenn des Auges Licht um den Ausfluss „des Gesichtes ist, und Gleiches zu Gleichem ausströmend sich „vereint, so entwirft sich in der Richtung der Augen ein Körper, „wo immer das aus dem Innern ausströmende Licht mit dem „äusseren zusammentrifft. Wenn aber das verwandte Feuer des „Tages in die Nacht vergeht, so ist auch das innere Licht ver- „halten; denn in das Ungleichartige ausströmend verändert es „sich und erlischt, indem es durch keine Verwandtschaft der Luft „sich anfügen und mit ihr Eins werden kann, da sie selbst kein „Feuer hat." Diese Stelle ist merkwürdig, weil darin ein Anerkenntniss der wichtigen Rolle liegt, welche das Auge bei der Lichtempfindung spielt. Man würde das innere Licht in dieser Beziehung der Nerventhätigkeit vergleichen können. Ebenso wie Platon das innere Licht ausströmen, an den erleuchteten Körpern mit dem äusseren Lichte zusammenkommen, und hier das Bewusstsein von der Anwesenheit des Körpers entstehen lässt, so liessen Neuere das geheimnissvolle Nervenagens aus dem Auge ausströmen, und an den Körpern selbst diese erkennen. Namentlich huldigten die Anhänger des thierischen Magnetismus dieser Lehre, welche überhaupt ihre ganze Theorie auf die Annahme einer Nervenatmosphäre gebaut hatten, die den menschlichen Körper umgeben sollte. Sie liessen das Nervenfluidum bekanntlich Reisen zu den entferntesten Theilen der Erde und selbst des Weltalls antreten, um dort auszukundschaften, was der neugierige Magnetiseur zu wissen wünschte. Obgleich aber die beschriebene Vorstellung vom Sehen der sinnlichen Anschauung des gemeinen Lebens mehr entsprechen möchte, lässt sie sich nicht halten. Denn warum merkt es das ausströmende Nervenprincip oder Bewusstsein nicht, dass nur der Finger die Netzhaut gedrückt hat, und draussen gar kein Licht sei? und was geschieht ihm, wenn es draussen auf einen Spiegel stösst? wird das Bewusstsein von ihm nach denselben Gesetzen, wie das Licht, zurückgeworfen? und warum täuscht es sich nachher über den Ort des durch den Spiegel gesehenen Körpers? Wir verwickeln uns in die grössten Absurditäten, wenn wir dieser Hypothese nachgehen, eben deshalb hat sich dieselbe niemals Eingang in die ernstere Wissenschaft verschaffen können.

Wenn aber das Bewusstsein nicht unmittelbar am Orte der Körper selbst diese wahrnimmt, so kann es nur durch einen Schluss zu ihrer Kenntniss kommen. Denn nur durch Schlüsse können wir überhaupt das erkennen, was wir nicht unmittelbar wahrnehmen. Dass es nicht ein mit Selbstbewusstsein vollzogener Schluss sei, darüber sind wir einig. Vielmehr hat er mehr den Charakter eines mechanisch eingeübten, der in die Reihe der unwillkührlichen Ideenverbindungen getreten ist, wie solche zu entstehen pflegen, wenn zwei Vorstellungen sehr häufig mit einander verbunden vorgekommen sind. Dann ruft jedesmal die eine mit einer gewissen Naturnothwendigkeit die andere hervor. Denken Sie an einen gewandten Schauspieler, der uns die Kleidung, die Bewegungen und Sitten der Person, welche er darstellt, getreu vorführt. Wir werden uns allerdings jeden Augenblick darauf besinnen können, dass das, was wir auf der Bühne sehen, nicht die Person der Rolle, sondern der Schauspieler N. sei, den wir auch schon in den und den anderen Rollen gesehen haben, aber diese Vorstellung, als ein Act des freien und selbstbewussten Denkens, wird doch die Täuschung nicht beseitigen, welche uns fortdauernd die Vorstellung von der Person der Rolle lebendig erhält. Wir werden der Person auf der Bühne unwillkührlich fortdauernd die Gefühle zumuthen, welche der Rolle entsprechen, und eine danach eingerichtete Handlungsweise erwarten. Ja bei der höchsten Vollendung dramatischer Darstellung kommt uns nicht einmal die Kunst des Schauspielers zum Bewusstsein, weil wir das, was er thut, ganz natürlich finden, und nur durch den Vergleich mit ungeschickteren Mitschauspielern, bei denen wir fortdauernd durch Züge, welche der Person des Schauspielers und nicht der der Rolle angehören, an die stattfindende Täuschung erinnert werden, lernen wir einen Schauspieler ersten Ranges schätzen.

Gerade so ist es bei den optischen Täuschungen, wenn wir ihren Mechanismus einsehen. Wir wissen in solchen Fällen, dass die Vorstellung, welche der sinnliche Eindruck in uns hervorruft, unrichtig ist; das hindert aber nicht, dass diese Vorstellung in all ihrer Lebhaftigkeit bestehen bleibt. Und während es beim Schauspieler vielleicht nur conventionelle Formen der Kleidung, Bewegung, Sprechweise sind, die die Täuschung erhalten, und wir höchstens bei leidenschaftlichen Aufregungen an eine natürliche Verbindung des Gefühls und seiner Zeichen, welche der Schauspieler vorführt, denken können, so haben wir es bei den Sinneswahrnehmungen mit einer Verbindung von Vorstellungen zu thun, welche durch die Natur unserer Sinne selbst bedingt ist, also auch viel seltenere Ausnahmen zulässt, als die Formen der menschlichen Sitte. Unser ganzes Leben hindurch haben wir in millionenfacher Wiederholung der Fälle erfahren, dass, wenn ein Gegenstand in den und den Nervenfasern unserer beiden Augen, bei einer gewissen Stellung derselben, Lichtempfindung erregte, wir den Arm so weit ausstrecken mussten, oder so und so viele Schritte gehen mussten, um ihn zu erreichen. Dadurch ist denn die unwillkührliche Verbindung zwischen dem bestimmten Gesichtseindrucke und der Entfernung und Richtung, in welcher der Gegenstand zu suchen ist, hergestellt, und so entsteht und erhält sich die Vorstellung eines solchen Gegenstandes, wenn uns z. B. das Stereoskop die entsprechenden Gesichtseindrücke hervorruft, auch gegen unsere besser begründete Ueberzeugung, gerade wie uns die Kleider und Bewegungen des Schauspielers die lebendige Anschauung der Person der Rolle aufrecht erhalten. Im letzteren Falle ist die Verbindung zwischen dem Aeusseren und dem Wesen der Person, z. B. zwischen männlichen Kleidern und einem Manne, doch rein conventionell, nicht einmal durch Naturnothwendigkeit gegeben, also jedenfalls nur angelernt, nicht angeboren. Was die Beurtheilung der Entfernung durch die Augen betrifft, so können wir wohl ebenfalls nicht zweifeln, dass diese durch Einübung angelernt sei. Wir sehen deutlich bei jungen Kindern, dass sie ganz falsche Vorstellungen von den

Entfernungen der Gegenstände haben, die sie erblicken, und mancher von Ihnen wird sich vielleicht aus seiner Jugend noch Begebnisse zurückrufen können, wo er in grober Täuschung über die Entfernungen war. Ich entsinne mich selbst noch deutlich des Augenblickes, wo mir das Gesetz der Perspective aufging, dass entfernte Dinge klein aussehen. Ich ging an einem hohen Thurme vorbei, auf dessen oberster Gallerie sich Menschen befanden, und muthete meiner Mutter zu, mir die niedlichen Püppchen herunterzulangen, da ich durchaus der Meinung war, wenn sie den Arm ausrecke, werde sie nach der Gallerie des Thurmes hingreifen können. Später habe ich noch oft nach der Gallerie jenes Thurmes emporgesehen, wenn sich Menschen darauf befanden, aber sie wollten dem geübteren Auge nicht mehr zu niedlichen Püppchen werden.

Durch das Princip der Einübung, der Erziehung unserer Sinnesorgane, erklärt sich auch die Sicherheit und Genauigkeit in der Raumconstruction unserer Augen. Mit welcher die künstlichsten Maschinen übertreffenden Genauigkeit wir die Organe unseres Körpers gebrauchen lernen können, zeigen die Uebungen des Jongleurs, die Stösse gewandter Billardspieler. Wir alle sind, kann man sagen, Jongleurs mit den Augen, denn wir haben jedenfalls viel anhaltender und länger uns in der Beurtheilung unserer Gesichtsobjecte geübt, als unsere gymnastischen Künstler in ihren Kugelspielen und Balancirübungen, wir erregen mit unserer Kunstfertigkeit nur deshalb kein Aufsehen, weil jeder Andere dieselbe Reihe von Kunststücken ausführen kann.

Indem wir sehen gelernt haben, haben wir eben nur gelernt, die Vorstellung eines gewissen Gegenstandes mit gewissen Empfindungen zu verknüpfen, welche wir wahrnehmen. Die Mittelglieder, mittels deren die Empfindungen zu Stande kommen, interessiren uns dabei gar nicht, ohne wissenschaftliche Untersuchung lernen wir sie auch gar nicht kennen. Zu diesen Mittelgliedern gehört auch das optische Bild auf der Netzhaut. Der Umstand, dass es auf dem Kopfe steht, und wir die Gegenstände doch aufrecht sehen, hat viele Verwunderung und eine unendliche Menge unnützer Erklärungsversuche hervorgerufen. Wir haben durch Erfahrung gelernt: Lichtempfindung in gewissen Fasern des Sehnerven bezeichnet helle Gegenstände oben im Gesichtsfelde, Lichtempfindung in gewissen anderen Fasern unten. Wo diese Fasern in der Netzhaut, im Sehnerven liegen, ist dabei ganz einerlei, wenn wir nur im Stande sind, den Eindruck der einen Faser von dem der anderen zu unterscheiden. Dass

es eine Netzhaut und optische Bilder darauf gebe, weiss ja der
natürliche Mensch gar nicht. Wie soll ihn da die Lage des
optischen Bildes auf der Netzhaut irre machen können?

In wie weit übrigens bei dem Verständniss unserer Sinneswahrnehmungen nur erlernte oder auch angeborene, und durch
die Organisation des Menschen selbst wesentlich bedingte Verknüpfungen von Vorstellungen in Betracht kommen, lässt sich
bis jetzt wohl kaum entscheiden. Bei Thieren beobachten wir
instinctive Handlungen, die darauf hindeuten. Das neugeborene
Kalb geht auf das Euter der Kuh zu, um zu saugen; das würde,
wenn es mit Bewusstsein geschähe, ein Verständniss der Gesichtserscheinungen und eine Kenntniss des Gebrauches seiner Füsse
voraussetzen, die nicht erlernt sein könnten. Aber wer von uns
kann sich in die Seele eines neugeborenen Kalbes versetzen, um
den Mechanismus dieser instinctiven Handlungen zu verstehen?

Somit wäre das, was ich früher das Denken und Schliessen
der Vorstellungen genannt habe, nun doch wohl kein Denken
und Schliessen, sondern nichts als eine mechanisch eingeübte
Ideenverbindung? Ich bitte Sie, noch einen letzten Schritt weiter
mit mir zu machen, einen Schritt, der uns wieder auf unseren
Anfang, auf Kant, zurückführen wird. Wenn eine Verbindung
zwischen der Vorstellung eines Körpers von gewissem Aussehen
und gewisser Lage und unseren Sinnesempfindungen entstehen
soll, so müssen wir doch erst die Vorstellung von solchen Körpern
haben. Wie es aber mit dem Auge ist, so ist es auch mit den
anderen Sinnen; wir nehmen nie die Gegenstände der Aussenwelt unmittelbar wahr, sondern wir nehmen nur Wirkungen
dieser Gegenstände auf unsere Nervenapparate wahr, und das
ist vom ersten Augenblicke unseres Lebens an so gewesen. Auf
welche Weise sind wir denn nun zuerst aus der Welt der Empfindungen unserer Nerven hinübergelangt in die Welt der Wirklichkeit? Offenbar nur durch einen Schluss, wir müssen die
Gegenwart äusserer Objecte, als der Ursachen unserer Nervenerregung voraussetzen, denn es kann keine Wirkung ohne Ursache sein. Woher wissen wir, dass keine Wirkung ohne Ursache·
sein könne? Ist das ein Erfahrungssatz? Man hat ihn dafür
ausgeben wollen, aber wir sehen hier, wir brauchen diesen Satz,
ehe wir noch irgend eine Kenntniss von den Dingen der Aussenwelt haben, wir brauchen ihn, um überhaupt nur zu der Erkenntniss zu kommen, dass es Objecte im Raume um uns giebt,
zwischen denen ein Verhältniss von Ursache und Wirkung vor-

kommen kann. Können wir ihn aus der inneren Erfahrung unseres Selbstbewusstseins hernehmen? Nein; denn die selbstbewussten Acte unseres Willens und Denkens betrachten wir gerade als frei, d. h. wir leugnen, dass sie nothwendige Wirkungen ausreichender Ursachen seien. Die Untersuchung der Sinneswahrnehmungen führt uns also schliesslich auch noch zu der schon von Kant gefundenen Erkenntniss: dass der Satz: „Keine Wirkung ohne Ursache“, ein vor aller Erfahrung gegebenes Gesetz unseres Denkens sei [1]).

Es war der ausserordentlichste Fortschritt, den die Philosophie durch Kant machte, dass er das angeführte und die übrigen eingeborenen Formen der Anschauung und Gesetze des Denkens aufsuchte und als solche nachwies, und damit, wie ich schon vorher erwähnte, für die Lehre von den Vorstellungen überhaupt dasselbe leistete, was in einem engeren Kreise für die unmittelbaren sinnlichen Wahrnehmungen auf empirischen Wegen die Physiologie durch Johannes Müller leistete. Wie letzterer in den Sinneswahrnehmungen den Einfluss der besonderen Thätigkeit der Organe nachwies, so wies Kant nach, was in unseren Vorstellungen von den besonderen und eigenthümlichen Gesetzen des denkenden Geistes herrühre. Sie sehen also, dass Kant's Ideen noch leben, und noch immer sich reicher entfalten, selbst in Gebieten, wo man ihre Früchte vielleicht nicht gesucht haben würde. Auch hoffe ich Ihnen klar gemacht zu haben, dass der Gegensatz zwischen Philosophie und Naturwissenschaften sich nicht auf alle Philosophie überhaupt, sondern nur auf gewisse neuere Systeme der Philosophie bezieht, und dass das gemeinsame Band, welches alle Wissenschaften verbinden soll, keineswegs durch die neuere Naturwissenschaft zerrissen ist. Ja ich fürchte sogar, dass Sie auf meinen heutigen naturwissenschaftlichen Vortrag das Sprüchlein anwenden könnten, welches Mephistopheles eigentlich auf die Philosophen gemünzt hat:

Dann lehret man euch manchen Tag,
Dass, was ihr sonst auf einen Schlag
Getrieben, wie Essen und Trinken frei,
Eins! Zwei! Drei! dazu nöthig sei.

[1]) Spätere genauere Erörterungen des Sinnes dieses Satzes finden sich in meiner Rede über „Die Thatsachen in der Wahrnehmung“, Bd. II, S. 217 dieser Sammlung.